二级建造师继续教育系列教材

建设工程信息化技术实务

主　　编　王东升　李晓东

副 主 编　靳　乐　冯有良　邹晓红

参编人员　肖　瑶　周立琛　辛春晓

　　　　　朱玲玲　高　展　崔文松

中国矿业大学出版社

·徐州·

内 容 提 要

本书为二级建造师继续教育培训教材。本书结合大量工程项目技术实践经验,主要介绍基于建筑信息模型(BIM)技术的项目管理内容。全书共分为 6 章:第一章为 BIM 技术与项目管理概述,第二章为基于 BIM 技术的项目管理体系,第三章为建设工程 BIM 项目管理与应用,第四章为施工项目管理 BIM 技术,第五章为基于 BIM 技术的工程项目 IPD 模式,第六章为工程实例。

本书可作为 BIM 领域从业人员和有意向学习 BIM 技术的人员的培训教材,也可作为高校 BIM 课程教材。

图书在版编目(C I P)数据

建设工程信息化技术实务 / 王东升,李晓东主编. —徐州:
中国矿业大学出版社,2019.10
ISBN 978-7-5646-0880-4

Ⅰ.①建… Ⅱ.①王… ②李… Ⅲ.①建筑工程—信息化
Ⅳ.①TU-39

中国版本图书馆 CIP 数据核字(2019)第 194156 号

书　　名	建设工程信息化技术实务
主　　编	王东升　李晓东
责任编辑	周　丽
出版发行	中国矿业大学出版社有限责任公司
	(江苏省徐州市解放南路　邮编 221008)
营销热线	(0516)83884103　83885105
出版服务	(0516)83995789　83884920
网　　址	http://www.cumtp.com　**E-mail**:cumtpvip@cumtp.com
印　　刷	日照报业印刷有限公司
开　　本	787 mm×1092 mm　1/16　**印张** 19.5　**字数** 484 千字
版次印次	2019 年 10 月第 1 版　2019 年 10 月第 1 次印刷
定　　价	74.00 元

(图书出现印装质量问题,本社负责调换)

出版说明

为了加强建设工程项目管理，提高工程项目总承包及施工管理专业技术人员素质，规范施工管理行为，保证工程质量和施工安全，根据《中华人民共和国建筑法》《建设工程质量管理条例》《建设工程安全生产管理条例》和国家有关执业资格考试制度的规定，2002年中华人民共和国人事部和建设部联合颁发了《建造师执业资格制度暂行规定》（人发〔2002〕111号），对从事建设工程项目总承包及施工管理的专业技术人员实行建造师执业资格制度。

注册建造师是以专业技术为依托、以工程项目管理为主业的注册执业人士。依据中华人民共和国住房和城乡建设部令第32号修订的《注册建造师管理规定》（自2016年10月20日起施行），按规定参加继续教育是注册建造师应履行的义务，也是申请延续注册的必要条件。注册建造师应通过继续教育，掌握工程建设相关法律法规、标准规范，增强职业道德和诚信守法意识，熟悉工程建设项目管理新方法、新技术，总结工作中的经验教训，不断提高综合素质和执业能力。

根据《山东省二级建造师继续教育管理暂行办法》，受山东省建设执业资格注册中心委托，本编委会组织具有较高理论水平和丰富实践经验的专家、学者，编写了"二级建造师继续教育系列教材"。在编纂过程中，我们坚持"以提高综合素质和执业能力为基础，以工程实例内容为主导"的编写原则，突出系统性、针对性、实践性和前瞻性，体现建设行业发展的新常态、新法规、新技术、新工艺、新材料等内容。本套教材共15册，分别为《建设工程新法律法规与案例分析》《建设工程质量管理》《建设工程信息化技术实务》《建筑工程新技术概论》《建设工程项目管理理论与实务》《工程建设标准强制性条文选编》《装配式建筑技术与管理》《城市轨道交通建造技术与案例》《城市桥梁建造技术与案例》《城市管道工程》《城市道路工程施工质量与安全管理》《安装工程新技术》《建筑机电工程新技术及应用》《智慧工地与绿色施工技术》《信息化技术在建筑电气施工中的应用》。本套教材既可作为二级建造师继续教育用书，也可作为建设单位、施工单位和建设类大中专院校的教学及参考用书。

本套教材的编写得到了山东省住房和城乡建设厅、清华大学、中国海洋大学、山东大学、山东建筑大学、青岛理工大学、山东交通学院、山东中英国际工程图书有限公司、山东中英国际建筑工程技术有限公司、中国矿业大学出版社等单位的大力支持，在此表示衷心的感谢。

本套教材虽经反复推敲，仍难免有疏漏之处，恳请广大读者提出宝贵意见。

二级建造师继续教育系列教材编委会

2019年8月

前　言

建筑信息模型(BIM)是在计算机辅助设计(CAD)等技术基础上发展起来的多维模型信息集成技术,是对建筑工程物理特征和功能特性信息的数字化承载和可视化表达。BIM技术可应用于工程项目规划、勘察、设计、施工、运营维护等各阶段,实现建筑全生命周期各参与方在同一多维建筑信息模型基础上的数据共享,为产业链贯通、工业化建造和建筑创作繁荣提供技术保障;支持对工程环境、能耗、经济、质量、安全等方面的分析、检查和模拟,为项目全过程的方案优化和科学决策提供依据;支持各专业协同工作、项目的虚拟建造和精细化管理,为建筑业的提质增效、节能环保创造条件。

目前,BIM技术在建筑领域的推广应用还存在着政策、法规和标准不完善、发展不平衡、本土应用软件不成熟、技术人才不足等问题。基于BIM技术的发展现状及其当前的应用需求,本书的编写旨在为二级建造师提供帮助,为有志从事BIM工作的技术人员提供指引。

本书对BIM技术在工程项目管理方面的应用作了详细介绍,主要包括BIM技术与项目管理概述、基于BIM技术的项目管理体系、建设工程BIM项目管理与应用、施工项目管理BIM技术、基于BIM技术的工程项目IPD模式和工程实例等内容。

本书由王东升、李晓东担任主编,靳乐、冯有良、邹晓红担任副主编,肖瑶、周立琛、辛春晓、朱玲玲、高展、崔文松参加了编写。王东升、李晓东负责全书的统稿,李晓东负责全书的资料收集和审校。全书编写具体分工如下:王东升、李晓东撰写第一章、第二章;靳乐、冯有良、邹晓红撰写第三章、第四章;肖瑶、周立琛、辛春晓、朱玲玲、高展、崔文松撰写第五章、第六章。

本书可作为BIM领域从业人员和有意向学习BIM技术的人员的培训教材,也可作为高校BIM课程教材。

本书作者在编写的过程中参考了大量专业文献,汲取了行业专家的经验,并借鉴了BIM中国网、筑龙BIM论坛、中国BIM网等网站或论坛上相关网友的 BIM 应用心得体会。谨此一并表示衷心的感谢!

由于编者水平有限,本书难免存在不足之处,恳请广大读者批评指正。

作者

2019 年 8 月

目 录

第一章　BIM 技术与项目管理概述

第一节　项目管理概述

一、项目管理

1. 项目管理的定义

项目是人们通过努力，运用新的方法，将人力的、材料的和财务的资源组织起来，在给定的费用和时间约束范围内，完成一项独立的、一次性的工作任务，以期达到由数量和质量指标所限定的目标。具体而言，项目可以是工程、服务、研究课题及活动等。

项目管理是运用各种相关技能、方法和工具，为满足或超越项目有关各方对项目的要求与期望，所开展的各种计划、组织、领导和控制等方面的活动。

2. 项目管理的特性

（1）普遍性

项目作为一种一次性和独特性的社会活动而普遍存在于人类社会的各项活动之中。因为现有社会运营所依靠的设施与条件最初都是靠项目活动建设或开发的，甚至可以说人类现有的各种物质文化成果最初都是通过项目的方式实现的。

（2）目的性

项目管理的目的性是指通过开展项目管理活动去保证满足或超越项目有关各方明确提出的项目目标或指标，以及满足项目有关各方未明确规定的潜在需求。

（3）独特性

项目管理的独特性是指项目管理不同于一般的企业生产运营管理，也不同于常规的政府管理行为，它具有独特的管理内容。

（4）集成性

项目管理的集成性是指项目的管理过程中必须根据具体项目各要素或各专业之间的配置关系做好集成性的管理，而不能孤立地开展项目各专业的独立管理。

（5）创新性

项目管理的创新性包括两层含义：其一是指项目管理是对创新（项目所包含的创新之处）的管理；其二是指任何一个项目的管理都没有一成不变的模式和方法，都需要通过管理创新去实现对具体项目的有效管理。

（6）临时性

项目是一种临时性的任务，它要在有限的期限内完成，当项目的基本目标达到时就意味着项目已经完成。

3. 项目管理的内容

（1）项目范围管理

项目范围管理是指为了实现项目的目标，对项目的工作内容进行控制的管理过程。它包括范围的界定、范围的规划和范围的调整等。

（2）项目时间管理

项目时间管理是指为了确保项目最终按时完成而进行的一系列管理过程。它包括具体活动界定、活动排序、时间估计、进度安排及时间控制等各项工作。例如 GTD（把事情做完）时间管理法的引入，一定程度上提高了工作效率。

（3）项目成本管理

项目成本管理是指为了保证完成项目的实际成本、费用不超过预算成本、费用而实施的管理过程。它包括资源的配置，成本、费用的预算，以及费用的控制等工作。

（4）项目质量管理

项目质量管理是指为了确保项目达到客户所规定的质量要求所实施的一系列管理过程。它包括质量规划、质量控制和质量保证等。

（5）项目人力资源管理

项目人力资源管理是指为了保证所有项目关系人的能力和积极性都得到最有效的发挥和利用而所采取的一系列管理措施。它包括组织的规划、团队的建设、人员的选聘和项目的班子建设等一系列工作。

（6）项目沟通管理

项目沟通管理是指为了确保项目信息的合理收集和传输所实施的一系列管理措施。它包括沟通规划、信息传输和进度报告等。

（7）项目风险管理

项目风险管理是指分析、控制项目可能遇到的各种不确定因素。它包括风险识别、风险量化、制定对策和风险控制等。

（8）项目采购管理

项目采购管理是指为了从项目实施组织之外获得所需资源或服务所采取的一系列管理措施。它包括采购计划、采购与征购、资源的选择及合同管理等。

（9）项目集成管理

项目集成管理是指为了确保项目各项工作能够有机地协调和配合所展开的综合性和全局性的项目管理工作和过程。它包括项目集成计划的制订、项目集成计划的实施、项目变动的总体控制等。

（10）项目干系人管理

项目干系人管理是指对项目干系人的需要、希望和期望进行识别，并通过沟通上的管理来满足其需要、解决其问题的过程。项目干系人管理将会赢得更多人的支持，从而确保项目取得成功。

二、施工项目管理

施工项目管理是指施工单位在完成所承揽的工程建设施工项目的过程中，运用系统的观点和理论及现代科学技术手段对施工项目进行计划、组织、安排、指挥、管理、监督、控制和协调等全过程的管理。

1. 施工项目管理的定义

企业运用系统的观点、理论和科学技术对施工项目进行的计划、组织、监督、控制、协调等全过程管理,是指由建筑施工企业对施工项目进行的管理。

2. 施工项目管理的特点

施工项目管理是项目管理的一个分支,其管理对象是施工项目,管理者是建筑施工企业。

3. 施工项目管理的过程

从施工项目的寿命周期来看,施工项目的管理过程可分为投标签约阶段、施工准备阶段、施工阶段、竣工验收阶段、质量保修与售后服务阶段等。

(1) 投标签约阶段

① 对于每一次可以参与投标的机会,施工单位都应从经营战略的角度出发,作出是否投标争取承揽该项工程施工任务的决策。

② 如果决定投标,则应马上尽可能地多方面、多渠道获取更多信息,继而认真分析梳理,作出判断。

③ 编制投标书,进行投标。

④ 若中标,则与招标单位进行合同谈判,签订合同。

(2) 施工准备阶段

① 施工单位聘任项目经理,实行项目经理责任制。

② 设立项目经理部,根据施工项目的规模、结构复杂程度、专业特点、人员素质和地域范围,确定项目经理部的组织形式及人员分配等。

③ 编制施工项目管理规划及规章制度,以指导和规范施工项目的管理工作。

④ 编制施工组织设计及质量计划,以指导和规范施工准备工作与施工过程。

⑤ 施工现场准备,使现场具备施工条件,并利于安全文明施工。

⑥ 编写开工申请报告,上报审批。

(3) 施工阶段

① 按照施工组织设计组织施工并进行管理。

② 通过施工项目目标管理的动态控制,采用适当的管理措施、技术措施和经济措施等,保证实现施工项目的进度、质量、成本、安全生产管理和文明施工管理等预期目标。

③ 加强施工项目的合同管理、现场管理、生产管理、信息管理及项目组织协调工作。

④ 做好记录,及时收集和整理施工管理资料。

(4) 竣工验收阶段

在整个施工项目已按设计要求全部完成和试运转合格,且预验收结果符合工程项目竣工验收标准的前提下,组织竣工验收。竣工验收通过之后,办理竣工结算和工程移交手续。

(5) 质量保修与售后服务阶段

按照《建设工程质量管理条例》的规定,竣工验收通过的建设工程即进入质量保修阶段。

为了保证工程的正常使用和维护施工单位的良好声誉,施工单位应定期进行工程回访,听取使用单位和社会公众的意见,总结经验教训;了解和观察使用中的问题,进行必要的维护、维修、保修和技术咨询服务。

第二节 项目管理存在的难点及不足

一、项目管理存在的难点

目前,工程项目管理在技术革新、管理和项目流程梳理上都有了质的飞跃,行业内的企业已普遍拥有一套适合企业和社会发展的管理体系。尽管如此,理想的项目管理体系执行难度仍非常大。工程项目数据量大、各岗位间数据流通效率低、团队协调能力差等问题成为制约项目管理发展的主要因素。

(1)项目管理各条线获取数据难度大

工程项目开始后会产生海量的工程数据,这些数据获取的及时性和准确性直接影响各单位、各班组的协调水平和项目的精细化管理水平。现实中,工程管理人员对于工程基础数据的获取能力较差,这使得采购计划不准确,限额领料难执行,短周期的多算对比无法实现,过程数据难以管控。

(2)项目管理各条线协同、共享、合作难度大

工程项目的管理决策者获取工程数据的及时性和准确性欠缺,严重制约了各工种、各条线、各部门管理者对项目管理的统筹能力。在各工种、各条线、各部门协同作业时,管理者往往凭借经验进行布局管理,各方的共享与合作难以实现,工程项目的管理成本骤升、浪费严重。

(3)工程资料保存难度大

当前工程项目的大部分资料保存在纸质媒介上,工程项目的资料种类繁多、体量和保存难度过大、应用周期过长等,使得工程项目从开始到竣工后大量的施工依据不易追溯。特别是变更单、签证单、技术核定单、工程联系单等重要资料的遗失,将对工程建设各方责、权、利的确定与合同的履行造成重要影响。

(4)设计图纸碰撞检查与施工难点交底难度大

在建筑物的造型日益复杂、建筑施工周期逐渐缩短的大趋势下,对建筑施工协调管理和技术交底的要求也逐步提高。由于设计院出具的施工图纸中各专业划分不同,设计人员的素质不同,导致各专业的相互协调难度大,图纸碰撞问题、设计变更问题时有发生。设计图纸的碰撞问题易导致工期延误、成本增加等,给工程质量与安全带来巨大隐患;施工人员在应对反复变化的设计图纸和按图施工的要求时显得力不从心,导致工程项目施工过程中不同班组同一部位施工采用不同蓝图的情况,建筑成品与施工蓝图不一致的情况也屡见不鲜。

二、传统项目管理存在的不足

传统的项目管理模式、管理方法成熟,业主可控制设计要求,施工阶段比较容易提出设计变更,有利于合同管理和风险管理。但其存在以下几点不足。

(1)业主方在建设工程不同的阶段可自行或委托进行项目前期的开发管理、项目管理和设施管理,但是缺少必要的相互沟通。

(2)我国设计方和供货方的项目管理还相当弱,工程项目管理只局限于施工领域。

(3)监理项目管理服务的发展相当缓慢,监理工程师对项目的工期不易控制,管理和协

调工作较复杂,对工程总投资不易控制,容易互相推诿。

(4) 我国项目管理还停留在较粗放的水平,与国际水平相当的工程项目管理咨询公司还很少。

(5) 前期的开发管理、项目管理和设施管理的分离造成的弊病,是仅从各自的工作目标出发,而忽视了项目全寿命的整体利益。

(6) 由多个不同的组织实施,会影响相互间的信息交流,也就影响项目全寿命的信息管理等。

(7) 二维 CAD 设计图不够形象,不方便各专业之间的协调沟通,不利于规范化和精细化管理。

(8) 造价分析数据细度不够、功能弱,企业级管理能力不强,成本管理未细化到不同时间、构件、工序等,难以实现过程管理。

(9) 施工人员专业技能不足,材料的使用不规范,不按设计或规范进行施工,不能准确预知完工后的质量效果,各专业、工种相互影响。

(10) 施工方过分追求效益,质量管理方法很难充分发挥其作用,对环境因素的估计不足,重检查、轻积累。

因此,我国的项目管理需要信息化技术来弥补其不足,而建筑信息模型(BIM)技术正符合目前的应用潮流。

第三节　BIM 技术简介

一、BIM 技术的含义

BIM 技术是一种多维(三维空间、四维时间、五维成本、N 维更多应用)模型信息集成技术,可以使建设项目的所有参与方(包括政府主管部门、业主、设计方、施工方、监理方、造价方、运营管理方、项目用户等)在项目从概念产生到完全拆除的整个生命周期内都能够在模型中操作信息和在信息中操作模型,从而从根本上改变从业人员依靠符号、文字、图纸进行项目建设和运营管理的工作方式,实现在建设项目全生命周期内提高工作效率和质量以及减少错误和风险的目标。

BIM 的核心是通过建立虚拟的建筑工程三维模型,利用数字化技术,为这个模型提供完整的、与实际情况一致的建筑工程信息库。该信息库不仅包含描述建筑物构件的几何信息、专业属性及状态信息,还包含非构件对象(如空间、运动行为)的状态信息。这个包含建筑工程信息的三维模型,大大提高了建筑工程的信息集成化程度,从而为建筑工程项目的相关利益方提供一个工程信息交换和共享的平台。

BIM 的含义总结为以下三点。

(1) BIM 是以三维数字技术为基础,集成了建筑工程项目各种相关信息的工程数据模型,是对工程项目设施实体与功能特性的数字化表达。

(2) BIM 是一个完善的信息模型,能够链接建筑项目生命期不同阶段的数据、过程和资源。它是对工程对象的完整描述,提供可自动计算、查询、组合拆分的实时工程数据,可被建设项目各参与方普遍使用。

（3）BIM 具有单一工程数据源，可解决分布式、异构工程数据之间的一致性和全局共享问题，支持建设项目生命周期中动态的工程信息创建、管理和共享，是项目实时的共享数据平台。

二、BIM 技术的特点

1. 可视化

可视化即"所见即所得"的形式。可视化技术真正运用在建筑业的作用是非常大的，例如通常所见的施工图纸，只是各个构件的信息在图纸上采用线条绘制表达，但是其真正的构造形式需要建筑业参与人员自行想象。对于一般简单的结构，这种想象未尝不可，但是形式各异、造型复杂的建筑不断推出，光靠人脑去想象不太现实。BIM 提供了可视化的思路，将以往的线条式构件展示为三维的立体实物图形。以往建筑设计效果图是分包给专业的制作团队通过识读线条式信息设计制作出来的，并不是通过构件的信息自动生成的，缺少了同构件之间的互动性和反馈性，而 BIM 中的可视化是一种能够在同构件之间形成互动和反馈的"可视"。在 BIM 中，由于整个过程都是可视化的，因此不仅可以进行效果图展示及报表生成，而且项目设计、建造、运营过程中的沟通、讨论和决策都可在可视化状态下进行，如图 1-1 所示。

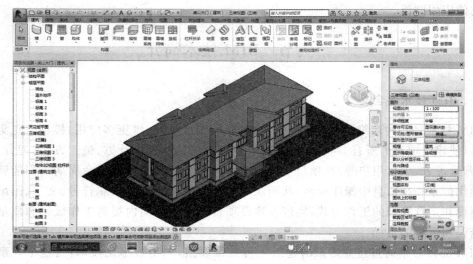

图 1-1　某工程 Revit 软件建模

2. 协调性

协调工作是建筑业中的重点内容，不管是施工单位还是业主及设计单位，无不在做着协调及相互配合的工作。一旦项目实施过程中遇到问题，就要将各有关人士组织起来开协调会，找问题发生的原因及其解决办法，然后出变更，做相应补救措施。在设计阶段，往往由于各专业设计师之间的沟通不到位而出现碰撞问题。例如对于暖通专业管道布置，由于各专业都有各自的施工图纸，因而在施工过程中可能有结构设计的梁等构件妨碍管线的布置。BIM 的协调性服务功能可以协助处理这种问题，BIM 可在建筑物建造前期就对各专业的碰撞问题进行协调。如图 1-2 所示。

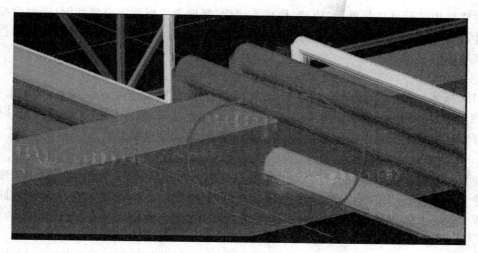

图 1-2　某工程 Navisworks 软件模型碰撞检查

3. 模拟性

BIM 不仅能模拟设计的建筑物模型,还可以模拟不能够在真实世界中进行操作的事物。在设计阶段,BIM 可以进行节能模拟、紧急疏散模拟、日照模拟及热能传导模拟等;在招标、投标和施工阶段可以进行四维模拟(三维模型加项目的发展时间,4D 模拟),即根据施工组织设计模拟实际施工过程,从而确定合理的施工方案,同时还可以进行五维模拟(基于三维模型的造价控制,5D 模拟),从而实现成本控制;在后期运营阶段,还可以进行紧急情况处理模拟,例如发生地震时人员逃生模拟、消防人员疏散模拟等。

4. 优化性

事实上,整个项目设计、施工、运营的过程就是一个不断优化的过程,当然项目优化与 BIM 之间并不存在实质性的必然联系,但在 BIM 的基础上可以更好地进行项目优化。优化受信息、复杂程度和时间的制约,尤其是没有准确的信息则得不出合理的优化结果。BIM 模型提供了建筑物实际存在的信息,包括几何信息、物理信息和规则信息,还提供了建筑物变化以后的信息。复杂程度高到一定程度时,参与人员本身的能力无法掌握所有的信息,必须借助一定的科学技术和设备的帮助。现代建筑物的复杂程度大多超过参与人员本身的能力极限,而 BIM 及与其配套的各种优化工具提供了对复杂项目进行优化的可能性。

基于 BIM 技术的优化可以做以下工作。

① 项目方案优化:把项目设计和投资回报分析结合起来,实时计算设计变化对投资回报的影响。这样业主对设计方案的选择就不会主要停留在对形状的评价上,而更多地可以知道哪种项目设计方案更有利于自身的需求。

② 特殊项目的设计优化:例如裙楼、幕墙、屋顶、大空间等随时可见的异型设计,这些内容看起来占整个建筑的比例不大,但是占投资和工作量的比例往往要大得多,而且通常也是施工难度比较大和施工问题比较多的地方。对这些内容的设计施工方案进行优化,可以带来显著的工期和造价改进。

5. 可出图性

BIM 并不是为了输出建筑设计院所出的建筑设计图纸,及一些构件加工的图纸,而是通过对建筑物进行可视化展示、协调、模拟和优化,帮助业主形成综合管线图(经过碰撞检查和设计修改,消除了相应错误)、综合结构留洞图(预埋套管图)、碰撞检查侦错报告和建议改进方案等图纸。

6. 一体化性

BIM 技术可进行从设计到施工再到运营贯穿工程项目全生命周期的一体化管理。BIM 技术的核心是一个由计算机三维模型所形成的数据库,它不仅包含建筑的设计信息,而且可以容纳从设计到建成使用、甚至是使用周期终结的全过程信息。

7. 参数化性

参数化建模指的是通过参数而不是数字建立和分析模型,简单地改变模型中的参数值就能建立和分析新的模型;BIM 中图元是以构件的形式出现的,这些构件之间的不同是通过参数的调整反映出来的,参数保存了图元作为数字化建筑构件的所有信息。

8. 信息完备性

信息完备性体现在 BIM 技术可对工程对象进行三维几何信息和拓扑关系的描述,以及完整的工程信息描述。

三、基于 BIM 技术的项目管理的必然性

虽然我国房地产业新增建设速度已经放缓,但因为疆域辽阔、人口众多、东西部发展不均衡,我国基础建设工程量仍然巨大。在建筑业快速发展的同时,建筑产品质量越来越受到行业内外的关注,使用方越来越精细、越来越理性的产品要求,使得建设单位、设计单位、施工企业等参建单位也面临更严峻的竞争。

在这样的背景下,国内 BIM 技术在项目管理中应用存在以下必然性:第一,巨大的建设量同时也带来了大量因沟通和实施环节信息流失而造成的损失,BIM 信息整合重新定义了信息沟通流程,很大程度上能够改善这一状况。第二,社会可持续发展的需求带来更高的建筑生命周期管理要求,以及对建筑节能设计、施工、运行维护的系统性要求。第三,国家资源规划、城市管理信息化的需求。

BIM 技术在建筑行业的发展,也得到了政府高度重视和支持。2015 年 6 月 16 日,中华人民共和国住房和城乡建设部印发《关于推进建筑信息模型应用的指导意见》(建质函〔2015〕159 号),确定 BIM 技术应用发展目标为:到 2020 年末,建筑行业甲级勘察、设计单位以及特级、一级房屋建筑工程施工企业应掌握并实现 BIM 与企业管理系统和其他信息技术的一体化集成应用。到 2020 年末,以下新立项项目勘察设计、施工、运营维护中,集成应用 BIM 的项目比率达到 90%:以国有资金投资为主的大中型建筑;申报绿色建筑的公共建筑和绿色生态示范小区。各地方政府也相继出台了相关文件和指导意见。在这样的背景下,BIM 技术在项目管理中的应用将越来越普遍,全生命周期的普及应用将是必然趋势。

第四节　基于 BIM 技术的项目管理

BIM 技术自出现以来就迅速覆盖建筑业的各个领域。2016 年 8 月 23 日,中华人民共和国住房和城乡建设部印发的《2016—2020 年建筑业信息化发展纲要》(建质函〔2016〕183 号)提出,"十三五"时期,全面提高建筑业信息化水平,建筑企业应深入研究 BIM、物联网等

技术的创新应用,创新商业模式,增强企业核心竞争力,实现跨越式发展。2017年4月26日,中华人民共和国住房和城乡建设部印发的《建筑业发展"十三五"规划》(建市〔2017〕98号)提出,"加大信息化推广力度,应用BIM技术的新开工项目数量增加""加快推进建筑信息模型(BIM)技术在规划、工程勘察设计、施工和运营维护全过程的集成应用,支持基于具有自主知识产权三维图形平台的国产BIM软件的研发和推广使用"。针对我国建筑业目前存在的不足,BIM技术可以轻松地实现集成化管理,如图1-3所示。BIM技术与项目管理的结合不仅符合政策导向,也是发展的必然趋势。

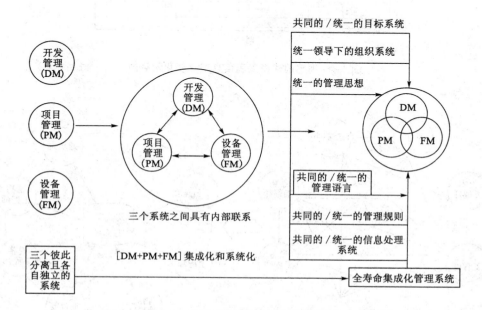

图1-3　基于BIM技术的集成化管理

　　传统的项目管理模式即"设计—招投标—建造"模式,将设计、施工分别委托不同单位承担。设计基本完成后通过招标选择承包商,业主和承包商签订工程施工合同和设备供应合同,由承包商与分包商和供应商单独订立分包及材料的供应合同并组织实施。业主单位一般指派业主代表负责有关的项目管理工作。施工阶段的质量控制和安全控制等工作一般授权监理工程师进行。

　　引入BIM技术后,将从建设工程项目的组织、管理和手段等多个方面进行系统的变革,实现理想的建设工程信息积累,从根本上消除信息的流失和信息交流的障碍。理想的建设工程信息积累变化如图1-4所示(图中弧线为引入BIM的信息保留,折线为传统模式的信息保留)。

　　BIM中含有大量的与工程相关的信息,可为工程提供数据后台的巨大支撑,可以使业主、设计院、顾问公司、施工总承包、专业分包、材料供应商等众多单位在同一个平台上实现数据共享,使沟通更为便捷、协作更为紧密、管理更为有效,从而弥补传统的项目管理模式的不足。BIM技术引入后的工作模式转变如图1-5所示。

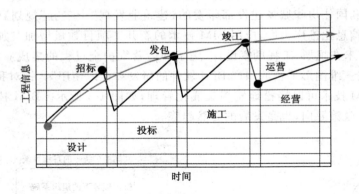

图 1-4 理想的建设工程信息积累变化示意图

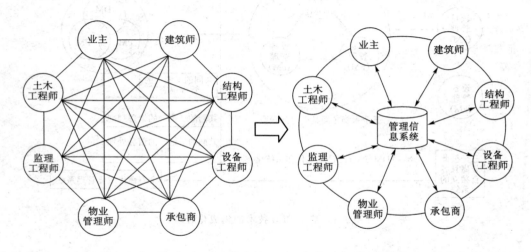

图 1-5 BIM 技术引入后的工作模式转变

基于 BIM 技术的管理模式是创建信息、管理信息、共享信息的数字化方式,其具有很多优势。

(1)通过建立 BIM 模型,能够在设计中最大限度地满足业主对设计成果的细节要求。业主可在线以任何一个角度观看设计产品的构造,甚至是小到一个插座的位置、规格和颜色,业主也能够实现在设计过程中在线提出修改意见,从而使精细化设计成为可能。

(2)BIM 数据模型的工程基础数据如量、价等数据的准确、透明及共享,能够完全实现短周期、全过程对资金风险及盈利目标的控制。

(3)BIM 数据模型能够对投标书、进度审核预算书和结算书进行统一管理,并形成数据对比。

(4)BIM 数据模型能够对施工合同、支付凭证、施工变更等工程附件进行统一管理,并对成本测算、招投标、签证管理、支付等全过程造价进行管理。

(5)BIM 数据模型能够保证各项目的数据动态调整,方便追溯各项目的现金流和资金状况。

(6) BIM 数据模型根据各项目的形象进度进行筛选汇总,能够为领导层更充分地调配资源、进行决策提供有利条件。

(7) 基于 BIM 的四维虚拟建造技术能够提前发现施工阶段可能出现的问题,并逐一修改,提前制订应对措施。

(8) BIM 数据模型能够在短时间内优化进度计划和施工方案,并说明存在的问题,提出相应的方案用于指导实际项目施工。

(9) BIM 数据模型能够使标准操作流程可视化,随时查询物料及产品质量等信息。

(10) BIM 数据模型利用虚拟现实技术实现资产、空间管理,以及建筑系统分析等技术内容,从而便于运营维护阶段的管理应用。

(11) BIM 数据模型能够对突发事件进行快速应对和处理,快速准确掌握建筑物的运营情况,如对火灾等安全隐患进行及时处理,减少不必要的损失。

综上,BIM 技术的应用可使整个工程项目在设计、施工和运营维护等阶段都能有效地制订资源计划、控制资金风险、节省能源、节约成本、降低污染及提高效率。BIM 技术的应用,能改变传统的项目管理理念,引领建筑信息技术走向更高层次,从而提高建筑管理的集成化程度。

第五节　BIM 技术在项目管理中的应用内容

由于施工项目有施工总承包、专业施工承包、劳务施工承包等多种形式,其项目管理的任务和工作重点也会有很大差别。BIM 技术引入后,需要针对项目的需求进行具体的内容划分。BIM 技术在项目管理中按不同工作阶段、内容、对象和目标可以分为很多类别,具体见表 1-1。

表 1-1　BIM 技术在项目管理中的应用内容划分

类别	按工作阶段划分	按工作对象划分	按工作内容划分	按工作目标划分
1	投标签约管理	人员管理	设计及深化设计	工程进度控制
2	设计管理	机具管理	各类计算机仿真模拟	工程质量控制
3	施工管理	材料管理	信息化施工、动态工程管理	工程安全控制
4	竣工验收管理	工法管理	工程过程信息管理与归纳	工程成本控制
5	运营维护管理	环境管理	—	—

以按工作阶段划分为例,对 BIM 技术在项目管理各工作阶段的具体内容进行梳理。BIM 模型在各阶段中的应用过程如图 1-6 所示,其具体应用内容见表 1-2。

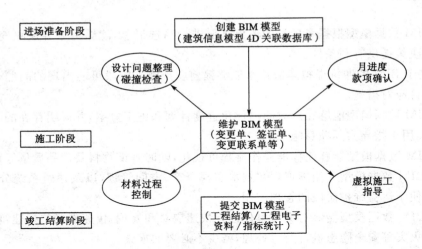

图 1-6　BIM 模型在各阶段中的应用过程

表 1-2　BIM 模型在各阶段中的应用内容

工作阶段	具体应用点	操作方法	具体应用效果
投标签约管理	场区规划模拟	建立三维(3D)场地模型,对施工过程中的各个阶段进行模拟,并模拟塔吊碰撞	三维的规划图更加清晰直观,塔吊模型与实际模型比例1∶1,直接显示实际的工作方式
	通过动画或模拟现实技术展示施工方案	根据针对项目提出的不同施工方案建立相应动画,或建立集成多方案的交互平台	比起传统的文字加口述来描述施工方案,以动画的形式或交互平台的方式,方案对比更明显,更容易展示技术实力
设计管理	建立三维(3D)信息模型	建立 3D 几何模型,并把大量的设计相关信息(如构件尺寸、材料、配筋信息等)录入信息模型中	取代了传统的平面图或效果图,形象地表现出设计成果,让业主全方位了解设计方案;业主及监理方可随时统计实体工程量,方便前期的造价控制、质量跟踪控制
	可视化设计交底	设计人员通过模型实现向施工方的可视化设计交底	能够让施工方清楚地了解设计意图,了解设计中的每一个细节
施工管理	建立四维(4D)施工信息模型	把大量的工程相关信息(如构件和设备的技术参数、供方信息、状态信息)录入信息模型中,将 3D 模型与施工进度相链接,并与施工资源和场地布置信息集成一体,建立 4D 施工信息模型	4D 施工信息模型是实现建设项目施工阶段工程进度、人力、材料、设备、成本和场地布置的动态集成管理及施工过程的可视化模拟的基础;在运营过程中可以随时更新模型,通过对这些信息快速准确地筛选调阅,能够为项目的后期运营带来很大便利
	碰撞检查	在碰撞检查软件中检查各个 BIM 模型软硬碰撞,并出具碰撞报告	能够彻底消除硬碰撞、软碰撞,优化工程设计,避免在建筑施工阶段可能发生的错误损失和返工的可能;能够优化净空,优化管线排布方案
	构建工厂化生产	利用 BIM 模型对构件进行分解,对其进行二维码处理,在工厂加工好后运到现场进行组装	精准度高,失误率低

表 1-2(续)

工作阶段	具体应用点	操作方法	具体应用效果
施工管理	钢结构预拼装	大型钢结构施工过程中变形较大,传统的施工方法要在工厂进行预拼装后再拆开到现场进行拼装。BIM技术可以把需要现场安装的钢结构进行精确测量后在计算机中建立与实际情况相符的模型,实现虚拟预拼装	为技术方案论证提供全新的技术依据,减少方案变更
	虚拟施工	在计算机上执行建造过程,模拟施工场地布置、施工工艺、施工流程等,形象地反映出工程实体的实况	能够在实际建造之前对工程项目的功能及可建造性等潜在问题进行预测,包括施工方法实验、施工过程模拟及施工方案优化等;利用BIM模型的虚拟性与可视化,提前反映施工难点,避免返工
	工程量统计	利用BIM模型对各步工作的分解,精确统计出各步工作工程量,结合工作面和资源供应情况分析,可精确地组织施工资源进行实体的修建	实现真正的定额领料并合理安排运输
	进度款管理	根据三维图形分楼层、区域、构件类型、时间节点等进行"框图出价"	能够快速、准确地进行月度产值审核,实现过程三算对比,对进度款的拨付做到游刃有余;工程造价管理人员可及时、准确地筛选和调用工程基础数据
	材料领取控制	利用BIM模型的4D关联数据库,快速、准确获得过程中工程基础数据拆分实物量	随时为采购计划的制订提供及时、准确的数据支撑,随时为限额领料提供及时、准确的数据支撑,为"飞单"等现场管理情况提供审核基础
	可视化技术交底	通过BIM模型进行技术交底	直观地让工人了解自身任务及技术要求
	BIM模型维护与更新	根据变更单、签证单、工程联系单、技术核定单等相关资料,派驻人员进驻现场配合对BIM模型进行维护、更新	为项目各管理条线提供及时、准确的工程数据
竣工验收管理	工程文档管理	将文档(勘察报告、设计图纸、设计变更、会议记录、施工声像及照片、签证和技术核定单、设备相关信息、各种施工记录、其他建筑技术和造价资料相关信息等)通过手工操作和BIM模型中相应部位进行链接	对文档快速搜索、查阅、定位,充分提高数据检索的直观性,提高工程相关资料的利用率
	BIM模型的提交	汇总施工各相关资料制定最终的全专业BIM模型,包括工程结算电子数据、工程电子资料、指标统计分析资料,保存在服务器中,并刻录成光盘备份保存	可以快速、准确地对工程各种资料进行定位;大量的数据留存与服务器经过相应处理形成建筑企业的数据库,日积月累地为企业的进一步发展提供强大的数据支持
运营维护管理	三维动画渲染和漫游	在现有BIM模型的基础上,建立反映项目完成情况的真实动画	在进行销售或有关建筑宣传展示的时候给人以真实感和直接的视觉冲击

表 1-2(续)

工作阶段	具体应用点	操作方法	具体应用效果
全生命周期管理	网络协同工作	项目各参与方信息共享,基于网络实现文件、图形和视频资料的提交、审核、审批及利用	建造过程中使施工方、监理方甚至非工程行业出身的业主领导都对工程项目的各种问题和情况了如指掌
	项目基础数据全过程服务	在项目过程中依据变更单、技术核定单、工程联系单、签证单等工程相关资料实时维护更新 BIM 数据,并将其及时上传至 BIM 云数据中心的服务器中,管理人员即可通过 BIM 浏览器随时看到最新数据	客户可以得到从图纸到 BIM 数据的实时服务,利用 BIM 数据的实时性、便利性大幅提升,实现最新数据的自助服务

第六节 企业级 BIM 技术管理应用

随着 BIM 技术的引入,传统的建筑工程项目管理模式将被 BIM 技术所取代,BIM 技术可以使众多参与单位在同一个平台上实现数据共享,从而使得建筑工程项目管理更为便捷、有效。为了更好地应用 BIM 技术,企业应该从以下几个方面着手。

(1)促进施工技术人员掌握施工及项目管理方面的 BIM 技术

深入学习 BIM 技术在施工行业的实施方法和技术路线,提高施工技术人员的 BIM 软件操作能力;掌握基本 BIM 建模方法,加深 BIM 施工管理理念;在施工、造价管理和项目管理方面能进行 BIM 技术的综合应用,从而加快推动施工人员由单一型技术人才向复合型全面人才的转变。

(2)提升企业综合技术实力

提高施工方三维可视化技术的能力,辅助企业进行投标,承揽 BIM 项目,提升中标可能性,能进行 BIM 模型的可视化渲染、碰撞检查、施工图绘制等;选定试点项目展开 BIM 工作,进而带动整个公司的 BIM 技术普及,使之成为单位的核心竞争力,为承揽大型复杂项目提供技术保障;进行后期 BIM 大赛及其他奖项的申报,拓展企业市场,增强企业的影响力;促进新技术与 BIM 技术相结合,通过企业内部资源与科研机构等联合研发 BIM 施工管理中新的应用点,例如云技术、激光扫描点云技术、地理信息系统(GIS)技术等。

(3)组建企业 BIM 团队

组建多层级团队,能够应用 BIM 技术为企业、部门或项目提高工作质量和效率;进而建立企业 BIM 技术中心,负责 BIM 知识管理、标准与模板、构件库的开发与维护、技术支持、数据存档管理、项目协调、质量控制等;合理制定企业内部 BIM 标准,规范 BIM 应用。

(4)公司 BIM 族库开发

族是 BIM 系列软件中组成项目的单元,同时是参数信息的载体,是一个包含通用属性集和相关图形表示的图元组。族样板建立是在软件原有族样板的基础上结合公司深化的经验与习惯,创建适应公司结构施工及日后维护的族样板作为族库建立的标准样板,在此标准样板中包含了尺寸、应力、价格、材质、施工顺序等在施工中必需的参数。族库建立是根据项目的需求建立族,要求所建立的族具有高度的参数化性质,可以根据不同的工程项目来改变族在项目中的参数,通用性和拓展性强,继而将每个工程项目建立的族库组合成为公司特有族库。

（5）企业级 BIM 私有云平台

以创建的 BIM 模型和全过程造价数据为基础,把原来分散在个人手中的工程信息模型汇总到企业,形成一个汇总的企业级项目基础数据库;企业将数据库及 BIM 应用所需图形工作站、高性能计算资源、高性能存储以及 BIM 软件部署在云端;地端的用户无须安装专业的 BIM 软件及强大的图形处理功能,可利用普通终端电脑通过网络链接到云平台进行 BIM 相关工作。

（6）企业信息资源管理系统

施工企业管理的信息可依据面向对象方法进行分析,如分解成人员、部门、分公司等相关对象,包括成本记录、企业计划、技术文档等信息,这些信息都可以基于 BIM 技术的面向对象特性进行表示。

第二章 基于 BIM 技术的项目管理体系

第一节　BIM 实施总体目标

企业在应用 BIM 技术进行项目管理时,需明确自身在管理过程中的需求,并结合 BIM 本身特点确定 BIM 辅助项目管理的服务目标,如图 2-1 所示。

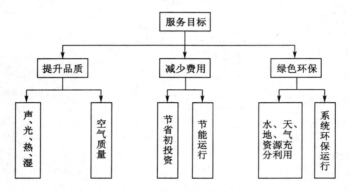

图 2-1　BIM 服务目标

鉴于 BIM 技术在项目中的应用点众多,各个公司不可能做到样样精通,若没有服务目标而盲目发展 BIM 技术,可能会出现在弱势技术领域过度投入的现象,从而产生不必要的资源浪费。只有结合自身建立有切实意义的服务目标,企业才能有效提升技术实力,在 BIM 技术快速发展的趋势下占有一席之地。

为完成 BIM 应用目标,各个企业应紧随建筑行业技术发展步伐,结合自身在建筑领域全产业链的资源优势,确立 BIM 技术应用的战略思想。如某施工企业根据其"提升建筑整体建造水平、实现建筑全生命周期精细化动态管理、实现建筑生命周期各阶段参与方效益最大化"的 BIM 应用目标,确立了"以 BIM 技术解决技术问题为先导、通过 BIM 技术实现流程再造为核心,全面提升精细化管理,促进企业发展"的 BIM 技术应用战略思想。

第二节　BIM 组织机构

在项目建设过程中需要有效整合各种专业人才的技术和经验,让他们各自的优势和经验得到充分的发挥,以满足项目管理的需要,提高管理工作的成效。为更好地完成项目 BIM 应用目标,响应企业 BIM 应用战略思想,需要结合企业现状及应用需求,先组建能够应用 BIM 技术提高项目工作质量和效率的项目级 BIM 团队,进而建立企业级 BIM 技术中心,以负责 BIM 知识管理、标准与模板、构件库的开发与维护、技术支持、数据存档管理、项目协调、质量控制等。

一、项目级 BIM 团队的组建

一般来讲,项目级 BIM 团队中应包含各专业 BIM 工程师、软件开发工程师、管理咨询师和培训讲师等。项目级 BIM 团队的组建应遵循以下原则。

(1) BIM 团队成员有明确的分工与职责,并设定相应奖惩措施。

(2) BIM 系统总监应具有建筑施工类专业本科以上学历,并具备丰富的施工经验和BIM 管理经验。

(3) BIM 团队中包含建筑、结构、机电各专业管理人员若干名,要求其具备相关专业本科以上学历,具有类似工程设计或施工经验。

(4) BIM 团队中包含进度管理组管理人员若干名,要求其具备相关专业本科以上学历,具有类似工程施工经验。

(5) BIM 团队中除配备建筑、结构、机电系统专业人员外,还需配备相关协调人员和系统维护管理员。

(6) 在项目实施过程中,可以根据项目情况,考虑增加团队角色,如增设项目副总监和BIM 技术负责人等。

二、BIM 人员培训

在组建企业 BIM 团队前,建议企业挑选合适的技术人员及管理人员进行 BIM 技术培训,了解 BIM 的基础概念和相关技术,以及 BIM 实施带来的资源管理、业务组织、流程变化等,从而使培训成员深入学习 BIM 在施工行业的实施方法和技术路线,提高建模成员的BIM 软件操作能力,加深管理人员的 BIM 施工管理理念,加快推动施工人员由单一型技术人才向复合型人才转变。BIM 人员培训旨在将 BIM 技术与方法应用到企业所有业务活动中,构建企业的信息共享、业务协同平台,实现企业的知识管理和系统优化,提升企业的核心竞争力。BIM 人员培训应遵循以下原则。

(1) 关于培训对象,应选择具有建筑工程或相关专业大专以上学历、具备建筑信息化基础知识、掌握相关软件基础应用的设计、施工、房地产开发公司技术和管理人员。

(2) 关于培训方式,应采取脱产集中学习方式,授课地点应安排在多媒体计算机房,每次培训人数不宜超过 30 人,为学员配备计算机,在集中授课时,配有助教随时辅导学员上机操作。技术部负责制订培训计划、组织培训实施、跟踪检查并定期汇报培训情况,培训最后要进行考核,以确保培训的质量和效果。

(3) 关于培训主题,应普及 BIM 的基础概念,从项目实例中剖析 BIM 的重要性,深度分析 BIM 的发展前景与趋势,多方位展示 BIM 在实际项目操作中与各个方面的联系;围绕市场主要 BIM 应用软件进行培训,同时对学员进行测试,将理论学习与项目实战相结合,并要对学员的培训状况进行及时反馈。

BIM 在项目中的工作模式有多种,总承包单位在工程施工前期可以选择在项目部组建自己的 BIM 团队,完成项目中一切 BIM 技术应用(建模、施工模拟、工程量统计等);也可以选择将 BIM 技术应用委托给第三方单位,由第三方单位的 BIM 团队负责 BIM 模型建立及应用,并与总承包单位各相关专业技术部门进行工作对接。总承包单位可根据需求,选择不同的 BIM 工作模式,并成立相应的项目级 BIM 团队。

三、BIM 团队建设的应用实例

为加深读者对 BIM 组织结构的理解,下面对某项目 BIM 团队建设进行介绍,可作为企业 BIM 团队组建的参考依据。

该项目工程量大,根据需求选择 BIM 工作模式,在项目部组建自己的 BIM 团队,在团队成立前期进行项目管理人员和技术人员的 BIM 基础知识培训工作。BIM 团队由项目经理牵头,团队成员由项目部各专业技术部门、生产、质量、预算、安全和专业分包单位人员组成,共同落实 BIM 应用与管理的相关工作。BIM 实施团队具体人员、职责及 BIM 能力要求见表 2-1。项目部整体组织机构如图 2-2 所示。

表 2-1　BIM 实施团队一览表

团队角色	姓名	电话	BIM 职责	BIM 能力要求
项目经理			监督、检查项目执行进展	基本应用
BIM 小组组长			制订 BIM 实施方案并监督、组织、跟踪	基本应用
项目副经理			制订 BIM 培训方案并负责内部培训考核、评审	基本应用
测量负责人			采集及复核测量数据,为每周 BIM 竣工模型提供准确数据基础;利用 BIM 模型导出测量数据,指导现场测量作业	熟练运用
技术管理部			利用 BIM 模型优化施工方案,编制三维技术交底	熟练运用
深化设计部			运用 BIM 技术展开各专业深化设计,进行碰撞检查并充分沟通、解决、记录;图纸及变更管理	精通
BIM 工作室			预算及施工 BIM 模型建立、维护、共享和管理;各专业协调、配合;提交阶段竣工模型,与各方沟通;建立、维护、每周更新和传送问题解决记录(IRL)	精通
施工管理部			利用 BIM 模型优化资源配置组织	熟练运用
机电安装部			利用 BIM 模型优化机电专业工序穿插及配合	熟练运用
商务合约管理部			确定预算 BIM 模型建立的标准;利用 BIM 模型进行对内、对外的商务管控及内部成本控制,三算对比	熟练运用
物资设备管理部			利用 BIM 模型生成清单,审批、上报准确的材料计划	熟练运用
安全环境管理部			通过 BIM 可视化展开安全教育、危险源识别及预防预控,制订针对性应急措施	基本运用
质量管理部			通过 BIM 进行质量技术交底,优化检验批划分、验收与交接计划	熟练运用

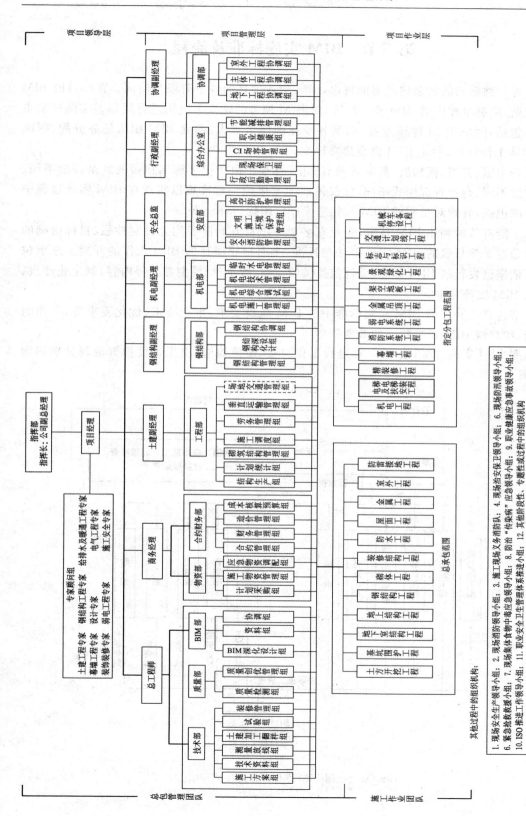

图 2-2 项目部整体组织机构

第三节　BIM 实施标准及流程

作为一种新兴的复杂建筑辅助技术，BIM 融入项目的各个阶段与层面。在项目的 BIM 实施前期，应制定相应的 BIM 实施标准，对 BIM 模型的建立及应用进行规划。实施标准主要内容包括：明确 BIM 建模专业、明确各专业部门负责人、明确 BIM 团队任务分配、明确 BIM 团队工作计划、制定 BIM 模型建立标准。

现在中国、美国、新加坡、英国等都有 BIM 标准。由于每个施工项目的复杂程度不同、施工办法不同、企业管理模式不同，仅仅依照国家级统一标准难以实现在 BIM 实施过程中对细节的把握，导致对工程的 BIM 实施造成一定困扰。

为了能有效地利用 BIM 技术，企业有必要在项目开始阶段建立针对性强、目标明确的企业级乃至于项目级的 BIM 实施办法与标准，全面指导项目的 BIM 工作的开展。总承包单位可依据已发行的 BIM 标准，设计院提供的蓝图、版本号、模型参数等内容，制定企业级、项目级 BIM 实施标准。

本节将详细介绍的 BIM 实施标准中的 BIM 建模要求、审查要求、优化要求等，可作为企业级、项目级 BIM 标准建立的参考依据。

依照 BIM 实施标准，应用 BIM 进行工作对接、碰撞检查、施工进度检查流程分别如图 2-3～图 2-5 所示。

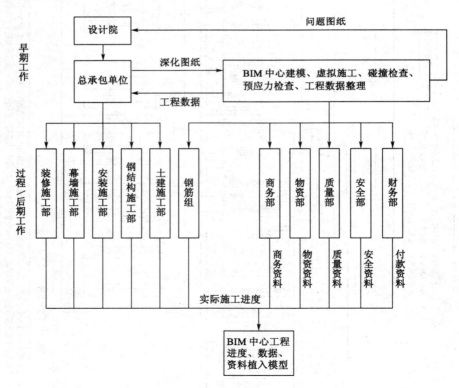

图 2-3　应用 BIM 进行工作对接流程图

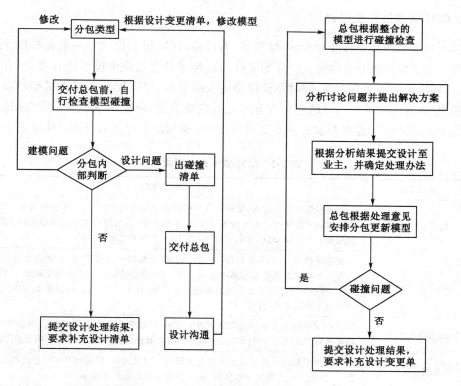

图 2-4　应用 BIM 进行碰撞检查流程图

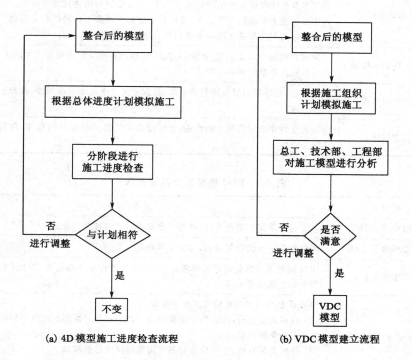

(a) 4D 模型施工进度检查流程　　　　(b) VDC 模型建立流程

图 2-5　应用 BIM 进行施工进度检查流程图

一、BIM 建模要求及建议

大型项目模型的建立涉及专业多、楼层多、构件多，BIM 模型的建立一般是分层、分区、分专业进行。为了保证各专业建模人员及相关分包在模型建立过程中能够进行及时、有效的协同，确保各项工作能够有效对接，同时保证模型的及时更新，BIM 团队在建立模型时应遵从一定的建模规则，以保证每一部分的模型在合并之后的融合度，避免出现模型质量、深度等参差不齐的现象。BIM 模型建立要求见表 2-2。针对 BIM 模型建立要求给出的具体建议见表 2-3。

表 2-2　BIM 模型建立要求

序号	建模要求	具体内容
1	模型命名规则	大型项目模型分块建立，建模过程中随着模型深度的加深、设计变更的增多，BIM 模型文件数量成倍增长。为区分不同项目、不同专业、不同时间创建的模型文件，缩短寻找目标模型的时间，建模过程中应统一使用一个命名规则
2	模型深度控制	在建筑设计、施工的各个阶段，所需要的 BIM 模型的深度不同，如建筑方案设计阶段仅需要了解建筑的外观和整体布局，而施工工程量统计阶段则需要了解每一个构件的尺寸、材料和价格等。这就需要根据工程需要，针对不同项目、项目实施的不同阶段建立对应标准的 BIM 模型
3	模型质量控制	BIM 模型的用处大体体现在以下两个方面：可视化展示与指导施工。不论哪个方面，都需要对 BIM 模型进行严格的质量控制，才能充分发挥其优势，真正用于指导施工
4	模型准确度控制	BIM 模型是利用计算机技术实现对建筑的可视化展示，需保持与实际建筑的高度一致性，才能运用到后期的结构分析、施工控制及运营维护管理中
5	模型完整度控制	BIM 模型的完整度包含两个部分：一是模型本身的完整度，二是模型信息的完整度。模型本身的完整度应包括建筑的各楼层、各专业到各构件的完整展示。信息的完整度包含工程施工所需的全部信息，各构件信息都为后期工作提供有力依据。如钢筋信息的添加给后期二维施工图中平法标注自动生成提供属性信息
6	模型文件大小控制	BIM 软件因包含大量信息，占用内存大，建模过程中应控制模型文件的大小，避免对电脑的损耗及建模时间的浪费
7	模型整合标准	对各专业、各区域的模型进行整合时，应保证每个子模型的准确性，并保证各子模型的原点一致
8	模型交付规则	模型的交付完成建筑信息的传递，交付过程应注意交付文件的整理，保持建筑信息传递的完整性

表 2-3　BIM 模型建立具体建议

序号	建模建议	具体内容
1	BIM 移动终端	基于网络采用笔记本电脑、移动平台等进行模型建立及修改
2	模型命名规则	制订相应模型的命名规则，方便文件筛选与整理
3	模型深度控制	BIM 制图需按照美国建筑师学会（AIA）制定的模型详细等级（LOD）来控制 BIM 模型中的建筑元素的深度
4	模型准确度控制	BIM 模型准确度的校检遵从以下步骤： （1）建模人员自检，检查的方法是结合结构常识与二维图纸进行对照调整。 （2）专业负责人审查。 （3）合模人员自检，主要检查对各子模型的接缝是否准确。 （4）项目负责人审查

表 2-3（续）

序号	建模建议	具体内容
5	模型完整度控制	应保证 BIM 模型本身的完整度及相关信息的完整度，尤其注意保证关键及复杂部位的模型完整度。BIM 模型本身应精确到螺栓的等级，如对机电构件，检查阀门、管件是否完备；对发电机组，检查其油箱、油泵和油管是否完备。BIM 模型信息的完整体现在构件参数的添加上，如对柱构件，检查材料、截面尺寸、长度、配筋、保护层厚度信息是否完整等
6	模型文件大小控制	BIM 模型超过 200 MB 必须拆分为若干个文件，以减轻电脑负荷及软件崩溃概率。控制模型文件大小在规定范围内的方法如下： （1）分区、分专业建模，最后合模。 （2）族文件建立时，建模人员应使相互构件间关系条理清晰，减少不必要的嵌套。 （3）图层尽量符合前期 CAD 制图命名的习惯，避免垃圾图层的出现
7	模型整合标准	模型整合前期应确保各子模型的准确性，这需要项目负责人员根据 BIM 建模标准对各子模型进行审核，并在整合前进行无用构件、图层的删除整理，注意保持各子模型在合模时原点及坐标系的一致性
8	模型交付规则	BIM 模型建成后在进一步移交给施工方或业主方时，应遵从规定的交付准则。模型的交付应按相关专业、区域的划分创建相应名称的文件夹，并链接相关文件；交付 Word 版模型详细说明

二、工作集拆分原则

为了保证建模工作的有效协同和后期的数据分析，需对各专业的工作集划分、系统命名进行规范化管理，并将不同的系统、工作集分别赋予不同颜色加以区分，方便后期模型的深化调整。由于每个项目需求不同，在一个项目中的有效工作集划分标准未必适用于另一个项目，因此应尽量避免把工作集想象成传统的图层或者图层标准，划分标准并非一成不变。建议综合考虑项目的具体状况和人员状况，按照工作集拆分标准进行工作集拆分。为了确保硬件运行性能，工作集拆分的基本原则是：对于大于 50 MB 的文件都应进行检查，考虑是否进行进一步拆分。理论上，文件的大小不应超过 200 MB。工作集划分的大致标准见表 2-4。

表 2-4 工作集划分标准

序号	标准	说明
1	按照专业划分	—
2	按照楼层划分	如 B01、B05 等
3	按照项目的建造阶段划分	—
4	按照材料类型划分	—
5	按照构件类别与系统划分	—

例如：可以将设备专业工作集划分为四大系统，分别为通风系统、电气系统、给排水系统和空调水系统。每个系统的内部工作集划分、系统命名及颜色显示分别见表 2-5～表 2-8。

表 2-5　通风系统的工作集划分、系统命名及颜色显示

序号	系统名称	工作集名称	颜色编号（红/绿/蓝）
1	送风	送风	深粉色 RGB247/150/070
2	排烟	排烟	绿色 RGB146/208/080
3	新风	新风	深紫色 RGB096/073/123
4	采暖	采暖	灰色 RGB127/127/127
5	回风	回风	深棕色 RGB099/037/035
6	排风	排风	深橘红色 RGB255/063/000
7	除尘管	除尘管	黑色 RGB013/013/013

表 2-6　电气系统的工作集划分、系统命名及颜色显示

序号	系统名称	工作集名称	颜色编号（红/绿/蓝）
1	弱电	弱电	粉红色 RGB255/127/159
2	强电	强电	蓝色 RGB000/112/192
3	电消防——控制		洋红色 RGB255/000/255
4	电消防——消防	电消防	青色 RGB000/255/255
5	电消防——广播		棕色 RGB117/146/060
6	照明	照明	黄色 RGB255/255/000
7	避雷系统（基础接地）	避雷系统（基础接地）	浅蓝色 RGB168/190/234

表 2-7　给排水系统的工作集划分、系统命名及颜色显示

序号	系统名称	工作集名称	颜色
1	市政给水管		绿色 RGB000/255/000
2	加压给水管	市政加压给水管	
3	市政中水给水管	市政中水给水管	黄色 RGB255/255/000
4	消火栓系统给水管	消火栓系统给水管	青色 RGB000/255/255
5	自动喷淋系统给水管	自动喷淋系统给水管	洋红色 RGB255/000/255
6	消防转输给水管	消防转输给水管	橙色 RGB255/128/000
7	污水排水管	污水排水管	棕色 RGB128/064/064
8	污水通气管	污水通气管	蓝色 RGB000/000/064
9	雨水排水管	雨水排水管	紫色 RGB128/000/255
10	有压雨水排水管	有压雨水排水管	深绿色 RGB000/064/000
11	有压污水排水管	有压污水排水管	金棕色 RGB255/162/068
12	生活供水管	生活供水管	浅绿色 RGB128/255/128
13	中水供水管	中水供水管	藏蓝色 RGB000/064/128
14	软化水管	软化水管	玫红色 RGB255/000/128

表 2-8　空调水系统的工作集划分、系统命名及颜色显示

序号	系统名称	工作集名称	颜色
1	空调冷热水回水管	空调水回水管	浅紫色 RGB185/125/255
2	空调冷水回水管		
3	空调冷却水回水管		
4	空调冷热水供水管	空调水供水管	蓝绿色 RGB000/128/128
5	空调热水供水管		
6	空调冷水供水管		
7	空调冷却水供水管		
8	制冷剂管道	制冷剂管道	粉紫色 RGB128/025/064
9	热媒回水管	热媒回水管	浅粉色 RGB255/128/255
10	热媒供水管	热媒供水管	深绿色 RGB000/128/000
11	膨胀管	膨胀管	橄榄绿 RGB128/128/000
12	采暖回水管	采暖回水管	浅黄色 RGB255/255/128
13	采暖供水管	采暖供水管	粉红色 RGB255/128/128
14	空调自流冷凝水管	空调自流冷凝水管	深棕色 RGB128/000/000
15	冷冻水管	冷冻水管	蓝色 RGB000/000/255

三、模型命名标准

在项目标准中,对模型、视图、构件等的具体命名方式制订相应的规则,实现模型建立和管理的规范化,方便各专业模型间的调用和对接,并为后期的工程量统计提供依据和便利。模型命名标准见表 2-9。

表 2-9　各专业项目中心文件命名标准

类别	专业	分项	命名标准	说明/举例
各专业项目中心文件命名标准	建筑专业	—	项目名称-栋号-建筑	—
	结构专业	—	项目名称-栋号-结构	—
	管线综合专业	电气专业	项目名称-栋号-电气	
		给排水专业	项目名称-栋号-给排水	
		暖通专业	项目名称-栋号-暖通	
项目视图命名标准	建筑专业、结构专业	平面视图	楼层-标高	如 B01(−3.500)
			标高-内容	如 B01-卫生间详图
		剖面视图	内容	如 A-A 剖面,集水坑剖面
		墙身详图	内容	如××墙身详图
	管线综合专业(根据专业系统,建立不同的子规程,如通风、空调水、给排水、消防、电气等。每个系统的平面视图、剖面视图放置在其子规程中)	平面视图	楼层-专业系统/系统	如 B01-照明
			楼层-内容-系统	如 B01-卫生间-通风排烟
		剖面视图	内容	如 A-A 剖面,集水坑剖面

表 2-9(续)

类别	专业	分项	命名标准	说明/举例
详细构件命名标准	建筑专业	建筑柱	层名-外形-尺寸	如 B01-矩形柱-300×300
		建筑墙及幕墙	层名-内容-尺寸	如 B01-外墙-250
		建筑楼板或天花板	层名-内容-尺寸	如 B01-复合天花板-150
	结构专业	建筑屋顶	内容	如复合屋顶
		建筑楼梯	编号-专业-内容	如 3# 建筑楼梯
		门窗族	层名-内容-型号	如 B01-防火门-GF2027A
		结构基础	层名-内容-尺寸	如 B05-基础筏板-800
		结构梁	层名-型号-尺寸	如 B01-CL68(2)-500×700
	管线综合专业	结构柱	层名-型号-尺寸	如 B01-B-KZ-1-300×300
		结构墙	层名-尺寸	如 B01-结构墙-200
		结构楼板	层名-尺寸	如 B01-结构板-200
		管道	层名-系统简称	如 B01-J3
		穿楼层的立管	系统简称	如 J3L
		埋地管道	层名-系统简称-埋地	如 B01-J3-埋地
		风管	层名-系统名称	如 B01-送风
		穿楼层的立管	系统名称	如送风
		线管	层名-系统名称	如 B01-弱电线槽
		电缆桥架	层名-系统名称	如 B03-弱电桥架
		设备	层名-系统名称-编号	如 B01-紫外线消毒器-SZX-4

四、建模范围制订

在每次建模任务执行前,制订模型交底单和模型建立范围清单,明确建模依据的图纸版本、系统划分、构件要求、添加参数范围、明细表要求等,对模型的建立指令要求进行有效传达。

BIM 模型建立范围、模型数据明细及模型交底内容见表 2-10~表 2-12。

表 2-10　BIM 模型建立范围清单

序号	专业模型	构件系统	模型构件名称①	模型包含信息②	备注
01	结构				
02	建筑				
03	暖通				
04	给排水				
05	电气				
06	其他				

填表说明:① 模型中需要表示出的单个构件。如门、窗、梁、板、柱、风管、弯头等。

② 模型信息指每个构件所带的参数。如材质、标高、规格、专业、系统等参数。

表 2-11　BIM 模型数据明细表

序号	明细表名称	明细表包含内容①	交付格式	备注
01				
02				

填表说明：① 明细表包含材质、标高、楼层、工程量（要求写明工程量单位）、系统名称、规格尺寸等内容。

表 2-12　BIM 模型交底单

工程名称：

委托单位：

建模单位：

序号	单位	参会人员

BIM 模型配套 CAD 图

序号	CAD 专业	图纸名称	提供人	图纸路径	存档日期	备注
01	结构					
02	建筑					
03	暖通					
04	给排水					
05	电气					
06	其他					

五、BIM 模型审查及优化标准

各专业 BIM 模型审查及优化标准见表 2-13。

表 2-13　各专业 BIM 模型审查及优化标准

专业	序号	内容	说明
建筑专业	1	已完成的建筑施工图全面核对	含地下室
	2	消防防火分区的复核与确认	按批准的消防审图意见梳理，包括：防火防烟分区的划分，垂直和水平安全疏散通道、安全出口等
	3	防火卷帘、疏散通道、安全出口距离及建筑消防设施核对	如防火门位置、开启方向、净宽；消火栓埋墙位置，喷淋头、报警器、防排烟设施等
	4	扶梯电梯门洞的净高、基坑及顶层机房，楼梯梁下净高核对	扶梯：含观光电梯平台外观及交叉处净高等
	5	各种变形缝位置的审核	变形缝：含主楼与裙楼抗震缝与沉降缝等
	6	专业间可能发生的各种碰撞校审	如室内与室外，建筑与结构和机电的标高等，重点是消防疏散梯、疏散转换口的复核
	7	室内砌墙图、橱窗及其他隔断布置图纸的复核	—
	8	所有已发生和待发生的建筑变更图纸的复核	—

表 2-13（续）

专业	序号	内容	说明
建筑专业	9	设计是否符合规范及审图要求	如商业防火玻璃的使用部位
	10	是否满足消防要求	如消防门的宽度及材料与内装设计要求是否一致
结构专业	1	屋顶及后置钢结构计算书的审核	—
	2	天窗等二次钢结构图纸、滑移天窗结构图纸、天窗侧面钢结构及幕墙结构图纸审核	—
	3	梁、板、柱图纸审核	主要检查标高及点位
	4	结构缝的处理方式	如缝宽优化
	5	室内看室外有未封闭部位复核与整合	—
	6	基坑部位等二次钢结构复核	—
	7	电梯井道架结构复核	—
	8	室内 LED 屏幕连接复核	主要为与钢结构或二次钢结构的连接
	9	室内外挂件、雕塑结构位置的复核	—
	10	幕墙结构与室内入口门厅位置结构的复核	—
	11	结构变更图纸的复核	—
	12	现场已完成施工的结构条件与机电、内装碰撞点整合	—
设备专业	1	是否符合管线标高原则	风管、线槽、有压和无压管道均按管底标高表示,考虑检修空间,考虑保温后管道外径变化情况
	2	是否符合管线避让原则	有压管道避让无压管道;小管线避让大管线;施工简单管道避让施工复杂管道;冷水管道避让热水管道;附件少的管道避让附件多的管道;临时管道避让永久管道
	3	审核吊顶标高	整合建筑设计单位及装饰单位图纸
	4	审核走廊、中庭等净高度、宽度、梁高	审查结构和机电图纸给定的条件
	5	确定管道保温厚度、管道附件设置	审查机电管线综合图纸
	6	审定管道穿墙、穿梁预留孔洞位置标高	审查结构和机电专业图纸碰撞点
	7	公共部位暖通风管、消防排烟风管的走向、标高及设备位置的复核	提出要求,满足效果要求下修正尺寸
	8	通风口、排风口的位置是否正确,风口的大小是否符合要求	提出要求,满足效果要求下修正尺寸
	9	室内 LED 屏幕大小、尺寸、重量、安装维护方式的复核	—
	10	雨水和污水管道位置、煤气、自来水管道位置的复核	—
	11	涉及内装楼层的监控、探头等装置的复核	—
	12	消防喷淋、立管、消防箱位置的复核;挡烟垂壁、防火卷帘位置的复核	—
	13	综合管线排布审核、强电桥架线路图纸的复核;弱电桥架、系统点位的复核	—

设备专业 BIM 审图内容和具体要求见表 2-14。

表 2-14 设备专业 BIM 审图内容和具体要求

图纸种类	专业划分	程序	审图内容	具体要求
与土建专业配合图纸	给排水专业	审图 管线协调 管线/基础定位 留洞及基础图	各层给排水、消防水一次墙和二次墙及楼板留洞图	洞口尺寸、洞口位置
			卫生间墙板留洞图	
			生活、消防水泵房水泵基础图	基础尺寸、基础位置、基础标高
			水箱基础图	
			各种机房设备基础图	
	暖通专业	审图 管线协调 管线/基础定位 留洞及基础图	各层空调水、空调风留洞图	洞口尺寸、洞口位置
			冷冻机房设备基础图	基础尺寸、基础位置、基础标高
			热力设备基础图	
			各类空调机房基础图	
	强电专业	审图 桥架/线槽协调 桥架/线槽线定位 留洞及基础图	各层桥架、线槽穿墙及楼板留洞图	洞口尺寸、洞口位置
			电气竖井小间楼板留洞图	
			变电所母线桥架高低压柜基础留洞图 变配电所土建条件图	
			高低压进户线穿套管留洞图	
			防雷接地引出接点图	
	弱电专业	审图 桥架/线槽/管线协调 桥架/线槽/管线定位 留洞及基础图	各层桥架、线槽穿墙及楼板留洞图	洞口尺寸、洞口位置
			竖井小间楼板留洞图	
			弱电管线进户预留预埋图	
			弱电各机房线槽穿墙及楼板留洞图	
			弱电机房接地端子预留图	尺寸、位置
			卫星接收天线基座图	基础尺寸、位置
综合协调图	各专业	各专业管线综合协调 综合管线图叠加综合协调图	机电管线综合协调平面图	管道及线槽尺寸及定位，标高及相关专业的平面协调关系
			机电管线综合协调剖面图	管道及线槽尺寸及定位，标高及相关专业的空间位置
深化设计图纸	给排水专业	专业指导 管线/设备定位 专业深化设计	各层给水平面图、系统图	管道尺寸及平面定位、标高
			各层雨水、污水平面图、系统图	
			各层消防水平面图、系统图	
		卫生洁具选型 管线/器具定位 大样图	卫生间大样图	设备及管道尺寸及平面定位、标高
		设备选型 设备定位 专业深化设计	生活、消防水泵房大样图	设备及管道尺寸及平面定位、标高
			水箱间大样图	
			各类机房大样图	

表 2-14（续）

图纸种类	专业划分	程序	审图内容	具体要求
深化设计图纸	暖通专业	专业指导 管线/设备定位 专业深化设计	空调水平面图	水管尺寸定位及标高、位置、坡度等
			空调风平面图	风管尺寸定位及标高，风口的位置及尺寸等
		设备选型 设备定位 专业深化设计	冷冻机房大样图	水管管径定位及标高、坡度等
			空调机房大样图	新风机组的位置及附件管线连接
			屋顶风机平面图	正压送风机、卫生间等的排风机定位
			楼梯间及前室加压送风系统图	加压送风口尺寸及所在的楼梯间编号
			排烟机房大样图	风机具体位置、编号及安装形式等
			卫生间排风大样图	排气扇位置及安装形式
			冷却塔大样图	设备、管线平面尺寸定位、标高等
	电气专业	专业指导 管线/线槽/ 桥架定位 专业深化设计 专业指导 管线/线槽/ 桥架定位 专业深化设计	室内照明平面图	灯具及开关平面布置、管线选取、管线的敷设
			插座供电平面图	插座布置、管线选取及敷设
			动力干线平面图、动力桥架平面图	配电箱、桥架、母线、线槽的协调定位、选取、平面图的绘制
			动力配电箱系统图、照明配电箱系统图	动力、照明配电箱系统图的绘制、二次原理图的控制要求的注明
			室内动力电缆沟剖面图	尺寸、位置、标高
			防雷平面图	尺寸、位置
			设备间接地平面图	接地线、端子箱的位置、高度；平面图的绘制
			弱电接地平面图	接地线、端子箱的位置、高度；平面图的绘制
			变配电室照明平面图	灯具及开关的平面布置、管线选取、管线的敷设
			变配电室动力平面图、动力干线平面图、动力桥架平面图	配电箱、桥架、母线、线槽的协调定位、选取、平面图的绘制
			变配电室平面布置图	高、低压柜，模拟屏，直流屏，变压器等的布置
			高压供电系统图	系统图
			低压供电系统图	系统图
			变配电室接地干线图	系统图
			应急发电机房照明平面图	系统图

表 2-14（续）

图纸种类	专业划分	程序	审图内容		具体要求
深化设计图纸	电气专业	专业指导 管线/线槽/桥架定位 专业深化设计	动力部分		要求同室内工程的动力系统部分
			发电机房接地系统图		原理、配置、系统情况
	弱电专业	专业指导 管线/线槽/ 桥架定位 专业深化设计	火灾报警系统/平面图		桥架、管线的规格尺寸、标高、位置
			安全防范系统/平面图		
			综合布线系统/平面图		
			楼宇自控系统/平面图		
			卫星及有线电视平面/平面图		
			公共广播系统平面/平面图		

六、模型检查机制

为了保证模型的准确性和实时更新,需制订一套完整的模型检查和维护机制,对每个模型的建模人、图纸依据、建模时间、存储位置、检查人等进行详细的记录,同时列明检查人应该对模型进行的各项检查内容,在一定程度上提高了模型的可靠性和精准度。模型检查记录及检查内容记录见表 2-15 和表 2-16。

表 2-15　模型检查记录

建模人	模型名称	图纸版本	图纸名称	建模时间	储存位置	模型说明	移交人	备注
检查人	模型名称	图纸版本	图纸名称	建模时间	储存位置	模型说明	移交人	备注

表 2-16　模型检查内容记录

工程名称				楼层信息		
依据图纸				专业		
序号	项目	检查方法	检查内容	检查结果	问题说明	备注
1	基本信息	以某专业模型为基础,将其他专业模型链接到建筑模型中	轴网			
			原点			
			标高			
			储存位置			
2	构件名及参数	对照相关专业图纸进行建模检查	是否按照中国 BIM 标准《建筑工程设计信息模型交付标准》《建筑工程设计信息模型分类和编码标准》中的命名规则命名			
			是否完整划分机电各专业系统			
			中心文件工作集是否完整			

表 2-16(续)

序号	项目	检查方法	检查内容	检查结果	问题说明	备注
2	构件名及参数	对照相关专业图纸进行建模检查	机电专业所属工作集名称与各管线颜色是否按照中国 BIM 标准《建筑工程设计信息模型交付标准》《建筑工程设计信息模型分类和编码标准》执行			
3	图纸对照检查	对照相关专业图纸进行建模检查	依据的图纸是否正确			
			轴网、标高、图纸是否锁定,避免因手误导致错位			
			根据图纸检查构件的位置、大小、标高与原图是否一致			
			各节点模型参照节点详图进行检查			
4	建模精度	对照相关专业图纸进行建模检查	检查各专业模型是否按照中国 BIM 标准《建筑工程设计信息模型交付标准》《建筑工程设计信息模型分类和编码标准》中的 LOD 标准建模			
			若机电专业设备的具体型号尺寸没有时,检查是否用体量进行占位,待数据更新后进行替换			
5	设计问题	针对项目上较为关心的问题,进行图纸问题检查	梁板的位置			
			降板的合理性			
			预留洞位置的合理性等			
			综合管线碰撞			
6	变更检查	对照相关专业图纸、变更文件、问题报告等进行建模检查	每次提出的问题报告,应由专人检查后再交付			
			项目部就问题报告进行回复后,需进行书面记录,并在模型上予以相应调整			
			在获取变更洽商后,应对相关模型进行调整并记录			
7	注意事项	—	通过过滤功能,查看每个机电系统的管件是否有缺漏等错误			
			在管线综合调整过程中,发现碰撞点必须先检查图纸问题			
			绘制模型过程中,注意管理中的错误提示,随时调整			
			将所有模型按照各项目、各专业分门别类进行规范命名,并进行过程版本储存、备份			
			及时删除认为无用的自动保存的文件			

七、模型调整原则

基础模型建立完成后,针对建模过程中发现的图纸问题,包括各种碰撞问题,施工企业应如实反馈给设计方,然后根据设计方提供的修改意见进行模型调整。同时,对于图纸更新、设计变更等,施工企业也需要在规定时间内完成模型的调整工作。而对于需要进行深化的管线综合、钢结构等节点,将由建设方、设计方、总包方、分包方等共同制订合理的调整原则,再据此进行模型的深化和出图工作,保证调整后模型能够有效指导现场施工。BIM 模型调整原则及 CAD 出图调整原则见表 2-17 和表 2-18。

表 2-17 BIM 模型调整原则

序号	专业模型	调整前	调整后	调整原则	备注
01	结构专业				
02	建筑专业				
03	暖通专业				□综合专业
04	给排水专业				□分专业
05	电气专业				

填表说明:调整前模型,要打"√",不要打"×";调整后模型,要打"√",不要打"×"。

表 2-18 CAD 出图调整原则

序号	专业图纸	剖面图		备注
		轴号	标识信息	
01	结构专业			
02	建筑专业			
03	暖通专业			
04	给排水专业			□综合专业
05	电气专业			□分专业

第四节 项目 BIM 技术资源配置

一、软件配置计划

BIM 工作覆盖面大、应用点多,因此任何单一的软件工具都无法全面支持。施工企业需要根据工程实施经验,拟订采用合适的软件作为项目的主要模型工具,并自主开发或购买成熟的 BIM 协同平台作为管理依托。软件构成如图 2-6 所示。

为了保证数据的可靠性,项目中所使用的 BIM 软件应确保正常工作,且业主在工程结束后可继续使用,以保证 BIM 数据的统一、安全和可延续性。同时根据公司实力可自主研发用于指导施工的实用性软件。例如:三维钢筋节点布置软件,其具有自动生成三维形体、自动避让钢骨柱翼缘、自动干涉检查、自动生成碰撞报告等多项功能;BIM 技术支吊架软件,其具有完善的产品族库、专业化的管道受力计算、便捷的预留孔洞等多项功能模块。在工作协同、综合管理方面,通过自主研发的施工总包 BIM 协同平台,满足工程建设各阶段需求。根据工程特点制订的 BIM 软件应用计划见表 2-19。现有较为通用的建模软件见表 2-20。

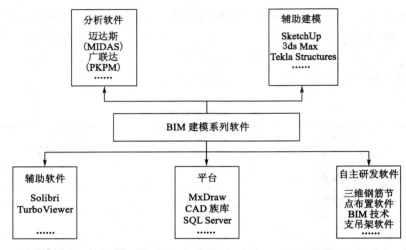

图 2-6　软件系统示意图

表 2-19　BIM 软件应用计划

序号	实施内容	应用工具
1	全专业模型的建立	Revit 系列软件、Bentley 系列软件、ArchiCAD、Digital Project、Xsteel
2	模型的整理及数据的应用	Revit 系列软件、PKPM、ETABS、Robot
3	碰撞检查	Revit Architecture、Revit Structure、Revit MEP、Navisworks Manage
4	管线综合优化设计	Revit Architecture、Revit Structure、Revit MEP、Navisworks Manage
5	4D 施工模拟	Navisworks Manage、Bentley ProjectWise、Navigator Visula Simulation、Synchro
6	各阶段施工现场平面施工布置	SketchUp
7	钢骨柱节点深化	Revit Structure、钢筋放样软件 PKPM、Tekla Structures
8	协同、远程监控系统	自主开发软件
9	模架验证	Revit 系列软件
10	挖土、回填土算量	AutoCAD Civil 3D
11	虚拟可视空间验证	Navisworks Manage 3ds Max
12	能耗分析	Revit 系列软件 MIDAS
13	物资管理	自主开发软件
14	协同平台	自主开发软件
15	3D 模型交付及维护	自主开发软件

表 2-20　各软件 BIM 建模体系

公司	Autodesk（欧特克）	Bentley（奔特力）	NeMetschek Graphisoft（内梅切克　图软）	Gery Technology、Dassault
软件	Revit Architecture	Bentley Architecture	ArchiCAD	Digital Project
	Revit Structure	Bentley Structural	Allplan	CATIA
	Revit MEP	Bentley Building Mechanical Systems	Vectorworks	—

二、相关软件介绍

1. 产品名称：Allplan

功能简介：应用 Allplan 可迅速建立起模型并确定其成本，可以方便地进行体量计算、成本估算并按照德国标准列出说明性的图形［例如，德国建筑合同程序（VOB）］。面积与体量等数据可以保存为 PDF 或 Excel 文件，或作为图形报告打印出来，用于成本决策和招标服务或者导入其他合适的软件，如 Allplan BCM。以下介绍 Allplan 中的一些软件。

① Allplan Architecture

Allplan Architecture 为用户提供新的智能建筑模型，不仅可以得到平面图、剖面图、不同规划阶段的详细信息，而且还有复杂的面积和体量计算、建筑规范、成本计算、招标管理等功能。Allplan Architecture 还可将建筑数据提供给合作伙伴，比如结构设计师等。当需要对设计进行修改时，使数字建筑模型的优点得以显现，只需做一步修改，那么全局的设计都会随之改变。建筑模型可以通过 Allplan 的 CAD 对象进行参数化的添加，即所谓的 Smart Parts。

② Allplan Engineering

Allplan Engineering 的特点在于 3D 总体设计和加强的细节设计，能节省时间并降低出错的风险。软件还包括广泛的现行行业标准和文件格式（包括 DWG、DXF、DGN、PDF、IFC），可方便、流畅地进行数据交换。Allplan Engineering 还可与 StatikFrilo 或 SCIA Engineer 集成，为 CAD 和结构分析提供一个集成的解决方案。

Allplan Engineering 可以设置 3D 的整体设计和详细的细节设计。除了传统的 2D 的设计方法外，Allplan Engineering 还支持 3D 下的设计。天花板平面图、立面图、横截面、体量和弯钢筋表等都可以从一个智能化建筑模型得到。同时，对建筑模型的修改也是自动化和一体化的。

2. 产品名称：ArchiCAD

功能简介：ArchiCAD 是世界上最早的 BIM 软件之一，其扩展模块中也有 MEP（水暖电）、ECO（能耗分析）及 Atlantis 渲染插件等。ArchiCAD 支持大型复杂的模型创建和操控，具有业界首创的"后台处理支持"，能更快地生成复杂的模型细节。用户自定义对象、组件及结构需要一个非常灵活、多变的建模工具。ArchiCAD 引入了一个新的工具——MORPH（变形工具），以提高在 BIM 环境中的快速建模能力。变形工具可以使自定义的几何元素以直观的方式表现，例如最常用的建模方式——推拉来完成建模。变形元素还可以通过对 3D 多边形的简单拉伸来创建或者转换任意已有的 ArchiCAD 的 BIM 元素。

ArchiCAD 中提供一对多的 BIM 基础文档和工作流程。它简化了建筑物模型和文档甚至是模型中包含的高层次的细节。ArchiCAD 的终端到终端的 BIM 工作流程保证了模型直到最后项目结束依然可以保持工作。

3. 产品名称：AutoCAD Civil 3D

功能简介：AutoCAD Civil 3D 软件是一款面向土木工程设计与文档编制的 BIM 解决方案，包含设计（道路设计、管网设计、放坡设计、地块设计等）、分析（地理空间分析、雨水分析与仿真、土方量平衡、可视化分析等）、测量、绘图和文件制作等功能。AutoCAD Civil 3D 软件还可以以补充工作流的方式与 InfraWorks、Navisworks、Revit Structure 等多种软件配合。

4. 产品名称：Bentley Architecture

功能简介：Bentley Architecture 是一套立足于 MicroStation 平台、基于 Bentley BIM 技术的建筑设计系统。智能型的 BIM 模型能够依照已有标准或者设计师自定标准，自动协调 3D 模型与 2D 施工图纸，产生报表，并提供建筑表现、工程模拟等进一步的工程应用环境。施工图能依照业界标准及制图惯例自动绘制；而工程量统计、空间规划分析、门窗等各式报表和项目技术性规范及说明文件都可以自动产生，让工程数据更加完备。

① 建筑全信息模型

适用于所有类型建筑组件的全面、专业的工具；以参数化的尺寸驱动方式创建和修改建筑组件；针对任何类型建筑对象的用户可定义的属性架构（属性集）；对设计、文档制作、分析、施工和运营具有重要意义的固有组件属性；用于捕获设计意图的嵌入式参数、规则和约束；利用建筑元素之间的关系和关联迅速完成设计变更；用于自动生成空间、地板和天花板的选项；自动放置墙、柱的表面装饰；包含空间高度检测选项的吊顶工具；地形建模、屋面和楼梯生成工具。

② 施工文档

创建平面图、剖面图和立面图；自动协调建筑设计与施工文档；自动将 3D 对象的符号转换为 2D 符号；根据材料确定影线/图案、批注和尺寸标注；用户可定义的建筑对象和空间标签；递增式门、窗编号；房间和组件一览表、数量与成本计算、规格；与办公自动化工具兼容，以便进行后续处理和设置格式。

③ 设计可视化和 3D 输出

各种高端集成式渲染和动画工具，包括放射和粒子跟踪；导出到 STL 以便使用 3D 打印机、激光切割机和立体激光快速造型设备迅速制作模型和原型；支持 3D 的 Web 格式，如 VRML、Quick Vision 和全景图；将 Bentley Architecture 模型发布到谷歌地球（Google Earth）环境。

5. 产品名称：Bentley ConstructSim

功能简介：Bentley ConstructSim 是一款用于细化和自动化大型项目施工计划的虚拟施工模拟系统。Bentley ConstructSim 为施工管理提供所需的可见性，从而提高工作效率、降低成本、缩短项目周期，同时降低风险并确保人员安全。此外，还可解决施工问题，如物料的齐备性、完工成本、信息管理、移交系统安装管理和现场工作人员的效率。

在 Bentley ConstructSim 中，项目团队可以可视化虚拟施工模型（VCM）并与其交互，可视化地将工程组件组织到施工工作区（CWA）、施工工作包（CWP）和安装工作包（IWP）中。这样即可形成一个更加优化和细化的工作分解结构，并可根据现场安装的顺序需要驱动工程设计、采购和制造。对 CWA 和 CWP 的可视化定义,使施工计划管控达到了前所未有的水平。施工管理人员可以更轻松准确地规划工作重点和安装顺序。

在项目上实施 ConstructSim V8i 后,将通过以下方面提高生产力:① 通过虚拟施工模型在初始规划中全面了解现代建设项目的复杂性;② 改进可施工性分析以及工程办事处与现场办公室之间的规划和协调;③ 设计时排除不安全的施工实践;④ 缩短创建工作包的时间,同时提高准确性;⑤ 能够将可用人员与工作包进行匹配;⑥ 支持敏捷/精益/WFP 施工方法;⑦ 支持敏捷/精益/WFP 施工方法;⑧ 提前规划,以减少施工瓶颈;⑨ 减少返工和工作顺序错误;⑩ 简化移交及调试计划和程序。

6. 产品名称:Bentley Map

功能简介:Bentley Map 是一个 3D 地理信息系统。它支持 2D/3D 地理信息的创建、维护、分析与共享,也可用于自定义 GIS 应用的开发工作,是一款专门为全球基础设施领域从事测绘、设计、规划、建造和运营活动的组织而设计的功能全面的 GIS 软件。它增强了各种 MicroStation 基本功能,可为创建、维护和分析精确的地理空间数据提供强有力的支持。

在与 Bentley Map 集成时,使用不同坐标系的多种数据类型可以实时进行转换。Bentley Map 还支持直接的 Oracle Spatial 数据集编辑和全面的拓扑维护。直观的"地图管理器"可简化大量复杂空间信息的显示与查询过程。用户可以在一个所见即所得的环境中轻松创建自定义地图,并可随时保存地图定义以供日后调用、编辑、分析或绘图之用。

7. 产品名称:Bentley ProjectWise

功能简介:Bentley ProjectWise 为用户构建一个集成的协同工作环境,可管理工程项目过程中产生的各种建筑/工程/建造(A/E/C)文件内容,使项目各个参与方在一个统一的平台上协同工作。

① 协同工作平台

Bentley ProjectWise 基于工程全生命周期管理的概念开发,它把项目周期中各个参与方集成在一个统一的工作平台上,支持异地工作,实现信息的集中存储与访问,从而缩短项目的周期时间,增强了信息的准确性和及时性,提高了各参与方协同工作的效率。ProjectWise 可以将各个参与方工作的内容进行分布式存储管理,并且提供本地缓存技术。这样既保证了对项目内容的统一控制,也提高了异地协同工作的效率。ProjectWise 不仅是一个文档存储系统,而且还是一个信息创建的工具。它与 MicroStation、Revit、AutoCAD、Microsoft Office 和 PDF 等软件的紧密集成,使系统能与许多应用系统方便地创建信息和交换信息。

② 工作流程管理

Bentley ProjectWise 可以根据不同的业务规范,定义自己的工作流程和流程中的各个状态,并且赋予用户在各个状态下的访问权限。当使用工作流程时,文件可以在各个状态之间串行流动到某个状态,在这个状态具有权限的人员就可以访问文件内容。通过工作流的管理,ProjectWise 可以更加规范地设计工作流程,保证各个状态下的安全访问。

③ 实时性协同工作

所有设计人员在同一环境下进行设计,并随时可以参考其他人或者其他专业的 BIM 模型,任何地点的项目成员都可在第一时间获得唯一准确的文档。各级管理人员随时可以查看和控制整个项目的进度。

④ 规范管理和设计标准

Bentley ProjectWise 可以提供统一的工作空间的设置,使不同品牌工程软件的用户可以使用规范的设计标准。同时文档编码的设置能够使所有文档按照标准的命名规则来管理,方便项目信息的查询和浏览。

8. 产品名称:Bentley RAM Structural System

功能简介:Bentley RAM Structural System 是一款立足于 MicroStation 平台,完全与钢结构和混凝土结构的整个建筑分析、设计和制图集成的工程软件解决方案。该软件通过建立一个单独的房屋模型,提供专业的设计功能与完整的文档,以优化工作流程。

Bentley RAM Structural System 有 4 个模块:RAM Steel 用于分析、设计并创建钢结构建筑中重力荷载抵抗因素的工程结构图;RAM Frame 是 3D 静态和动态分析及设计的程序;RAM Concrete 是一个完全整合混凝土的分析、设计的文档包;RAM Foundation 用于对扩展承台、连续基础和桩帽基础进行设计、评估和分析。

该软件能提高工作效率,完成建筑设计工作中一些特定的、耗时的计算功能,如活荷载折减、风力或地震力等水平荷载的计算。

9. 产品名称:BIM 360 Field

功能简介:BIM 360 Field 是 Autodesk 公司革命性的现场施工管理软件,它改变了以往施工管理领域的工作方式。与以往携带大量图纸到施工现场的工作方式不同,BIM 360 Field 通过管理报告使移动技术与 BIM 模型在施工场地结合。用户可以使用移动设备把 BIM 模型的数据带到施工现场。现场工作人员可以在调试、运营或维护阶段对 BIM 数据进行实时更新。

Field BIM-Data 产品使得用户可以在特定工作阶段(如调试阶段)对 BIM 对象(如设备)的属性(如名字、类型、制造商)进行调整。数据从模型传输到 BIM 360 Field 后再反馈到模型,这一过程创建了一个实时更新的 BIM 模型。最终用户甚至不需要在施工现场再看 BIM,因为这些数据已经成为 BIM 360 Field 工作流程的一部分。

① 施工流程模拟

BIM 360 Field 的任务规划软件可以帮助用户规定相关工作人员在规定日期前完成相应的任务。当一项工程包含多个步骤时,用户可以简单地指定每一步工程的操作人员,软件会自动生成施工进度表。当一个给定的任务状态发生变化时,项目主管和任务派发者可以在第一时间收到通知并追踪这一变化发生的缘由。

② 风险分析

BIM 360 Field 的安全软件提供了一套迅速、一致的安全审计方法,从而简化了现场检查流程并帮助企业减少了风险。利用审计日志,以及关键绩效指标(KPI)的审核报告,这一软件可以帮助现场安检员、安全主管和项目高管实现高效管理。安全检查对照预先设定的项目清单,迅速、彻底、高效。目前,用户可以在 iPad 和多种移动设备上访问文档。而安全教育和现场施工规章可以根据客户公司数据自定义。

10. 产品名称:CATIA

功能简介:CATIA 是广泛用于航空工业及其他工程行业的产品建模和产品全生命周

期管理的 3D 产品设计软件。CATIA 包含很多建模工具,支持综合分析和可视化。CATIA 支持与许多分析工具的集成,并可在 CATIA 中实现 MEP 组件模型的设计和建模。CATIA 系列软件支持较大的项目团队之间的协同管理。

模块化的 CATIA 系列产品旨在满足客户在产品开发活动中的需要,包括风格和外形设计、机械设计、设备与系统工程、管理数字样机、机械加工、分析和模拟。CATIA 产品基于开放式可扩展的 V5 架构。通过使企业重用产品设计知识,缩短开发周期,CATIA 解决方案能够加快企业对市场需求的反应。

① 自顶向下的设计理念

在 CATIA 的设计流程中,采取"骨架线＋模板"的设计模式。首先通过骨架线定义建筑或结构的基本形态,再通过把构件模板附着到骨架线来创建实体建筑或结构模型。通过对构件模板的不断细化,就能实现 LOD 逐渐深化的设计过程。而一旦调整骨架线,所有构件的尺寸可自动重新计算生成,从而极大地提高了设计效率。

② CATIA 混合建模技术

设计对象的混合建模:在 CATIA 的设计环境中,无论是实体还是曲面,做到了真正的互用。

变量和参数化混合建模:在设计时,设计者不必考虑如何参数化设计目标,CATIA 提供了变量驱动及后参数化能力。

几何和智能工程混合建模:一个企业可以将其多年的经验积累到 CATIA 的知识库中,用于指导本企业新手,或指导新型号的开发,加速新型号推向市场的时间。

③ CATIA 所有模块具有全相关性

CATIA 的各个模块基于统一的数据平台,因此 CATIA 的各个模块存在着真正的全相关性,3D 模型的修改,能完全体现在 2D,以及有限元分析、模具和数控加工的程序中。并行工程的设计环境使得设计周期大大缩短。

CATIA 提供的多模型链接的工作环境及混合建模方式,使得并行工程设计模式已不再是新鲜的概念,总体设计部门只要将基本的结构尺寸发放出去,各分系统的人员便可开始工作,既可协同工作,又不互相牵连;模型之间的互相联结性,使得上游设计结果可作为下游的参考,同时,上游对设计的修改能直接影响到下游工作的刷新,实现真正的并行工程设计环境。

11. 产品名称:Digital Project

功能简介:Digital Project 使用 CATIA 软件作为核心引擎,其可视化界面适合于建筑设计工作。目前,Digital Project 包含 3 个子软件,分别为 Designer、Manager 和 Extensions。

Digital Project Designer 用于建筑物 3D 建模,其主要功能包括生成参数化的 3D 表面、任意曲面建模(NURBS)、项目组织、预制构件装配、构件切割、高级实体建模等,还可以与 Microsoft 的项目管理软件 Microsoft Project 整合。

Digital Project Manager 提供轻量化、简单易用的管理界面,适合于项目管理、估价及施工管理。其主要功能包括实时截面检查、构件尺寸测量、体积测量、项目团队协作、2D/3D 格式支持、3D 模型协调。

Digital Project Extensions 提供一系列扩展功能,通过与其他软件平台或技术结合,实现更多高级功能。其主要功能包括链接整合 Primavera 数据实现 4D 模拟,设备系统管线设计的优化,快速实现曲面的创建、概念表达与模拟,设计知识的重用,STL 文件的转换,生成效果图与视频等。

12. 产品名称:ETABS

功能简介:ETABS 是一款房屋建筑结构分析与设计软件,已有近 30 年的发展历史,是美国乃至全球公认的高层结构计算程序,在世界范围内广泛应用。

目前,ETABS 已经发展成为一个建筑结构分析与设计的集成化环境:系统利用图形化的用户界面来建立一个建筑结构的实体模型对象,通过先进的有限元模型和自定义标准规范接口技术来进行结构分析与设计,实现了精确的计算分析过程和用户可自定义的(选择不同国家和地区)设计规范来进行结构设计工作。

ETABS 除一般高层结构计算功能外,还可计算钢结构、钩、顶、弹簧等阻尼运动,斜板、变截面梁或腋梁等特殊构件和结构非线性计算,甚至可以计算结构基础隔震问题,功能非常强大。

13. 产品名称:MicroStation

功能简介:MicroStation 是一款用于工程设计的软件,也是一个工程软件平台。在此平台上可以统一管理 Bentley 公司所有软件的文档,实现数据互用。它已成为一个面向建筑工程、土木工程、交通运输、工厂系统、地理空间等多个专业解决方案的核心软件,也是适用于设计和工程项目的信息和工作流程的集成平台和 CAD 协作平台。在 Bentley 公司各专业软件上创建的信息,都可以通过这个平台进行交流和管理,因此有很强的处理大型工程的能力。其主要功能如下所列。

① 直观的设计建模

可直接建立 3D 实体模型;利用概念设计工具创建 3D 实体模型,进行可视化的概念设计,可以更轻松地直观塑造实体和表面;支持 3D 打印(三维打印);实现创建 3D 模型,并与 2D 设计交互。

② 逼真的实时渲染与动画

采用 Luxology 渲染引擎技术,可为常用的设计提供近乎实时的渲染,加快设计可视化过程,提高渲染图像的质量,通过功能强大的动画和生动的屏幕预览提高真实感。

③ 强大的性能模拟功能

有检测并解决碰撞、动态模拟、日照和阴影分析、动态平衡照明等功能。

④ 特有的地理坐标系

利用 MicroStation 特有的地理坐标系,用户可使用常用坐标系从空间上协调众多来源的信息。用户可利用真实背景从空间上定位文件,以便在谷歌地球中进行可视化审查,还可在工作流中发布和引用地理信息 PDF 文件。该地理坐标系涵盖所有类型的 GIS 和土木工程信息,使项目业主能在更广范围内重复使用。

⑤ 深入的设计审查工具

设计审查工具可帮助用户收集和审查多个设计文件,以协调和分析设计决策,并实时添加项目设计评价。

⑥ 对文件变更的管理和统计能力

项目的 DGN 文件的全部历史都被作为每一个 DGN 文件的一个完整的组成部分。它的历史日志可以跟踪一个设计所做的任何修改,用户可以返回到给定设计的某一历史时刻。

除上述以外,MicroStation 还可在 3D 模型中快速创建 2D 工程图及智能 3D PDF 和 3D 绘图等文档,以及采用了包括数字权限、数字签名在内的多种安全技术。

14. 产品名称:Autodesk Navisworks

功能简介:Autodesk Navisworks 软件能够将 AutoCAD 和 Revit 系列等软件创建的设计数据,与来自其他设计工具的几何图形和信息相结合,将其作为整体的 3D 项目,通过多种文件格式进行实时审阅,而无须考虑文件的大小。该软件产品可以帮助所有相关方将项目作为一个整体来看待,从而优化从设计决策、建筑实施、性能预测和规划直至设施管理和运营等各个环节。

Autodesk Navisworks 软件系列包括 4 款产品。

① Autodesk Navisworks Manage 软件是设计和施工管理专业人员使用的一款全面审阅解决方案,用于保证项目顺利进行。Navisworks Manage 将错误查找和冲突管理功能与动态 4D 项目进度仿真和照片级可视化功能相结合。

② Autodesk Navisworks Simulate 软件能够再现设计意图,制订准确的 4D 施工进度表,超前实现施工项目的可视化。Autodesk Navisworks Review 提供创建图像与动画功能,将 3D 模型与项目进度表动态链接。该软件能够帮助设计与建筑专业人士共享与整合设计成果,创建清晰、确切的内容,以便说明设计意图,验证决策并检查进度。

③ Autodesk Navisworks Review 软件支持用户实现整个项目的实时可视化,审阅各种格式的文件。可访问的 BIM 模型支持项目相关人员提高工作和协作效率,并在设计与建造完毕后提供有价值的信息。该软件的动态导航漫游功能和直观的项目审阅工具包能够帮助用户加深对项目的理解。

④ Autodesk Navisworks Freedom 软件是 Autodesk Navisworks NWD 文件与 3D 的 DWF 格式文件浏览器。可以自由查看 Navisworks Review、Navisworks Simulate 或 Navisworks Manage 以 NWD 格式保存的所有仿真内容和工程图。

15. 产品名称:PKPM

功能简介:PKPM 系列软件系统是一套集建筑设计、结构设计、设备设计、节能设计于一体的建筑工程综合 CAD 系统。

PKPM 建筑设计软件用人机交互方式输入 3D 建筑形体,直接对模型进行渲染及制作动画。APM 可完成平面、立面、剖面及详图的施工图设计,还可生成 2D 渲染图。

PKPM 结构设计容纳了国内各种计算方法,如平面杆系、矩形及异形楼板、墙、各类基础、砌体及底框结构抗震、钢结构、预应力混凝土结构分析、建筑抗震鉴定加固设计等。

设备设计包括采暖、空调、电气及室内外给排水,可从建筑高级电源管理(APM)生成条件图及计算数据,交互完成管线及插件布置,计算绘图一体化。

PKPM 建筑节能设计方面提供按照最新国家和地方标准编制的,适应公共建筑、住宅建筑、各类气候分区的节能设计软件,同时提供民用建筑能效测评及居住建筑节能检测计算软件。

16. 产品名称:Revit

功能简介:Revit 是基于 BIM 开发的软件,可帮助专业的设计和施工人员使用协调一致的基于模型的方法,将设计创意从最初的概念变为现实的构造。Revit 是一个综合性的应用程序,其中包含适用于建筑设计、水、暖、电和结构工程及工程施工的各项功能。

Revit 帮助用户捕捉和分析设计构思,提供了包含丰富信息的模型,能够支持针对可持续设计、冲突检测、施工规划和建造作出决策。设计过程中的所有变更都会在相关设计与文档中自动更新,实现更加协调一致的流程,获得更加可靠的设计文档。

① 完整的项目和单一的环境

Revit 中的概念设计功能提供了易于使用的自由形状建模和参数化设计工具,并且还支持在开发阶段及早对设计进行分析。

② 参数化构件

参数化构件是在 Revit 中设计所有建筑构件的基础。这些构件提供了一个开放的图形系统可以用来设计精细的装配(如细木家具和设备),以及最基础的建筑构件(如墙和柱)。

③ 双向关联

任何一处变更,所有相关位置随之变更。所有模型信息被存储在一个协同数据库中,对信息的修订与更改会自动反映到整个模型中。

④ 详图设计

Revit 附带丰富的详图库和详图设计工具,可以根据各公司不同标准创建、共享和定制详图库。

⑤ 明细表

明细表是整个 Revit 模型的另一个视图。对于明细表视图进行的任何变更都会自动反映到其他所有视图中。明细表的功能包括关联式分割及通过明细表视图、公式和过滤功能选择设计元素。

⑥ 材料算量功能

利用材料算量功能计算详细的材料数量。材料算量功能非常适用于计算可持续设计项目中的材料数量和估算成本,优化材料数量跟踪流程。

⑦ 功能形状

Building Maker 功能可以将概念形状转换成全功能建筑设计。可以选择并添加面,由此设计墙、屋顶、楼层和幕墙系统。还可将来自 AutoCAD 软件和 Autodesk Maya 软件及 SketchUp 等软件应用或其他基于 ACIS 或 NURBS 的应用的概念性体量转化为 Revit 中的体量对象,然后进行方案设计。

⑧ 协作

工作共享工具支持应用视图过滤器和标签元素,以及控制关联文件夹中工作集的可见性,以便在包含许多关联文件夹的项目中改进协作工作。

⑨ Revit Server

Revit Server 能够帮助不同地点的项目团队通过广域网更轻松地协作处理共享的 Revit 模型。在同一服务器上实现综合收集 Revit 中央模型。

⑩ 结构设计

Revit 软件是专为结构工程公司定制的 BIM 解决方案,拥有用于结构设计与分析的强大工具。Revit 将多材质的物理模型与独立、可编辑的分析模型进行了集成,可实现高效的结构分析,并为常用的结构分析软件提供了双向链接。

⑪ 水、暖、电设计

　　Revit 可通过数据驱动的系统建模和设计来优化建筑设备与管道专业工程。在基于 Revit 的工作流中，它可以最大限度地减少设备专业设计团队之间，以及与建筑师和结构工程师之间的协调错误。

　　⑫　工程施工

　　利用 Vault 和 Autodesk 360 的集成功能，加强了施工过程的综合分析；通过多种手段的协同工作，加强了施工各参与方的联系与协调；实行碰撞检查可避免施工中造成浪费。

　　17.　产品名称：Autodesk Robot Structural Analysis Professional

　　功能简介：Autodesk Robot Structural Analysis Professional 软件为结构工程师提供了针对大型复杂结构的高级建筑模拟和分析功能。用户可以利用 Revit 进行建模，利用 Autodesk Robot Structural Analysis 进行结构分析。在两款软件之间无缝地导入和导出结构模型。双向链接使结构分析和设计结果更加精确，这些结果随后在整个 BIM 模型中更新，以制作协调一致的施工文档。用户还可以利用 Autodesk Robot Structural Analysis Professional 进行结构分析，利用 AutoCAD Structural Detailing 创建施工图。Autodesk Robot Structural Analysis Professional 能够无缝地将选定的设计数据传输到 AutoCAD Structural Detailing 软件，能够在从分析、设计到最终生成项目文档与结构图的整个过程中为结构工程师提供集成的工作流程。

　　此外，Autodesk Robot Structural Analysis Professional 能够分析类型广泛的结构，其采用一种直观的用户界面来对建筑物进行建模、分析和设计。建筑设计布局包括楼层板视图，用户能够轻松地创建柱体和生成梁框架布局。工程师也可以利用相关工具高效地添加、复制、移除和编辑几何图，以模拟建筑物楼层。

　　Autodesk Robot Structural Analysis Professional 能够实现对多种类型结构进行简化且高效的非线性分析，包括重力二阶效应（P-delta）分析，受拉/受压单元分析，支撑、缆索和塑性铰分析。该软件提供了市场领先的结构动态分析工具和高级快速动态解算器，该解算器确保用户能够轻松地对任何规模的结构进行动态分析。

　　18.　产品名称：SDS/2

　　功能简介：SDS/2 是一款钢结构详图软件，具有内置的连接组件库（如梁、柱、支柱和桁架等元素）。SDS/2 利用参数化方法来创建生成指定荷载下的构件连接详图。它有着简捷的 3D 模型输入、自动的节点生成、准确的详图抽取、精确的材料统计，以及与其他工具的多种接口等优点。SDS/2 可以实现项目团队之间的协作。其他核心功能包括 3D 建模和 2D 制图等。SDS/2 极大地提高了钢结构详图工作的效率和准确性。

　　SDS/2 软件共有 Detailing、Engineering、Modeling、Drafting、Fabracating、Erector、BIM、Approval、Viewer、Mobile、Connect 等 11 个模块。

　　SDS/2 Detailing 模块提供最高水平的自动化和智能化 3D 钢结构详图，智能链接设计和高品质的绘图。比如柱和梁，以及连接处与必要的材料、螺栓孔和焊缝都可以实现自动设计。作为链接设计的一部分，SDS/2 可以自动执行冲突检查。此外，SDS/2 可以评估工程项目上的连接件，帮助用户设计最经济的连接构件。

　　SDS/2 Engineering 模块结合 3D 框架分析和构件设计，接口设计都作为精确的 BIM 模型被整齐地打包。SDS/2 Engineering 用户可以用它创建一个符合制造标准的模型，用最好的钢结构分析方法，使连接处被自动设计，同时兼顾体量和施工性。SDS/2

Engineering 的另一个独特功能是可以在设计结构时计算力的转移,设计出更安全的连接和更安全的结构。

SDS/2 BIM 模块是 BIM 协调其模型信息的枢纽。SDS/2 BIM 可以让用户在其原生的3D 模型环境中,查看所有关于钢结构项目的信息。SDS/2 BIM 可以导出各种格式的文件,与其他产品配合使用,并可以导入 DWF 参考模型。

19. 产品名称:SketchUp Pro

功能简介:SketchUp Pro 是一套直接面向设计方案创作过程而不只是面向渲染成品或施工图纸的设计工具,其创作过程不仅能够表达设计师的思想而且能满足与客户即时交流的需要。

SketchUp Pro 可以导入草图、轮廓和航拍图像并快速生成 3D 模型,能够以多种 2D 和3D 格式导出模型,以用于其他应用程序。SketchUp Pro 包含两个用于设计和演示的工具——LayOut 和 Style Builder,适合于概念设计和交互式演示。

SketchUp Pro 建模流程简单明了,就是画线成面,而后挤压成型,借助其简便的操作和丰富的功能可完成建筑和室内、城市、环境设计,形成的最终模型可以由其他后期制作软件继续形成照片级的商业效果图。SketchUp Pro 还可以用于阴影分析。

20. 产品名称:Tekla

功能简介:Tekla 是 3D 建筑信息建模软件,主要用于钢结构工程项目。它通过创建 3D模型,可以自动生成钢结构详图和各种报表。由于图纸与报表均以模型为准,而在 3D 模型中,操纵者很容易发现构件之间连接有无错误,所以它保证了钢结构详图深化设计中构件之间的正确性。

Tekla 用户可以在一个虚拟的空间中搭建一个完整的钢结构模型,模型中不仅包括结构零部件的几何尺寸,也包括材料规格、横截面、节点类型、材质、用户批注语等在内的所有信息。Tekla 用户使用连续旋转观察功能、碰撞检查功能,可以方便地检查模型中存在的问题。Tekla 的模型基于面向对象技术,这就是说模型中所有元素包括梁、柱、板、节点螺栓等都是智能目标,即当梁的属性改变时,相邻的节点也自动改变,零件安装及总体布置图都相应改变。

在确认模型正确后,Tekla 可以创建施工详图,自动生成构件详图和零件详图。构件详图可以在 AutoCAD 中进行深化设计;零件详图可以直接或经转化后,得到数控切割机所需的文件,实现钢结构设计和加工自动化。

模型还可以自动生成某些报表,如螺栓报表、构件表面积报表、构件报表、材料报表。其中,螺栓报表可以统计出整个模型中不同长度、等级的螺栓总量;构件表面积报表可以估算油漆使用量;材料报表可以估算每种规格的钢材使用量。

21. 产品名称:Vectorworks Suite

功能简介:Vectorworks Suite 在建筑设计、景观设计、舞台及灯光设计、机械设计及渲染等方面拥有专业化性能。利用它可以设计、显现及制作针对各种大小的项目的详细计划。设计师套包包括以下几个模块:Architect(建筑师模块)、Landmark(景观园林模块)、Spotlight(灯光设计模块)、Fundamentals(基础模块)。

① Architect(建筑师模块)

Vectorworks Architect 设计工具能够帮助用户创作、建模、分析及展示等,一切工作均可在 BIM 的框架内完成。

支持可持续性建筑：当设计的目标是可持续性的时候，Vectorworks Designer 是必不可少的工具。这个程序能够通过内置试算表的编程分析（具有参数的空间物体）、细化的材料统计和照明要求来计算建筑功效，让用户实现材料功能最大化和能耗最小化。

② Landmark（景观园林模块）

景观园林模块为设计者提供了景观园林的设计功能，包括地形设计、园林专用建筑的设计、材质库智能化的设计，是景观园林设计的好助手。导入及直接使用地理参照航空/卫星图像和地理信息系统数据，或使用优秀的绘图、建模和图形处理去美化，展示引人注目的 2D或 3D 图形。

③ Spotlight（灯光设计模块）

这是一款应用在娱乐表演行业的一流灯光设计软件，它融合了 2D 设计和 3D 表现模式，为舞台、播音、主持等娱乐工作场所的设计提供了非常好的设计工具。在轻松模拟灯光情景，创造惊人的舞台布景设计，或规划展览和活动布置的同时，用户可以自动处理相关的文书工作，及可视化用户的 3D 设计理念。除有一套绘图工具外，用户还可以访问多个丰富的图库——照明工具、配件、景区元素、建筑对象、音响对象、视频对象和机器零件，只需拖放到项目即可。

④ Fundamentals（基础模块）

基础模块为 Vectorworks 产品线的基础，提供基本的 3D 建模功能，可以让用户不受固有工作流程的限制，享有自己的工作方式，结合现有的方式，充分利用用户已有的技术进行设计，并与使用其他软件程序的合作者及同事天衣无缝地合作。

22. 产品名称：广联达算量系列

功能简介：广联达算量系列软件［包括 GCL（土建算量）、GGJ（钢筋算量）、GQI（安装算量）、GDQ（精装算量软件）］，基于自主知识产权的 3D 图形平台，提供 2D CAD 导图算量、绘图输入算量、表格输入算量等多种算量模式，结合全国各省、区、市计算规则和清单、定额库，运用 3D 计算技术，实现工程量自动统计、按规则扣减等功能。

23. 产品名称：鸿业 BIM 系列

功能简介：鸿业 BIM 系列提供基于 Revit 平台的建筑、暖通、给排水及电气专业软件，并且能够与基于 Revit 的结构软件进行协同，结合基于 AutoCAD 平台的鸿业系列施工图设计软件，可提供完整的施工图解决方案。可通过数据库构建服务器与客户端的标准化族管理机制，形成 3D 构件及设备的标准化、信息化承载平台。软件中大量采用数据信息传递的方式进行专业间共享互通，充分体现了 BIM 条件下的高效协同模式。

24. 产品名称：理正系列

功能简介：理正的计算机辅助设计系列软件有建水电系列、结构系列、勘察系列和岩土系列。这里主要介绍建水电系列和结构系列。

① 建水电系列

理正建筑 CAD 提供的建筑施工图绘制工具包括平、立、剖面和 3D 绘图，尺寸和标号标注，文字和表格，日照计算，图库管理和图面布置等。与微软的合作以及对 Autodesk 的支持使理正建筑软件可以在任何装有 AutoCAD 版本的机器里打开，并可使用纯 AutoCAD 命令编辑。

理正给排水 CAD 具有室内给水、自动喷洒、水力表查询、减压孔板、节流管及雨水管渠等计算功能,可自动进行管段编号,计算出管径,并得到计算书;并按最新规范编制了自动喷洒计算程序,能够迅速完成喷洒系统的计算和校核工作;设有与其他建筑软件的接口,可方便地与建筑专业衔接。

理正电气 CAD 提供了电气施工图、线路图绘制工具及各种常用电气计算功能,具体包括:电气平面图、系统图和电路图绘制;负荷、照度、短路、避雷等计算;文字、表格;建筑绘图;图库管理和图面布置等。

② 结构系列

结构快速设计软件 QCAD 是理正在国内推出的一款基于 AutoCAD 平台的自动绘制结构施工图软件。该软件结合自动绘图与工具集式的绘图,既可利用建筑图和上部计算数据自动生成梁、柱、墙、板施工图,又提供了大量绘图工具对施工图进行深度编辑。

钢筋混凝土结构构件计算模块可完成各种钢筋混凝土基本构件、截面的设计计算;完成砌体结构基本构件的设计计算;软件可自动生成计算书及施工图。

25. 产品名称:鲁班算量系列

功能简介:鲁班算量系列软件是国内一款基于 AutoCAD 图形平台开发的工程量自动计算软件,包含的专业有土建预算、钢筋预算、钢筋下料、安装预算、总体预算和钢构预算。整个软件可以用于工程项目预决算及施工全过程管理。增加时间维度后,可以形成 4D BIM 模型。

鲁班项目基础数据分析系统(LubanPDS)是以鲁班算量系列软件创建的 BIM 模型和全过程造价数据为基础,把原来分散在个人手中的工程信息模型汇总到企业,形成一个汇总的企业级项目基础数据库,经授权的企业不同岗位都可以利用客户端进行数据的查询和分析。既为总部管理和决策提供依据,为项目部的成本管理提供依据,又可以与 ERP(企业资源计划)系统数据对接,形成数据共享。

26. 产品名称:斯维尔系列

功能简介:斯维尔系列软件主要涵盖建筑设计、节能设计、日照设计、虚拟现实、算量计算、安装等量与清单计价等方面。在此分别对该系列软件进行介绍。

斯维尔建筑设计 TH-Arch 是一套专为建筑及相近专业提供数字化设计环境的 CAD 系统,集数字化、人性化、参数化、智能化、可视化为一体,构建于 AutoCAD 平台之上,采用自定义对象核心技术,以建筑构件作为基本设计单元,利用多视图技术实现 2D 图形与 3D 模型同步一体。该软件还支持 Windows 7 的 64 位系统,把多核、大内存的性能最大限度地发挥出来。采用自定义剖面对象终结通用对象表达剖面图的历史,使剖面绘图和平面绘图一样轻松。

斯维尔节能设计软件 THS-BECS2010 是一套为建筑节能提供分析计算功能的软件系统,构建于 AutoCAD 平台之上,适用于全国各地的居住建筑及公共建筑节能审查和能耗评估。该软件采用 3D 建模,并可以直接利用主流建筑设计软件的图形文件,避免重复录入,因此提高了设计图纸节能审查的效率。

斯维尔日照分析软件 THS-Sun2010 构建于 AutoCAD 平台之上,支持 Windows 7 的 64 位系统,为建筑规划布局提供高效的日照分析工具。软件既有丰富的定量分析手段,也有可视化的日照仿真,能够轻松应付大规模建筑群的日照分析。

斯维尔虚拟现实软件 UC-win/Road 的操作简单、功能实用,可实现实时虚拟现实。通过简单的 PC(电脑)操作,能够制作出身临其境的 3D 环境,为工程的设计、施工及评估提供有力的支援。

斯维尔 3D 算量计算软件 TH-3DA 是基于 AutoCAD 平台的建筑业工程量计算软件。软件集构件与钢筋于一体,实现了建筑模型和钢筋计算实时联动、数据共享,可同时输出清单工程量、定额工程量和构件实物量。软件集智能化、可视化、参数化于一体,电子图识别功能强大,可以将设计图电子文档快速转换为 3D 实体模型,也可以利用完善、便捷的模型搭建系统用手工搭建算量模型。

斯维尔安装等量软件 TH-3DM 以 AutoCAD 电子图纸为基础,识别为主、布置为辅,通过建立真实的 3D 图形模型,辅以灵活的计算规则设置,完美解决给排水、通风空调、电气、采暖等专业安装工程量计算需求。

斯维尔清单计价软件全面贯彻《建设工程工程量清单计价规范》(GB 50500—2013),是该规范的配套软件。软件涵盖 30 多个省、区、市的定额,支持全国各地市、各专业定额,提供清单计价、定额计价、综合计价等多种计价方法,适用于编制工程概、预、结算,以及招标、投标报价。软件提供二次开发功能,可自定义计费程序和报表,支持撤销、重做操作。

27. *产品名称:天正软件系列*

功能简介:天正软件系列采用 2D 图形描述与 3D 空间表现一体化技术,以建筑构件作为基本设计单元,把内部带有专业数据的构件模型作为智能化的图形对象。天正用户可完成各个设计阶段的任务,包括体量规划模型和单体建筑方案比较,适用于从初步设计直至最后阶段的施工图设计,同时可为天正日照设计软件和天正节能软件提供准确的建筑模型。

建筑设计信息模型化和协同设计化是当前建筑设计行业的需求。天正建筑在这两个领域也取得了重要成果:一是在建筑设计一体化方面,为建筑节能、日照、环境等分析软件提供了基础信息模型,同时也为建筑结构、给排水、暖通、电气等专业提供了数据交流平台;二是为协同设计提供了完全基于外部参照绘图模式下的全专业协同解决技术。

三、硬件配置计划

BIM 模型具有庞大的信息数据,因此,在 BIM 实施的硬件配置上有严格的要求,并在结合项目需求及节约成本的基础上,需要根据不同的使用用途和方向,对硬件配置进行分级设置,即最大限度地保证硬件设备在 BIM 实施过程中的正常运转,最大限度地控制成本。

在项目 BIM 实施过程中,根据工程实际情况搭建 BIM Server 系统,方便现场管理人员和 BIM 中心团队进行模型的共享和信息传递。通过在项目部和 BIM 中心各自搭建服务器,以 BIM 中心的服务器作为主服务器,通过广域网将两台服务器进行互联,然后分别给项目部和 BIM 中心建立模型的计算机进行授权,就可以随时将自己修改的模型上传到服务器上,实现模型的异地共享,确保模型的实时更新。

(1)项目拟投入多台服务器,如:项目部——数据库服务器、文件管理服务器、Web 服务器、BIM 中心文件服务器、数据网关服务器等。公司 BIM 中心——关口服务器、Revit Server 服务器等。

(2)若干台 NAS 存储,如:项目部——10 TB NAS 存储几台。公司 BIM 中心——10 TB NAS 存储。

（3）若干台 UPS,如 6 kV·A 几台。

（4）若干台图形工作站。系统拓扑结构如图 2-7 所示。

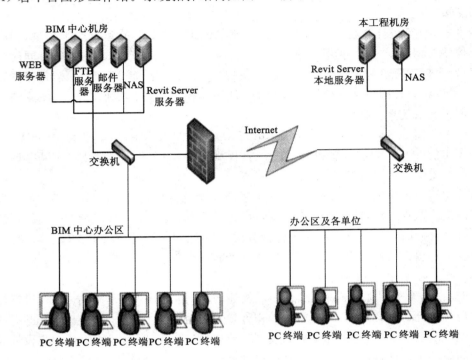

图 2-7 系统拓扑结构示意图

常见的 BIM 硬件设备见表 2-21。

表 2-21 常见的 BIM 硬件设备

CPU	内核	硬盘容量	显卡	显示器
I7393012 核	16 GB	2 TB	Q4000	HKC22 英寸
I7393012 核	32 GB	2 TB	Q6000	HKC22 英寸
I74770K	32 GB	2 TB	Q6000	飞利浦 22 英寸
E52630	64 GB	2 TB	Q6000	飞利浦 22 英寸

四、应用计划

为了充分配合工程,实际应用将根据工程施工进度设计 BIM 应用方案。主要节点如下所列。

（1）投标阶段初步完成基础模型建立、厂区模拟、应用规划、管理规划,依实际情况还可建立相关的工艺等动画。

（2）中标进场前初步制订该项目 BIM 实施导则、交底方案,完成项目 BIM 标准大纲。

（3）人员进场前针对性进行 BIM 技能培训,实现各专业管理人员掌握 BIM 技能。

（4）确保各施工节点前一个月完成专项 BIM 模型,并初步完成方案会审。

（5）各专业分包投标前一个月完成分包所负责部分模型工作，用于工程量分析、招标准备。

（6）各专项工作结束后一个月完成竣工模型及相应信息的三维交付。

（7）工程整体竣工后针对物业进行三维数据交付。

模型作为 BIM 实施的数据基础，为了确保 BIM 实施能够顺利进行，应根据应用节点计划合理安排建模计划，并将时间节点、模型需求、模型精度、责任人、应用方向等细节进行明确要求，确保能够在规定时间内提供相应的 BIM 应用模型。BIM 建模计划见表 2-22。

表 2-22 BIM 建模计划

时间节点	模型需求	模型精度	负责人	应用方向	施工工期阶段
投标阶段	基础模型	LOD250	总包 BIM	模型展示、4D 模拟	
施工准备	场地模型	LOD250	总包 BIM	电子沙盘、场地空间管理	施工准备阶段
	全专业模型	LOD300	总包 BIM	工程量统计、图纸会审、分包招标	
	土方开挖模型	LOD300	总包 BIM	土方开挖方案模拟、论证，土方量计算	
基础施工阶段	模型维护	LOD350	总包 BIM	根据新版图纸和变更洽商，进行模型维护	地下结构施工阶段
	模型数据分析	LOD350	总包 BIM	4D 施工模拟、成本分析、分包招标	
主体施工阶段	精细化模型	LOD450	总包 BIM	精细化模型，加入项目参数等相关信息	低区（1～36 层）结构施工阶段 高区（36 层以上）结构施工阶段
	深化设计	LOD500	总包 BIM、分包	完成节点深化模型（钢结构及管线综合等）	
	技术交底	LOD450	总包 BIM、分包	结构洞口预留、预埋	
	方案论证	LOD500	总包 BIM、分包	重点方案模拟	
	方案模拟	LOD400	总包 BIM、分包	大型构件吊装模拟、定位	
装修阶段	精细化模型	LOD500	总包 BIM	样板间制作	装饰装修机电安装施工阶段
	施工工艺	LOD400	总包 BIM	墙、顶、地布置	
	质量管控	LOD500	总包 BIM	幕墙全过程控制	
	成品保护	LOD500	总包 BIM	模型中进行责任界面划分	
运营维护	模型交付	LOD500	总包 BIM、分包	模型交付	系统联动调试、试运行，竣工验收备案

第五节 BIM 实施保障措施

一、建立系统运行保障体系

（1）按 BIM 组织架构表成立总包 BIM 系统执行小组，由 BIM 系统总监全权负责。经业主审核批准，小组人员立刻进场，以最快速度投入系统的创建工作。

（2）成立 BIM 系统领导小组，小组成员由总包项目总经理、项目总工、设计及 BIM 系统总监、土建总监、钢结构总监、机电总监、装饰总监、幕墙总监组成，定期沟通，及时解决相关问题。

（3）总包各职能部门设专人对口 BIM 系统执行小组，根据团队需要及时提供现场进展信息。

（4）成立 BIM 系统总、分包联合团队，各分包派固定的专业人员参加。如果因故需要更换，必须有很好的交接，保持其工作的连续性。

（5）购买足够数量的 BIM 正版软件，配备满足软件操作和模型应用要求的足够数量的硬件设备，并确保配置符合要求。

2. 编制 BIM 系统运行工作计划

（1）各分包单位、供应单位根据总工期及深化设计出图要求，编制 BIM 系统建模及分阶段 BIM 模型数据提交计划、四维进度模型提交计划等，由总包 BIM 系统执行小组审核，审核通过后由总包 BIM 系统执行小组正式发文，各分包单位参照执行。

（2）根据各分包单位的计划，编制各专业碰撞检查计划，修改后重新提交计划。

3. 建立系统运行例会制度

（1）BIM 系统联合团队成员，每周召开一次专题会议，汇报工作进展情况及遇到的困难、需要总包协调的问题。

（2）总包 BIM 系统执行小组，每周内部召开一次工作碰头会，针对本周本条线工作进展情况和遇到的问题，制订下周工作目标。

（3）BIM 系统联合团队成员，必须参加每周的工程例会和设计协调会，及时了解设计和工程进展情况。

4. 建立系统运行检查机制

（1）BIM 系统是一个庞大的操作运行系统，需要各方协同参与。由于参与的人员多且复杂，需要建立健全一定的检查制度来保证体系的正常运作。

（2）对各分包单位，每两周进行一次系统执行情况例行检查，了解 BIM 系统执行的真实情况、过程控制情况和变更修改情况。

（3）对各分包单位使用的 BIM 模型和软件进行有效性检查，确保模型和工作同步进行。

5. 模型维护与应用机制

（1）督促各分包单位在施工过程中维护和应用 BIM 模型，按要求及时更新和深化 BIM 模型，并提交相应的 BIM 应用成果。如在机电管线综合设计过程中，对综合后的管线进行碰撞校验并生成检验报告。设计人员根据报告所显示的碰撞点与碰撞量调整管线布局，经过若干个检测与调整的循环后，可以获得一个较为精确的管线综合平衡设计。

（2）在得到管线布局最佳状态的三维模型后，按要求分别导出管线综合图、综合剖面图、支架布置图及各专业平面图，并生成机电设备及材料量化表。

（3）在管线综合过程中建立精确的 BIM 模型，还可以采用 Autodesk Inventor 软件制作管道预制加工图，从而大大提高项目的管道加工预制化、安装工程的集成化程度，进一步提高施工质量，加快施工进度。

（4）运用 Revit Navisworks 软件建立 4D 进度模型，在相应部位施工前一个月内进行施工模拟,及时优化工期计划,指导施工实施。同时,按业主所要求的时间节点提交与施工进度相一致的 BIM 模型。

(5)在相应部位施工前的一个月内,根据施工进度及时更新和集成 BIM 模型,进行碰撞检查,提供包括具体碰撞位置的检测报告。设计人员根据报告迅速找到碰撞点所在位置,并逐一调整。为了避免在调整过程中有新的碰撞点产生,检测和调整会进行多次循环,直至碰撞报告显示零碰撞点。

(6)对于施工变更引起的模型修改,在收到各方确认的变更单后的 14 d 内完成。

(7)在出具完工证明以前,向业主提交真实和准确的竣工 BIM 模型、BIM 应用资料和设备信息等,确保业主和物业管理公司在运营阶段具备充足的信息。

(8)集成和验证最终的 BIM 竣工模型,按要求提供给业主。

6．BIM 模型的应用计划

(1)根据施工进度和深化设计及时更新和集成 BIM 模型,进行碰撞检查,提供具体碰撞的检测报告,并提供相应的解决方案,及时协调解决碰撞问题。

(2)基于 BIM 模型,探讨短期及中期的施工方案。

(3)基于 BIM 模型,准备机电综合管道图(CSD)及综合结构留洞图(CBWD)等施工深化图纸,及时发现管线与管线、管线与建筑、管线与结构之间的碰撞点。

(4)基于 BIM 模型,及时提供能快速浏览的 NWF、DWF 等格式的模型和图片,以便各方查看和审阅。

(5)在相应部位施工前的一个月内,根据施工进度表进行 4D 施工模拟,提供图片和动画视频等文件,协调施工各方优化时间安排。

(6)应用网上文件管理协同平台,确保项目信息及时、有效地传递。

(7)将视频监视系统与网上文件管理平台整合,实现施工现场的实时监控和管理。

7．实施全过程规划

为了在项目期间最有效地利用协同项目管理与 BIM 计划,设计人员先投入时间对项目各阶段中团队各利益相关方之间的协作方式进行规划。

从建筑的设计、施工、运营,直至建筑全寿命周期的终结,各种信息始终整合于一个三维模型信息数据库中;设计、施工、运营和业主等各方可以基于 BIM 模型进行协同工作,有效提高工作效率、节省资源、降低成本,以实现可持续发展,如图 2-8 所示。

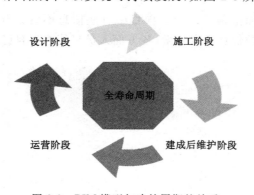

图 2-8 BIM 模型与建筑周期的关系

BIM 模型可大大提高建筑工程的信息集成化程度,从而为项目的相关利益方提供了一个信息交换和共享的平台,如图 2-9 所示。结合更多的数字化技术,BIM 模型还可以被用于模拟建筑物在真实世界中的状态和变化,例如:在建成之前,相关利益方就能对整个工程项目的成败作出完整的分析和评估。

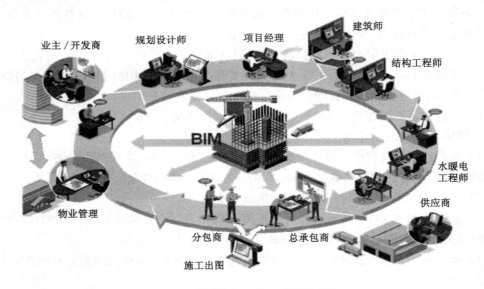

图 2-9　项目各方与 BIM 模型的关系

8. 协同平台准备

为了保证各专业内和专业之间信息模型的无缝衔接和及时沟通,BIM 项目需要在一个统一的平台上完成。该协同平台可以是专门的平台软件,也可以利用 Windows 操作系统实现。其关键技术是具备一套具体、可行的合作规则。协同平台应具备的最基本功能是信息管理和人员管理。

在协同化设计的工作模式下,设计成果的传递不应为 U 盘拷贝及快递发图纸等低效滞后的方式,而应利用 Windows 共享、FTP 服务器等共享功能。

BIM 设计传输的数据量远大于传统设计,如果没有一个统一的平台来承载信息,则设计的效率会大大降低。

信息管理的另一方面是信息安全。项目中有些信息不宜公开,比如 ABD 的工作环境等。这就要求为项目中的信息设定权限,各方面人员只能根据自己的权限享有 BIM 信息。

第三章　建设工程 BIM 项目管理与应用

在项目实施过程中,各利益相关方既是项目管理的主体,同时也是 BIM 技术的应用主体。不同的利益相关方,因为在项目管理过程中的责任、权利、职责的不同,所以针对同一个项目的 BIM 技术应用,各自的关注点和职责也不尽相同。例如,业主单位更多关注整体项目的 BIM 技术应用部署和开展,设计单位则更多关注设计阶段的 BIM 技术应用,施工单位则更多关注施工阶段的 BIM 技术应用。又比如,对于最常见的管线综合 BIM 技术应用,建设单位、设计单位、施工单位、运营维护单位的关注点就相差甚远:建设单位关注净高和造价,设计单位关注宏观控制和系统合理性,施工单位关注成本、施工工序和施工便利,运营维护单位关注运营维护便利程度。不同的关注点,就意味着同样的 BIM 技术,作为不同的实施主体,一定会有不同的组织方案、实施步骤和控制点。

虽然不同利益相关方的 BIM 需求并不相同,但 BIM 模型和信息根据项目建设的需要,只有在各利益相关方之间进行传递和使用,才能发挥 BIM 技术的最大价值。因此,实施一个项目的 BIM 技术应用,一定要清楚 BIM 技术应用首先为哪个利益相关方服务,BIM 技术应用必须纳入各利益相关方的项目管理内容。各利益相关方必须结合企业特点和 BIM 技术的特点,优化、完善项目管理体系和工作流程,建立基于 BIM 技术的项目管理体系,进行高效的项目管理。在此基础上,各利益相关方兼顾其他利益相关方的需求,建立更利于协同的共同工作流程和标准。

BIM 技术应用与传统的项目管理是密不可分的,因此,各利益相关方在进行 BIM 技术应用时,还要从对传统项目管理的梳理、BIM 应用需求、形式、流程和控制节点等几个方面,进行管理体系、流程的丰富和完善,实现有效、有序管理。

第一节　业主方 BIM 项目管理与应用

一、业主单位的项目管理

业主单位是建设工程生产过程的总集成者(人力资源、物质资源和知识的集成),也是建设工程生产过程的总组织者。业主单位也是建设项目的发起者及项目建设的最终责任者,业主单位的项目管理是建设项目管理的核心。作为建设项目的总组织者、总集成者,业主单位的项目管理任务繁重、涉及面广且责任重大,其管理水平与管理效率直接影响建设项目的增值。

业主单位的项目管理是所有各利益相关方中唯一涵盖建筑全生命周期各阶段的项目管理。作为项目发起方,业主单位应将建设工程的全寿命过程以及建设工程的各参与单位集成对建设工程进行管理,站在全方位的角度来设定各参与方的责权利的分工。

二、业主单位 BIM 项目管理的应用需求

业主单位首先需要明确利用 BIM 技术实现什么目的,解决什么问题,才能更好地应用 BIM 技术辅助项目管理。业主往往希望通过 BIM 技术应用来控制投资、提高建设效率,同时积累真实有效的竣工运营维护模型和信息,为竣工运营维护服务;在实现上述需求的前提下,也希望通过积累实现项目的信息化管理、数字化管理。常见的具体应用需求见表 3-1。

表 3-1　业主单位 BIM 项目管理的应用需求

业主单位 BIM 项目管理的应用需求	1. 可视化的投资方案 能反映项目的功能,满足业主的需求,实现投资目标
	2. 可视化的项目管理 支持设计、施工阶段的动态管理,及时消除差错,控制建设周期及项目投资
	3. 可视化的物业管理 BIM 与施工过程记录信息的关联,不仅为后续的物业管理带来便利,并且可以在未来进行的翻新、改造、扩建过程中为业主及项目团队提供有效的历史信息

应用 BIM 技术可以实现的业主单位需求如下所列。

(1)招标管理

在业主单位招标管理阶段,BIM 技术应用主要体现在以下几个方面:① 数据共享。BIM 模型的直观、可视化能够让投标方快速地深入了解招标方所提出的条件、预期目标,保证数据的共通共享及追溯。② 经济指标精确控制。控制经济指标的精确性与准确性,避免建筑面积、限高及工程量的不确定性。③ 无纸化招标。能增加信息透明度,还能节约大量纸张,实现绿色低碳环保。④ 削减招标成本。基于 BIM 技术的可视化和信息化,可采用互联网平台低成本、高效率地实现招投标的跨区域、跨地域进行,使招投标过程更透明、更现代化,同时能降低成本。⑤ 数字评标管理。基于 BIM 技术能够记录评标过程并生成数据库,对操作员的操作进行实时的监督,有利于规范市场秩序,有效推动招标投标工作的公开化、法制化,使得招投标工作更加公正、透明。

(2)设计管理

在业主单位设计管理阶段,BIM 技术应用主要体现在以下几个方面:① 协同工作。基于 BIM 的协同设计平台,能够让业主与各参与方实时观测设计数据更新、施工进度和施工偏差,实现图纸、模型的协同。② 基于精细化设计理念的数字化模拟与评估。基于 BIM 数字模型,可以利用更广泛的计算机仿真技术对拟建造工程进行性能分析,如日照分析、绿色建筑运营、风环境、空气流动性、噪声云图等指标;也可以将拟建工程纳入城市整体环境,将对周边既有建筑等环境的影响进行数字化分析评估,如日照分析、交通流量分析等指标,这些对于城市规划及项目规划意义重大。③ 复杂空间表达。在面对建筑物内部复杂空间和外部复杂曲面时,利用 BIM 软件可视化的特点,能够更好地表达设计和建筑曲面,为建筑设计创新提供了更好的技术工具。④ 图纸快速检查。利用 BIM 技术的可视化功能,可以大幅度提高图纸阅读和检查的效率;同时,利用 BIM 软件的自动碰撞检查功能,也可以帮助图纸审查人员快速发现复杂困难节点。

(3)工程量快速统计

目前主流的工程造价算量模式有以下几个明显的缺点：图形不够逼真；对设计意图的理解容易存在偏差，容易产生错项和漏项；需要重新输入工程图纸搭建模型，算量工作周期长；模型不能进行后续使用，没有传递，建模投入很大但仅供算量使用。

利用 BIM 技术辅助工程计算，能大大减轻工程造价工作中算量阶段的工作强度。首先，利用计算机软件的自动统计功能，即可快速地实现 BIM 算量。其次，由于是设计模型的传递，完整表达了设计意图，可以有效减少错项、漏项。同时，根据模型能够自动生成快速统计和查询各专业工程量，对材料计划、使用作精细化控制，避免材料浪费。利用 BIM 技术提供的参数更改技术，能够将更改自动反映到其他位置，从而可以帮助工程师们提高工作效率、协同效率及工作质量。

（4）施工管理

在施工管理阶段，业主单位更多关注的是施工阶段的风险控制，包含安全风险、进度风险、质量风险和投资风险等。其中安全风险包含施工中的安全风险和竣工交付后运营阶段的安全风险。同时，考虑不可避免的变更因素，业主单位还要考虑变更风险。在这一阶段，基于各种风险的控制，业主单位需要对现场目标的控制、承包商的管理、设计者的管理、合同管理、手续办理、项目内部及周边管理协调等问题进行重点管控。为了有效管控，业主单位需要专业的平台来提供各个方面庞大的信息和各个方面人员的管理。

BIM 技术正是解决此类工程问题的首选技术。BIM 技术辅助业主单位在施工管理阶段进行项目管理的优势主要体现在以下几个方面：① 验证施工单位施工组织的合理性，优化施工工序和进度计划；② 使用 3D 和 4D 模型明确分包商的工作范围，管理协调交叉，施工过程监控，可视化报表进度；③ 对项目中土建、机电、幕墙和精装修所需要的重大材料，对工程进度进行精确计量，做好成本控制风险管理；④ 工程验收时，用 3D 扫描仪进行三维扫描测量，对表观质量进行快速、真实、可追溯的测量，与模型参照对比来检验工程质量，防止人工测量验收的随意性和误差。

（5）销售推广

利用 BIM 技术和虚拟现实技术、增强虚拟现实技术、3D 眼镜、体验馆等，还可以将 BIM 模型转化为具有很强交互性的三维体验式模型，结合场地环境和相关信息，从而组成沉浸式场景体验。在沉浸式场景体验中，客户可以定义第一视角的人物，以第一人称视角，身临其境，浏览建筑内部，增强客户体验。利用 BIM 模型，可以轻松出具房间渲染效果图和漫游视频，减少了二次重复建模的时间和成本，提高了销售推广系统的响应效率，对销售回笼资金将起到极大的促进作用。同时，竣工交付时可为客户提供真实的三维竣工 BIM 模型，有助于销售和交付的一致性，减少法务纠纷，更重要的是能避免客户二次装修时对隐蔽机电管道的破坏，降低安全和经济风险。

BIM 辅助业主单位进行销售推广主要体现在以下几个方面：① 面积准确。BIM 模型可自动生成户型面积、建筑面积和公摊面积，结合面积计算规则适当调整，可以快速进行面积测算、统计和核对，确保销售系统数据真实、快捷。② 虚拟数字沙盘。虚拟现实技术为客户提供三维可视化沉浸式场景，使客户体会身临其境的感觉。③ 减少法务风险。因为所有的数字模型成果均从设计阶段交付至施工阶段、销售阶段，所有信息真实可靠，销售系统提供客户的销售模型与真实竣工交付成果一致，将大幅减少不必要的法务风险。

（6）运营维护管理

根据《中华人民共和国城镇国有土地使用权出让和转让暂行条例》第十二条的规定，土地使用权出让最高年限按下列用途确定：① 居住用地 70 年；② 工业用地 50 年；③ 教育、科技、文化、卫生、体育用地 50 年；④ 商业、旅游、娱乐用地 40 年；⑤ 综合或者其他用地 50 年。

与动辄几十年的土地使用权年限相比，施工建设期一般仅仅数年，高达 127 层的上海中心大厦也仅仅用了不到 8 年的施工建设时间。与较长的运营维护期相比，施工建设期则要短很多。在漫长的建筑物运营维护期间内，建筑物结构设施（如墙、楼板、屋顶等）和设备设施（如设备、管道等）都需要不断得到维护。一个成功的维护方案将提高建筑物性能，降低能耗和修理费用，进而降低总体维护成本。

BIM 模型结合运营维护管理系统可以充分发挥空间定位和数据记录的优势，合理制订维护计划，分配专人专项维护工作，以提高建筑物在使用过程中出现突发状况后的应急处理能力。BIM 辅助业主单位进行运营维护管理主要体现在以下几个方面：① 设备信息的三维标注。可在设备管道上直接标注名称、规格、型号，三维标注跟随模型移动、旋转。② 属性查询。在设备上右击鼠标，可以显示设备的具体规格、参数、厂家等信息。③ 外部链接。在设备上点击，可以调出有关设备设施的其他格式文件，如图片、维修状况、仪表数值等。④ 隐蔽工程。工程结束后，各种管道可视性降低，给设备维护、工程维修或二次装饰工程带来一定难度，BIM 清晰记录各种隐蔽工程，避免错误施工的发生。⑤ 模拟监控。物业对一些净空高度、结构有特殊要求，BIM 提前解决各种要求，并能生成虚拟现实（VR）文件，可以让客户互动阅览。

（7）空间管理

空间管理是业主单位为节省空间成本、有效利用空间、为最终用户提供良好的工作生活环境而对建筑空间所做的管理。BIM 可以帮助管理团队记录空间的使用情况，处理最终用户要求空间变更的请求，分析现有空间的使用情况，合理分配建筑物空间，确保空间资源的最大利用率。

（8）决策数据库

决策是对若干可行方案进行决策，即是对若干可行方案进行分析、比较、判断、选优的过程。决策过程一般可分为 4 个阶段：① 信息收集。对决策问题和环境进行分析，收集信息，寻求决策条件。② 方案设计。根据决策目标条件，分析制订若干行动方案。③ 方案评价。进行评价，分析优缺点，对方案进行排序。④ 方案选择。综合方案的优劣，择优选择。

建设项目投资决策在全生命周期中处于十分重要的地位。在传统的投资决策环节中，决策主要依据经验获得。但由于项目管理水平差异较大，信息反馈的及时性、系统性不一，经验数据水平差异较大；同时由于运营维护阶段信息化反馈不足，传统的投资决策的主要依据很难覆盖到项目运营维护阶段。

BIM 技术在建筑全生命周期的系统、持续运用，将提高业主单位项目管理水平，提高信息反馈的及时性和系统性，决策主要依据将由经验或者自发的积累，逐渐被科学决策数据库所代替。同时，决策主要依据将延伸到运营维护阶段。

三、业主单位项目管理中 BIM 技术的应用形式

鉴于 BIM 技术尚未普及，目前主流的业主单位项目管理 BIM 技术应用有 4 种形式，各

种应用形式优缺点如表 3-2 所列。

表 3-2 各种 BIM 应用形式的优缺点

序号	应用形式	优点	缺点
1	咨询方做独立的 BIM 技术应用,由咨询方交付 BIM 竣工模型	BIM 工作界面清晰	基于 BIM 技术的模型,仅作为初次接触体验,对工程实际意义不大,业主单位投入较小;在 BIM 全过程应用中,对 BIM 咨询方要求极高,且需要驻场,由于没有其他业态支撑,所有投入均需业主单位承担,业主单位投入极大
2	设计方、施工单位各做各的 BIM 技术应用,由施工单位交付 BIM 竣工模型	成本可由设计方、施工单位自行分担,业主单位投入小。业主单位逐渐掌握 BIM 技术后,这将是最合理的 BIM 应用范式	缺乏完整的 BIM 衔接,对建设方的 BIM 技术能力、协同能力要求较高。现阶段实现有价值的成果难度较大
3	设计方做设计阶段的 BIM 技术应用,并覆盖到施工阶段,由设计方交付 BIM 竣工模型	能更好地从设计统筹的角度发起,有助于对各专项设计进行统筹,帮助业主解决建设目标不清晰的诉求	施工过程中要驻场,成本较高
4	业主单位成立 BIM 研究中心或 BIM 研究院,由咨询方协助,组织设计、施工单位做 BIM 咨询运用,逐渐形成以业主为主导的 BIM 技术应用	有助于培养业主自身的 BIM 能力	成本最高

四、业主单位 BIM 项目管理的应用流程

业主单位作为项目的集成者、发起者,一定要承担项目管理组织者的责任,BIM 技术应用也是如此。业主单位不应承担具体的 BIM 技术应用,而应该从组织管理者的角度去参与 BIM 项目管理。

一般来说,业主单位的 BIM 项目管理应用流程如图 3-1 所示。

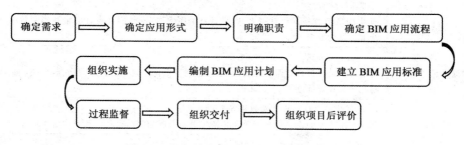

图 3-1 业主单位的 BIM 项目管理流程图

五、业主单位 BIM 项目管理的节点控制

BIM 项目管理的节点控制就是要紧紧围绕 BIM 技术在项目管理中进行运用这条主线,从各环节的关键点入手,实现关键节点的可控,使整体项目管理 BIM 技术运用的质量得到

提高,从而实现项目建设的整体目标。节点一般选择各利益相关方之间的协同点,选择 BIM 技术应用的阶段性成果,或选择与实体建筑相关的阶段性成果,将上述的交付关键点作为节点。针对关键节点,考核交付成果,对交付成果进行验收,通过针对节点的有效管控,实现整体项目的风险控制。

第二节　设计方 BIM 项目管理与应用

一、设计方的项目管理

作为项目建设的一个参与方,设计方的项目管理主要是服务于项目的整体利益和设计方本身的利益。设计方项目管理的目标包括设计的成本目标、进度目标、质量目标和项目建设的投资目标。项目建设的投资目标能否实现与设计工作密切相关。设计方的项目管理工作主要在设计阶段进行,但它也会向前延伸到设计前的准备阶段,向后延伸至设计后的施工阶段、动工前准备阶段和保修期等。

设计方项目管理的内容包括:与设计有关的安全管理(提供的设计文件须符合安全法规);设计本身的成本控制和与设计工作有关的项目建设投资成本控制;设计进度控制;设计质量控制;设计合同管理;设计信息管理;与设计工作有关的组织和协调。

二、设计方 BIM 项目管理的应用需求

在设计方 BIM 项目管理工作中,一般来说,设计方对于 BIM 技术应用有如下主要需求,如表 3-3 所列。

表 3-3　设计单位 BIM 项目管理的应用需求

设计单位 BIM 项目管理的应用需求	1. 增强沟通 通过创建模型,更好地表达设计意图,满足业主单位需求,减少因双方理解不同带来的重复工作和项目品质下降
	2. 提高设计效率 通过 BIM 三维空间设计技术,将设计和制图完全分开,提高设计质量和制图效率,整体提升项目设计效率
	3. 提高设计质量 利用模型及时进行专业协同设计,通过直观可视化协同和快速碰撞检查,把错、漏、碰、缺等问题消灭在设计过程中,从而提高设计质量
	4. 可视化的设计会审和参数协同 基于三维模型的设计信息传递和交换将更加直观、有效,有利于各方沟通和理解
	5. 可以提供更多、更便捷的性能分析 如绿色建筑分析应用,通过 BIM 模型模拟建筑的声学、光学及建筑物的能耗、舒适度,进而优化其物理性能

应用 BIM 技术可以实现的设计方需求如下:

(1) 三维设计

当前,二维图纸是我国建筑设计行业最终交付的设计成果,生产流程的组织与管理也均

围绕着二维图纸的形成来进行。二维设计通过投影线条、制图规则及技术符号表达设计成果,图纸需要人工阅读方能解释其含义。随着日益复杂的建筑功能要求和人类对于美感的追求,设计师们更加渴望驾驭复杂多变、更富美感的自由曲面。然而,令二维设计技术汗颜的是,它甚至连这类建筑最基本的几何形态也无法表达。

另外,二维设计最常用的是使用浮动和相对定位,目的是想尽办法让各种各样的模块挤在一个平面内,为了照顾兼容和应付各种错漏问题,往往结构和表现都处理得非常复杂,效率方面大打折扣。三维设计使用绝对定位,绝对定位容易给人造成一种布局固定的误解,其实不然,绝对定位一定程度上可以代替浮动做到相对屏幕,而且兼容性更好。

当前 BIM 技术的发展,更加发展和完善了三维设计领域:BIM 技术引入的参数化设计理念,极大地简化了设计本身的工作量,同时其继承了初代三维设计的形体表现技术,将设计带入一个全新的领域。通过信息的集成,也使得三维设计的设计成品(即三维模型)具备更多的可供读取的信息,为后期的生产提供更大的支持。

BIM 由三维立体模型表述,从初始就是可视化的、协调的,其直观形象地表现出建筑建成后的样子,然后根据需要从模型中提取信息,将复杂的问题简单化。基于 BIM 的三维设计能够精确表达建筑的几何特征。相对于二维绘图,三维设计不存在几何表达障碍,对任意复杂的建筑造型均能准确表现。通过进一步将非几何信息集成到三维构件中,如材料特征、物理特征、力学参数、设计属性、价格参数、厂商信息等,使得建筑构件成为智能实体,三维模型升级为 BIM 模型。BIM 模型可以通过图形运算并考虑专业出图规则自动获得二维图纸,并可以提取出其他的文档,如工程量统计表等,还可以将模型用于建筑能耗分析、日照分析、结构分析、照明分析、声学分析、客流物流分析等诸多方面。

(2)协同设计

协同设计是当下设计行业技术更新的一个重要方向,也是设计技术发展的必然趋势。协同设计有两个技术分支:一个主要适合于大型公用建筑、复杂结构的三维 BIM 协同;另一个主要适合于普通建筑及住宅的二维 CAD 协同。通过协同设计建立统一的设计标准,包括图层、颜色、线型、打印样式等。在此基础上,所有设计专业及人员在统一的平台上进行设计,从而减少现行各专业之间(以及专业内部)由于沟通不畅或沟通不及时导致的错、漏、碰、缺等问题,真正实现所有图纸信息元的统一性,实现一处修改其他自动修改,提升设计效率和设计质量。同时,协同设计也对设计项目的规范化管理起到重要作用,包括进度管理、设计文件统一管理、人员负荷管理、审批流程管理、自动批量打印、分类归档等。

目前的协同设计,很大程度上是指基于网络的一种设计沟通交流手段,以及设计流程的组织管理形式。协同设计包括:通过 CAD 文件之间的外部参照,使得工种之间的数据得到可视化共享;通过网络消息、视频会议等手段,使设计团队成员之间可以跨越部门、地域甚至国界进行成果交流、开展方案评审或讨论设计变更;通过建立网络资源库,使设计者能够获得统一的设计标准;通过网络管理软件的辅助,使项目组成员以特定角色登录,可以保证成果的实时性及唯一性,并实现正确的设计流程管理;针对设计行业的特殊性,甚至开发了基于 CAD 平台的协同工作软件等。

协同设计软件在不增加设计人员工作负担、不影响设计人员设计思路的情况下,始终帮助设计者理顺设计中的每一张图纸,记录清楚其各个历史版本和历程,保证设计图纸不再凌乱;同时也帮助各专业设计人员掌握设计的协作分寸和时机,使得图纸环节的流转及时顺畅,资源共享充分圆满;始终帮助设计师们监控设计过程中的每个环节,使得工程进度有序,工期不再拖延。协同设计就相当于配给设计师的得力助手。协同设计工作是以一种协作的方式,使成本降低、设计效率提高。协同设计由流程、协作和管理三类模块构成。设计、校审和管理等不同角色人员利用该平台中的相关功能实现各自工作。

BIM 技术与协同设计技术将成为互相依赖、密不可分的整体。协同是 BIM 的核心概念,同一构件元素,只需输入一次,各工种即共享元素数据,并以不同的专业角度操作该构件元素。从这个意义上说,基于 BIM 的协同设计已经不再是简单的文件参照。可以说,BIM技术将为未来协同设计提供底层支撑,大幅提升协同设计的技术含量。因此,未来的协同设计,将不再是单纯意义上的设计交流、组织及管理手段,它将与 BIM 融合,成为设计手段本身的一部分。其真正意义为:当一个完整的组织机构共同完成一个项目时,项目的信息和文档从一开始创建时起,就放置到共享平台上,被项目组的所有成员查看和利用,从而完美实现设计流程上下游专业间的设计交流。

(3) 建筑性能化设计

建设项目的景观可视度、日照、风环境、热环境、声环境等性能指标在开发前期就已经基本确定,但是由于缺少合适的技术手段,一般项目很难有时间和费用对上述各种性能指标进行多方案分析模拟,而 BIM 技术为建筑性能分析的普及应用提供了可能性。基于 BIM 的建筑性能化分析包含以下内容:

① 室外风环境模拟。改善住宅区建筑周边人行区域的舒适性,通过调整规划方案建筑布局、景观绿化布置,改善住区流场分布,减小涡流和滞风现象,提高住宅区环境质量;分析大风情况下,哪些区域可能因狭管效应引发安全隐患等。

② 自然采光模拟。分析相关设计方案的室内自然采光效果,通过调整建筑布局、饰面材料、围护结构的可见光透射比等,改善室内自然采光效果,并根据采光效果调整室内布局布置等。

③ 室内自然通风模拟。分析相关设计方案,通过调整通风口位置、尺寸、建筑布局等改善室内流场分布情况,并引导室内气流组织有效的通风换气,改善室内环境。

④ 小区热环境模拟分析。模拟分析住宅区的热岛效应,采用合理优化建筑单体设计、群体布局和加强绿化等方式削弱热岛效应。

⑤ 建筑环境噪声模拟分析。计算机声环境模拟的优势在于,建立几何模型之后,能够在短时间内通过材质的变化及房间内部装修的变化,预测建筑的声学质量,以及对建筑声学改造方案进行可行性预测。

基于 BIM 和能量分析工具,设计人员能够实现建筑模型的传递,简化能量分析的操作过程。如美国的 EnergyPlus 软件,在 2D CAD 的建筑设计环境下,运行 EnergyPlus 进行精确模拟需要专业人士花费大量时间,手工输入一系列大量的数据集,包括几何信息、构造、场地、气候、建筑用途及暖通空调系统的描述数据等。然而在 BIM 环境中,建筑师在设计过程中创建的 BIM 模型可以方便地同第三方设备结合,从而将 BIM 中的 IFC 文件格式转化成 EnergyPlus 的数据格式。

BIM 与 EnergyPlus 相结合的一个典型实例是位于纽约"9·11"遗址上的世界贸易中心一号大楼[原称为自由塔(Freedom Tower)]。在其能效计算中,美国能源部主管的加州大学伯克利分校的劳伦斯·伯克利国家实验室(LBNL)充分利用了 ArchiCAD 创建的虚拟建筑模型和 EnergyPlus 能量分析软件。自由塔设计的一大特点是精致的褶皱状外表皮。LBNL 利用 ArchiCAD 软件将这个高而扭曲的建筑物的中间（办公区）部分建模，将外表几何形状非常复杂的模型导入 EnergyPlus，模拟选择不同外表皮时的建筑性能，并且运用 EnergyPlus 来确定最佳的日照设计和整个建筑物的能量性能，最后建筑师根据模拟结果来选择最优化的设计方案。

（4）效果图及动画展示

利用 BIM 技术出具建筑的效果图，通过图片传媒来表达建筑所需要的以及预期要达到的效果；通过 BIM 技术和 VR 技术来模拟真实环境和建筑。效果图的主要功能是将平面的图纸三维化、仿真化，通过高仿真制作，来检查设计方案的细微瑕疵或进行项目方案修改的推敲。建筑行业效果图被大量应用于大型公用建筑，超高层建筑，中型、大型住宅小区的建设中。

动画展示就更加形象具体。在科技发达的现代，建筑的形式也向着更加高大、更加美观、更加复杂的方向发展，对于许多复杂的建筑形式和具体工法的展示自然变得更加重要。利用 BIM 技术提供的三维模型，可以轻松地将其转化为动画的形式，这样就使设计者的设计意图能够更加直观、真实、详尽地展现出来，既能为建筑投资方提供直观的感受，也能为后面的施工提供很好的依据。

BIM 系列软件具有强大的建模、渲染和动画功能，可以将专业、抽象的二维建筑描述通俗化、三维直观化，使得业主等非专业人员对项目功能性的判断更为明确和高效。另外，如果设计意图或者使用功能发生改变，基于已有 BIM 模型，可以在短时间内修改完毕，效果图和动画也能及时更新。并且，效果图和动画的制作功能是 BIM 技术的一个附加功能，其成本较专门的动画设计或效果图的制作大大降低，从而使得企业在较少的投入下能获得更多的回报。如对于规划方案，基于 BIM 能够进行预演，方便业主和设计方进行场地分析、建筑性能预测和成本估算，对不合理或不健全的方案进行及时的更新和补充。

（5）碰撞检查

二维图纸不能用于空间表达，使得图纸中存在许多意想不到的碰撞盲区。此外，目前的设计方式多为"隔断式"设计，各专业分工作业，依赖人工协调项目内容和分段，这也导致设计往往存在专业间碰撞。同时，在机电设备和管道线路的安装方面也存在软碰撞的问题（实际设备、管线间不存在实际的碰撞，但在安装方面会造成安装人员、机具不能到达安装位置的问题）。

传统二维图纸设计中，在结构、水暖电等各专业设计图纸汇总后，由总工程师人工发现和协调问题，这种做法难度大且效率低。碰撞检查可以及时地发现项目中图元之间的冲突，这些图元可能是模型中的一组选定图元，也可能是所有图元。在设计过程中，可以使用此工具来协调主要的建筑图元和系统。使用该工具可以防止冲突，并可降低建筑变更及成本超限的风险。常见的碰撞内容如下：建筑与结构专业，标高、剪力墙、柱等位置不一致，或梁与门冲突；结构与设备专业，设备管道与梁柱冲突；设备内部各专业，各专业与管线冲突；设备与室内装修，管线末端与室内吊顶冲突。

BIM 技术在三维碰撞检查中的应用已经比较成熟，国内外都有相关软件可以实现，如 Navisworks 软件。这类软件都是应用 BIM 可视化技术，在建造之前就可以对项目的土建、管线、工艺设备等进行管线综合及碰撞检查，不但能够彻底消除硬碰撞、软碰撞，优化工程设计,减少在建筑施工阶段可能存在的错误损失和返工的可能性,而且能够优化净空和管线排布方案。

(6) 设计变更

设计变更是指设计单位依据建设单位要求调整,或对原设计内容进行修改、完善、优化。设计变更应以图纸或设计变更通知单的形式发出。在建设单位组织的由设计单位和施工企业参加的设计交底会上,经施工企业和建设单位提出,各方研究同意而改变施工图的做法,属于设计变更,为此而增加新的图纸或设计变更说明都由设计单位或建设单位负责。而引入 BIM 技术后,利用 BIM 技术的参数化功能,可以直接修改原始模型,并可实时查看变更是否合理,减少变更后的再次变更,提高变更的质量。

施工企业在施工过程中,遇到一些原设计未预料到的具体情况,需要进行处理,因而发生设计变更。如工程的管道安装过程中遇到原设计未考虑到的设备和管道、在原设计标高处无安装位置等,需改变原设计管道的走向或标高,经设计单位和建设单位同意,办理设计变更或设计变更联络单。这类设计变更应注明工程项目位置、变更的原因、做法、规格和数量,以及变更后的施工图,经设计方签字确认后即为设计变更。采用传统的变更方法,需要对统一节点的各个视图依次进行修改;在 BIM 技术的支持下,只需在节点的一个视图上进行变更调整,其他视图的相应节点就都进行了修改,这样将大幅度地压缩图纸修改的时间,极大地提高效率。

工程开工后,由于某些方面的需要,建设单位提出要求改变某些施工方法,增减某些具体工程项目,或施工企业在施工过程中,由于施工方面、资源市场的原因,如材料供应或者施工条件不成熟,认为需改用其他材料代替,或者改变某些工程项目的具体设计等引起的设计变更,也能基于利用 BIM 技术而简洁、准确、实用、高效地完成项目的变更。

设计变更还直接影响工程造价。设计变更的时间和影响因素可能是无法掌控的,施工过程中反复变更设计会导致工期和成本的增加,而变更管理不善导致进一步的变更,使得成本和工期目标处于失控状态。BIM 的应用有望改变这一局面。美国斯坦福大学整合设施工程中心(CIFE)根据对 32 个项目的统计分析,总结了使用 BIM 技术后产生的效果,认为它可以消除 40% 的预算外更改,即从源头上减少变更的发生。这主要表现在:第一,三维可视化模型能够准确地再现各专业系统的空间布局、管线走向,专业冲突一览无遗,提高设计深度,实现三维校审,大大减少错、漏、碰、缺现象,在设计成果交付前消除设计错误,减少设计变更;第二,BIM 技术能增加设计协同能力,从而减少各专业间冲突,降低协调综合过程中的不合理方案或问题方案,使设计变更大大减少;第三,BIM 技术可以做到真正意义上的协同变更,可以避免变更后的再次变更。

三、设计方 BIM 技术应用形式

目前,全国设计方 BIM 技术发展水平并不一致,有的设计方 BIM 设计中心已发展为数字服务机构,专职为建设方提供信息化咨询和技术服务,包括软件研发和平台研发,而有的才刚刚开始了解 BIM 技术。BIM 技术在设计方主营业务领域应用形式主要是:已成立 BIM 设计中心多年,基本具备设计人直接使用 BIM 技术进行设计的能力;成立了 BIM 设计中心,由 BIM 设计中心与设计所结合,二维设计与 BIM 设计阶段应用同步进行;刚开始接触 BIM 技术,由咨询公司提供 BIM 技术培训、提供二维设计完成后的 BIM 翻模和咨询工作。上述三种形式分别是 BIM 设计、BIM 同步建模和 BIM 翻模。各种应用形式优缺点如表 3-4 所列。

表 3-4　设计方各 BIM 应用形式的优缺点

序号	应用形式	优　点	缺　点
1	BIM 设计	设计师直接用 BIM 进行设计，模型和设计意图一致，设计质量高、效果好，项目成本低	企业前期需要大量积累应用经验和技术人员，建立流程、制度和标准，前期投入大
2	BIM 同步建模	二维出图流程，时间不受影响，BIM 能为二维设计及时提供意见和建议，设计质量较高	二维设计成本没有降低，同时增加 BIM 设计人员投入，成本较高
3	BIM 翻模	二维出图流程、时间不受影响，投入低	模型和设计意图容易出现偏差

　　上述 3 种形式是现阶段设计方 BIM 技术应用的必经之路，待将流程、制度和标准固化到软件模块内，软件成熟以后，设计方有可能直接进入 BIM 设计的环节。

四、设计方 BIM 技术的应用流程

　　与其他行业相比，建筑物的生产是基于项目协作的，通常由多个平行的利益相关方在较长的生命周期中协作完成。因此，建筑信息模型尤其依赖于在不同阶段、不同专业之间的信息传递标准，就是要建立一个在整个行业中通用的语义和信息交换标准，使不同工种的信息资源在建筑全生命周期各个阶段中都能得到很好的利用，保证业务协作可以顺利地进行。

　　BIM 技术的提出给设计流程带来了很大的改变。在传统的设计过程中，各个设计阶段的设计沟通都是以图纸为介质，不同的设计阶段的不同内容都分别体现在不同的图纸中，经常会出现信息不流通、设计不统一的问题。如图 3-2 所示的是传统的设计流程，各个阶段、各个专业之间信息是有限共享的，无法实时更新。而通过 BIM 技术，从设计初期就将不同专业的信息模型整合到一起，改变了传统的设计流程，通过 BIM 模型这个载体，实现了设计过程中信息的实时共享（图 3-3）。

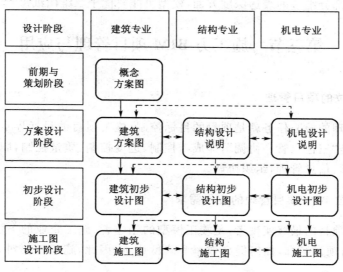

图 3-2　传统模式下的设计流程

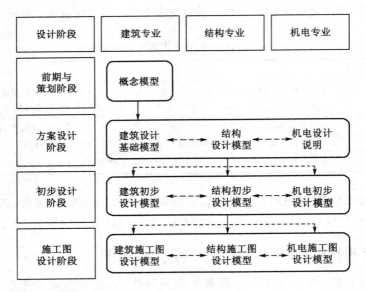

图 3-3   BIM 模式下的设计流程

BIM 技术促使设计过程从各专业点对点的滞后协同改变为通过同一个平台实时互动的信息协同方式。这种方式带来的改变不仅仅在交互方式上有着巨大优势,也同样带来专业间配合的前置,使更多问题在设计前期得到更多的关注,从而大幅提高设计质量。

五、设计方 BIM 技术应用的核心

设计方无论采用何种 BIM 技术应用形式、技术手段和技术工具,应用的核心在于用 BIM 技术提高设计质量,完成 BIM 设计或辅助设计表达,为业主单位整体的项目管理提供有力、有效的技术支撑。因此,设计方 BIM 技术应用的核心是模型完整表达设计意图,与图纸内容一致。在部分细节的表达深度方面,模型可能要优于二维图纸。

第三节   施工方 BIM 项目管理与应用

一、施工单位的项目管理

施工项目管理的核心任务就是项目的目标控制,施工项目的目标界定了施工项目管理的主要内容,就是"三控三管一协调",即成本控制、进度控制、质量控制,职业健康安全与环境管理、合同管理、信息管理,组织协调。

二、施工单位 BIM 项目管理的应用需求

施工单位是项目的最终实现者,是竣工模型的创建者,施工企业的关注点是现场实施,关心 BIM 如何与项目结合,如何提高效率和降低成本,因此,施工单位对 BIM 的需求见表 3-5。

下面对施工模型建立、施工质量管理、施工进度管理、施工成本管理、施工安全管理等几个方面进行简要介绍,施工单位 BIM 技术具体应用内容详见第四章。

（1）施工模型建立

施工前,施工单位施工组织设计技术人员需要先进行详细的施工现场查勘,重点研究解决施工现场整体规划、现场进场位置、卸货区的位置、起重机械的位置及危险区域等问题,确保建筑构件在起重机械安全有效范围内作业;施工工法通常由工程产品和施工机械的使用决定,现场的整体规划、现场空间、机械生产能力、机械安拆的方法又决定施工机械的选型;临时设施是为工程施工服务的,它的布置将影响到工程施工的安全、质量和生产效率。

表 3-5　施工单位 BIM 项目管理的应用需求

施工单位 BIM 项目管理的应用需求	1. 理解设计意图 可视化的设计图纸会审能帮助施工人员更快更好地解读工程信息,并尽早发现设计错误,及时与设计人员联络
	2. 降低施工风险 利用模型进行直观的"预施工",预知施工难点,更大程度地消除施工的不确定性和不可预见性,保证施工技术措施的可行、安全、合理和优化
	3. 把握施工细节 在设计方提供的模型基础上进行施工深化设计,解决设计信息中没有体现的细节问题和施工细部做法,更直观、更切合实际地对现场施工工人进行技术交底
	4. 更多的工厂预制 为构件加工提供最详细的加工详图,减少现场作业、保证质量
	5. 提供便捷的管理手段 利用模型进行施工过程荷载验算、进度物料控制、施工质量检查等

鉴于上述原因,施工前根据设计方提供的 BIM 设计模型,建立包括建筑构件、施工现场、施工机械、临时设施等在内的施工模型。基于该施工模型,可以完成以下内容:基于施工构件模型,将构件的尺寸、体积、重量、材料类型、型号等记录下来,然后针对主要构件选择施工设备和机具,确定施工单位;基于施工现场模型,模拟施工过程、构件吊装路径、危险区域、车辆进出现场状况、装货卸货情况等,直观、便利地协助管理者分析现场的限制因素,找出潜在的问题,制订可行的施工方法;基于临时设施模型,能够实现临时设施的布置及运用,帮助施工单位事先准确地估算所需要的资源,以及评估临时设施的安全性,是否便于施工,以及发现可能存在的设计错误;整个施工模型的建立,能够提高效率、减少传统施工现场布置方法中存在漏洞的可能,及早发现施工图设计和施工单位方案的问题,提高施工现场的生产率和安全性。

（2）施工质量管理

一方面,业主是工程高质量的最大受益者,也是工程质量的主要决策人,但由于受专业知识局限,业主与设计人员、监理人员、承包商之间的交流存在一定困难。BIM 为业主提供形象的三维设计,业主可以更明确地表达自己对工程质量的要求,如建筑物的色泽、材料、设备要求等,有利于各方开展质量控制工作。

另一方面,BIM 是项目管理人员控制工程质量的有效手段。由于采用 BIM 设计的图纸是数字化的,计算机可以在检索、判别、数据整理等方面发挥优势。而且利用 BIM 模型和施工方案进行虚拟环境数据集成,对建设项目的可建设性进行仿真实验,可在事前发现质量问题。

（3）施工进度管理

在 BIM 三维模型信息的基础上增加一维进度信息的管理被称为 4D 管理。目前来看，BIM 技术在工程进度管理上有三个方面的应用。

首先，是可视化的工程进度安排。建设工程进度控制的核心技术是网络计划技术。目前，该技术在我国利用效果并不理想。在这一方面 BIM 有优势，通过与网络计划技术的集成，BIM 可以按月、周、天直观地显示工程进度计划。另外，便于工程管理人员进行不同施工方案的比较，选择符合进度要求的施工方案；同时，也便于工程管理人员发现工程计划进度和实际进度的偏差，及时进行调整。

其次，是对工程建设过程的模拟。工程建设是一个多工序搭接、多单位参与的过程。工程进度总计划是由多个专项计划搭接而成的。传统的进度控制技术中，各单项计划间的逻辑顺序需要技术人员来确定，难免出现逻辑错误，造成进度拖延；而通过 BIM 技术，用计算机模拟工程建设过程，项目管理人员更容易发现在二维网络计划技术中难以发现的工序间逻辑错误，优化进度计划。

再则，是对工程材料和设备供应过程的优化。当前，项目建设过程越来越复杂，参与单位越来越多，如何安排设备、材料供应计划，在保证工程建设进度需要的前提下，节约运输和仓储成本，正是"精益建设"的重要问题。BIM 为精益建设思想提供了技术手段。通过计算机的资源计算、资源优化和信息共享功能，可以达到节约采购成本、提高供应效率和保证工程进度的目的。

（4）施工成本管理

在 4D 的基础上加入成本维度的技术，被称为 5D 技术（五维技术），五维的成本管理也是 BIM 技术最有价值的应用领域。在 BIM 出现以前，在 AutoCAD 平台上，我国的一些造价管理软件公司已对这一技术进行了深入的研发，而在 BIM 平台上，这一技术可以得到更大的发展空间，主要表现在以下几个方面。

首先，BIM 使工程量计算变得更加容易。在 BIM 平台上，设计图纸的元素不再是线条，而是带有属性的构件。这就不再需要预算人员告诉计算机画出的是什么东西了，"三维算量"实现了自动化。

其次，BIM 使成本控制更易于落实。运用 BIM 技术，业主可以便捷准确地得到不同建设方案的投资估算或概算，比较不同方案的技术经济指标。而且，项目投资估算、概算也比较准确，能够降低业主不可预见费比率，提高资金使用效率。同样，BIM 的出现可以让相关管理部门快速准确地获得工程基础数据，为企业制订精确的"人、材、机"计划提供有效支撑，大大减少了资源、物流和仓储环节的浪费，为实现限额领料、消耗控制提供了技术支撑。

再则，BIM 有利于加快工程结算进程。工程实施期间进度款支付拖延的一个主要原因在于工程变更多、结算数据存在争议。BIM 技术有助于解决这个问题：一方面，BIM 有助于提高设计图纸质量，减少施工阶段的工程变更；另一方面，如果业主和承包商达成协议，基于同一 BIM 模型进行工程结算，则结算数据的争议会大幅度减少。

最后，多算对比，有效管控。管理的支持是数据，项目管理的基础就是工程基础数据的管理，及时、准确地获取相关工程数据就是项目管理的核心竞争力。BIM 数据库可以实现任一时点上工程基础信息的快速获取，通过合同、计划与实际施工的消耗量、分项单价、分项合价等数据的多算对比,可以有效了解项目运营是盈是亏,消耗量有无超标,进货分包单价有无失控等问题,实现对项目成本风险的有效管控。

(5) 施工安全管理

BIM 具有信息完备性和可视化的特点。BIM 在施工安全管理方面的应用主要体现在以下几点:

首先,将 BIM 当作数字化安全培训的数据库,可以达到更好的效果。对施工现场不熟悉的新工人在了解现场工作环境前都有遭受伤害的较高风险。BIM 能帮助他们更快和更好地了解现场的工作环境。不同于传统的安全培训,利用 BIM 的可视化和与实际现场相似度很高的特点,可以让工人更直观和准确地了解到现场的状况,从而制定相应的安全工作策略。

其次,BIM 还可以提供可视化的施工空间。BIM 的可视化是动态的,施工空间随着工程的进展会不断地变化,它将影响到工人的工作效率和施工安全。通过可视化模拟工作人员的施工状况,可以形象地看到施工工作面、施工机械位置的情形,并评估施工进展中这些工作空间的可用性和安全性。

再则,仿真分析及健康监测。对于复杂工程,其施工中如何考虑不利因素对施工状态的影响并进行实时的识别和调整,如何合理准确地模拟施工中各个阶段结构系统的时变过程,如何合理地安排施工和进度,如何控制施工中结构的应力应变状态处于允许范围内,都是目前建筑领域所迫切需要研究的内容与技术。通过 BIM 相关软件可以建立结构模型,并通过仪器设备将实时数据传回,然后进行仿真分析,追踪结构的受力状态,杜绝安全隐患。

三、施工单位的 BIM 技术应用形式

目前,全国施工单位的 BIM 技术发展水平并不一致,有的施工单位经过多年多个项目的 BIM 技术应用,已经找到了 BIM 技术在施工单位的应用方向——将 BIM 中心升级为施工深化设计中心,具体的项目管理采用由中心配合项目管理部组织,各分包分别应用,最终集成的服务方式,但还有的企业才刚刚开始了解 BIM 技术。BIM 技术在施工这一环节中常见的应用形式见表 3-6。

表 3-6　BIM 技术在施工环节中常见的应用形式

BIM 技术在施工环节中常见的应用形式	1. 成立施工深化设计中心,由中心负责承建或者搭建 BIM 设计模型,甚至对 BIM 技术进行深化设计,由中心配合项目部组织具体施工过程 BIM 技术实施
	2. 成立集团协同平台,对下属项目提供软、硬件及云技术协同支持
	3. 委托 BIM 技术咨询公司,同步培训并咨询,在项目建设过程中摸索 BIM 技术对于项目管理的支持
	4. 完全委托 BIM 技术咨询公司,进行投标阶段 BIM 技术应用,被动解决建设方 BIM 技术要求
	5. 提供便捷的管理手段,利用 BIM 技术模型进行施工过程荷载验算、进度物料控制、施工质量检查等

上述几种形式都是现阶段施工单位 BIM 技术应用的常见形式,具体采用何种形式,可根据施工单位企业规模、人员规模、市场规模等因素综合判别确定。

四、施工单位 BIM 技术常见应用内容

根据不同的应用深度,施工单位 BIM 技术的应用可分为 A、B、C 三个等级,如表 3-7 所列。其中,C 级主要集中于模型应用,以深化设计、施工策划、施工组织,从完善、明确施工标的物的角度进行各业务点 BIM 技术应用。B 级在 C 级基础上,增加了基于模型进行技术管理的内容,如进度管理、安全管理等项目管理内容。A 级则基本包含了目前的施工阶段 BIM 技术应用,既包含了 B、C 级应用深度,也包含了三维扫描、放线、协同平台等更广泛的 BIM 技术应用。

表 3-7　施工单位 BIM 技术的应用形式

序号	应用点	不同应用深度		
		A	B	C
1	施工准备阶段			
1.1	补充施工组织模型、场地布置	●	●	●
1.2	BIM 审图、碰撞检查	●	●	●
1.3	根据分包合同拆分设计模型	●	●	●
1.4	管线排布、净空优化、深化设计	●	●	●
1.5	三维交底	●	●	●
1.6	重要节点施工模拟、虚拟样板	●	●	●
1.7	工程量统计并与进度计划关联	●	●	
1.8	进度模拟(4D)	●	●	
1.9	进度、资金模拟(5D)	●		
1.10	构件编码体系建立	●		
1.11	信息平台部署	●		
2	建造实施阶段			
2.1	月形象进度报表	●	●	●
2.2	月工程量统计报表	●	●	●
2.3	施工前模型会审、工程量分析	●	●	●
2.4	施工后模拟更新、信息添加	●	●	●
2.5	分包单位模型管理	●	●	●
2.6	专项深化设计模型协同	●	●	●
2.7	阶段性模型交付	●	●	●
2.8	移动应用	●	●	●
2.9	进度跟踪管理(4D)	●	●	
2.10	安全可视化管理	●	●	
2.11	进度、资金跟踪管理(5D)	●		
2.12	三维放线、定位	●		
2.13	三维扫描	●		

表 3-7(续)

序号	应用点	不同应用深度		
		A	B	C
2.14	信息化协同	●		
2.15	信息化施工管理	●		
3	竣工交付阶段			
3.1	竣工模型交付	●	●	●
3.2	竣工数据提取	●	●	
3.3	竣工运营维护平台	●		
4	其他			

第四节　监理咨询方 BIM 项目管理与应用

项目管理过程中常见的监理咨询单位有监理单位和造价咨询单位、招标代理单位等,也有新兴的 BIM 咨询单位,这里仅介绍与 BIM 技术应用关系更为紧密的监理单位、造价咨询单位、BIM 咨询单位。

一、项目管理中的监理单位工作特征

工程监理的委托权由建设单位拥有,建设单位为了选取有资格和能力并且与施工现状相匹配的工程监理单位,一般以招标的形式进行选择,通过有偿的方式委托这些机构对施工进行监管;工程监理工作涉及范围大,监理单位除了工程质量之外,还需要对工程的投资、工程进度、工程安全等诸多方面进行严格监督和管理;监理范围由工程监理合同、相关的法律规定、相对应的技术标准、承发包合同决定;工程监理单位在监管过程中具有相对独立性,维护的不仅仅是建设单位的利益,还需要公正地考虑施工单位的利益;工程监理是施工单位和建设单位之间的桥梁,各个相关单位之间的协调沟通离不开工程监理单位。

二、监理方 BIM 项目管理的应用需求

从监理单位的工作特征可以看出,监理单位是受业主方委托的专业技术机构,在项目管理工作中执行建设过程监督和管理的职责。如果按照理论的监理业务范围,监理业务包含了设计阶段、施工阶段和运营维护阶段,甚至包含了投资咨询和全过程造价咨询,但通常的监理服务内容仅包含了建造实施阶段的监督和管理。本书中对于监理方 BIM 项目管理的介绍限于通常的监理服务内容,将监理单位和造价咨询单位分开介绍,如监理单位也承担造价咨询业务,结合造价咨询单位部分的 BIM 介绍,共同理解。

正因为监理单位不是实施方,而 BIM 技术目前尚在实践、探索阶段,还未进入规范化应用、标准化应用的环节,所以,目前 BIM 技术在监理单位的应用还不普遍。但如果按照项目管理的职责要求,一旦 BIM 技术规范应用,监理单位仍将代表建设方监督和管理各参建单位的 BIM 技术应用。

鉴于目前已有大量项目开始 BIM 技术应用,监理单位目前在 BIM 技术应用领域应从两个方向开展技术储备工作。

（1）大量接触和了解 BIM 应用技术，储备 BIM 技术人才，具有 BIM 技术应用监督和管理的能力。

（2）作为业主方的咨询服务单位，能为业主方提供公平公正的 BIM 技术实施建议，具备编制 BIM 应用规划的能力。

三、造价咨询单位的 BIM 技术应用

造价咨询单位面向社会接受委托，承担工程项目的投资估算和经济评价、工程概算和设计审核、标底和报价的编制和审核、工程结算和竣工决算等业务工作。

造价咨询单位的服务内容，总体而言，包含具体编制工作和审核工作。上述服务内容的核心都是工程量与价格（价格包含清单价、市场价等）。其中工程量包含设计工程量和施工现场实际实施动态工程量。

BIM 技术的引入，将对造价咨询单位在整个建设全生命周期项目管理工作中对工程量的管控发挥质的提升。

（1）算量建模工作量将大幅度减少。因为承接了设计模型，传统的算量建模工作将变为模型检查、补充建模（如钢筋、电缆等），所以传统建模体力劳动将转变为对基于算量模型规则的模型检查和模型完善。

（2）大幅度提高算量效率。传统的造价咨询模式是待设计完成后，根据施工图纸进行算量建模，根据项目的大小，少则一周，多则数周，然后计价出件。算量建模工作量减少后，将直接减少造价咨询时间；同时，算量成果还能在软件中与模型构件一一对应，便于快捷直观地检验成果。

（3）将减轻企业负担，形成以核心技术人员和服务经理组成的企业竞争模式。传统造价咨询行业，算量建模人员数量占据了企业主要人员规模。BIM 技术应用推广以后，算量建模将不再是造价咨询企业的人力资源重要支出，丰富的数据资源库、项目经验和资深的专业技术人员，将是造价咨询企业的核心竞争力。

（4）单个项目的造价咨询服务将从节点式变为伴随式。BIM 技术推广应用后，造价咨询行业的参与度将不再局限于预算、清单、变更评估和结算阶段。项目进度评估、项目赢得值分析、项目预评估，均需要造价咨询专业技术支持；同时，项目管理、计价是一项复杂的工程，涵盖了众多定额子项和市场信息调价，过程中存在众多的暗门，必须有专业的软件应用人员和造价咨询专家技术支持。造价咨询行业将延伸到项目现场，延伸到项目建设全过程，与项目管理高度融合，提供持续的造价咨询技术服务。

四、BIM 咨询顾问的 BIM 技术应用

在 BIM 技术应用初期，BIM 咨询顾问多由软件公司担当，在 BIM 技术推广应用方面功不可没。从长远来看，以 CAD 甩图板为例，纯 BIM 技术的咨询顾问公司将不再独立存在，但在相当长的一段时间内，2 种类型的 BIM 咨询顾问仍将长期存在，如图 3-4 所示。

第一类 BIM 咨询顾问可以称之为"BIM 战略咨询顾问"，其基本职责是企业自身 BIM 管理决策团队的一部分，和企业 BIM 管理团队一起帮助决策层决定该企业的 BIM 应该做什么、怎么做、谁来做等问题，通常 BIM 战略咨询顾问只需要一家，如果有多家的话虽然理

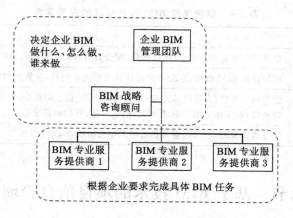

图 3-4 BIM 咨询类型

论上可行但实际操作起来可能比没有还麻烦。BIM 战略咨询顾问对企业要求较高,要求其对项目管理实施规划、BIM 技术应用、项目管理各阶段工作及各利益相关方工作内容均精通且熟练。

第二类 BIM 咨询顾问是根据需要帮助企业完成企业自身目前不能完成的各类具体BIM 任务的"BIM 专业服务提供商",一般情况下企业需要多家 BIM 专业服务提供商,一是因为没有一家 BIM 咨询顾问能在每一项 BIM 应用上都做到最好,再者同样的 BIM 任务通过不同 BIM 专业服务提供商的比较,企业可以得到性价比更高的服务。

目前,BIM 咨询顾问尚无资质要求,理论上,可对项目管理任意一方提供 BIM 技术咨询服务,但在实际操作过程中,企业往往根据 BIM 咨询顾问的人员技术背景、人员技术实力和企业业绩,选择合适的 BIM 咨询顾问合作。

第五节 供货方 BIM 项目管理与应用

一、供货单位的项目管理

供货单位作为项目建设的一个参与方,其项目管理主要服务于项目的整体利益和供货单位本身的利益。其项目管理的目标包括供货单位的成本目标、供货的进度目标和供货的质量目标。

供货单位的项目管理工作主要在施工阶段进行,但它也涉及设计准备阶段、设计阶段、动用前准备阶段和保修期。

供货单位项目管理的任务包括:供货的安全管理;供货单位的成本控制;供货的进度控制;供货的质量控制;供货合同管理;供货信息管理;与供货有关的组织与协调。

二、供货单位项目管理的 BIM 应用需求

建筑全生命周期项目管理流程中,供货单位的 BIM 应用需求主要来自如表 3-8 所列的几个方面。

表3-8　供货单位 BIM 项目管理的应用需求

序号	应用点	应用需求
1	设计阶段	提供产品设备全信息 BIM 数据库，配合设计样板进行产品、设备设计选型
2	招投标阶段	根据设计 BIM 模型，匹配符合设计要求的产品型号，并提供对应的全信息模型
3	施工建造阶段	配合施工单位，完成物流追踪；提供合同产品、设备的模型，配合进行产品、设备吊装或安装模拟；根据施工组织设计 BIM，配送产品、货物到指定位置
4	运营维护阶段	配合维修保养，配合运营维护管控单位及时更新 BIM 数据库

第六节　基于 BIM 技术的项目信息管理平台

虽然当前有少量基于 BIM 技术开发的建筑设计软件，如美国欧特克（Autodesk）公司开发的 AutoCAD Revit 系列、匈牙利图软（Graphisoft）公司开发的 ArchiCAD 系列等，其支持 IFC 文件的输入和输出，但是在文件进行输入输出的过程中，却存在着建筑信息错误、缺失等现象。美国斯坦福大学的卡尔文·卡姆（Calvin Kam）等在基于 BIM 技术开发的 HUT-600 平台进行测试中指出，IFC 文件在输入 ArchiCAD-11 软件时，由于其内部数据库与自身 IFC 文件所含的信息格式不符而造成建筑构件所含信息的缺失和错误。卢布尔雅那大学的 T. 帕兹拉尔（T. Pazlar）等也对 Architectural Desktop 2005、Allplan Architecture 2005 及 ArchiCAD 9 三个软件间进行 IFC 文件互相传输测试，指出：各大软件商都使用自己的数据库与其显示平台进行对接，由于数据库并未按照 IFC 标准的格式构建，不可避免地出现 IFC 文件输入、输出时造成信息缺失与错误等结果。

对于现今软件商使用的文件存储模式，如 Autodesk 系列的 DWG 文件存储模式，一个文件只能存储一张或几张图纸。当面对多个工程、多个文件、大量数据进行储存的时候，这种存储模式是无法实现的。虽然目前如 Revit 系列软件，已经可以将其一个工程作为一个文件进行存储，但仍存在两个问题：一是仍然无法实现存储多个工程的功能；二是其以工程为单位信息量的文件大小往往非常庞大，对其进行操作如输入、输出、编辑的时候，会严重影响进行的效率。

建筑是一门涉及多个专业的综合学科，如对建筑的设计需要进行结构计算，对建筑的造价需要进行概预算等。而当前市场上却鲜有在这些功能上支持 IFC 文件格式的软件。因此，对于这类问题，从长远来看，需要在 IFC 文件的基础上开发各种相应的功能软件；而在短期时间内，需要开发相应的文件格式转换软件，将 IFC 格式的文件转化为目前市面上存在的功能软件所支持的文件格式。

BIM 技术核心是建筑信息的共享与转换，而当前，较为成熟的 BIM 软件只能满足相应几个专业之间的信息传递。为了方便多部门、多专业的人员都可以利用信息的共享和转换来完成自己的专业工作，需要构建基于 BIM 技术的建筑信息平台，使每个专业人员在共同数据标准的基础上通过信息共享与转换，从而实现真正的协同工作。

BIM 技术的研究应用并不单单体现在设计软件中。针对 BIM 技术的核心及建筑信息的共享与转换，国外的一些学者对基于 BIM 技术的建筑信息平台进行了研究，其中英国索尔福德大学的 I. 法拉杰（I. Faraj）等开发了基于 BIM 技术的 Webbased IFC Share Project

Environment 平台,该平台具备 IFC 文件在数据库中存储、工程的造价预算、显示等功能;加拿大基础设施研究中心相关研究人员开发了基于 BIM 技术的建筑集成开发平台,平台具备图形编辑、构建数量统计、预算、工程管理等功能。在我国,一些学者也提出了关于基于 BIM 技术的建筑信息平台的构建。其中,清华大学的张建平等对基于工业基础类(IFC)的 BIM 及其数据集成平台进行了研究,实现了设计和施工阶段不同应用软件间的数据集成、共享和转换;清华大学的赵毅立等提出了下一代建筑节能设计系统建模及 BIM 数据管理平台研究,对下一代建筑节能设计软件系统开发的初期工作进行了研究。

一、项目信息管理平台概述

项目信息管理平台的内容主要涉及施工过程中的施工人员管理、施工机具管理、施工材料管理、施工工法管理和施工环境管理等五个方面,即"人、机、料、法、环",如图 3-5 所示。

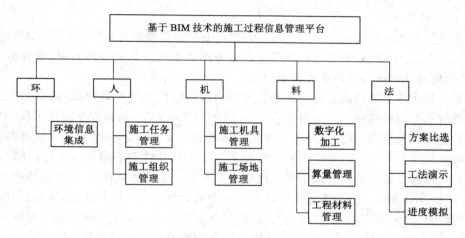

图 3-5 项目信息管理平台

1. 施工人员管理

在一个项目的实施阶段,需要大量的人员进行合理的配合。施工人员包括业主方、设计方、勘察测绘方、总包方、各分包方、监理方、供货方人员,甚至还有对设计、施工的协调管理人员。这些人将形成一个庞大的群体,共同为项目服务;并且工程规模越大,此群体的数量就越庞大。要想使在建工程顺利完成,就需要将各个方面的人员进行合理安排,保证整个工程的井然有序。引入项目信息管理平台后,通过对施工阶段各组成人员的信息、职责进行预先录入,在施工前就做好职责划分,能保证施工时施工现场的秩序和施工的效率。

施工人员管理包括 OBS(施工组织管理)和 WBS(施工任务管理),方法为将施工过程中的人员管理信息集成到 BIM 模型中,并通过 BIM 模型的信息化集成来分配任务。基于 BIM 技术的施工人员管理内容及相互关系如图 3-6 所示。随着 BIM 技术的引入,企业内部的团队分工必然发生根本改变,因此对配备 BIM 技术的企业人员职责结构的研究需要日益明显。

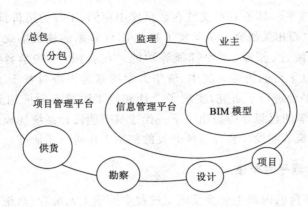

图 3-6　基于 BIM 技术的施工人员管理内容及相互关系

2. 施工机具管理

施工机具是指在施工中为了满足施工需要而使用的各类机械、设备、工具,如塔吊、内爬塔、爬模、爬架、施工电梯、吊篮等。仅仅依靠劳务作业人员发现问题并上报,很容易发生错漏,而好的机具管理能为项目节省很多资金。

施工机具在施工阶段需要进行进场验收、安装调试、使用维护等管理,这也是施工企业质量管理的重要组成部分。对于施工企业来说,需对性能差异、磨损程度等技术状态导致的设备风险进行预先规划,并且还要策划对施工现场的设备进行管理,制定机具管理制度。

利用项目信息管理平台可以明确主管领导在施工机具管理中的具体责任,规定各管理层及项目经理部在施工机具管理中的管理职责及方法。如企业主管部门、项目经理部、项目经理、施工机具管理员和分包等在施工机具管理中的职责,包括计划、采购、安装、使用、维护和验收的职责,确定相应的责任、权利和义务,保证施工机具管理工作符合施工现场的需要。

基于 BIM 技术的施工机具管理包括施工机具管理和施工场地管理,如图 3-7 所示。其中,基于 BIM 技术的施工场地管理包括群塔防碰撞模拟、施工场地功能规划和脚手架设计等技术内容,如图 3-8 所示。

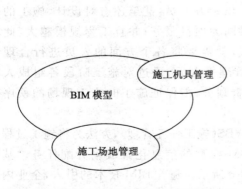

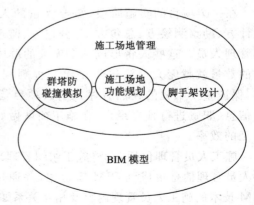

图 3-7　基于 BIM 技术的施工机具管理内容　　图 3-8　基于 BIM 技术的施工场地管理内容

群塔防碰撞模拟:因施工需要塔机布置密集,相邻塔吊之间会出现交叉作业区,当相近的 2 台塔吊在同一区域施工时,有可能发生塔吊间的碰撞事故。利用 BIM 技术,通过

TimeLiner 将塔吊模型赋予时间轴信息,对四维模型进行碰撞检查,逼真地模拟塔吊操作,导出的碰撞检查报告可用于指导修改塔吊方案。群塔防碰撞模拟技术方案如图 3-9 所示。

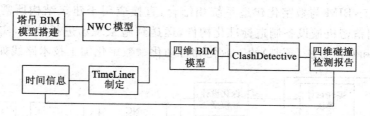

图 3-9　群塔防碰撞模拟技术方案

3. 施工材料管理

在施工管理中还涉及对施工现场材料的管理。施工材料管理应根据国家和行业颁布的有关政策、规定、办法,制定物资管理制度与实施细则。在管理施工材料时还要根据施工组织设计,做好材料的供应计划,保证施工需要与生产正常运行;减少周转层次,简化供需手续,随时调整库存,提高流动资金的周转次数;填报材料、设备统计报表,贯彻执行材料消耗定额和储备定额。

根据施工预算,材料部门要编制单位工程材料计划,报材料主管负责人审批后,作为物料器材加工、采购、供应的依据。在施工材料管理的物资入库方面,保管员要同交货人办理交接手续,核对清点物资名称、数量。物资入库时,应先入待验区,未经检验合格不准进入货位,更不准投入使用。对验收中发现的问题,如证件不齐全,数量、规格不符,质量不合格,包装不符合要求等,应及时报有关部门,按有关法律、法规及时处理。物资验收合格后,应及时办理入库手续,完成记账、建档工作,以便及时准确地反映库存物资的动态。在保管账上要列出金额,保管员要随时掌握储存金额状况。

基于 BIM 技术的施工材料管理包括物料跟踪、算量统计、数字化加工等,利用 BIM 模型自带的工程量统计功能实现算量统计,以及对 RFID 技术的探索来实现物料跟踪。施工资料管理,需要提前搜集整理所有有关项目施工过程中所产生的图纸、报表、文件等资料,对其进行研究,并结合 BIM 技术,经过总结,得出一套面向多维建筑结构施工信息模型的资料管理技术,应用于管理平台中。基于 BIM 技术的施工材料管理内容及相互关系如图 3-10 所示。

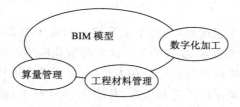

图 3-10　基于 BIM 技术的施工材料管理内容及相互关系

工程材料管理:BIM 模型可附带构件和设备的更全面、详细的生产信息和技术信息,将其与物流管理系统结合可提升物料跟踪的管理水平和建筑结构行业的标准化、工厂化、数字化水平。

算量管理:建设项目的设计阶段对工程造价起到了决定性的作用,其中设计图纸的工程量计算对工程造价的影响占有很大比例。对建设项目而言,预算超支现象十分普遍,而缺乏可靠的成本数据是造成成本超支的重要原因。BIM 作为一种变革性的生产工具将对建设工程项目的成本核算过程产生深远影响。

数字化加工：BIM 与数字化建造系统相结合，直接应用于建筑结构所需构件和设备的制造环节，采用精密机械设备制造标准化构件，运送到施工现场进行装配，实现建筑结构施工流程（装配）和制造方法（预制）的工业化和自动化。数字化加工技术路线如图 3-11 所示。

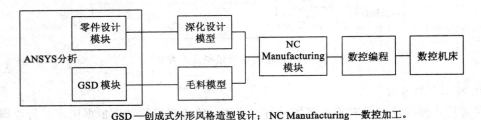

GSD—创成式外形风格造型设计；　NC Manufacturing—数控加工。

图 3-11　数字化加工技术路线

4. 施工环境管理

绿色施工是建筑施工环境管理的核心，是可持续发展战略在工程施工中应用的主要体现，是可持续发展的建筑工业的重要组成。施工中应贯彻节水、节电、节材、节能、保护环境的理念。利用项目信息管理平台可以有计划、有组织地协调、控制、监督施工现场的环境问题，控制施工现场的水、电、能、材，从而使正在施工的项目达到预期环境目标。

在施工环境管理中可以利用技术手段来提高环境管理的效率，并使施工环境管理收到良好的效果。在施工生产中，以先进的污染治理技术来提高生产率，并把对环境的污染和生态的破坏控制到最低限度，以达到保护环境的目的。应用项目信息平台可以实现环境管理的科学化，并能通过平台进行环境监测和环境统计。

施工环境包括自然环境和社会环境。自然环境指施工当地的自然环境条件、施工现场的环境；社会环境包括当地经济状况、当地劳动力市场环境、当地建筑市场环境及国家施工政策大环境。这些信息可以通过集成的方式保存在模型中，对于特殊需求的项目，可以将这些情况以约束条件的形式在模型中定义，对模型的规则进行制定，从而辅助模型的搭建。基于 BIM 技术的施工环境管理内容及相互关系如图 3-12 所示。

5. 施工工法管理

施工工法管理包括施工进度模拟、施工工法演示和施工方案比选，通过基于 BIM 技术的数值模拟技术和施工模拟技术，实现施工工法的标准化应用。施工工法管理，需要提前收集整理有关项目施工过程中所涉及的单位和人员，对其间关系进行系统的研究；提前收集整理有关施工过程中所需要展示的工艺和工法，并结合 BIM 技术，经过总结，得出一套面向多维建筑结构施工信息模型的工法管理技术，应用于管理平台中。基于 BIM 技术的施工工法管理内容及相互关系如图 3-13 所示。

施工进度模拟：将 BIM 模型与施工进度计划关联，实现动态的三维模式模拟整个施工过程与施工现场，将空间信息与时间信息整合在一个可视的 4D 模型中，直观、精确地反映整个项目施工过程，对施工进度、资源和质量进行统一管理和控制。基于 BIM 技术的施工进度模拟技术路线如图 3-14 所示。

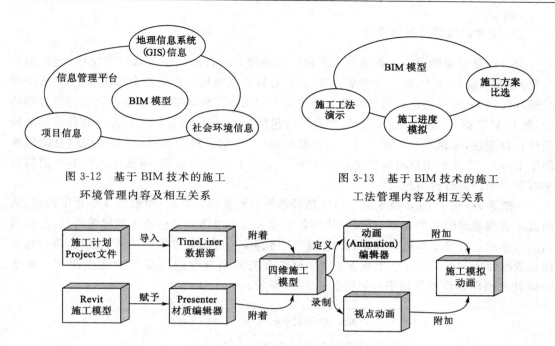

图 3-12 基于 BIM 技术的施工
环境管理内容及相互关系

图 3-13 基于 BIM 技术的施工
工法管理内容及相互关系

图 3-14 基于 BIM 技术的施工进度模拟技术路线

施工方案比选：基于 BIM 技术，应用数值模拟技术，对不同的施工过程方案进行仿真，通过对结果数值的比对，选出最优方案。基于 BIM 技术的施工方案比选技术路线如图 3-15 所示，基于 BIM 技术的数据模拟技术流程如图 3-16 所示。

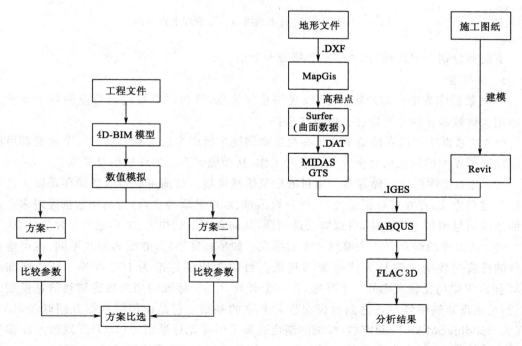

图 3-15 基于 BIM 技术的施工方案比选技术路线　　图 3-16 基于 BIM 技术的数据模拟技术流程

二、项目信息管理平台框架

项目信息管理平台应具备前台功能和后台功能。前台提供给大众浏览操作,包括编辑平台、各专业深化设计、施工模拟平台等,其核心目的是把后台存储的全部建筑信息、管理信息进行提取、分析与展示。后台则应具备建筑工程数据库管理功能、信息存储和信息分析功能,如 BIM 数据库、相关规则等。其核心目的包括:一是保证建筑信息的关键部分表达的准确性和合理性,将建筑的关键信息进行有效提取;二是结合科研成果,将总结的信息准确地用于工程分析,并向用户对象提出合理建议;三是具有自学习功能,即通过用户输入的信息学习新的案例并进行信息提取。

一般来讲,基于 BIM 技术的项目信息管理平台框架由数据层、图形层及专业层构成,从而真正实现建筑信息的共享与转换,使得各专业人员可以得到自己所需的建筑信息,并利用其图形编辑平台等工具进行规划、设计、施工、运营维护等专业工作。工作完成后,将信息存储在数据库中,当一方信息出现改动时,与其有关的相应专业的信息会发生改变。基于 BIM 技术的项目信息管理平台架构如图 3-17 所示。

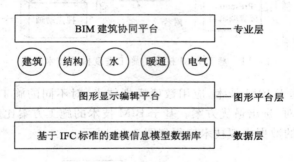

图 3-17 基于 BIM 技术的项目信息管理平台架构

下面将分别介绍数据层、图形平台层及专业层。

1. 数据层

BIM 数据库为平台的最底层,用以存储建筑信息,从而可以被建筑行业的各个专业共享使用。该数据库的开发应注意以下 3 点:

(1) 此数据库用以存储整个建筑在全生命周期中所产生的所有信息。每个专业都可以利用此数据库中的数据信息来完成自己的工作,从而做到真正的建筑信息共享。

(2) 此数据库应能够储存多个项目的建筑信息模型。目前主流的信息储存是以文件为单位的储存方式,存在着数据量大、文件存取困难、难以共享等缺点;而利用数据库对多个项目的建筑信息模型进行存储,可以解决此问题,从而真正做到快速、准确地共享建筑信息。

(3) 数据库的储存形式应遵循一定的标准。如果标准不同,数据的形式不同,就可能在文件的传输过程中出现缺失或错误等现象。目前常用的标准为 IFC 标准。IFC 标准是BIM 技术中应用比较成熟的一个标准,是一个开放、中立、标准的用来描述建筑信息模型的规范,是实现建筑中各专业之间数据交换和共享的基础。它是由国际数据互用联盟(IAI)(现为 BuildingSMART)制定的,标准的制定遵循了国际化标准组织(ISO)开发的产品模型数据交换标准,其正式代号为 ISO 10303—21、ISO 10303—11 和 ISO 10303—28。

2. 图形平台层

第二层为图形显示编辑平台，各个专业可利用此显示编辑平台，完成建筑的规划、设计、施工、运营维护等工作。在 BIM 理念出现初期，其核心在于建模，在于完成建筑设计从 2D 到 3D 的理念转换。而现在，BIM 的核心已不是类似建模这种单纯的图形转换，而是建筑信息的共享与转换。同时，3D 平台的显示与 2D 相比，也存在着一些短处，如在显示中，会存在一定的盲区等。

3. 专业层

第三层为各个专业的使用层，各个专业可利用其自身的软件，对建筑完成如规划、设计、施工、运营维护等工作。首先，在此平台中，各个专业无须再像传统的工作模式那样，从其他专业人员手中获取信息，经过信息的处理后，才可以为己所用，而是能够直接从数据库中提取最新的信息。此信息在从数据库中提取出来时，会根据其工作人员的所在专业，自动进行信息的筛选，能够供各专业人员直接使用。当原始数据发生改变时，其相关数据会自动地随其发生改变，从而避免因信息的更新而造成错误。

三、平台的开发

在确定了平台架构后，下一步即完成平台的开发。平台的开发涉及多学科的交叉应用，融合了 BIM 技术、计算机编程技术、数据库开发技术及射频识别（RFID）技术。平台开发过程如下：第一，根据工程项目数据实际，结合 BIM 建模标准开发 BIM 族库与相应工程数据库；第二，整合相关工程标准，并根据特定规则与数据库相关联；第三，基于数据库和建筑信息管理平台架构，开发二次数据接口，进行信息管理平台开发；第四，配合工程实例验证应用效果；第五，完成平台开发。其技术路线如图 3-18 所示。

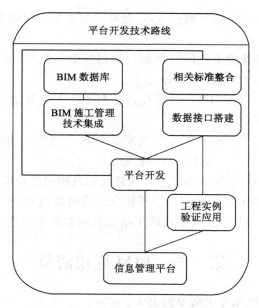

图 3-18　平台开发技术路线

第四章　施工项目管理 BIM 技术

据统计,全球建筑行业普遍存在生产效率的问题,其中 30％的施工过程需要返工,60％的劳动力被浪费,10％的损失来自材料的浪费。庞大的建筑行业被大量建筑信息的分离、设计的错误和变更、施工过程的反复进行而分解得支离破碎。

BIM 模型是一个包含建筑所有信息的数据库,因此可以将 3D 建筑模型同时间、成本结合起来,从而对建设项目进行直观的施工管理。BIM 技术具有模拟性的特征,不仅能够模拟设计出建筑物模型,还可以模拟不能够在真实世界中进行操作的事物,例如节能模拟、紧急疏散模拟、日照模拟、热能传导模拟等。在招标、投标和施工阶段,利用 BIM 技术的模拟性可以进行 4D 模拟(3D 模型加项目的发展时间),也就是根据施工的组织设计模拟实际施工,从而确定合理的施工方案来指导施工。同时还可以进行 5D 模拟(基于 3D 模型的造价控制),来实现成本控制。在后期运营阶段,利用 BIM 技术的模拟性可以模拟日常紧急情况的处理方式,例如地震时人员逃生模拟及火灾时人员疏散模拟等。

总的来说,施工方应用 BIM 技术可以带来以下好处。

(1)在工程项目施工阶段开展 BIM 技术的研究与应用,推进 BIM 技术从设计阶段向施工阶段的应用延伸,降低信息传递过程中的衰减。

(2)继续推广应用工程项目施工组织设计、施工过程变形监测、施工深化设计等计算机应用系统。

(3)推广应用虚拟现实和仿真模拟技术,辅助大型复杂工程施工过程管理和控制,实现事前控制和动态管理。

(4)在工程项目现场管理中应用移动通信和射频识别技术,通过与工程项目管理信息系统结合,实现工程现场远程监控和管理。

(5)研究基于 BIM 技术的 4D 项目管理信息系统在大型复杂工程施工过程中的应用,实现对建筑工程有效的可视化管理。

(6)研究工程测量与定位信息技术在大型复杂超高建筑工程及深基坑等施工中的应用,实现对工程施工进度、质量、安全的有效控制。

(7)研究工程项目结构健康监测技术在建筑及构筑物建造和使用过程中的应用。

BIM 技术在建筑结构施工中的应用主要包含三维碰撞检查、算量技术、虚拟建造和 4D 施工模拟等技术。以下将对 BIM 技术在施工项目管理中的应用进行具体阐述。

第一节　BIM 应用清单

施工项目管理 BIM 应用技术清单如表 4-1 所列。

表 4-1　BIM 应用清单

阶段	工作内容	具体应用
施工招标、投标	在招投标过程中，招标方根据 BIM 模型可以出具准确的工程量清单，达到清单完整、快速算量，有效地避免漏项和错算等情况。投标方根据 BIM 模型快速获取正确的工程量信息，与招标文件的工程量清单比较，可以制定更好的投标策略	招标、投标模型
		快速算量
		基于 BIM 技术的施工方案模拟
		基于 BIM 技术的 4D 进度模拟
		基于 BIM 技术的资源优化与资金计划
施工阶段	首先，利用 BIM 技术解决最基本的各种碰撞问题；其次，可以在模型上对施工计划和施工方案进行分析模拟，消除冲突，得到最优施工计划和方案。采用 BIM 技术开展精细化施工管理，对施工组织方案、成本控制、质量和安全管理等制订详细计划，提高施工管理效率	深化设计
		数字化加工
		虚拟建造
		施工现场临时设施规划
		进度管理
		质量管理
		安全管理
		成本管理
		物料管理
		绿色施工管理
		工程变更管理
		协同工作
竣工交付阶段	建筑工程通过建立数字化 BIM 模型，采用全数字化的表达方式对建筑、结构、机电等构件进行分类。实现建筑信息模型的综合数字化集成，向业主提交 BIM 资料数据库	竣工模型移交
		竣工验收
		竣工结算
		运营维护管理

第二节　BIM 模型建立及维护

在建设项目中，需要记录和处理大量的图形和文字信息。传统的数据集成是以二维图纸和书面文字进行记录的，但当引入 BIM 技术后，将原本的二维图形和书面信息进行了集中收录与管理。在 BIM 中，"I"为 BIM 的核心理念，也就是，"Information"，它将工程中庞杂的数据进行了行之有效的分类与归总，使工程建设变得顺利，减少和消除了工程中出现的问题。但需要强调的是，在 BIM 的应用中，模型是信息的载体，没有模型的信息是不能反映工程项目的内容的，因此在 BIM 中"M"（Modeling）也具有相当的价值，应受到相应的重视。BIM 模型建立的优劣，将会对将要实施的项目在进度、质量上产生很大的影响。BIM 是贯穿整个建筑全生命周期的，在初始阶段的问题，将会被一直延续到工程的结束。同时，失去模型这个信息的载体，数据本身的实用性与可信度将会大打折扣。在建立 BIM 模型之前一定得建立完备的流程，并在项目进行的过程中，对模型进行相应的维护，以确保建设项目能安全、准确、高效地进行。

在工程开始阶段，由设计单位向总承包单位提供设计图纸、设备信息和 BIM 模型创建所需数据，总承包单位对图纸进行仔细核对和完善，并建立 BIM 模型。在完成根据图纸建立的初步 BIM 模型后，总承包单位组织设计人员和业主代表召开 BIM 模型及相关资料法人交接会，对设计提供的数据进行核对，并根据设计人员和业主的补充信息，完善 BIM 模型。在整个 BIM 模型创建及项目运行期间，总承包单位将严格遵循经建设单位批准的 BIM 文件命名规则。

在施工阶段，总承包单位负责对 BIM 模型进行维护、实时更新，确保 BIM 模型中的信息正确无误，保证施工顺利进行。模型的维护主要包括以下几个方面：根据施工过程中的设计变更及深化设计，及时修改、完善 BIM 模型；根据施工现场的实际进度，及时修改、更新 BIM 模型；根据业主对工期节点的要求，上报业主与施工进度和设计变更相一致的 BIM 模型。

在 BIM 模型创建及维护的过程中，应保证 BIM 数据的安全性。建议采用以下数据安全管理措施：BIM 工作组采用独立的内部局域网，阻断与因特网的连接；局域网内部采用真实身份验证，非 BIM 工作组成员无法登录该局域网，进而无法访问网站数据；BIM 工作组严格分工，数据存储按照分工和不同用户等级设定访问和修改权限；全部 BIM 数据进行加密，设置内部交流平台，并对平台数据进行加密，防止信息泄露；BIM 工作组的电脑全部安装密码锁进行保护，BIM 工作组单独安排办公室，无关人员不能入内。

第三节　深化设计和数字化加工

随着 BIM 技术的高速发展，BIM 在企业整体规划中的应用也日趋成熟，不仅从项目级上升到了企业级，更从设计企业延伸发展至施工企业，这个阶段成为连接两大阶段的关键阶段。基于 BIM 技术的深化设计和数字化加工在日益大型化、复杂化的建筑项目中显露出相对于传统深化设计、加工技术无可比拟的优越性。有别于传统的平面二维深化设计和加工技术，基于 BIM 技术的深化设计更能提高施工图的深度、效率及准确性，基于 BIM 技术的数字化加工更是一个颠覆性的突破，基于 BIM 技术的预制加工技术、现场测绘放样技术、数字物流技术等的综合应用为数字化加工打下了坚实基础。

一、基于 BIM 的深化设计

深化设计的类型可以分为专业性深化设计和综合性深化设计。专业性深化设计基于专业的 BIM 模型，主要涵盖土建结构、钢结构、幕墙、机电各专业、精装修的深化设计等。综合性深化设计基于综合的 BIM 模型，主要对各个专业深化设计初步成果进行校核、集成、协调、修正及优化，并形成综合平面图、综合剖面图。

传统设计沟通通过平面图交换意见，立体空间的想象需要靠设计者的知识及经验积累。即使在讨论阶段获得了共识，在实际执行时也经常会发现有认知不一致的情形出现，施工完成后若不符合使用者需求，还需重新施工。有时还存在深化不够美观，需要重新深化施工的情况。通过 BIM 技术的引入，每个专业角色可以很容易借助模型来沟通，从虚拟现实中浏览空间设计（图 4-1），在立体空间所见即所得，快速明确地锁定症结点，通过软件更有效地检查出视觉上的盲点。BIM 模型在建筑项目中已经变成业务沟通的关键媒介，即使是不具备工程专业背景的人员，都能参与其中。工程团队各方均能给予较多正面的需求意见，因此减少设计变更次数。除了实时可视化的沟通外，BIM 模型的深化设计加之即时数据集成，可获得一个最具时效性的、最为合理的虚拟建筑,因此导出的施工图可以帮助各专业施工有序合理地进行,提高施工安装成功率,进而减少人力、材料及时间上的浪费,一定程度上降低施工成本。

图 4-1　某超高层项目冷冻机房 BIM 机电综合模型图

通过 BIM 的精确设计后,可大大降低专业间交错碰撞,且各专业分包利用模型开展施工方案、施工顺序讨论,可以直观、清晰地发现施工中可能产生的问题,并给予提前解决,从而大量减少施工过程中的误会与纠纷,也为后阶段的数字化加工、数字建造打下坚实基础。

1. 组织架构与工作流程

深化设计在整个项目中处于衔接初步设计与现场施工的中间环节,通常可以分为两种情况:其一,深化设计由施工单位组织和负责,每一个项目部都有各自的深化设计团队;其二,施工单位将深化设计业务分包给专门的深化单位,由该单位进行专业的、综合性的深化设计及特色服务。这两种方式是目前国内较为普遍的运用模式,在各类项目的运用过程中各有特色。施工单位的深化设计需根据项目特点和企业自身情况选择合理的组织方案。

下面介绍一套通用组织方案和工作流程以供参考。

（1）组织架构

设计工作涉及诸多项目参与方,有建设单位、设计单位、顾问单位及承包单位等。由于 BIM 技术的应用,项目的组织架构也发生相应变化,在总承包组织下增加了 BIM 项目总承包及相应专业 BIM 承包单位,如图 4-2 所示。

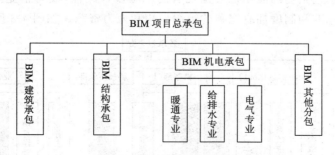

图 4-2　BIM 项目总承包组织架构图

其中,各角色的职责分工如下。

① BIM 项目总承包单位

BIM 项目总承包单位应根据合同签署的要求对整个项目 BIM 深化设计工作负责,包括 BIM 实施导则、BIM 技术标准的制定及 BIM 实施体系的组织管理,与各个参与方共同使用 BIM 进行施工信息协同,建立施工阶段的 BIM 模型辅助施工,并提供业主相应的 BIM 应用成果。同时,BIM 项目总承包单位需要建立深化设计管理团队,整体管理和统筹协调深化设计的全部内容,包括负责将制订的深化设计实施方案递交、审批、执行;将签批的图纸在 BIM 模型中进行统一发布;监督各深化设计单位如期保质地完成深化设计;在 BIM 模型的基础上负责项目各个专业的深化设计;对总承包单位管理范围内各个专业深化设计成果的整合和审查;负责组织召开深化设计项目例会,协调解决深化设计过程中存在的各类问题。

② 各专业承包单位

各专业承包单位负责通过 BIM 模型进行综合性图纸的深化设计及协调;负责指定范围内的专业深化设计;负责指定范围内的专业深化设计成果的整合和审查;配合本专业与其他相关单位的深化设计工作。

③ 分包单位

分包单位负责本单位承包范围内的深化设计;服从总承包单位或其他承包单位的管理;配合本专业与其他相关单位的深化设计工作。

BIM 项目总承包对深化设计的整体管理主要体现在组织、计划、技术等方面的统筹协调上,通过对分包单位 BIM 模型的控制和管理,实现对下属施工单位和分包商的集中管理,确保深化设计在整个项目中的协调性与统一性。由 BIM 项目总承包单位管理的 BIM 各专业承包单位和 BIM 分包单位根据各自所承包的专业负责进行深化设计工作,并承担起全部技术责任。各专业 BIM 承包单位均需要为 BIM 项目总承包及其他相关单位提交最新版的 BIM 模型,特别是涉及不同专业互相交叉设计的时候,深化设计分工应服从总承包单位的协调安排。各专业主承包单位也应负责对专业内的深化设计进行技术统筹,应当注重采用 BIM 技术分析本工程与其他专业工程是否存在碰撞和冲突。各分包单位应服从专业主承包单位的技术统筹管理。

对于各承包企业而言,企业内部的组织架构及人力资源也是实现企业级 BIM 实施战略目标的重要保证。随着 BIM 技术的推广应用,各承包企业内部的组织架构、人力资源等方面也发生了变化。因此,需要在企业原有的组织架构和人力资源上进行重新规划和调整。企业级 BIM 在各承包企业的应用也会像现有的二维设计一样,成为企业内部基本的设计。建立健全的 BIM 标准和制度拥有完善的组织架构和人力资源。如图 4-3 所示。

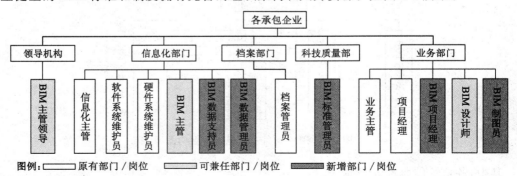

图 4-3　各承包企业 BIM 组织架构图

（2）工作流程

BIM 技术在深化设计中的应用,不仅改变了企业内部的组织架构和人力资源配置,而且相应改变了深化设计及项目的工作流程。BIM 组织架构基于 BIM 技术的深化设计流程不能完全脱离现有的管理流程,但必须符合 BIM 技术的调整,特别是对于流程中的每一个环节涉及 BIM 的数据都要尽可能地作详尽规定,故在现有深化设计流程基础上进行更改,以确保基于 BIM 技术的应用过程运转通畅,有效提高工作效率和工作质量。基于 BIM 技术的深化设计流程参考图 4-4。

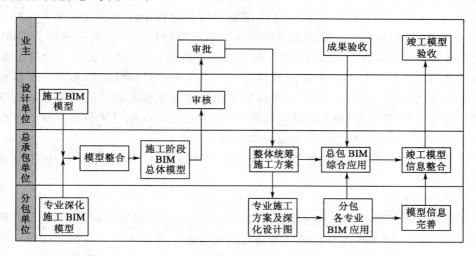

图 4-4　项目施工阶段 BIM 工作总流程图

根据图 4-4,项目施工阶段 BIM 工作总流程将业主、设计单位、总承包单位、分包单位在深化设计及施工阶段的 BIM 模型信息工作流进行了很好的说明,也体现出总承包单位对 BIM 技术在深化设计和施工阶段的组织、规划、统筹和管理。各专业分包单位的深化模型皆由总承包单位进行 BIM 综合模型整体一体化的管理,各分包单位的专业施工方案也皆基于总承包单位对 BIM 实施方案制订的前提下进行确定并利用 BIM 模型进行深化图纸生成。同时,在施工的全过程中 BIM 模型参数化录入将越来越完善,为 BIM 模型交付和后期运营维护打下基础。

此外,对于不同专业的承包商,BIM 深化设计的流程更为细化,协作关系更为紧密。

BIM 技术在整个项目中的运用情况与传统的深化设计相比,BIM 技术下的深化设计更加侧重于信息的协同和交互,通过总承包单位的整体统筹和施工方案的确定,利用 BIM 技术在深化设计过程中解决各类碰撞检查及优化问题。各个专业承包单位根据 BIM 模型进行专业深化设计的同时,保证各专业间的实时协同交互,在模型中直接对碰撞实施调整,简化操作中的协调问题。模型的实时调整、即时显现,充分体现了 BIM 技术下数据联动性的特点,即通过 BIM 模型可根据需求生成各类综合平面图、剖面图及立面图,减少二维图纸绘制步骤。

2. 模型质量控制与成果交付

（1）模型质量控制

深化设计过程中 BIM 模型和深化图纸的质量对项目实施开展具有极大的影响。根据以往 BIM 应用的经验来看，当前主要存在着 BIM 专业的错误建模、各专业 BIM 模型版本更新不同步、选用了错误或不恰当的软件进行 BIM 深化设计、BIM 深化出图标准不统一等问题。如何通过有效的手段和方法对 BIM 深化设计进行质量控制和保证，实现在项目实施推进过程中 BIM 模型的准确利用和高效协同是各施工企业需要考量和思索的关键。为了保证 BIM 模型的正确性和全面性，各企业应制订质量实施和保证计划。

由于 BIM 的所有应用都是以 BIM 模型数据实现的，所以对 BIM 模型数据的质量控制非常重要。质量控制的主要对象为 BIM 模型数据。质量控制根据时间可分为事前质量控制和质量验收。事前质量控制是指 BIM 产出物交付并应用于设计图纸生成和各种分析以前，由建立 BIM 模型数据的人员完成事前检查。事前质量控制的意义在于因为 BIM 产出物的生成及各类分析应用对 BIM 模型数据要求非常精确，所以事前进行质量确认非常必要。BIM 产出物交付时的事前质量核对报告书可以作为质量验收时的参考。质量验收是指交付 BIM 模型和深化图纸时由建设单位的质量管理者来执行验收。质量验收根据事前质量核对报告书，实事求是地确认 BIM 数据的质量，必要的时候可进行追加核对。根据质量验收结果，必要时执行修改补充，确定结果后验收终止。

针对上述两点可以从内部质量控制和外部质量控制入手，实现深化设计中 BIM 模型和图纸的质量控制。

① 内部质量控制

内部质量控制是指通过企业内部的组织管理及相应标准流程的规范，对项目过程中应建立交付的 BIM 模型和图纸继续进行质量控制和管理。要实现企业内部的质量控制就需要建立完善的深化设计质量实施和保证计划。其目的是在整个项目团队中树立明确的目标，增强责任感和提高生产率，规范工作交流方式，明确人员职责和分工，控制项目成本、进度、范围和质量。在项目开展前，企业应确定内部的 BIM 深化设计组织管理计划，需与企业整体的 BIM 实施计划方向保持一致。通过组织架构调整、人力资源配置有效保证工作顺利开展。例如：在一个项目中，BIM 深化团队至少应包括 BIM 项目经理、各相关专业 BIM 设计师、BIM 制图员等。由 BIM 项目经理组织内部工作组成员的培训，指导 BIM 问题解决和故障排除的注意要点，通过定期的质量检查制度管理 BIM 的实施过程，通过定期的例会制度促进信息和数据的互换、冲突解决报告的编写，实现 BIM 模型的管理和维护。

上述这些内部质量控制手段和方法并不是凭空执行和操作的，BIM 作为贯穿建筑项目全生命周期的信息模型，其重要性不言而喻。因此，BIM 标准的建立也是质量控制的重要一部分，BIM 标准的制定将直接影响到 BIM 的应用与实施，没有标准的 BIM 应用，将无法实现 BIM 的系统优势。对于基于 BIM 的深化设计，BIM 标准的制定主要包括技术标准和管理标准，技术标准有 BIM 深化设计建模标准、BIM 深化设计工作流程标准、BIM 模型深度标准、图纸交付标准等。而管理标准则应包括外部资料的接收标准、数据记录与连接标准、文件存档标准、文件命名标准，以及软件选择与网络平台标准等。在建模之前，为了保证模型的进度和质量，BIM 团队核心成员应对建模的方式、模型的管理控制、数据的共享交流等达成一致意见。以下举例说明。

a. 原点和参考点的设置：控制点的位置可设为(0,0,0)。

b. 划分项目区域：把标准层的平面划分成多个区域。

c. 文件命名结构：对各个模型参与方统一文件命名规则。

d. 文件存放地址:确定一个 FTP 地址用来存放所有文件。

e. 文件的大小:确定整个项目过程中文件的大小规模。

f. 精度:在建模开始前统一模型的精度和容许度。

g. 图层:统一模型各参与方使用的图层标准,如颜色、命名等。

h. 电子文件的更改:所有文件中更改过的地方都要做好标记等。

一旦制定了企业 BIM 标准,则在每一个设计审查、协调会议和设计过程中的重要节点,相应的模型和提交成果都应根据标准执行,实现质量控制与保证。如 BIM 经理可负责检查模型和相关文件等是否符合 BIM 标准,主要包括以下内容。

a. 直观检查:用漫游软件查看模型是否有多余的构件和设计意图是否被正确表现。

b. 碰撞检查:用漫游软件和碰撞检查软件查看是否有构件之间的冲突。

c. 标准检查:用标准检查软件检查 BIM 模型和文件里的字体、标注、线型等是否符合相关 BIM 标准。

d. 构件验证:用验证软件检查模型是否有未定义的构件或被错误定义的构件。

② 外部质量控制

外部质量控制是指在与项目其他参与方的协调过程中对共享、接收、交付的 BIM 模型成果和 BIM 应用成果进行的质量检查控制。对于提交模型的质量和模型更新应有一个责任人,即每一个参与建模的项目参与方都应有个专门的人(可以称之为模型经理)对模型进行管理和对模型负责。

模型经理作为 BIM 团队核心成员的一部分,主要负责的方面有:参与设计审核,参加各方协调会议,处理设计过程中随时出现的问题等。对于接收的 BIM 模型和图纸应对其设计、数据和模型进行质量控制检查。质量检查的结果以书面方式进行记录和提交,对于不合格的模型、图纸等交付物,应明确告知相应参与方予以修改,从而确保各专业施工承包企业基于 BIM 技术的深化设计工作高质、高效地完成。

此外,高效实时的协作交流模式也可以降低数据传输过程中的错误率和减少时间差。对于项目不同角色及承包方团队之间的协作和交流可以采用如下方式。

a. 电子交流。为了保证团队合作顺利开展,应建立一个所有项目成员之间的交流模式和规程。在项目的各个参与方负责人之间可以建立电子联系纽带,这个纽带或者说方式可以在云平台通过管理软件来建立、更新和存档。与项目有关的所有电子联系文件都应该被保存留作以后参考。文件管理规程也应在项目早期就设立和确定,包括文件夹的结构、访问权限、文件夹的维护和文件的命名规则等。

b. 会议交流。建立电子交流纽带的同时也应制定会议交流或视频会议的程序,通过会议交流可以明确提交各个 BIM 模型的计划和更新各个模型的计划;带电子图章的模型的提交和审批计划;与 IT 有关的问题,如文件格式、文件命名和构件命名规则、文件结构、所用的软件,以及软件之间的互用性;矛盾和问题的协调和解决方法等内容。

(2) 成果交付

随着建筑全生命周期概念的引入,BIM 的成果交付问题也日渐显著。BIM 是一项贯穿于设计、施工、运营维护的应用,其基于信息进行表达和传递的方式是 BIM 信息化工作的核心内容。对于基于 BIM 技术的深化设计阶段,二维深化图纸的交付已经不能够满足整个建筑行业技术进步的要求,而是应该以 BIM 深化模型的交付为主,二维深化图纸、表单文档为辅的一套基于 BIM 技术应用平台下的成果交付体系。其目的是：为各参与方之间提供精确完整动态的设计数据；提供多种优化、可行的施工模拟方案；提供各参与方深化、施工阶段不同专业间的综合协调情况；为业主后期运营维护开展提供完善的信息化模型；为相关二维深化图纸及表单文本交付提供相关联动依据。目前中国的 BIM 技术处于起步初期，对 BIM 成果交付问题虽有部分探究，但尚停留在设计阶段，对于深化施工阶段的 BIM 成果交付并未作详尽探讨和研究。

① BIM 深化设计交付物内容

BIM 深化设计交付物是指在项目深化设计阶段的工作中，基于 BIM 的应用平台按照标准流程所产生的设计成果。它包括：各个专业深化设计的 BIM 模型；基于 BIM 模型的综合协调方案；深化施工方案优化方案；可视化模拟三维 BIM 模型；由 BIM 模型所衍生出的二维平、立、剖面图，综合平面图，留洞预埋图等；由 BIM 模型生成的参数汇总、明细统计表格、碰撞报告及相关文档等。整个深化设计阶段成果的交付内容以 BIM 模型为核心内容，二维深化图纸及表单文本数据为辅。同时，交付的内容应该符合签署的 BIM 商业合同，按合同中要求的内容和深度进行交付。

② BIM 成果交付深度

中华人民共和国住房和城乡建设部于 2016 年 11 月 17 日颁布了《建筑工程设计文件编制深度规定（2016 年版）》。该规定详尽描述了深化施工图设计阶段建筑、结构、建筑电气、给水排水、供暖通风与空气调节、热能动力、预算等专业的交付内容及深度规范，这也是目前设计单位制定企业设计深度规范的基本依据。BIM 技术的应用并不是颠覆传统的交付深度，而是基于传统的深度规定制定适合中国建筑行业发展的 BIM 成果交付深度规范。同时，该项规范也可作为项目各参与方在具体项目合同中交付条款的参考依据。根据不同的模型深度要求，目前国内应用较为普遍的建筑信息模型详细等级标准主要划分为 LOD100、LOD200、LOD300、LOD400、LOD500 五个级别，对于具体项目可进行自定义模型深度等级。

③ 交付数据格式

深化设计阶段 BIM 模型交付主要是为了保证数据资源的完整性，实现模型在全生命周期的不同阶段高效使用。目前，普遍采用的 BIM 建模软件主流格式有 Autodesk Revit 的 RVT、RFT、RFA 等格式。同时，在浏览、查询、演示过程中较常采用的轻量化数据格式有 NWD、NWC、DWF 等。模型碰撞检查报告及相关文档交付一般采用 Microsoft Office 的 DOCX 格式或 XLSX 格式电子文件、纸质文件。

对于 BIM 模式下二维图纸生成，现阶段面临的问题是现有 BIM 软件中二维视图生成功能的本地化相对欠缺。随着 BIM 软件在二维视图方面功能的不断加强，BIM 模型直接生成可交付的二维视图必然能够实现，BIM 模型与现有二维制图标准将实现有效对接。因此，对于现阶段 BIM 模式下二维视图的交付模式，应该根据 BIM 技术的优势与特点，制定现阶段合理的 BIM 模式下二维视图的交付模式。实际上，目前国内部分设计院，已经尝试经过与业主确认，通过部分调整二维制图标准，使得由 BIM 模型导出的视图可以直接作为交付物。对于深化设计阶段，其设计成果主要用于施工阶段，并指导现场施工，最终设计交付图纸必须达到二维制图标准要求。因此，目前可行的工作模式为先依据 BIM 模型完成综合协调、错误检查等工作，对 BIM 模型进行设计修改，最后将二维视图导出到二维设计环境中进行图纸的后续处理。这样能够有效保证施工图纸达到二维制图标准要求,同时也能减少在 BIM 环境中处理图纸的大量工作。

④ 交付安全

工程建设项目需要在合同中对工程项目建设过程中形成的知识产权的归属问题进行明确规定,结合业主、设计、施工三方面确保交付物的安全性。对于采用 BIM 技术完成的工程建设项目,知识产权归属问题显得更为突出。在深化设计阶段的 BIM 模型交付过程中应明确 BIM 项目中涉及的知识产权归属,包括项目交付物,设计过程文件,项目进展中形成的专利、发明等。

二、基于 BIM 技术的数字化加工

目前国内建筑施工企业大多采用的是传统的加工技术,许多建筑构件是以传统的二维 CAD 加工图为基础的,设计师根据 CAD 模型手工画出或用一些详图软件画出加工详图,这在建筑项目日益复杂的今天,是一项工作量非常巨大的工作。为保证制造环节的顺利进行,加工详图设计师必须认真检查每一张原图纸,以确保加工详图与原设计图的一致性;再加上设计深度、生产制造、物流配送等流转环节,导致出错概率很大。也正是因为这样,导致各行各业在信息化蓬勃发展的今天,生产效率不但没有提高,反而有持续下滑的趋势。

而 BIM 是建筑信息化大革命的产物,能贯穿建筑全生命周期,保证建筑信息的延续性,也包括从深化设计到数字化加工的信息传递。基于 BIM 技术的数字化加工将包含在 BIM 模型里的构件信息准确地、不遗漏地传递给构件加工单位进行构件加工,这个信息传递方式可以直接以 BIM 模型传递,也可以是 BIM 模型加上二维加工详图的方式。由于数据的准确性和不遗漏性,BIM 模型的应用不仅解决了信息创建、管理与传递的问题,而且 BIM 模型、三维图纸、装配模拟、加工制造、运输、存放、测绘、安装的全程跟踪等手段为数字化建造奠定了坚实的基础。因此,基于 BIM 技术的数字化加工建造技术是一项能够帮助施工单位实现高质量、高精度、高效率安装完美结合的技术。建筑施工企业通过发挥更多的 BIM 数字化的优势,将大大提高建筑施工的生产效率,带动建筑行业的快速发展。

1. 数字化加工前的准备

建筑行业也可以采用 BIM 模型与数字化建造系统的结合来实现建筑施工流程的自动化,尽管建筑物不能像汽车一样在加工好后整体发送给业主,但建筑物中的许多构件的确可以先在加工厂加工,然后运到建筑施工现场,装配到建筑中(如门窗、预制混凝土构件和钢构件、机电管道等)。通过数字化加工,建筑行业可以自动完成建筑物构件的预制,降低建造误差,大幅度提高构件制造的生产率,从而提高整个建筑物建造的生产率。

(1) 数字化加工的首要解决问题

① 加工构件的几何形状及组成材料的数字化表达;

② 加工过程信息的数字化描述;

③ 加工信息的获取、存储、传递与交换;

④ 施工与建造过程的全面数字化控制。

BIM 技术的应用能很好地解决上述这些问题,要实现数字化加工,首先必须通过数字化设计建立 BIM 模型,BIM 模型能为数字化加工提供详尽的数据信息。在完成 BIM 深化后的模型基础上,要确保数字化加工顺利有效地进行,还有一些注意要点需在数字化加工前

进行准备。

（2）数字化加工准备的注意要点

① 深化设计方、加工工厂方、施工方进行图纸会审，检查模型和深化设计图纸中的错漏空缺，根据各自的实际情况互提要求和条件，确定加工范围和深度、有无需要注意的特殊部位和复杂部位，并讨论复杂部位的加工方案，选择加工方式、加工工艺和加工设备，施工方提出现场施工和安装可行性要求。

② 根据三方会议讨论的结果和提交的条件，把要加工的构件分类。

③ 确定数字化加工图纸的工作量、人力投入。

④ 根据交图时间确定各阶段任务、时间进度。

⑤ 制定制图标准，确定成果交付形式和深度。

⑥ 文件归档。

待数字化加工方案确定后，需要对比 BIM 模型进行转换。BIM 模型所蕴含的信息内容很丰富，不仅能表现出深化设计意图，还能解决工程的许多问题，但如果要进行数字化加工，就需要把 BIM 深化设计模型转换成数字化加工模型，加工模型比设计模型更详细，且去掉了一些数字化加工不需要的信息。

（3）BIM 模型转换为数字化加工模型的步骤

① 需要在原深化设计模型中增加许多详细的信息（如一些组装和连接部位的详图），同时根据各方要求（加工设备和工艺要求、现场施工要求等）对原模型进行一些必要的修改。

② 通过相应的软件把模型里数字化加工需要的且加工设备能接受的信息隔离出来，传送给加工设备，并进行必要的数据转换、机械设计及归类标注等工作，实现把 BIM 深化设计模型转换成预制加工设计图纸，与模型配合指导工厂生产加工。

（4）BIM 数字化加工模型的注意事项

① 需要考虑精度和容许误差。对于数字化加工而言，其加工精度是很高的，由于材料的厚度和刚度有时候会有小的变动，组装也会有累积误差，另外还有一些比较复杂的因素如切割、挠度等也会影响构件的最后尺寸，所以在设计的时候应考虑到一些容许变动。

② 选择适当的设计深度。数字化加工模型不要太简单也不要过于详细，太详细就会浪费时间，拖延工程进度，但如果太简单、不够详细就会错过一些提前发现问题的机会，甚至会在将来造成更大的问题。模型里包含的核心信息越多，越有利于与别的专业的协调，越有利于提前发现问题，越有利于数字化加工。在加工前最好预先向加工厂商的工程师了解加工工艺过程及如何利用数字化加工模型进行加工，然后选择各阶段适当的深度标准，制订一个设计深度计划。

③ 处理好多个应用软件之间的数据兼容性。由于是跨行业的数据传递，涉及的专业软件和设备比较多，就必然会存在不同软件的数据格式不同的问题，为了保证数据传递与共享的流畅和减少信息丢失，应事先考虑并解决好数据兼容的问题。

基于 BIM 技术的数字化加工的优点不言而喻，但在使用该项技术的同时必须认识到数字化加工并不是面面俱到的，比如：在加工构件非常特别或者过于复杂时，利用数字化加工则会显得费时费力，凸显不出其独特优势。只有在大量加工重复构件时，数字化加工才能带来可观的经济利益，实现材料采购优化、材料浪费减少和加工时间的节约。不在现场加工构件的工作方式能减少现场与其他施工人员和设备的冲突干扰，并能解决现场加工场地不足的问题；另外，由于构件被提前加工制作好了，这样就能在需要的时候及时送到现场，不提前也不拖后，可加快构件的放置与安装。同时，基于 BIM 技术的数字化加工大大减少了因错误理解设计意图或与设计师交流不及时导致的加工错误。而且，工厂的加工环境和加工设备都比现场要好得多，工厂加工的构件质量也势必比现场加工的构件质量更有保障。

2．加工过程的数字化复核

现场加工完成的成品由于温度、变形、焊接、矫正等产生的残余应变，会对现场安装产生误差影响，故在构件加工完成后，要对构件进行质量检查复核。传统的方法是采取现场预拼装检验构件是否合格，复核的过程主要是通过手工的方法进行数据采集，对于一些大型构件往往存在着检验数据采集存有误差的问题。数字化复核技术的应用不仅能在加工过程中利用数字化设备对构件进行测量，如激光、数字相机、3D 扫描、全站仪等。对构件进行实时、在线、100％检测，形成坐标数据，并将此坐标数据输入计算机转变为数据模型，在计算机中进行虚拟预拼装以检验构件是否合格，还能返回到 BIM 施工模型中进行比对，判断其误差余量能否被接受，是否需要设置相关调整预留段以消除其误差，或对于超出误差接受范围之外的构件进行重新加工。数字化加工过程的复核不仅采用了先进的数字化设备，还结合了BIM 三维模型，实现了模型与加工过程管控中的一个协同，实现数据之间的交互和反馈。在进行数字化复核的过程中需要注意的要点有以下几点。

（1）测量工具的选择

测量工具的选择，要根据工程实际情况，如成本、工期、复杂性等，不仅要考虑测量精度的问题，还要考虑测量速度的因素，如 3D 扫描仪具有进度快但精度低的特点，而全站仪则具有精度高、进度慢的特点。

（2）数字化复核软件的选择

扫描完成后需要把数据从扫描仪传送到计算机里，这就需要选择合适的软件，这个软件要能读取扫描仪的数据格式并转换成能够使用的数据格式，实现与测量工具的无缝对接。另外，这个软件还需要能与 BIM 模型软件兼容，在基于 BIM 技术的三维软件中有效地进行构件虚拟预拼装。

（3）预拼装方案的确定

要根据各个专业的特性对构件的体积、重量、施工机械的能力拟订预拼装方案。在进行数字化复核的时候，预拼装的条件应做到与现场实际拼装条件相符。

3．数字化物流与作业指导

在没有 BIM 技术前，建筑行业的物流管控都是通过现场人员填写表格报告，负责管理人员不能够及时得到现场物流的实时情况，不仅无法验证运输、领料、安装信息的准确性，对之作出及时的控制管理，还会影响到项目整体实施效率。二维码和 FRID 作为一种现代信息技术已经在国内物流、医疗等领域得到了广泛的应用。同样，在建筑行业的数字化加工运输中，也有大量的构件流转在生产、运输及安装过程中，如何了解它们的数量、所处的环节、成品质量等情况就是需要解决的问题。

二维码和 FRID 在项目建设的过程中主要是用于物流和仓库存储的管理，如今结合BIM 技术的运用，无疑对物流管理而言是如虎添翼。其工作过程为：在数字化物流操作中可以给每个建筑构件都贴上一个二维码或者埋入 RFID 芯片，这个二维码或 RFID 芯片相当于每个构件自己的"身份证"，再利用手持设备及芯片技术，在需要的时候用手持设备扫描二维码及芯片，信息立即传送到计算机上进行相应操作。二维码或 RFID 芯片所包含的所有信息都应该被同步录入 BIM 模型中去，使 BIM 模型与编有二维码或含有 RFID 芯片的实际构件对应，以便于随时跟踪构件的制作、运输和安装情况，也可以用来核算运输成本，同时也为建筑后期运营做好准备。数字化物流的作业指导模式从设计开始直到安装完成，可以随时传递它们的状态，从而达到把控构件的全生命周期的目的。二维码和 RFID 技术对施工的作业指导主要体现在以下几个方面。

（1）对构件进场堆放的指导

由于 BIM 模型中的构件所包含的信息与实际构件上的二维码和 RFID 芯片里的信息是一样的，所以通过 BIM 模型，施工人员就能知道每天施工的内容需要哪些构件，这样就可以每天只把当天需要的构件（通过扫描二维码或 RFID 芯片与 BIM 模型里相应的构件对应起来）运送进场并堆放在相应的场地，而不用一次性把所有的构件全都运送到现场，这种分批有目的的运送既能解决施工现场材料堆放场地的问题，又可降低运输成本。因为不用一次性安排大量的人力和物力在运输上，只需要定期小批量地运送就行，所以也缩短了工期。工地也不需要等所有的构件都加工完成才能开始施工，而是可以工厂加工和工地安装同步进行，即工厂先加工第一批构件，然后在工地安装第一批构件的同时生产第二批构件，如此循环。

（2）对构件安装过程的指导

施工人员在领取构件时，对照 BIM 模型里自己的工作区域和模型里构件的信息，就可以通过扫描实际构件上的二维码或 RFID 芯片很迅速地领到对应的构件，并把构件吊装到正确的安装区域。而且在安装构件时，只要用手持设备先扫描一下构件上的二维码或 RFID 芯片，再对照 BIM 模型，就能知道这个构件是应该安装在什么位置，这样就能减少因构件外观相似而安装出错，造成成本增加、工期延长。

（3）对安装过程及安装完成后信息录入的指导

施工人员在领取构件时，可以通过扫描构件上的二维码或 RFID 芯片来录入施工人员的个人信息、构件领取时间、构件吊装区段等，且凡是参与吊装的人员都要录入自己的个人信息和工种信息等。安装完成后，应该通过扫描构件上的二维码或 RFID 芯片确认构件安装完成，并输入安装过程中的各种信息，同时将这些信息录入相应的 BIM 模型里，等待监理验收。这些安装过程信息应包括安装时现场的气候条件（温度、湿度、风速等）、安装设备、安装方案、安装时间等所有与安装相关的信息。此时，BIM 模型里的构件将会处于已安装完成但未验收的状态。

（4）对施工构件验收的指导

当一批构件安装完成后，监理要对安装好的构件进行验收，检验安装是否合格。这时，监理可以先从 BIM 模型里查看哪些构件处于已安装完成但未验收状态，然后只需要对照 BIM 模型，再扫描现场相应构件的二维码或 RFID 芯片，如果两者包含的信息是一致的，就说明安装的构件与模型里的构件是对应的。同时，监理还要对构件的其他方面进行验收，检验是否符合现行国家和行业相关规范的标准，所有这些验收信息和结果（包括监理单位信息、验收人信息、验收时间和验收结论等）在验收完成后都可以输入相应构件的二维码和 RFID 信息里，并同时录入 BIM 模型中。同样，这种二维码或 RFID 技术对构件验收的指导和管理也可以被应用到项目的阶段验收和整体验收中，以提高施工管理效率。

（5）对施工人力资源组织管理的指导

该项新型数字化物流技术通过对每一个参与施工的人员，即每一个员工赋予一个与项目对应的二维码或 RFID 芯片实行管理。二维码或 RFID 芯片含有的信息包括个人基本信息、岗位信息、工种信息等。每天参与施工的员工在进场和工作结束时可以先扫描自己的二维码或 RFID，这时，该员工的进场和结束时间、负责区域、工种内容等就都被记录并录入 BIM 施工管理模型里了。这样，所有这些信息都随时被自动录入 BIM 施工管理模型里，且这个模型是由专门的施工管理人员负责管理的。通过这种方法，施工管理者可以很方便地统计每天、每个阶段每个区域的人力分布情况和工作效率情况，且根据这些信息，可以判断出人力资源的分布和使用情况。当出现某阶段或某区域人力资源过剩或不足时，施工管理者可以及时调整人力资源的分布和投入，同时也可以预估并指导下一阶段的施工人力资源的投入。这种新型数字化物流技术对施工人力资源管理的方法可以及时避免人力资源的闲置、浪费等不合理现象，大大提高施工效率、降低人力资源成本、加快施工进度。

（6）对施工进度的管理指导

二维码或 RFID 芯片数字标签的最大的特点和优点就是信息录入的实时性和便捷性，即可随时随地通过扫描自动录入新增的信息，并更新到相应的 BIM 模型里，保持 BIM 模型的进度与施工现场的进度一致。也就是说，施工现场在建造一个项目的同时，计算机里的 BIM 模型也在同步地搭建一个与施工现场完全一致的虚拟建筑，那么施工现场的进度就能最快最真实地反映在 BIM 模型里，这样施工管理者就能很好地掌握施工进度并能及时调整施工组织方案和进度计划，从而达到提高生产效率、节约成本的目的。

（7）对运营维护的作业指导

验收完成后，所有构件上的二维码或 RFID 芯片就已经包含了在这个时间点之前的所有与该构件有关的信息，而相应的 BIM 模型里的构件信息与实际构件上二维码或 RFID 芯片里的信息是完全一致的，这个模型将交付给业主作为后期运营维护的依据。在后期使用时，将会有以下情况需要对构件进行维护：一种是构件定期保养维护（如钢构件的防腐维护、机电设备和管道的定期检修等），另一种是当构件出现故障或损坏时需要维修，还有一种就是建筑或设备的用途和功能需要改变时。

对于构件的定期保养维护，由于构件上的二维码或 RFID 信息已经全部录入 BIM 模型里，那么模型里就可以设置一个类似于闹钟的功能，当某一个或某一批构件到期需要维护时，模型就会自动提醒业主维修，业主则可以根据提醒在模型中很快地找到需要维护的构件，并在二维码或 RFID 信息里找到该构件的维护标准和要求。维护时，维护人员通过扫描实际构件上的二维码或者 RFID 信息来确认需要维护的构件，并根据信息里的维护要求进行维护。维护完成后将维护单位、维护人员的信息及所有与维护相关的信息（如日期、维护所用的材料等）输入构件上的二维码或 RFID 芯片里，并同时更新到 BIM 模型里，以供后续运营维护使用。而当有构件损坏时，维修人员通过扫描损坏构件上的二维码或 RFID 芯片来找到 BIM 模型里对应的构件，在 BIM 模型里就可以很容易地找到该构件在整个建筑中的位置、功能、详细参数和施工安装信息，还可以在模型里拟订维修方案并评估方案的可行性和维修成本。维修完成后再把所有与维修相关的信息（包括维修公司、人员、日期和材料等）输入构件上的二维码或 RFID 芯片里并更新到 BIM 模型里，以供后续运营维护使用。如果由于使用方式的改变，原构件或设备的承载力或功率等可能满足不了新功能的要求，需要重新计算或评估,必要时应进行构件和设备的加固或更换,这时,业主可以通过查看 BIM 模型里的构件二维码或 RFID 信息来了解构件和设备原来的承载力和功率等信息,查看是否满足新使用功能的要求,如不满足,则需要对构件或设备进行加固或更换,并在更改完成后更新构件上的和 BIM 模型里的电子标签信息,以供后续运营维护使用。由此可见,二维码或 RFID 技术和 BIM 模型结合使用极大地方便了业主对建筑的管理和维护。

(8)对产品质量、责任追溯的指导

当构件出现质量问题时,也可以通过扫描该构件上的二维码或 RFID 信息,并结合质量问题的类型来找到相关的责任人。

综上,通过采用数字化物流的指导作业模式,数字化加工的构件信息就可以随时被更新到 BIM 模型里,这样,当施工单位在使用 BIM 模型指导施工时,构件里所包含的详细信息能让施工者更好地安排施工顺序,减少安装出错率,提高工作效率,加快施工进程,加强对施工过程的可控性。

三、BIM 技术在混凝土结构工程中的深化设计

1. 基于 BIM 技术的钢筋混凝土深化设计组织框架

在施工现场,现浇混凝土工程中钢筋的排布及模板的布置通常需要专门根据现场的情况进行深化,方可达到实际施工的深度。一般而言,由技术部门下设的深化部门来完成常规的深化,而当引入 BIM 技术后,BIM 技术暂时还无法完全取代深化部门,但是在 BIM 技术的辅助下,深化设计可以完成得更加智能、更加准确,同时一些常规的深化手段无法解决的问题,通过 BIM 技术也可以很好地解决。BIM 部门必须在技术部门领导下,密切与深化设计部门配合,进行数据的交互,共同完成现浇混凝土结构工程的深化设计及后续相关工作,如图 4-5 所示。

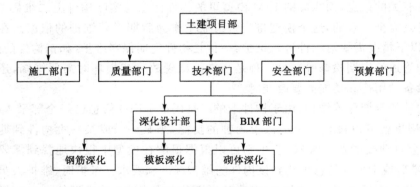

图 4-5　钢筋混凝土深化组织构架图

2. 基于 BIM 技术的模板深化设计

模板及支撑工程在现浇钢筋混凝土结构施工工程中是不可或缺的关键环节。模板及支撑工程的费用及工程量占据了现浇钢筋混凝土工程的较大比例。据有关统计资料显示,模板及支撑工程费用一般占结构费用的 30%～35%,用工数占结构总用工数的 40%～50%。传统的模板及支撑工程设计耗时费力,技术员会在模板支撑工程的设计环节花费大量的时间精力,不但要考虑安全性,同时还要考虑其经济性,计算绘图量十分大,然而最后效果却并不一定尽如人意。因此可以在模板及支撑工程的设计环节引入 BIM 来进行计算机辅助设

计,以寻求一个有效且高效的解决途径。

使用 BIM 技术来辅助完成相关模板的设计工作,主要有两条途径可以尝试:一是利用 BIM 技术含有大量信息的特点,将原本并不复杂但是需要大量人力来完成的工作,设定好一定的排列规则,使用计算机有效利用 BIM 信息来编制程序自动完成一定的模板排列,以加快工作的进度,从而达到节约人力并加快进度的效果;二是利用 BIM 技术可视化的优点,将原本一些复杂的模板节点通过 BIM 模型进行模板的定制排布,并最终得出模板深化设计图。同时 BIM 模型的运用也有利于打通建筑业与制造业之间的通道,通过模型来更加有效地传递信息。

关于前一种途径,德国的派利(PERI)公司提供的 ELPOS 和 PERI CAD 软件可以让使用者在三维环境下对现浇混凝土构件进行标准模板布局和详图应用,但其是基于 CAD 环境,将来也将向 BIM 方向转变。国内也有些软件开始尝试,但是尚需要继续完善,以达到能够与其他 BIM 模型共享信息并有效提高工作效率的最终目标。

总之,现有的不少模板设计软件本身已经有较为强大的模板配置和深化设计的功能了,但是共同问题在于,其本身需要将二维图纸进行一定的转化才能进行配模,甚至有些软件只能在二维的基础上进行配模,不够直观。只有有效地利用 BIM 的三维及参数化调整功能才能更加快捷地完成,同时如果基于 BIM 模型的数据直接进行模板的排布,也可以节约大量的工作量,保证工作的效率和准确性。

同时,目前市场上主流的 BIM 软件虽然本身较为偏重设计行业,但同样也可以利用其来进行一定模板深化设计的 BIM 应用,其基本流程为:基于建筑结构本身的 BIM 模型进行模板的深化设计—进行模板的 BIM 建模—调整深化设计—完成基于 BIM 技术的模板深化设计。例如:图 4-6 反映的是一个复杂的筒体结构,通过 BIM 模型反映出其错综复杂的楼板平面位置及相关的标高关系,并通过 BIM 模型导出相关数据,传递给机械制造业的 Solidworks 等软件进行后续的模板深化工作,顺利完成了异型模板的深化设计及制造。

(1)基于 BIM 技术的混凝土定位及模板排架搭设技术

对于异型的混凝土结构而言,首先必须确保的就是模板排架的定位准确、搭设规范。只有在此基础上,再加强混凝土的振捣养护措施,才能确保现浇混凝土形状的准确。

以某交响乐团工程为例(图 4-7),这是由一个马鞍形的混凝土排演厅及其他附属结构组成,其马鞍形排演厅建筑面积为 1 544 m^2,为双层剪力墙及双层混凝土异型屋盖形式,其双墙的施工由于声学要求,其中不能保留模板结构,必须拆除,故而其模板体系的排布值得研究,同时其异型的混凝土屋盖模板排架的搭设给常规施工也带来了很大的难度。

图 4-6　异型模板深化示意图

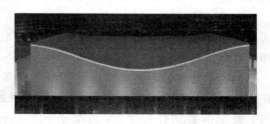

图 4-7　工程效果图

此项目的模板施工,充分地利用了 BIM 软件具有完善的信息,能够很好地表现异型构件的几何属性的特点,使用了 Revit、Rhino 等软件来辅助完成相关模板的定位及施工,尤其是充分地利用了 Rhino 中的参数化定位等功能精确地控制了现场施工的误差,并减少了现场施工的工作量,大大地提升了工作效率。

① 双层底板模板及双层墙模板的搭设

底板模板为双层模板,施工中混凝土浇捣分两次进行,首先浇捣下层混凝土,然后使用木方进行上层排架支撑体系的搭设,此部分模板将保留在混凝土中,项目部利用了 BIM 技术将底板模板排架搭设形式展示出来,进行了三维虚拟交底,提高了模板搭设的准确性。基于 BIM 技术的双层底板混凝土浇捣流程图如图 4-8 所示。

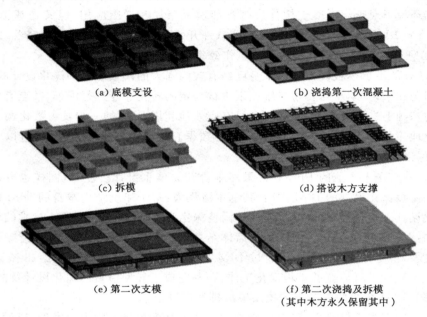

(a) 底模支设   (b) 浇捣第一次混凝土

(c) 拆模   (d) 搭设木方支撑

(e) 第二次支模   (f) 第二次浇捣及拆模
(其中木方永久保留其中)

图 4-8　基于 BIM 技术的双层底板混凝土浇捣流程图

双层墙体的施工相比之下要求更高,国外设计出于声学效果的考虑,不允许空腔内留有任何形式、任何材质的模板及支撑材料。项目部利用了 BIM 工具并结合工作经验,对模板本身的设计及施工流程作了调整,用自行深化设计的模板排架支撑工具完成了双层墙体的施工。双层墙模板施工图如图 4-9 所示。

② 顶部异型双曲面屋顶的施工

对于顶部异型双曲面混凝土屋面的施工,排架顶部标高是控制梁、板底面标高的重要依据。

仍以某交响乐团的马鞍形的混凝土排演厅为例,在 7.000 m 标高设置标高控制平面,由此平面为基准向上确定排架立杆长度(屋盖暗梁下方立杆适当加密),预先采用 BIM 技术建立模型,并从模型中读取相

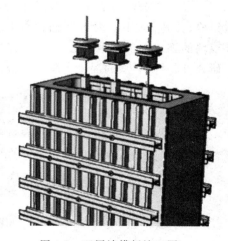

图 4-9　双层墙模板施工图

关截面的标高数据,按此数据拟合曲率制作钢筋桁架,如图 4-10 所示。

同时现场试验制作了一榀 2# 钢筋桁架,测试桁架刚度能满足要求,如图 4-11 所示。钢架采用塔吊吊装,如图 4-12 所示。屋盖底面曲率定位时先确定桁架两头的标高(即最高点和最低点,桁架必须保证垂直),在桁架两端各焊接一根竖向短钢管,桁架安装时将短钢管与板底水平钢管用十字扣件连接,并用铅垂线确定垂直度,逐一确定各水平横杆的标高及斜度。

图 4-10　钢筋桁架的模型图　　　　　图 4-11　现场制作的钢筋桁架小样图

(2)异型曲面模板的数字化设计及加工

随着建筑设计手段的丰富,越来越复杂的建筑形态不断出现,也带来了越来越多的异型混凝土结构。BIM 技术可以有效地将异型曲面模板的构造通过三维可视的模式细化出来,便于工人安装。同时定型钢模等相关模板可以通过相关计算机数值控制机床(CNC 机床)机器来完成定制模板的加工,首先由 BIM 模型确定模板的具体样式,再通过人工编程,确定CNC 机器刀头的运行路径,来完成模板的生成及切割,如图 4-13 所示。

 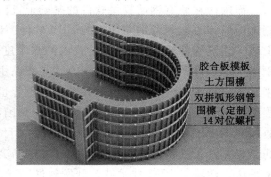

图 4-12　现场吊装钢筋桁架　　　　　图 4-13　异型曲面模板

同时随着 3D 打印技术的发展,异型结构已经可以结合 3D 打印技术等先进的方式来完成相关设计,这对于工作效率的提高将是一个更大的改进,同时精确度也将更加完善。

目前 3D 打印主要存在的瓶颈还在于其打印材料的限制,故可以采用如下流程,利用多次翻模的技术来完成相关模板的制作,如图 4-14 所示。

3. 基于 BIM 技术的钢筋工程深化设计

钢筋工程也是钢筋混凝土结构施工工程中的一个关键环节,它是整个建筑工程中工程量计算的重点与难点。据统计,钢筋工程的计算量占总工程量的 50%～60%,其中列计算式的时间占 50%左右。在传统的钢筋工程施工过程中,要把一切都打理得井井有条是一件非常困难的事情。现有的钢筋施工管理过程中会面临着许多问题。例如:钢筋翻样的技术要求高,工作量又巨大;钢筋翻样人才缺乏;钢筋现场加工的自动化程度低,效率低下,安全隐患多;钢筋切割出错率高,切错重切、切错材料等现象时有发生,造成了大量的浪费;等等。

图 4-14　3D 打印制作异型模板流程图

而且在钢筋实际的施工中,钢筋的浪费现象严重,钢筋的损耗率居高不下。同时,钢筋工程技术人员面临着青黄不接的现象。由于施工现场环境脏乱差,工作又累又苦,管理方式非常落后,这样即使钢筋技术工作的工资相对较高也难以吸引年轻人从事这个行业,更难留住一些高素质人才,从而造成施工企业员工的整体素质在整个建筑行业迅速发展的同时没有显著性提高,这样就严重制约了建筑行业的进一步发展。因此,将建筑信息化模型全面引入钢筋工程深化的过程中已经势在必行。

（1）钢筋软件介绍

目前市面上主流的 BIM 软件如 Autodesk 的 Revit 系列及 Tekla 软件的混凝土系列,均具有钢筋排布的功能,但由于这些 BIM 软件的侧重点基本为设计阶段,普遍存在的问题是,其钢筋排布及设计深度不够,无法满足钢筋深化设计的要求。

而国内在原有钢筋算量软件的基础上,已有不少软件公司积极配合建筑业的大潮流,研制出适应于工地现场钢筋使用的 BIM 软件。BIM 数据模型是基于 3D 建模技术,在其基础上融入建筑构件的属性信息,封装成的多维度、多属性的信息载体。目前基于 BIM 技术的钢筋工程软件所采用的三维表现方式与我国主流的平法表现方式尚未达成统一,这就会带来一系列后续的矛盾。而目前我国的规范等也均采用的是平法的表现方式,故这也在一定程度上制约了基于 BIM 的钢筋工程软件在国内工程项目上的进一步推广。但这两者的矛盾并非不可调和,而是可相容的两种方法。目前,采用平法表现方式的基于 BIM 技术的钢筋工程软件正成为各方面积极研究开发的新宠。已有不少软件公司结合中国的国情,考虑将平法表达法与 BIM 技术结合开发软件。

此类国产 BIM 软件相比国外的软件各有优劣,优势在于:对于国内软件的开发者来说,其对国内相关的规定、规范均较为熟悉,能够更加贴合中国的实际应用情况。同时由于面向的是施工阶段,对于根据原材料及相关规范进行下料断料、自动生成排布图等均有不错的表现,并且已经与 BIM 技术结合得较为紧密,可以生成三维的带有信息的钢筋模型,有的软件甚至能够借助二维图纸结合平法快速地生成三维模型,进行辅助交底及施工,并也能解决相当一部分的碰撞问题。但是其劣势同样也是存在的:对于复杂节点的处理,还是需要进行大量的人工辅助干预,同时其与 BIM 的整体信息共享交互的理论尚有一定的距离,不少软件可以导入其他 BIM 软件构建的模型,但是在其中生成的数据却无法导出给其他软件,无法做到信息的交互和共享。

（2）传统模式与 BIM 模式的区别

① 传统模式

传统的施工模式至今已有了长足的进步,施工的技术管理日新月异,然而飞速发展的当下对施工的质量、安全、成本都提出了更为苛刻的要求。现在行业内的企业普遍都有了一套适合企业和社会发展的体系,但是执行起来却非常困难,工程项目数据量大、各岗位间数据流通效率低、团队协调能力差等问题成为制约发展的主要因素。在传统的钢筋工程中常会碰到以下四个影响施工质量、效率的问题。

a. 项目管理各条线获取数据难度大。工程项目开始后会产生海量的工程数据,这些数据获取的及时性和准确性直接影响到各单位、班组的协调性水平和项目的精细化管理水平。然而,现实中工程管理人员对于工程基础数据获取能力是比较差的,这使得采购计划不准确,限额领料难执行,短周期的多算对比无法实现,过程数据难以管控,"飞单""被盗"等现象严重。

b. 项目管理各条线协同、共享、合作效率低。工程项目的管理决策者获取工程数据的及时性和准确性都不够,严重制约了各条线管理者对项目管理的统筹能力。在各工种、各条线、各部门协同作业时往往凭借经验进行布局管理,各方的共享与合作难以实现,最终难免各自为政,工程项目的管理成本骤升、浪费严重。

c. 工程资料难以保存。现在工程项目的大部分资料保存在纸质媒介上,由于工程项目的资料种类繁多、体量和保存难度过大、应用周期过长,工程项目从开始到竣工结束后大量的施工依据不易追溯,尤其若发生变更单、签证单、技术核定单、工程联系单等重要资料的遗失,则将对工程建设各方责权利的确定与合同的履行造成重要影响。

d. 设计图纸碰撞检查与施工难点交底困难多。设计院出具的施工图纸中由于各专业划分不同,设计人员的素质不同,最难以考量的是各专业的相互协调问题。设计图纸的碰撞问题易导致工期延误、成本增加等问题,更给工程质量安全带来巨大隐患。现如今建筑物的造型越来越复杂,建筑施工周期越来越短,因此对于建筑施工的协调管理和技术交底要求越来越高,不同素质的施工人员、反复变化的设计图纸使按图施工的要求显得有些力不从心。在当前工程项目施工过程中,常常出现不同班组同一部位施工采用不同蓝图的情况,也出现了建筑成品与施工蓝图对不上的情况,施工交底的难度不断增大。

② BIM 模式

在引入了 BIM 模式之后,上述这一系列问题都可以得到较为良好的解决。就以项目管理各条线获取数据难度大的问题为例,BIM 模式会引入工程基础数据库作为解决方法。工程基础数据库由实物量数据和造价数据两部分构成,其中,实物量数据可以通过算量软件创建的 BIM 模型直接导入,造价数据可以通过造价软件导入。通过建立企业级项目基础数据库,可以自动汇总分散在各个项目中的工程模型,建立企业工程基础数据;自动拆分和统计不同部门所需数据,作为部门决策的依据;自动分析工程人、材、机数量,形成多工程对比,有效控制成本;通过协同分享提高部门间协同效率,并且建立与 ERP(企业资源计划)的接口,使得成本分析数据信息化、自动化和智能化。这就很好地为各项目条线的数据共享提供了数据平台。

BIM 模式的实施需要经常地去维护 BIM 模型,去进行碰撞检查。三维环境下进行的各专业碰撞可以快捷、明了地发现不同专业间所发生的碰撞,提前且全面地反映施工设计的问题,从而可以良好地解决设计图纸碰撞检查与施工难点交底困难多的问题。施工人员可以不用再扎在"图海"之中,费时费力还容易遗漏信息,造成返工与浪费。同时 BIM 模式下还可以进行虚拟的施工指导,直观、简洁地使用三维模型进行交底,尤其是对于钢筋工程,很多采用平法很难表达的节点排布等,使用三维模型则可以得到出乎意料的良好效果。

（3）现浇钢筋混凝土深化设计中钢筋深化相关应用

① 复杂节点的表现

由于结构的形态日趋复杂,越来越多的工程钢筋节点处非常密集,施工有比较大的难度,同时不少设计采用型钢混凝土的结构形式,在本已密集的钢筋工程中加入了尺寸比较大的型钢,带来了新的矛盾。

新的矛盾通常表现如下:型钢与箍筋之间的矛盾,大量的箍筋需要在型钢上留孔或焊接;型钢柱与混凝土梁接头部位钢筋的连接形式较为复杂,需要通过焊接、架设牛腿或者贯通等方式来完成连接;多个构件相交之处钢筋较为密集,多层钢筋重叠,钢筋本身的标高控制及施工有着很大的难度。

采用 BIM 技术虽然不能完全解决以上矛盾,但是可以给施工单位一种很好的手段来与设计方进行交流,同时利用三维模型的直观性可以很好地模拟施工的工序,避免因为施工过程中的操作失误导致钢筋无法放置。

如图 4-15 所示,某工程采用劲性结构,其中箍筋为六肢箍,多穿型钢,且间距较小,施工难度较大,施工方采用 Tekla 软件将钢筋及其中的型钢构件模型建立出来,并标注详细的尺寸,以此为工具与设计方沟通,取得了良好的效果。

② 钢筋的数字化加工

对于复杂的现浇混凝土结构,除了由模板定位保证其几何形状的正确以外,内部钢筋的绑扎和定位也是一项很大的挑战。

对于三维空间曲面的结构,传统的钢筋加工机器已经无法生产出来,也无法用常规的二维图纸将其表示出来。必须采用 BIM 软件将三维钢筋模型建立出来,同时以合适的格式传递给相关的三维钢筋弯折机器,以顺利完成钢筋的加工。

③ 国外钢筋工程深化成功案例

国外的某大桥工程,有着复杂的锚缆结构,锚缆相当沉重,而且需要在混凝土浇捣前作为支撑,大量的钢筋放置在每个锚缆的旁边,如何确保锚缆和钢筋位置的正确并保证混凝土的顺利浇捣成为技术难点。BIM 技术的使用很好地解决了这些问题,如图 4-16 所示。

（a）锚缆与钢筋位置示意图 1

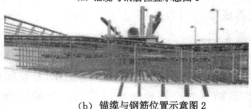

（b）锚缆与钢筋位置示意图 2

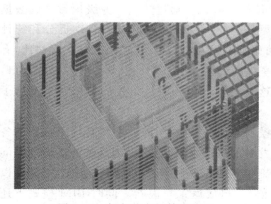

图 4-15　复杂节点钢筋表现图

图 4-16　某大桥钢筋模型的构件图

同时,桥梁钢筋的建模比想象中困难许多,这种斜拉桥具有高密度的钢筋和复杂的桥面与桥墩形状,使建模比一般的单纯的结构更加困难与费时。在普通的钢筋混凝土结构中,常规的梁柱墙板等建筑构件都有充分的形状标准,可以用参数化的构件钢筋详图和配筋图加速建模的速度,桥梁元件则因为其曲率及独特的几何结构,需要自订化建模。

施工总承包方使用 Tekla Structures 的 ASCII、Excel 和其他资料格式提供钢筋材料的数量计算。桥梁的 ASCII 报表资料被格式化成可以直接和自动导入供应商的钢筋制造软件中,内含所有的弯曲和切制资料。这套软件在工厂生产时驱动 NC 机器,格式化是在软件商和承包商共同支撑之下完成的,也避免了很多人为作业的潜在错误。其操作流程如图 4-17 所示。

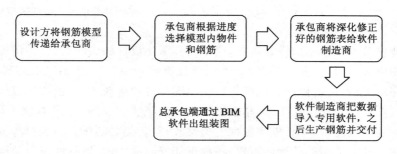

图 4-17　钢筋生产及加工流程图

四、BIM 技术在混凝土预制构件加工和生产中的应用

随着建筑业的不断发展,建筑工业化已逐渐成为一个新兴的、被国家大力推广的新课题。工业化建筑中的大量预制混凝土构件,采用工业化的生产方式,在工厂生产、运输到现场进行安装,促进了建筑生产现代化,提升了建筑的生产手段,提高了建筑的品质,降低了建造过程的成本,节约了能源并减少了排放。

工业化建筑中应用大量的诸如预制混凝土墙板、预制混凝土楼板、预制混凝土楼梯等预制混凝土构件。这些预制构件的标准化、高效和精确生产是保证工业化建筑质量和品质的重要因素。从大量预制混凝土构件的生产经验来看,现有采用平面设计的预制构件深化设计和加工图纸具有不可视化的特点,加工中经常因图纸问题而出现偏差。

随着建筑业信息技术的发展,BIM 的相关研究和应用也取得了一些突破性进展。它能够在建筑全生命周期中利用协调一致的信息,对建筑物进行分析、模拟、可视化、统计、计算等工作,帮助用户提高效率、降低成本,将其用于产业化住宅预制混凝土构件的深化设计、生产加工等过程,能够提高预制构件设计、加工的效率和准确性,同时可以及时发现设计、加工中的偏差,便于在实际生产中改进。

本节主要介绍 BIM 技术在预制构件的深化设计、模型建立、模具设计、加工和运输中的一些应用。

1. 预制构件的数字化深化设计

预制构件的深化设计阶段是工业化建筑生产中非常重要的环节。由于预制混凝土构件是在工厂生产、运输到现场进行安装,构件设计和生产的精确度就决定了其现场安装的准确度,所以要进行预制构件设计的“深化”工作,其目的是保证每个构件到现场都能准确地安装,不发生错漏碰缺。但是,一栋普通工业化建筑往往存在数千个预制构件,要保证每个预制构件到现场拼装不发生问题,靠人工进行校对和筛查显然是不可能的,但 BIM 技术可以

图 4-18　利用 BIM 模型进行
预制梁柱节点处的碰撞检查

很好地担负起这个责任。利用 BIM 模型,深化设计人员可以把可能发生在现场的冲突与碰撞在模型中进行事先消除。即通过使用 BIM 软件对建筑模型进行碰撞检查,不仅可以发现构件之间是否存在干涉和碰撞,还可以检测构件的预埋钢筋之间是否存在冲突和碰撞,根据碰撞检查的结果,可以调整和修改构件的设计并完成深化设计图纸。如图 4-18 所示的是利用 BIM 模型进行预制梁柱节点处的碰撞检查。

　　鉴于工业建筑工程预制构件数量多,建筑构件深化设计的出图量大,采用传统方法手工出图工作量相当大,而且若发生错误,修改图纸也不可避免。采用 BIM 技术建立的信息模型深化设计完成之后,可以借助软件进行智能出图和自动更新,对图纸的模板作相应定制后就能自动生成需要的深化设计图纸,整个出图过程无须人工干预,而且有别于传统 CAD 创建的数据孤立的二维图纸,一旦模型数据发生修改,与其关联的所有图纸都将自动更新。图纸能精确表达构件相关钢筋的构造布置,各种钢筋弯起的做法、钢筋的用量等可直接用于预制构件的生产。例如,一栋 3 层的住宅楼工程,建筑面积为 1 000 m²,从模型建好到全部深化图纸出图完成只需 8 天时间,通过 BIM 技术的深化设计减少了深化设计的工作量,避免了人工出图可能出现的错误,大大提高了出图效率。

　　具体而言,上海某工程采用预制装配式框架结构体系,建筑面积为 1 000 m²,建筑高度为 14.1 m,地上 3 层(即实际建筑的首层、标准层和顶层部分),梁柱节点现浇及楼板是预制现浇叠合,其他构件工厂预制,预制率达到 70% 以上。该工程的建设采用 BIM 技术进行了深化设计。该住宅楼共有预制构件 371 个,其中外墙板 59 块,柱 78 根,主、次梁共计 142 根,楼板(预制现浇叠合板,含阳台板)86 块,预制楼梯 6 块,利用传统 Tekla Structures 中自带的参数化节点无法满足建筑的深化设计要求,所有构件独立配筋,人工修改的工作量很大。为提高工作效率,建设团队对 Tekla Structures 进行二次开发,除一些现浇构件外,把标准的预制构件都做成参数化的形式。参数化建模极大地提高了工作效率,典型的如外墙板,在不考虑相关预埋件的情况下配筋分两种情况,即标准平版配筋和开口配筋,其中开口分为开口平版和开口 L 形版片两种,开口平版的窗口又有三种类型,女儿墙也有 L 形版片和标准版片两种,若干组合起来进行手动配筋相当烦琐,经过对比考虑将外墙板做成三种参数化构件,分别对应标准平版、开口墙板和女儿墙,这样就能满足所有墙板的配筋要求。经过实践统计,如果手动配筋,所有墙板修改完成最快也需要两个人一周的时间,而通过参数化的方式,建筑整体结构模型搭建起来只需一个人 2 天的时间,大大提高了深化设计的效率。

　　2. 预制构件信息模型的建立

　　预制构件信息模型的建立是后续预制构件模具设计、预制构件加工和运输模拟的基础,其准确性和精度直接影响最终产品的制造精度和安装精度。

　　在预制构件深化设计的基础上,可以借助 Solidworks 软件、Autodesk Revit 系列软件和 Tekla BIMsight 系列软件等建立每种类型的预制构件的 BIM 模型(图 4-19),该模型中

包括钢筋、预埋件、装饰面、窗框位置等重要信息,用于后续模具的制作和构件的加工工序,该模型经过深化设计阶段的拼装和碰撞检查能够保证其准确性和精度要求。

(a)预制墙板(面砖装饰) (b)带窗框预制墙板 　　(c)带窗框预制墙板 　　　(d)预制楼梯

图 4-19 预制构件的 BIM 模型

3. 预制构件模具的数字化设计

预制构件模具的精度是决定预制构件制造精度的重要因素。采用 BIM 技术的预制构件模具的数字化设计,是在建好的预制构件的 BIM 模型基础上进行外围模具的设计,从而最大限度地保证了预制构件模具的精度。图 4-20～图 4-23 是常见工业化建筑预制构件模具的数字化设计图。

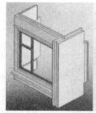　　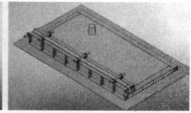

图 4-20 带窗外墙挂板构件及模具 　　　　图 4-21 无窗外墙挂板构件模具及阳台模具

图 4-22 阳台板构件及模具 　　　　　　图 4-23 楼梯板构件及模具

此外,在建好的预制构件模具的 BIM 模型基础上,可以对模具各个零部件进行结构分析及强度校核,合理设计模具结构。图 4-24 为预制墙板模具中底模、端模零部件的拆分,用于进行后续的结构和强度验算。

采用 BIM 技术的预制构件模具设计的另一大优势是可以在虚拟的环境中模拟预制构件模具的拆装顺序及其合理性,以便在设计阶段进行模具的优化,使模具的拆装最大限度地满足实际施工的需要。预制墙板模具的拆装模拟如图 4-25 所示。

4. 预制构件的数字化加工

预制构件的数字化加工基于上述建立的预制构件的信息模型。以预制凸窗板构件为例,由于该模型中包含了尺寸、窗框位置、预埋件位置及钢筋等信息,通过视图转化可以导出该构件的三视图,类似传统的平面 CAD 图纸,如图 4-26 所示。但由于三维模型的存在,使

（a）底模　　　　　　（b）端模

图 4-24　预制墙板模具局部零部件的拆分

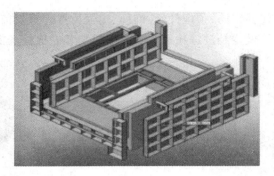
图 4-25　预制墙板模具的拆装模拟

得该图纸的可视化程度大大提高，工人按图加工的难度降低，这可大大减少因图纸理解有误造成的构件加工偏差。

此外还可以根据预制构件信息模型来确定混凝土浇捣方式，以预制凸窗板构件为例，根据此构件的结构特征——墙板中间带窗、构件两侧带有凸台、构件边缘带有条纹，通过合理分析，此构件采用窗口向下、凸台向上的浇捣方式，如图 4-27 所示。

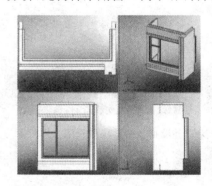
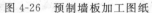

图 4-26　预制墙板加工图纸

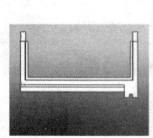
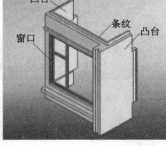

图 4-27　预制凸窗板构件模型及混凝土浇捣方式

5. 预制构件的模拟运输

基于预制构件信息模型中的构件尺寸信息和重量信息，可以实现电脑中对预制构件虚拟运输的模拟，可以模拟出最优的运输方案，最大限度满足预制构件运输的能力。图 4-28 和图 4-29 显示了预制墙板构件运输的模拟和实际运输过程的情况。

图 4-28　预制构件运输的模拟　　　　　　　　图 4-29　预制构件运输的实况

五、BIM 技术在钢结构工程深化设计及数字化加工中的应用

1. 概述

众所周知,BIM 其实是借鉴制造业的管理实施经验,通过具象化的设计减少产品生产中的问题以降低试错成本;通过三维化展示以加深所有参与部门的相互了解,减少沟通成本;通过"预制—装配"的方式实现流水线生产,降低劳动成本。BIM 技术在建筑行业推行的目的无非也是形成类似的工作模式,从而可以节约大量成本。

工程建设行业如果要充分发挥 BIM 技术的作用,最好的方式就是提高预制率,使工程建设的过程更接近于生产流水线。相比混凝土结构而言,钢结构是比较特别的一个种类。它在实施过程中一直都是以"预制—装配"的方式进行的,从这一点上说,钢结构具有一定的"流水线化"实施的条件。

虽然具备了有利的条件,钢结构工程的实施过程如果要向"流水线化"转变,仍然需要在很多方面进行调整。首当其冲的就是确保数据资料贯穿实施过程的始终。BIM 技术正好能够在这个过程中承担数据的载体,成为深化设计到工厂加工过程中的重要部分。

当然,在整个加工过程中,为配合 BIM 数据的识别和调用,所有设备都优先采用数字化驱动的加工方式,例如数控机械、机器人或机械手等。

2. BIM 技术和钢结构深化设计的融合

BIM 技术和深化设计的融合往往体现在软件的应用层面上,选择合适而好用的软件就成为这种融合成功与否的关键。随着计算机技术的发展,行业内的专业设计软件已有不少,各种软件都有自己的特色,具备三维建模能力,并能够通过三维模型输出施工图纸。至今,已经有许多工程通过三维深化设计指导出图,提高工作效率,减少设计错误,成为 BIM 技术与深化设计融合的典范。

例如,南京火车站工程,钢结构总面积为 22 万平方米,构件数量为 4 万件,主站房用钢量为 8 万 t,合计总用钢量(包括站区雨篷、附属钢结构工程)为 11 万 t;而且这个项目所用钢材多是非国标截面,制作复杂。工程通过使用三维设计软件,准确绘制了三维空间模型,并转化成精确的加工图纸和安装图纸,并提供了所需的一切精确数据,如图 4-30 所示。

又如 2010 年上海世博会芬兰馆——"冰壶",展馆的垂直承重结构由钢材制成。正面由窄体元件组成,在现场进行组装。水平结构由木质框架元件组成,地板则由小板块拼成。内部使用木板铺面。外部正面使用富有现代气息的鳞状花纹纸塑复合板,这是一种工业再生产品。中庭墙壁及二层的一些墙壁由织物覆盖,并用透明织物覆盖中庭。楼梯和电梯为独立元件。全部建筑元件在进行制造的时候,就必须保证建筑建成后能被分解和再组装。该工程采用了三维深化设计软件,把复杂纷乱的连接节点以三维的形式呈现出来,显示出所有构件之间的相互关系,通过这样的设计手段,保证了异型空间结构的三维设计,提高了工作效率和空间定位的准确性,如图 4-31 所示。

显然,钢结构深化设计过程中引入 BIM 技术后,就使得设计过程更加高效而精确,出图也更加便利。

在实际工程的运行过程中,深化设计图纸并不是法定要求归档的资料。相信随着时间的推移,深化图纸也将逐步被电子数据所取代,配合下游加工厂的数字化加工设备,从而形成完整的数字化应用流程。到这时候,数字化应用流程才是 BIM 技术与深化设计的完美融合。

图 4-30 梁柱节点

图 4-31 结构系统

深化设计的数据需要为后续加工和虚拟拼装服务,因此以下几点内容需要认真对待。

(1) 标准化编号

所有构件在三维建模时会被赋予一个固定的 ID(身份识别号),这个号码在整个系统中是唯一的,它可以被电子设备识别。但是在这个过程中也不可避免地需要加入工程师的活动,那么就需要编列同时便于人识别的构件编号。通过构件的编号可以让工程师快速找到该构件的所在位置或者相邻构件的识别信息。编号系统必须通过数字和英文字母的组合表述出以下内容(根据实际情况取舍):① 建筑区块;② 轴线位置;③ 高程区域;④ 结构类型(主结构、次结构、临时连接等);⑤ 构件类型(梁柱、支撑等)。

例如,上海自然博物馆新馆工程,建筑形式取材于鹦鹉螺,在博物馆正门旁边有一片兼具装饰和承重的弧形钢结构,名曰"细胞墙",如图 4-32 所示。

这一复杂的单片网壳结构使深化设计、构件加工和拼接安装都面临严峻的考验。首当其冲的就是编号系统的建立,方便识别的编号将有助于优化生产计划和拼装安排,从而提高施工的效率。

"细胞墙"结构中的钢构件分为节点和杆件。节点的编号由三部分构成:高程、类型和轴线。整个工程以"米"为单位划分高程,每个节点所在高度的整数位作为编号的第一部分;而节点的类型分为普通、边界和特殊,分别对应"N""S"和"SP",加入第二部分;整个弧形墙沿着弧面设置竖向轴线,节点靠近的轴线编号就作为节点编号的第三部分。一旦这样的编号系统建立,所有参与的工程师都能够快速找到指定节点所在位置,甚至不必去翻阅布置展开图。

杆件的编号系统就可以相对简单一些:直接串联两边节点编号。通过杆件上的编号,工程师既能够知道两边节点是哪两个,又可以通过节点编号辨别杆件的位置,如图 4-33 所示。

(2) 关键坐标数据记录

虽然经过三维建模已经可以得到所有构件的空间关系,但是如果能在构件信息列表里加入控制点理论坐标,则既便于工程师快速识别,又能够辅助后续工作。坐标点的选取应根据实际情况的需要而确定,例如,规则的梁和柱往往只需要记录端部截面中点即可,而复杂节点就比较适合选择与其他构件接触面上的点。这些坐标数据需要被有规则地排列以便于调取。

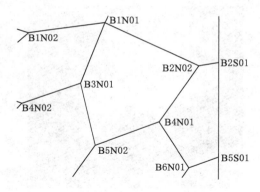

图 4-32 "细胞墙"结构效果图　　　　　图 4-33 节点编号示意图

（3）数据平台架设

BIM 技术应用与深化设计的融合不单是建立模型和数据应用，还需要在管理上体现融合的优势，建立一个数据平台。这个数据平台不仅要作为文件存储的服务器，也要为团队协作和参与单位交流提供服务。所有的数据和文件的发布、更新都要第一时间让所有相关人员了解。

3. BIM 技术与数字化加工实施的整合

所谓数字化加工，主要依赖于加工设备，如数控机械或者机器人进行加工。BIM 技术应用强调的是"流水线化"和"模块化"的施工。当这两者相互结合后就形成了这样一种工作模式：模块分拆—单独加工—模块组合—后期处理。在 2010 年上海世博会世博轴工程中，钢结构构件的加工就使用了这样一种工作模式，以下结合实例简要介绍。

2010 年上海世博会世博轴工程有 6 个特征标志性强的"阳光谷"以满足地下空间的自然采光。"阳光谷"采用单层网壳结构，由节点与杆件组合而成，节点总数达到 10 348 个。阳光谷钢结构节点按照制作方式的不同可以分为铸钢节点与焊接节点。这两种节点的加工过程都使用了上文提到的加工方式。

（1）铸钢节点

首先，将各不相同的铸钢节点按一定的截面规格分解成标准模块，然后将标准模块按最终形状组合成模，再加以浇铸成型。该工艺创造性地改变了对应不同形式节点需加工不同模型的思路，可大大节省模型制作时间及费用，非常适合类似阳光谷这种具有一定量化且又不尽一致的铸钢节点。

其次，采用高密度泡沫塑料压铸成标准模块，利用机器人技术进行数控切割和数控定位组合成模，大大提高了模型的制作加工精度及效率，如图 4-34 和图 4-35 所示。

然后，采用熔模精密铸造工艺（消失模技术），提高铸件尺寸精度和表面质量。一般的砂型铸造工艺无论尺寸精度还是表面质量都达不到阳光谷要求，且节点形状复杂，难以进行全面机械加工，因此选择熔模精密铸造工艺。

"阳光谷"共有实心铸钢节点 573 个且各不相同，如采用传统的模型制作工艺，需加工相同数量的模型，即 573 个。每个模型都需要先制作一副铝模再压制成蜡模或塑料模型，每副铝模制作周期约 2 个星期，且只能使用 1 次，光模型制作时间对工程进度来说就是相当大的制约，无法满足施工要求。现采用组合成模技术，按不同截面划分为 11 种形式，则节省模具数量达 98%，节省模具费用 500 多万元，时间上也大大节约。

图 4-34　泡沫塑料块

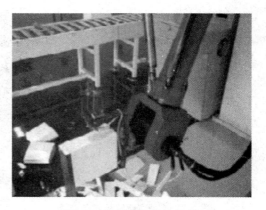

图 4-35　机器人数控切割

（2）焊接节点

焊接节点按照加工工艺主要分为两类：散板拼接焊接节点和整板弯扭组合焊接节点。

散板拼接焊接节点主要是将节点分散为中心柱体和四周牛腿两大部分，如图 4-36 所示，分别加工，最后组拼并焊接形成整体。首先将节点的每个牛腿按照截面特性制成矩形空心块体，然后利用机器人进行精确切割，形成基础组拼件，如图 4-37 所示。

（a）节点散件示意

（b）加工过的节点牛腿

图 4-36　散板拼接焊接节点

图 4-37　机器人切割

在完成节点所有基础组拼件的加工后，即需要组拼并焊接，形成完整节点。焊接主要分为两个步骤：打底焊和后期填焊。整个过程必须保证焊接的连续性和均匀性。

整板弯扭组合焊接节点主要是将节点的上下翼缘板分别作为一个整体，利用有关机械进行弯扭以保证端部能够达到设计要求的位置，之后再将节点的腹板和构造板件组合进行整体焊接。

在完成节点的制作过程以后需要对节点的断面进行机械加工处理。阳光谷作为曲面、异型精细钢结构，其加工精度较之常规钢结构来说要求更高。尤其是节点牛腿各端面，其精度将直接影响安装的精确性。因此，这一指标需要作为重点控制内容。其一，节点在组装、焊接、机加工与三坐标检测时采用统一基准孔和面，在加工过程中应保护基准面与孔不损坏。其二，节点端面机加工在专用机床进行，在加工前仔细对节点与加工数据编号进行校合，核对准确后按节点加工顺序示意图规定加工。如果采用五轴数控机床，其经济性和加工周期就难以保证，因而采用设计的专用机床，既保证了加工精度，加工周期也得到了保障。

因为加工过程实现了数字化精密加工,"阳光谷"工程被称为"精细钢结构"工程。相信随着技术发展,数字化精密加工的成本会逐渐下降,以后越来越多的工程也将逐步转向这个方向,所谓的 BIM 技术与数字化加工的整合也终将普及。

六、BIM 技术在机电设备工程深化设计及数字化加工中的应用

随着绿色施工的开展,越来越多的机电安装企业开始采用 BIM 技术进行深化设计和数字化加工及建造。不同行业的 BIM 应用软件可实现在施工单位进场前完成机电综合调整、方案预演等前期准备,在精确计划、精确施工、提升效益方面发挥巨大作用,为绿色设计和环保施工提供强大的数据支持,确保设计和安装的准确性,提高安装一次成功率,减少返工,降低损耗,节约工程造价,提高项目的建造品质,同时又可为项目节约大量资源。

数字化施工模式日益受到关注。在我国的各大机电安装项目中目前主要采用的是传统的施工方式,现场施工员对管线排布完成后,主要依靠大量人工在现场对各类管道、管件进行加工再将其安装,但首先,这种方法需要在现场安排大量的操作工人,这给现场的日常管理带来了一定压力。其次,现场环境比较复杂,工作界面混乱,工人工作效率较低。再次,现场加工必定需要很多动火点,这无疑增加了现场的安全隐患。近年,人们对绿色施工、安全施工有了更深的理解和要求,并将关注的目光投向如何实现数字化施工。因此,数字化加工及建造对机电安装提出了更高的要求,对于管道不只停留在实现功能上,更从数字化加工、建造的角度提出了新要求。如何利用先进技术确保机电管线实现数字化施工,提升现场施工能力,是施工企业面临的一个重要难题。

为此,将机电深化设计、数字化加工与 BIM 应用技术结合起来,利用 Revit、Navisworks、Inventor 等不同行业的软件,实现 BIM 技术在机电工程深化设计及数字化加工中的运用,是机电设备工程的发展趋势。

1. 组织架构及人员配置

(1)组织架构

BIM 技术在工程建设行业的推广应用,必将引起企业人力资源组织架构等方面的变化。因此,企业需要在原有的人力资源组织架构的基础上,重新规划和调整适合企业 BIM 实施的人力资源组织架构。该组织架构也是企业实施 BIM 战略目标的重要保证。图 4-38 为某机电企业内部组织架构图。

BIM 业务部门主要职责是使用传统设计和制图工作软件,完成 BIM 技术相关的项目承接、设计与校审、项目交付等业务工作。BIM 支持部门主要职责是为 BIM 技术的应用和推广提供方便,并解决其在应用过程中碰到的各类问题,使 BIM 业务部门能顺利有序地进行 BIM 设计和 BIM 推广。

目前,国内经过多个项目的应用实践,BIM 技术团队随着项目的开展积累了较为丰富的应用实践经验,团队的组织架构也越发完善、系统化、规范化。一般在项目中机电 BIM 技术团队还可分为三个大组,分别为建筑结构组、机电模型组和后期运用组。每大组拥有专设负责人,其中机电模型组还细分为水、电、风三大专业组。

其中,建筑结构组和后期应用组的建立是考虑到机电项目 BIM 应用中机电模型无法脱离建筑结构运行,建筑结构组的建立能够对已有的模型进行监控、督查,对需要修改的地方第一时间进行更新,为机电管线建模和深化设计等一系列技术的实行提供有效保障,保证模

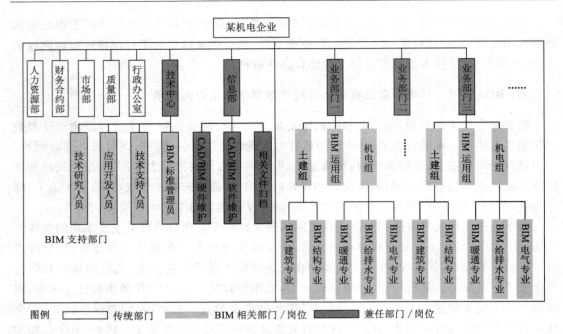

图 4-38　某机电企业内部组织架构图

型的准确性、实时性及可靠性。后期应用组的建立是为 BIM 技术服务的实行、推广提供一个崭新的信息平台。在这个平台上，BIM 技术的数据得到充分集成和展现，经后期应用组的信息加工提供给各专业机构，实现 BIM 模型的方案模拟、进度演示，并能根据实际需求，进行分专业、总体、专项等特色演示。

（2）人员配置

人力资源的合理配置确保了各 BIM 专业的协调性和可执行性，同时根据相应的工作标准和流程，有效保证 BIM 工作按时、专业、高效开展。同时，企业技术中心和信息部门也应对 BIM 业务部门提供相关技术支持，如图 4-39 所示。

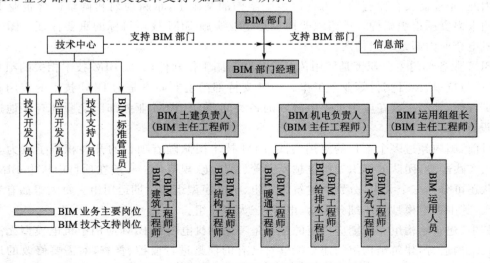

图 4-39　某机电企业 BIM 部门内部人员配置图

技术中心和信息部门根据企业信息化决策及实际业务需求,提供可采用的技术方案,对拟采用的技术方案及软硬件环境进行技术测试与评估,组织并协助业务部门对拟采用软硬件系统进行应用测试。具体而言,技术中心和信息部门负责针对企业实际业务需求的定制开发工作,现阶段重点开发方向为针对 BIM 应用软件的效率提升、功能增强、本地化程度提高等方面;同时,负责 BIM 软件使用的初级、中级培训,负责解决使用者 BIM 软件使用问题及故障;负责编制企业 BIM 应用标准化工作计划及长远规划,负责组织制定 BIM 应用标准与规范,并根据实际应用情况组织 BIM 应用标准与规范的修订。

通过上述人员架构确保各 BIM 专业的完整性和可执行性,且经验丰富、专业对口、操作娴熟的 BIM 技术人员,对 BIM 操作技术有着相应的工作标准和流程,将有效保证 BIM 工作按时、专业、高效开展。对于具有云技术和异地协同平台的企业,还可以在远程平台上解决跨地域的协作问题,实现远程支持、多方演示,有效提高工作效率。通过这种方式,可以大量减少异地现场的 BIM 技术人员配置,大幅降低企业人员成本。

如国内某超高层项目,根据该机电企业的组织架构组建了一支 30 人的多专业、经验丰富的 BIM 团队来对此项目展开工作。针对项目的特点,特派 13 名 BIM 操作技能过硬、专业基础扎实、项目经验丰富的 BIM 技术人员驻扎现场,建立项目 BIM 技术团队(图 4-40)。现场 BIM 技术团队总负责人 1 人,建筑结构、机电建模、后期应用负责人各 1 人,机电建模组分别安排水、电、风三个专业 BIM 技术人员各 3 人,组成一支专业化 BIM 技术团队。同时,在企业本部的 12 人通过全新的 Revit Server 中心服务器技术对现场技术团队进行 BIM 技术支持和同步协作,如图 4-41 所示。采用此种方式不仅大大减少了软件模型数据同步的时间,还能够在局域网外进行传输。BIM 技术团队对现场的技术支持通过 Revit Server 中心服务器得到了实现,使模型快速同步、更新、读取,大幅减少了中间信息传输请求时间,提高了工作效率。

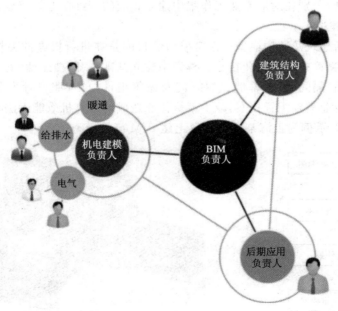

图 4-40　某超高层项目 BIM 人员配置图

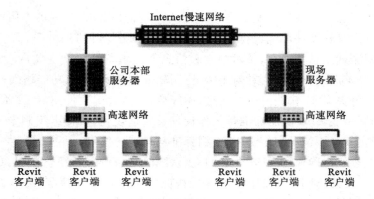

图 4-41　某超高层项目 Revit Server 网络架构图

2. 机电设备工程 BIM 深化设计

(1) 建立模型

BIM 模型是设计师对整个设计的一次"预演",建模的过程同时也是一次全面的"三维校审"过程,BIM 技术人员发挥专业特长,在此过程中可发现大量隐藏在设计中的问题,这点在传统的单专业校审过程中很难做到,经过 BIM 模型的建立,能使隐藏问题无法遁形,提升整体设计质量,并大幅减少后期工作量。针对项目,利用 BIM 系列软件根据平面设计图纸建立三维模型。

BIM 建模流程图如图 4-42 所示。将不同专业的深化设计图纸分到各个设计师手中,BIM 设计师针对各个专业进行图纸系统的理解,整理系统,确认管线设计的合理性。同时,为了能在 BIM 编辑软件或是检视软件中快速辨识各项系统类别,有利于提升编辑模型及冲突检查的时效性,在中心文件中根据 BIM 相关标准按照不同专业建立不同的工作集,即各专业根据二维图纸,分别在对应专业工作集中建立相应的三维模型。

① 基础模型建造

基础建模包括建筑及结构模型。建筑模型的目的是在进行机电冲突检查时,有基础数据可作参考,使冲突检查可视化。在建筑模型中建立基础筏基、挡土墙、混凝土柱梁、钢结构柱梁、楼板、剪力墙、隔间墙、帷幕墙、楼梯、门及窗等组件,再按照设计发包图建造 BIM 模型。依据楼层及专业类别配置档案,减少编辑作业造成的计算机效能无法负荷的情况,提升作业时效。图 4-43 示例为上海某医院项目土建 BIM 三维模型。

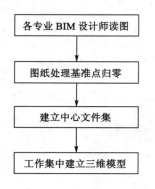

图 4-42　BIM 建模流程图

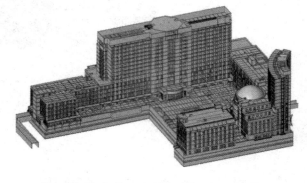

图 4-43　上海某医院项目土建 BIM 三维模型

② 机电模型建造

机电模型可以分为通风空调、空调水、防排烟、给水、排水、强电、弱电及消防等项目，借助 BIM 协同作业的方式分配给不同的 BIM 专业工程师同步建造模型，BIM 专业工程师可以通过各项系统和建筑结构模型之间的参考链接方式进行模型问题检查。

（2）深化设计

① 机电管线全方位冲突检测

制订施工图纸阶段，若相关各专业没有经过充分的协调，可能直接导致施工图出图进度的延后，甚至进一步影响整个项目的施工进度。利用 BIM 技术建立三维可视化模型，在碰撞发生处可以实时变换角度进行全方位、多角度的观察，便于讨论修改，这是提高工作效率的一大突破。BIM 技术使各专业在统一的建筑模型平台上进行修改，各专业的调整实时显现、实时反馈。

在传统深化设计工作中，重复的工作量导致大量时间耗费，这就是不具备参数能力的线条组成的图形所暴露出的局限性。BIM 技术应用下的任何修改体现在：其一，能最大限度地发挥 BIM 技术所具备的参数化联动特点，从参数信息到形状信息各方面同步修改；其二，无改图或重新绘图的工作步骤，更改完成后的模型可以根据需要生成平面图、剖面图和立面图。与传统利用二维方式绘制施工图相比，在效率上的巨大差异一目了然。为避免各专业管线碰撞问题，提高碰撞检查工作效率，推荐采用如图 4-44 所示的流程实施。

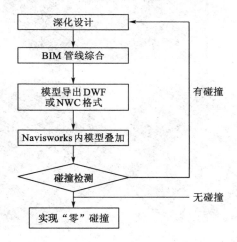

图 4-44　BIM 碰撞检查流程图

a. 将综合模型按不同专业分别导出。模型导出格式为 DWF 或 NWC 的文件。

b. 在 Navisworks 软件里面将各专业模型叠加成综合管线模型进行碰撞检查。

c. 根据碰撞结果回到 Revit 软件里对模型进行调整。

d. 将调整后的结果反馈给深化设计员；深化设计员调整深化设计图，然后将图纸返回给 BIM 设计员；最后 BIM 设计员将三维模型按深化设计图进行调整，碰撞检查。如此反复，直至碰撞检查结果为"零"碰撞为止。

在以往的 BIM 机电深化设计碰撞检查工作开展的过程中发现，当对碰撞处进行调整后，如果缺乏各专业间的协调沟通、同步调整，则会产生新的碰撞位置，导致一而再，再而三产生碰撞并再次讨论再次修改。针对该现象，结合国内外的 BIM 机电深化行业的经验，全方位碰撞检查时首先进行的应该是机电各专业与建筑结构之间的碰撞检查,在确保机电与建筑结构之间无碰撞之后再对模型进行综合机电管线间的碰撞检查。同时,根据碰撞检查结果对原设计进行综合管线调整,对碰撞检查过程中可能出现的误判,人为对报告进行审核调整,进而得出修改意见。可以说,各专业间的碰撞交叉是深化设计阶段中无法避免的一个问题,但运用 BIM 技术则可以通过将各专业模型汇总到一起之后利用碰撞检查的功能,快速检测到并提示空间某一点的碰撞,同时以高亮作出显示,便于设计师快速定位和调整管路,从而极大地提高工作效率。

如上海某卷烟厂改造工程中,通过管线与基础模型的碰撞检查,发现梁与管线处有上百处的错误。在图 4-45 中,4 根风管排放时只考虑到 300 mm×750 mm 的混凝土梁,将风管贴梁底排布,但没有考虑到旁边 400 mm×1 200 mm 的大梁,从而使得风管经过大梁处发生碰撞。通过调整,将 4 根风管下调,将喷淋主管贴梁底敷设,不仅解决了风管撞梁问题,还解决了喷淋管道的布留摆放问题,如图 4-45 所示。

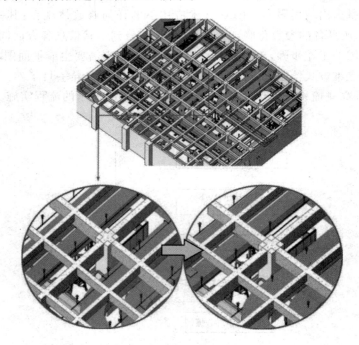

图 4-45　上海某卷烟厂机电综合管线与结构冲突检查调整前后对比图

该项目待完成机电与建筑结构的冲突检查及修改后,利用 Navisworks 碰撞检查软件完成管线的碰撞检查,并根据碰撞的情况在 Revit 软件中一一进行调整和解决。一般根据以下原则解决碰撞问题:小管线避让大管线,有压管道避让无压管道,电气管在水管上方,风管尽量贴梁底,充分利用梁内空间,冷水管道避让热水管道,附件少的管道避让附件多的管道,给水管在上排水管在下等。同时也须注意有安装坡度要求的管路,如除尘、蒸汽及冷凝水管道,最后综合考虑疏水器、固定支架的安装位置和数量应该满足规模要求和实际情况的需求,通过对管道的修改消除碰撞点。调整完成之后会对模型进行第二次的检测,如有碰撞则继续进行修改,如此反复,直至最终检测结果为"零"碰撞。该项目机电综合管线间冲突检查调整前后对比图如图 4-46 所示。

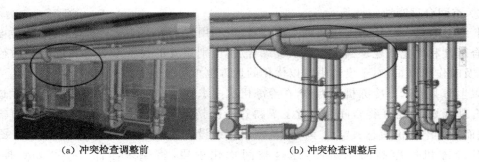

(a) 冲突检查调整前　　　　　　　　(b) 冲突检查调整后

图 4-46　上海某卷烟厂机电综合管线间冲突检查调整前后对比图

BIM 技术的应用在碰撞检查中起到了重大作用,其在机电深化碰撞检查中的优越性主要如表 4-2 所列。

表 4-2　碰撞检查工作应用 BIM 技术前后对比

检测方法	工作方式	影响	调整后工作量
传统碰撞检查工作	各专业反复讨论、修改、再讨论,消耗时长	调整工作对同步工作要求高,牵一发动全身——工程进度因重复劳动而受拖延,效率低下	重新绘制各部分图纸(平、立、剖面图)
BIM 技术下的碰撞检查工作	在模型中直接对碰撞实时调整	简化异步操作中的协调问题,模型实时调整统一、即时显现	利用模型按需生成图纸,无须进行绘制步骤

② 方案对比

利用 BIM 软件可进行方案对比,通过不同的方案对比,选择最优的管线排布方式。如图 4-47 所示,方案一和方案二中管道弯头比较多,布置略显凌乱;相比较而言,方案三中管道布置比较合理,阻力较小,是最优的管线布置方式。若最优方案与深化设计图有出入,则可与深化设计人员进行沟通,修改深化设计图。

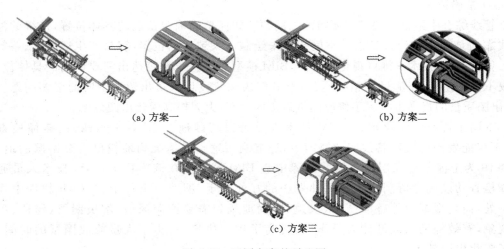

(a) 方案一　　　　　　　　　　　　(b) 方案二

(c) 方案三

图 4-47　不同方案的对比图

③ 空间合理布留

管线综合是一项技术性较强的工作,不仅可利用它来解决碰撞问题,同时也能考虑到系统的合理性和优化问题。当多专业系统综合后,个别系统的设备参数不足以满足运行要求时,可及时作出修正,对于设计中可以优化的地方也可尽量完善。

以上海某卷烟厂冷冻机房为例,在冷冻机房中水管所占的比例相当大,若没有经过空间方案合理规划,则会使得空间和视觉上显得过于拥挤。通过 BIM 技术,能合理排布各种管线,进而提升空间价值感。空间净高的认定以管线设备最下缘到地面的高度为准。图 4-48 是提升冷冻机房净高的示意图,通过空间优化手段,将原来净高 3 100 mm 提升到 3 450 mm。最终,冷冻机房不仅实现"零"碰撞,还通过 BIM 空间优化使得空间得到提升。在一般的深化过程中只对管线较为复杂的地方绘制剖面,但对于部分未剖切到的地方,是否能够保证局部吊顶高度,是否考虑到操作空间,都是深化设计人员应考虑的问题。

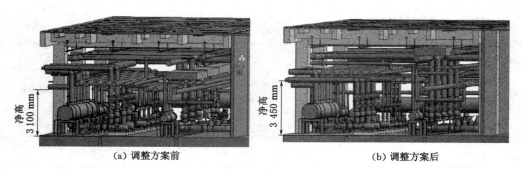

(a) 调整方案前　　　　　　　　　　　　　(b) 调整方案后

图 4-48　空间调整方案前后对比图

空间优化、合理布留的策略是在不影响原管线机能及施工可行性的前提下,对机电管线进行适当调整。这类空间优化正是通过 BIM 技术应用中的可视化设计实现的。深化设计人员可以任意角度看模型中的任意位置,呈现三维实际情况,弥补个人空间想象力及设计经验的不足,保证各深化区域的可行性和合理性。

④ 精确留洞位置

管线综合中经常会遇到需要留洞的问题。如何精确确定留洞的具体位置,传统的深化方式靠的是深化设计人员借助空间想象来绘制出大致留洞位置,容易产生遗漏、偏差等问题。凭借 BIM 技术三维可视化的特点,BIM 模型能够直观地表达出需要留洞的具体位置,不仅不容易遗漏,还能做到精确定位,有效解决深化设计人员出留洞图时的诸多问题。同时,出图质量的提高也省去了修改图纸返工的时间,大大提高深化出图效率。

不同于普通的深化留洞,BIM 技术人员可以巧妙地运用 Navisworks 的碰撞检查功能,不仅能发现管线和管线间的碰撞点,还能利用这点快速准确地找出需要留洞的地方。图 4-49 为上海某超高层项目低区能源中心 BIM 模型。在该项目中,BIM 技术人员通过碰撞检查功能确定留洞位置。此种方法的好处在于,不用一个一个在 Revit 软件中找寻留洞处,而是根据软件碰撞结果,快速、准确地找到需要留洞区域,解决漏留、错留、乱留的现象,有效辅助深化设计人员出图,提高了出图质量,省去了大量修改图纸的时间,提高了深化出图效率。

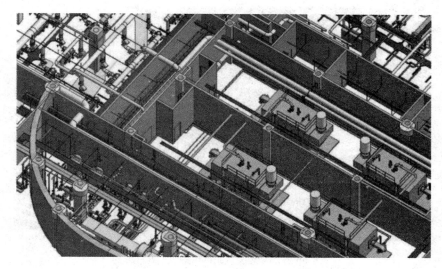

图 4-49　上海某超高层项目低区能源中心 BIM 机电模型

⑤ 精确支架布留预埋位置

在机电深化设计中，支架预埋布留是极为重要的一部分。在管线情况较为复杂的地方经常会存在支架摆放困难、无法安装的问题。对于剖面未剖到的地方，支架是否能够合理安装，符合吊顶标高要求，满足美观、整齐的施工要求就显得尤为重要。此外，从施工角度而言，部分支架在土建阶段就需在楼板上预埋钢板，如冷冻机房等管线较多的地方，支架为了承受管线的重量需在楼板进行预埋，但在对机电管线未仔细考虑的情况下，无法控制定位。现在普遍采用"盲打式"预埋法，在一个区域的楼板上均布预留。其中存在着如下几个问题：支架并没有为机电管线量身定造，支架布留无法保证百分之一百成功安装；预埋钢板利用率较低，管线未经过地方的预埋板造成大量浪费；对于局部特殊要求的区域可变性较小，容易造成无法满足安装或吊顶的要求。

针对以上几个问题，BIM 模型可以模拟出支架的布留方案，提前模拟出施工现场可能会遇到的问题，对支架具体的布留摆放位置给予准确定位。特别是剖面未剖到、未考虑到的地方，在模型中都可以形象具体地进行表达，确保百分之一百能够满足布留及吊顶高度要求。同时，按照各专业设计图纸、施工验收规范、标准图集要求，可以正确选用支架形式、间距、布置及拱顶方式。对于大型设备、大规格管道、重点施工部分进行应力、力矩验算，包括支架的规格、长度，固定端做法，采用的膨胀螺栓规格，预埋件尺寸及预埋件具体位置，这些都能够通过 BIM 模型直观反映。由此可见 BIM 模型模拟使得出图图纸更加精细。

图 4-50 所示为上海某医院项目。在该项目中，需要进行支架、托架安装的地方很多，结合各个专业的安装需求，BIM 模型能直观反映出支架及预埋的具体位置及施工效果，尤其对于管线密集、结构突兀、标高较低的地方，通过支架两头定位、中间补全的设计方式辅助深化出图，模拟模型，为深化的修改提供了良好依据，使得深化出图图纸更加精细。

⑥ 精装图纸可视化模拟

BIM 模型不仅可以反映管线布留的关系，还能模拟精装吊顶，吊顶装饰图也可根据模型出图。在模型调整完成后，BIM 设计人员可赶赴现场实地勘查，对现场实际施工进度和

图 4-50 上海某医院 BIM 模型支架布置图

情况与所建模型进行详细比对,并将模型调整后的排列布局与施工人员讨论协调,充分听取施工人员的意见后确定模型的最终排布。一旦系统管线或末端有任何修改,都可以及时反映在模型中,及时模拟出精装效果,在灯具、风口、喷淋头、探头、检修口等设施的选型与平面设置时,除满足功能要求外,还可兼顾精装修方面的选材与设计理念,力求达到功能和装修效果的完美统一。

图 4-51 和图 4-52 为上海某轨道交通站台 BIM 可视化精装模拟图和管道模拟图,通过调整模型和现场勘查比对,做到了在准确反映现场真实施工进度的基础上合理布局,达到空间利用率最大化的要求;在满足施工规范的前提下兼顾业主实际需求,实现了使用功能和布局美观的完美结合,最终演绎了"布局合理、操作简便、维修方便"的理想效果。

图 4-51 上海某轨道交通站台
BIM 可视化精装模拟图

图 4-52 上海某轨道交通站台
BIM 可视化管道模拟图

3. 机电设备工程数字化加工

基于 BIM 的数字化建造已是大势所趋,如何将管道预制技术、二维编码技术、三维测绘放样技术有效地运用到机电深化设计、预制加工厂和管线施工建造现场,提高机电管线工程建设的质量水平,缩短机电管线建设的工期,是目前急需解决的技术问题。为了提高预制加工图的精度,实现数字化建造信息全生命周期,确保现场精确测绘高效放样的安装要求,将BIM 技术运用到预制加工技术中,同时全程融入二维编码、现场三维测绘放样等高新技术是关键重点难点,也是当前机电管线数字化加工发展的最大创新点。

（1）机电数字化加工

传统的管道加工,就是利用管材、阀件和配件按图纸要求,预制成各种部件,然后在施工现场进行管道系统的整体组焊和安装。其主要目的是减少现场的安装量从而提高安装效率,提高管道的施工质量。为了满足绿色施工的要求,近年我国机电安装行业不断引进国外先进技术,并在工艺流程上加以改进,风管、电气母线、桥架等基本实现工厂化预制、现场安装,但预制化程度与土建、钢结构、玻璃幕墙等行业相比差距还很大,特别是机电安装工程中的管道焊接技术近年来无重大突破,依旧停留在现场焊接制作的操作模式阶段。虽然管道已经部分实现了工厂化预制,但其工厂化程度不是很高。究其原因,主要是管线布置得不够精确,限制了预制加工的深度和发展。相比较而言,国外的机电安装行业早已难觅现场施工的踪影,全面进入了基于 BIM 平台的数字化预制加工时代,除标准件全部采用预制外,非标零件也已经逐步实现工厂化预制。工厂化的管道预制加工方式既可以减少现场的操作工人和现场管理的压力,又可以提高现场施工的效率。因此,BIM 技术下的预制加工作用体现在通过利用精确的 BIM 模型作为预制加工设计的基础模型,在提高预制加工精确度的同时,减少现场测绘工作量,为加快施工进度、提高施工质量提供有力保证。

管道数字化加工预先将施工所需的管材、壁厚、类型和长度等一些参数输入 BIM 设计模型中,然后将模型根据现场实际情况进行调整,待模型调整到与现场一致的时候再将管材、壁厚、类型和长度等信息导成一张完整的预制加工图,将图纸送到工厂进行管道的预制加工,实际施工时将预制好的管道送到现场安装。因此,数字化加工前对 BIM 模型的准确性和信息的完整性提出了较高的要求,BIM 模型的准确性决定了数字化加工的精确程度。数字化加工与 BIM 模型协作流程如图 4-53 所示。

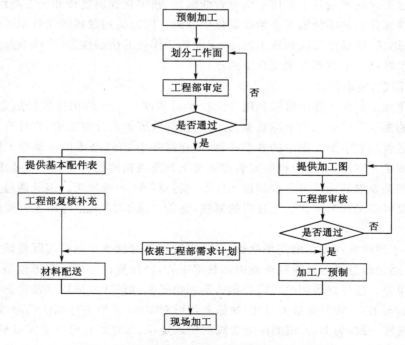

图 4-53　数字化加工与 BIM 模型协作流程图

由图 4-53 可以发现,数字化加工需由项目 BIM 深化技术团队、现场项目部及预制厂商在准备阶段共同参与讨论,根据业主、施工要求及现场实际情况确定优化和预制方案,将 BIM 模型根据现场实际情况及方案进行调整,待 BIM 模型调整到与现场一致时再将管材、壁厚、类型和长度等信息导出为预制加工图,交由厂商进行生产加工。其考虑及准备的内容不应仅仅是 BIM 管道、管线等主体部分的预制,还包括预制所需的配件,并要求按照规范提供基本配件表。同时,无论加工图还是基本配件表均需通过工程部审核、复核及补充,并根据工程部的需求计划进行数字化加工,才能够有效实现将 BIM 模型和工程部计划相结合。待整体方案确定后制作一个合理完整又与现场高度一致的 BIM 模型,把它导入预制加工软件中,通过必要的数据转换、机械设计及归类标注等工作,实现把 BIM 模型转换为数字化加工设计图纸,指导工厂生产加工。管道预制过程的输入端是管道安装的设计图纸,输出端是预制成形的管段,交付给安装现场进行组装。

如上海某体育中心项目,由于场地非常狭窄,各系统大量采用工厂化预制。为了加快施工进度和提高管道的预制精度,该项目在 BIM 模型数据综合平衡的基础上,为各专业提供了精确的预制加工图。项目中采用了 Autodesk Inventor 软件作为数字化加工的应用软件,成功实现将三维模型导入软件中制作成数字化预制加工图。具体过程如下:① 将 Revit 模型导入 Autodesk Inventor 软件中。② 根据组装顺序在模型中对所有管道进行编号,并将编号结果与管道长度编辑成表格形式。编号时在总管和支管连接处设置一段调整段,以补偿机电和结构的误差。另外,管段编号规则与二维编码或 RFID 命名规则应相配套。③ 将带有编号的三维轴测图与带有管道长度的表格编辑成图纸并打印。

(2)数字化测绘复核及放样

现场测绘复核放样技术能使 BIM 模型更好地指导现场施工,实现 BIM 的数字化复核及建造。通过把现场测绘技术运用于机电管线深化、数字化预制复核和施工测绘放样之中,可为机电管线深化和数字化加工质量控制提供保障。同时运用现场测绘技术可将深化图纸的信息全面、迅速、准确地反映到施工现场,保证施工作业的精确性、可靠性及高效性。现场测绘放样技术在项目中主要可实现以下两点:

① 减少误差,精确设计

在数字化加工复核工作中可以利用测绘技术对预制厂生产的构件进行质量检查复核,通过对构件的测绘形成相应的坐标数据,并将测得的数据输入计算机中,在计算机相应软件中比对构件是否与数字加工图中的参数一致,或通过基于 BIM 技术的三维施工模型进行构件预拼装及施工方案模拟,结合机电安装实际情况判断该构件是否符合安装要求,对于不符合施工安装相关要求的构件可令预制加工厂商进行重新生产或加工。因此通过先进的现场测绘技术不仅可以实现数字化加工过程的复核,还能实现 BIM 模型与加工过程中数据的协同和修正。

同时,由于测绘放样设备的高精度性,在施工现场通过仪器可测得实际建筑结构专业的一系列数据,通过信息平台传递到企业内部数据中心,经计算机处理可获得模型与现场实际施工的准确误差。通过现场测绘可以将报告等以电子邮件形式发回以供参考。按照现场传送的实际数据与 BIM 数据的精确对比,根据差值可对 BIM 模型进行相应的修改调整,实现模型与现场高度一致,为 BIM 模型机电管线的精确定位、深化设计打下坚实基础,也为预制加工提供有效保证。此外,对于修改后深化调整部分,尤其是之前测量未涉及的区域将进行第二次测量,确保现场建筑结构与 BIM 模型及机电深化图纸相对应,保证机电综合管线的可靠性、准确性和可行性,完美实现无须等候第三方专家,即可通过发送和接收更新设计及施工进度数据,高效掌控作业现场。

如上海某超高层建筑,其设备层桁架结构错综复杂,同时设备层中还具有多个系统和大型设备,机电管线只能在桁架钢结构有限的三角空间中进行排布,机电深化设计难度非常之大,钢结构现场施工桁架角度一旦发生偏差或者高度发生偏移,轻则影响到机电管线的安装检修空间,重则会使机电管线无法排布,施工难以进行。这需要通过 BIM 技术建立三维模型并运用现场测绘技术对现场设备层钢结构,尤其是桁架区域进行测绘,以验证该项目钢结构设计与施工的精确性。通过对设备层所有关键点的现场测绘,得到数据表并进行设计值和测定值的误差比对。

利用得到的测绘数据进行统计分析,如图 4-54 和图 4-55 所示,项目该次测量共设计 64 个测量点,由于现场混凝土已经浇筑、安装配件已经割除等原因,共测得有效测量点 36 个,最小误差为 0.002 m,最大误差为 0.076 m,平均误差为 0.031 m。

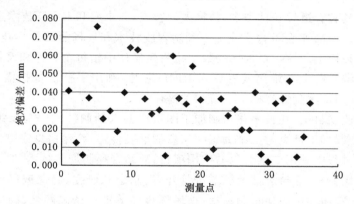

图 4-54　上海某超高层建筑设备层桁架测绘结果误差离散图

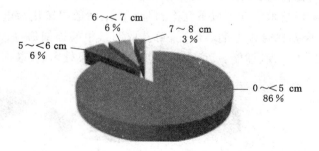

图 4-55　上海某超高层建筑设备层桁架测绘结果误差分布图

(注:采用四舍五入,数据加总不为 1)

从测量数据中可看出,误差分布在 0～<5 cm 以下较为集中,共 31 个点;5～<6 cm 的 2 个点;6～<7 cm 的 2 个点,7～8 cm 的 1 个点,为可接受的误差范围,故认为被测对象的偏差满足建筑施工精度的要求,也可认为该设备层的机电管线深化设计能够在此基础上开展,并实现按图施工。

② 高效放样,精确施工

现场测绘可保证现场能够充分实现按图施工、按模型施工,将模型中的管线位置精确定位到施工现场。例如:风管在 BIM 模型中离墙的距离为 500 mm,通过创建放样点到现场放样,可以精确捕捉定位点,确保风管与墙之间的距离。管线支架按照图纸每 3 m 一副的距离放置,以往采用的是人工拉线方式,现通过现场放样,确定放样点后设备发射激光于楼板显示定位点,施工人员在激光点处绘制标记即可,可高效定位、降低误差。

现场需对测试仪表进行定位,找到现场的基准点,即图纸上的轴线位置,只要找到 2 个定位点,设备即可通过自动测量出这 2 个定位点之间的位置偏差而确定现场设站位置。确定平面基准点后还需要设定高度基准,现场皆已画定 1 m 线,使用定点测量后就可获得。通过现场测绘可以实现在 BIM 模型调整修改、确保机电模型无碰撞后,按模型使用 CAD 文件或 3D 的 BIM 模型创建放样点。同时将放样信息以电子邮件形式直接发送至作业现场或直接连接设备导入数据,实现现场利用电子图纸施工,最后在施工现场定位创建的放样点轻松放样,有效确保机电深化管线的高效安装、精确施工。

(3)数字化物流

机电设备中具有管道设备种类多、数量大的特点,二维码和 RFID 技术主要用于物流和仓库存储的管理。BIM 平台下数字化加工预制管线技术和现场测绘放样技术的结合,对数字化物流而言更是锦上添花。在现场的数字化物流操作中给每个管件和设备按照数字化预制加工图纸上的编号贴上二维码或者埋入 RFID 芯片,利用手持设备扫描二维码及 RFID 芯片,信息即可立即传送到计算机上进行相关操作。

如上海某商业项目中,在数字化预制加工图阶段要求预制件编码与二维码命名规则配套,目的是实现预制加工信息与二维编码间信息的准确传递,确保信息完整性。该项目是首个在数字化建造过程中采用二维编码的应用项目,故结合预制加工技术,对二维编码在预制加工中的新型应用模板、后台界面及标准进行开发、制定和研究,确保编码形式简单明了便利,可操作性强。利用二维码使预制配送、现场领料环节更加精确顺畅,确保凸显出二维码在整体装配过程中的独特优势,加强后台参数信息的添加录入。

该项目通过二维码技术实现了以下几个目标:① 纸质数据转化为电子数据,便于查询;② 通过二维码扫描仪扫描管件上的二维码,可获取图纸中的详细信息;③ 通过二维码扫描可获取管配件安装具体位置、性能、厂商参数,包括安装人员姓名、安装时间等信息。二维码读取示意图如图 4-56 所示。

图 4-56　二维码读取示意图

该项目中二维码技术的应用,一方面确保了配送的顺利开展,保证了现场准确领料,以便预制化绿色施工顺利开展;另一方面,确保了信息录入的完整性,从生产、配送、安装、管理、维护等各个环节,涉及生产制造、质量追溯、物流管理、库存管理、供应链管理等各个方面,对行业优化、产业升级、创新技术以及提升管理和服务水平具有重要意义。其亮点还在于二维码技术在预制加工的配套使用中开创了另一个新的应用领域。运用二维码技术可以实现预制工厂至施工现场各个环节的数据采集、核对和统计,保证仓库管理数据输入的效率和准确性,实现精准智能、简便有效的装配管理模式,也可为后期数据查询提供强有力的技术支持,开创数字化建造信息管理新革命。

(4)案例分析

基于 BIM 平台利用 BIM 模型参数化的特点,可对系统进行参数检测、管线综合及碰撞检查等深化工作,通过基于 BIM 技术的数字化加工、现场测绘放样、数字化物流技术实现项目数字化建造。如以上海某地块项目为例作为整体案例进行分析,在该项目的建设中,利用 BIM 技术完成了深化设计、预制加工、现场测绘放样、二维编码在数字化建造中的应用。

① 项目概况

上海某地块项目拥有地下一层,主要用途为汽车库和设备用房;地上分为 6 栋高度约 40 m 的办公建筑、2 栋高度约 40 m 的办公楼建筑、1 栋 L 形办公楼建筑和 1 栋高度约 35 m 的会议楼。

② 三维建模

a. 利用 Revit 软件进行标准层及冷冻机房各专业的机电管线三维建模。

b. 利用 Revit 平台分别创建了建筑、结构、暖通、给排水和电气等专业的 BIM 模型,然后根据统一标准把各个专业的模型链接在一起,获得完整的建筑模型,如图 4-57 所示。

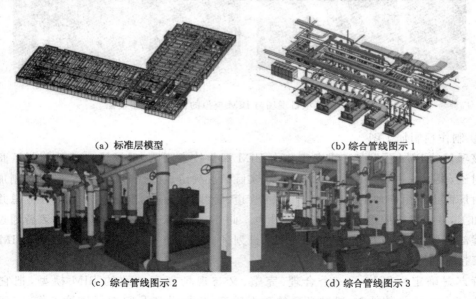

(a) 标准层模型　　　　　　　　　　　(b) 综合管线图示 1

(c) 综合管线图示 2　　　　　　　　　　(d) 综合管线图示 3

图 4-57　某项目标准层及冷却机房水暖电综合管线图

③ 碰撞检查及管线综合

将整体模型导入 Navisworks 分析工具中,利用 Navisworks 软件对模型进行碰撞检查,然后再回到 Revit 软件里将模型调整到"零"碰撞。

    a. 将综合模型按不同专业分别导出。

    b. 在 Navisworks 软件里面将各专业模型叠加成综合管线模型进行碰撞。

    c. 根据碰撞结果回到 Revit 软件里对模型进行调整,如图 4-58 所示。

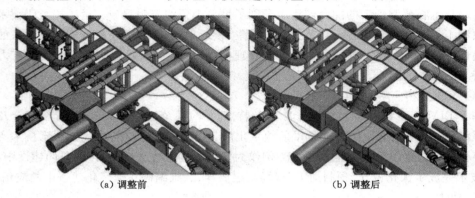

    (a) 调整前   (b) 调整后

图 4-58　某项目冷冻机房综合管线调整前后对比图

    d. 确定最终支架布局方案。如图 4-59 所示为某项目现场与 BIM 模拟的机房管道布置图。

 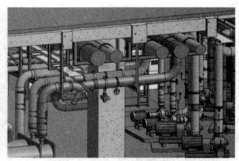

    (a) 项目现场布置图   (b) **BIM 模拟布置图**

图 4-59　某项目现场与 BIM 模拟的机房管道布置图

④ 制作预制加工图

    该项目的 BIM 预制加工准备工作由 BIM 深化技术团队、现场项目部及预制厂商共同参与讨论,根据业主要求、施工要求及现场实际情况确定、优化和预制方案,制作预制加工图并交由厂商进行生产加工。同时,对 BIM 管道、管线及相应的配件进行了充分考虑并进行预制加工,并要求按照规范提供基本配件表。此外,无论加工图还是基本配件表皆通过该项目工程部审核、复核及补充,根据工程需求计划进行预制加工图制作,有效实现了 BIM 数字化加工技术和工程部计划相结合。

    待方案确定后制作了一个合理、完整、又与现场高度一致的 BIM 模型,把它导入 Autodesk Inventor 软件中,通过必要的数据转换、机械设计及归类标注等工作,实现 BIM 模型转换为预制加工设计图纸,指导工厂生产加工。管道预制过程的输入端是管道安装的设计图纸,输出端是预制成形的管段,交付给安装现场进行组装。该项目中将三维模型导入 Autodesk Inventor 软件里面制作预制加工图,并将带有编号的三维轴测图与带有管道长度的表格编辑成图纸并打印。

通过 BIM 模型实现加工设计,不仅保证了加工设计的精确度,也减少了现场施工的成本。同时,在保证高品质管道制作的前提下,提高了现场作业的安全性,提升了现场施工品质。

⑤ 预制加工与自动焊结合

对于管道而言,预制部分除了部分小管径接口外,基本都可以采用自动焊接设备完成,通过与 BIM 数字化加工技术相结合,大大提高了自动焊技术的利用率,加快了整个项目的施工进度,为项目的顺利完工提供了有利的帮助。

在该办公楼项目中,通过利用精确的 BIM 模型作为预制加工设计的基础模型,再将预制加工与自动焊技术相结合,在提高预制加工精确度的同时,减少了现场测绘工作量。

⑥ 现场测绘放样

该项目通过放样管理器与机器人全站仪配合使用,在机电应用中实现了以下几点。

a. 现场测绘,模型调整

全站仪具有高精度性,在施工现场通过全站仪可测得实际建筑的一系列数据,数据传回企业内部数据中心,经计算机处理可获得 BIM 模型与现场实际施工的准确误差,并保证误差值范围在 ± 1 mm 内。

根据误差值对 BIM 模型进行相应的修改调整,使模型与现场保持一致,为 BIM 模型机电管线的精确定位、深化设计打下坚实基础,也为该项目预制加工提供了有效保证。

b. 电子定位,高效安装

现场测绘保证了现场能够充分实现按图施工,将模型中的管线位置精确定位到施工现场,利用全站仪附带的插件在 CAD 和 Revit 软件中对需测量管线进行标点,将修改后的 CAD 文件传入放样管理器,准备工作完成。现场对测试仪表进行定位,找到现场的基准点。

现场测绘可以实现在 BIM 模型调整修改、确保机电模型无碰撞后,按模型和图纸创建放样点到现场进行施工放样,该项目对风管和桥架进行了现场放样。同时将放样信息以电子邮件形式直接发送至作业现场或直接连接设备导入 BIM 数据,实现现场利用电子图纸施工,最后在施工现场定位创建基准点,根据创建的放样点进行放样,有效确保了机电深化后预制管线的高效安装、精确施工。

⑦ 总结

该办公楼项目主要采用 BIM 技术进行基础建模,并通过 Navisworks 软件进行管线碰撞检查,由 BIM 深化技术团队协调完成管线综合。其间,采用现场测绘技术对建筑结构信息进行收集,并将之真实反映于 BIM 模型中。将调整完成后的机电管线导入 Autodesk Inventor 软件,进行预制加工图纸出图。在现场安装阶段利用现场测绘精准定位进行现场装配化安装,颠覆了传统现场拉线放样的粗犷施工模式,实现了几大特色技术在设计、加工、装配中应用的全新工作模式,提高了效率和准确性,开创了信息管理新革命。几大特色核心技术强强联手,打造出机电行业 BIM 深化设计及数字化建造的全新施工理念。

七、BIM 在装饰工程深化设计及数字化加工中的应用

随着装饰行业的迅猛发展,传统的管理方式已经无法满足其需求,建筑装饰工程“构件工业化加工和全装配化施工”将兴起装饰行业的全新革命。如何开拓新的市场需求,以及如何实现装饰工程现场全面装配化施工成为行业迫在眉睫的新课题。BIM 技术能为装饰行业带来以下应用功能。

① 能够建立项目协同管理平台，实现三维设计、三维分析、四维模拟的交互体验；

② 参数化、三维可视化设计，实现施工模拟、运营维护管理、施工难点分析；

③ 三维碰撞检查，排除施工过程中的冲突及风险；

④ 能够精确计算异型结构中非标准块材料板块的尺寸及用量，减少材料损耗；

⑤ 提供大型可视化现实虚拟环境，实现施工工艺优化，以及 CNC 加工中心设备数据关联等系列功能。

BIM 技术应用于装饰施工管理时，引进其他领域的数字设备作为 BIM 设计施工的配套是不可忽略的手段，例如，激光扫描测量、3D 打印、BIM 三项技术，是开展建筑装饰工程数字化设计与建造的必备技术。这些技术的有机结合将对今后装饰行业工厂化制造技术产生深远的影响。

基于 BIM 技术的可视化深化设计可以将材料选型、加工制造、现场安装实现同平台协调，其模拟性、优化性和可出图性的特点将各个领域、各个单位的技术联通起来，贯穿于整个施工过程，简化了建筑工程的施工程序。通过 BIM 技术进行信息共享和传递，可以使工程技术人员对各种建筑信息做出正确理解和高效应对。可见，BIM 提供了协同工作的基础，在提高生产效率、节约成本和缩短工期方面发挥重要作用。

1. 装饰深化设计的深化范畴

因为建筑装饰的施工环境不同于一切从"零"开始的土建施工，所以设计师的图纸可以作为基准文件执行，施工过程的容许误差可以在装饰施工阶段弥补。而装饰工程的施工是处于土建结构的界面上实现的，而且大量的机电、设备末端都要与装饰面和建筑隐蔽空间并存，如果按照原装饰设计图直接施工，必然会产生装饰效果打折、工程返工、材料浪费、工期延长等大量不可预见的因素。装饰施工深化设计是装饰施工的必然步骤。传统的方法是采用 CAD 二维图来调整建筑结构、机电安装与装饰面的关系，因受二维图的局限和深化设计师的空间把握能力限制，出现差错在所难免。随着 BIM 技术的推广，其三维空间表达能力得到提升，建筑设计，机电设计，土建梁、柱、板构造，设备安装，装饰设计，加工各专业的配合将在深化设计的同一个平台表达，存在的问题就一目了然。

基于 BIM 技术的设计，从开始到最终完成模型的审核通过，其实就是施工模拟的过程。其中可以包含大量的即时信息：施工先后工序，构造尺寸标高，构造连接方式，工艺交界处理，环境效果表达，装饰构件加工分类，构件材料数量和采购清单，构件、组件加工物流，施工配套设施设备，施工交接时间，现场劳动力配备。这将为装饰施工管理带来革命性的改变。

BIM 技术在建筑装饰深化设计中的应用，应该从数字化测量开始，没有数字化测量就无法实现装饰环境的模拟，深化设计也就无从入手。

装饰工程的深化设计需要处理的是：根据装饰与设计意图进行对装饰块面构件的规划设计，以标准模数设计分配构件类型，达到工厂化、标准化加工目的。其中，非标准的装饰零部件的工厂化加工是工业化施工的焦点。

装饰施工开展全面工厂化加工，将涉及各种各类机械加工知识和快速成型技术，它超出了建筑专业范围。例如，大量原先手工制作的非标准零部件，如果要成功转化为工厂化加工的零部件，必须使用符合工业设计的数字化工艺。这需要在项目管理中增设工艺设计环节，通过工艺设计消化建筑误差,将工程中任何原因形成的非标准装饰零部件,转化为可在工厂加工的零部件,最终实现现场的完全装配式施工。

装饰施工过程始终存在标准、非标准零部件。装饰工程全面工业化、数字化建造的基本思路,主要通过工艺设计这一环节,使每个装饰整体饰面分解成若干具体的零部件,并进一步筛选出标准零部件和非标准零部件,重点设计非标准零部件的工厂加工方式和标准,用机器加工代替现场手工加工,将非标准零部件的制造与安装分离,使现场成为流水化安装的整装车间。

随着计算机应用水平的提高,大量的数字化 CAD/CAE/CAM 软件在建筑业大显身手,如 AutoCAD、Revit、3Dmax、Maya、SketchUp、Viga 等,这些数字化工具可以集成原始设计矢量数据和三维扫描点云数据,提供三维的细部图纸。例如:木饰面加工,传统施工方法是全部由木工在现场手工制作木龙骨、木基层、木夹板面层,并一层一层安装,最后进行手工油漆。现在通过三维软件设计榫接、扣件式连接等方式,代替了木龙骨连接;设计了木皮与密度板制成的复合板,代替了基层板与木夹板的现场制作与安装;设计了各种调节方式,解决建筑误差情况下的现场安装调节难题,成型后的木饰面直接在工厂油漆后运抵现场安装。

通过在实际工程中的应用发现,数字化工艺设计模式在技术上存在可操作性,可以引导建筑装饰工程实现全面工业化施工。同时,BIM 技术的应用对工厂加工图纸和现场深化图纸提出了更严苛的要求,只有保证这些图纸的精确度,才能够确保工厂加工的精准度。因此,基于现场实际尺寸装配化深化设计图纸与产品工厂加工图纸的管理和研究工作非常必要。

利用 BIM 技术中的数字化工艺设计模式,绘制出与现场高度匹配的三维模型并形成准确的工厂加工材料明细表。在三维模型中可以进一步深化各个节点,形成装配化深化设计图纸和产品加工图纸。例如,吊顶金属板、干挂肌理板、干挂木饰面、架空地板等饰面,精度控制主要体现在非标准板的加工上,利用 Revit 软件可以形成材料明细表,并进行三维排版,将非标准板排列、编号、绘制加工图纸,如图 4-60 所示的是天花非标准板三维模型。如此,能够最大限度地保证工厂加工构件与现场的匹配程度。

图 4-60　天花非标准板三维模型

以某超高层建筑办公区域精装修项目为研究对象,基于现场实际尺寸编制出 11F 大空间办公区域的架空地板平面铺设方案,编排出标准板块与非标准板块的位置,并将非标准板块集中编号、加工,实现装配化施工。

BIM 最直观的特点在于三维可视化,利用 BIM 的三维技术在前期可以进行碰撞检查,优化工程设计,减少在建筑施工阶段可能存在的错误损失和返工的可能性,而且优化净空,优化管线排布方案。施工人员可以利用碰撞优化后的三维管线方案,进行施工交底、施工模拟,提高施工质量,同时也提高了与业主的沟通效率。以下通过两个案例进行分析。

（1）案例分析 1——幕墙、机电管道与装饰窗帘箱的碰撞分析

问题分析见图 4-61。

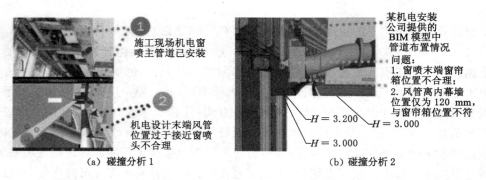

（a）碰撞分析 1　　　　　　　　　　（b）碰撞分析 2

图 4-61　某超高层建筑幕墙、机电管道与装饰窗帘箱的碰撞分析模型图

利用机电安装公司提供的 BIM 模型,结合装饰模型进行比对分析,会发现存在不合理的问题,为避免现场施工时出现工作界面碰撞,需预先在模型中进行优化。如图 4-62 所示,优化后窗喷位置及风管位置更趋于合理化。

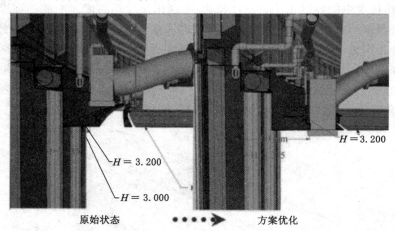

原始状态　●●●●●➡　方案优化

图 4-62　方案优化对比图

（2）案例分析 2——内走道风管、桥架与装饰灯槽的碰撞分析

问题分析见图 4-63。

2. 装饰深化设计的技术路线

建筑装饰深化设计单位（即施工单位）,在方案设计单位提供的装饰施工图或业主提供的条件图等基础上,需结合施工现场实际情况,对方案施工设计图纸进行细化、补充和完善等工作,深化设计后的图纸应满足相关的技术、经济和施工要求,符合规范和标准。

数字化建筑装饰深化设计,立足于数字化设计软件,综合考虑建筑装饰"点、线、面"的关

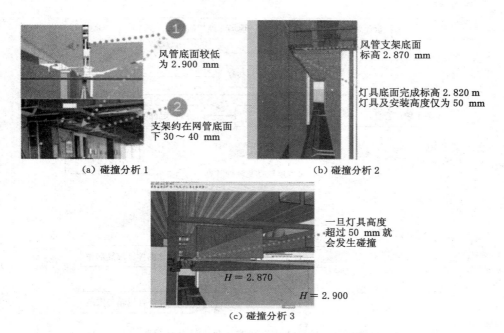

图 4-63 内走道风管、桥架与装饰灯槽的碰撞分析模型图

系,并加以合理利用,从而妥善处理现场中各类装饰"收口"问题。建筑装饰深化设计作为设计与施工之间的介质,立足于协调配合其他专业,保证本专业施工的可实施性,同时保障设计创意的最终实现。深化设计工作强调发现问题,反映问题,并提出建设性的解决方法。对施工图的深化设计,能协助主体设计单位发现方案中存在的问题,发现各专业间可能存在的交叉;同时,协助施工单位理解设计意图,把可实施性的问题及相关专业交叉施工的问题及时向主体设计单位反映;在发现问题及反映问题的过程中,深化设计提出合理的建议,提交主体设计单位参考,协助主体设计单位迅速有效地解决问题,加快推进项目的进度。其技术路线如图 4-64 所示。

3. 现场数字化测量与设计

实现装配化施工的前提条件是获取现场精确数据,这些数据是实现 BIM 模型建立、完成各个不同专业工作界面模拟碰撞试验、成品加工、特殊构配件加工、现场测量放线等工作的重要前提。针对不同的项目特点,从项目策划、前期准备到项目实施前进行一系列项目专项测量方案设计工作,为每个项目度身打造属于自己的测量与设计方案。方案内容包括:工程概况、现场要求、项目测量成本目标控制与评估、测量工具的选择、测量方式的选择、测量工作进度周期目标控制、与测量工作相关的信息管理与跟踪、测量结果评估、纠偏措施、与测量工作相关的现场组织与协调。

(1) 数字化测量工具与方法

近年,三维扫描技术迅速发展,扫描数据的精度和速度都有很大的提高,并且三维扫描设备也越来越轻便,使得三维扫描技术的应用从工业制造、医学、娱乐等方面扩展到建筑领域。国外最为著名的有斯坦福大学的"米开朗琪罗项目",该项目将包括著名的雕塑《大卫》在内的 10 座雕塑数字化,其中《大卫》雕像模型包括 2 亿个面片和 7 000 幅彩色照片。国内

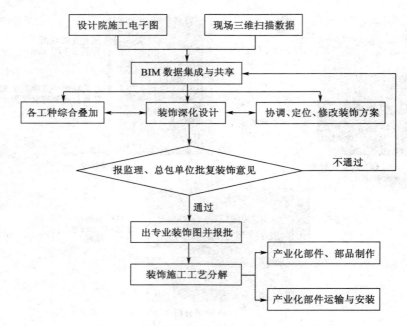

图 4-64　数字化建筑装饰深化设计技术路线

建筑数字化项目主要有:故宫博物院与日本凸版印刷株式会社合作的数字故宫项目;浙江大学开发的敦煌石窟虚拟漫游与壁画复原系统;秦始皇兵马俑博物馆与西安四维航测遥感中心合作的"秦俑博物馆二号坑遗址三维数字建模项目";现代建筑集团对上海思南路古建筑群的 BIM 项目等。

建筑装饰的工艺要求,对三维扫描设备及扫描环境都有比较严格的要求。在三维数据采集及处理过程中,因为需要保持三维数据的真实性及完整性,所以要根据具体的工程对象选择合适的三维扫描设备。

(2) 三维扫描设备

三维扫描是集光、机、电和计算机技术于一体的高新技术,主要用于对物体空间外形和结构及色彩进行扫描,以获得物体表面的空间坐标,能实现非接触测量,且具有速度快、精度高的优点。三维扫描作为新兴的计算机应用技术在建筑行业已经得到越来越多的应用,特别是在空间结构记录、BIM 模型及展示方面的应用已逐渐为人们接受。三维扫描技术大体可分为接触式三维扫描仪和非接触式三维扫描仪。其中非接触式三维扫描仪又分为光栅三维扫描仪(也称拍照式三维扫描仪)和激光扫描仪。而光栅三维扫描又有白光扫描或蓝光扫描等,激光扫描仪又有点激光、线激光、面激光的区别。非接触式三维激光扫描仪是目前运用比较普遍的一种。其基本工作原理是用条状激光对输入对象进行扫描,使用 CCD(电荷耦合器)相机接收其反射光束,根据三角测距原理获得与拍摄物体之间的距离,进行三维数据化处理。经过软件的处理初步得到物体的坐标点(称"点云")或者三角面。表 4-3 为几种常用三维扫描仪和相关的数据处理软件。

表 4-3 三维扫描设备

光源	扫描仪型号	精度/mm	配套软件	数据属性
激光	FARO PHOTO120（图 4-65 和图 4-66）	2	Geomagic，AutoCAD	彩色点云数据库
激光	ZF5010（图 4-67 和图 4-68）	0.5	Revit，AutoCAD	彩色点云数据库
光栅	高精度白光扫描仪 Shining3D	0.015	Geomagic	彩色点云数据库

图 4-65 FARO 激光扫描仪

图 4-66 某艺术中心工程钢结构扫描构点云图

图 4-67 ZF5010 激光扫描仪

图 4-68 某超高层项目内部结构扫描构点云图

（3）基于 BIM 思想的三维扫描要点

在传统的建筑装饰工程实施中，现场工程师通常采用全站仪、水准仪、经纬仪、钢尺等专业仪器，对土建结构的现场几何空间信息进行采集、记录绘图和统计分析，作为建筑装饰的首要工作，前期的设计图纸的几何信息基本得不到充分利用，效率极其低下。

三维扫描技术与数字化建模思想相结合后，给现场带来最大的便利是工程信息数据的整合管理，三维激光扫描技术无疑是实测实量数据采集的最有效、最快捷的方式。在保证扫描精度的前提下，通过扫描的方式，可以对选定的工程部位进行完整、客观的采集。三维激光扫描生成的点云数据经过专业软件处理，即可转换为 BIM 模型数据，进而可立即与设计的 AutoCAD 模型进行精度对比和数据共享，并依此进行建筑装饰深化设计。三维激光扫描流程图如图 4-69 所示。

图 4-69   三维激光扫描流程图

（4）案例分析

① 上海某艺术中心剧场

该中心剧场采用了流体结构，每一处墙面都是凹凸变化的，所有的墙面都是自由曲面。接下来的外墙需要在这些流体墙面的基础上进行再设计，要保证完全与现在的结构相呼应。内部钢结构也是按照墙体的风格自由弯曲伸展的，最高的钢管有 5 或 6 个方向的弯曲变化，次高钢管存在 3~4 个方向的弯曲变化，最矮的钢管存在 2 个方向的弯曲变化。在这些弯曲的钢管上再焊接各种不同规格的钢梁，还要保证钢管之间准确衔接，由于钢梁之间难以准确对应，使得钢结构的安装产生了较大的误差。另外钢结构在生产时已经存在误差，这更增加了装饰施工钢结构深化设计的难度。见图 4-70、图 4-71。

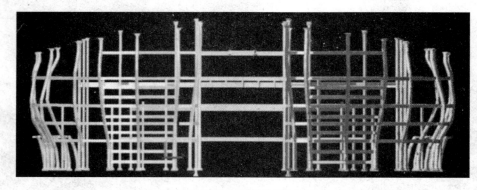

图 4-70   上海某艺术中心剧场现场扫描数据与原设计空间误差位置比对

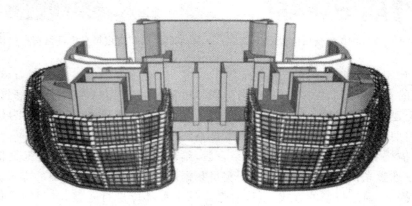

图 4-71   上海某艺术中心剧场装饰构造钢结构模型

在测绘阶段，使用了三维激光扫描技术，直接将艺术中心剧场现场的三维数据完整地采集到计算机中，从而快速地重新构建出该建筑物的现状三维模型。

扫描时按照以下流程进行：a. 根据现场环境和经验在现场定好 18 个扫描站点，并且按照不同的方位设立多个标靶点，这些标靶由纸标靶和球标靶组成。b. 使用三维激光扫描仪在每一个站点进行 360°全方位数据采集，并在每次扫描完成后，用外置相机 360°拍摄以获得现场色彩信息（单站色彩像素超过 1 亿）。c. 接着将扫描数据导入电脑，并用专门的软件将数据在电脑中以点云的形式显示出来。d. 最后通过工作人员处理，将所有站点按照标靶位置拼接成一个整体，即可对任一位置进行测量观察。

新技术的引进使得测量工作时间大大缩短，3 位工作人员只用了 1 天时间就完成了此次测量工作，并且使用专业级单反相机拍摄了 2.56 GB 的高清数码照片。另外，使用三维激光扫描技术对建筑物进行非接触式测量，测量工作人员也不需要直接踩到钢结构上面，对建筑物没有任何损坏。尤其是在此次现场未施工完全，部分钢梁没有牢固安装的情况下，一方面保护了现场钢结构，另一方面极大地保障了测量工作人员的安全。

设计人员使用专业的绘图软件作出的墙体三维曲面模型，在软件中直接可以测算出曲面面积，同样对墙面施工时的实际用料评估也是最真实有效的方法，这是传统测量方法所不能解决的。

根据点云数据制作出与现状完全相同的钢结构安装模型。通过绘制出的现场钢结构三维模型，测量出了钢结构生产及安装时与设计图的误差值，最大误差值已经达到 50 mm 以上，真实地反映出理论设计图并不能作为钢结构深化设计的依据。

与现状完全相同的三维模型为后期幕墙设计提供了极大的便利，技术人员直接在电脑上打开三维模型就可以将施工现场尽收眼底，可随时将三维模型直接调整到想要观察的位置，就可以得到所需要的信息，可以在模型中直接测量某处的标高、某根钢管的直径或者某根梁的尺寸。这种方式大量减少了技术人员测量的劳动强度，也更加安全可靠。尤其是对于伸展到屋顶的钢管，传统全站仪测量或手工测量方式是难以实现的。在此项目中，直接在三维模型里可以快速地得到各项数据，并且发现钢管顶端在加工中存在 100 mm 的误差。

在现状三维模型的基础上进行深化设计，例如，需要多少角铁、角铁的规格、增加多少用钢量、是否满足结构安全要求、角铁安装的位置、需要多少面积饰面材料等信息都可以在模型中采集到。通过对这些丰富信息的处理，设计人员可以制作出加工文件和现场安装文件分别指导工厂和现场工作；并且可以和加工方、施工方直接在模型上明确技术要求，出现问题时可以快速找到症结所在，使装饰施工误差值从一开始就得到有效控制，使数字化施工能级进一步提升，能够更加有效地掌控设计加工、安装等工序。

该项目对三维扫描技术的应用概况如下所列。

设备：FARO PHOTO120，精度 2 mm。

软件：Geomagic，CAD。

数据：彩色点云数据库，双曲钢结构现状三维模型，异型墙面现状三维模型。

成果：通过扫描建立的现状钢结构三维模型与理论模型比对发现具有制造偏差，通过三维比对的方式能够让业主设计方、施工方、监理共同在计算机端进行分析和改进方案，并不一定需要钢结构施工方全部改动，也不是幕墙施工方负全部责任，而是需要共同找出最优修改方案，可以避免各方在现场无谓的争执，并且切实解决了各方的实际问题，减少了资源浪费。

② 上海某超高层项目

该项目采用三维扫描技术的概况如下：

设备：ZF5010，精度 0.5 mm。

软件：Revit，CAD。

数据：彩色点云数据库，标准层的 BIM 模型。

成果：通过高精度数据采集对标准层的主体结构进行 BIM 模型的建立，同时在三维模型中发现原本应该封闭的墙体没有封闭，设备、暖通、桥架等施工后都不同程度与设计的理论值产生了偏差，轨道擦窗机的轨道也与设计产生了偏差，Z 轴方向出现局部跳动的情况。同时，也发现三维扫描后的数据成果形成的 BIM 模型在精度上有所欠缺，主要原因是毛坯面、非规则面、曲面在 Revit 软件中没有模型库，因此无法建立该类需要反映现状的数据，具有局部斜面或大小头的面被软件计算成了标准平面，同时由于数据采集不全（部分构件已经安装且区域无法进入）而导致三维建模时数据的偏差略大。

针对标准层精装修前的三维扫描应用主要有以下几点。

a. 高精度快速扫描主体数据，包括墙面、暖通管道、桥架及其他设备，但每个对象不必要全部扫描完整，例如，一根管子没必要扫描到 100% 的数据，60%～70% 即可。

b. 将扫描数据直接与理论 BIM 模型进行三维比对，并对误差大的部件在软件中进行标注而非建立三维模型后再比对，这样性价比才是最高的。

c. 针对特殊区域（前期已经发生偏差的重点区域）进行全局扫描，也就是被扫描对象必须有 90% 以上数据被完整采集，且采用的设备精度需要达到 0.1～0.5 mm，甚至更精确。由此才能先分析原来安装或运行时变形的情况，然后依托完整三维数据开展再设计，更方便有效地解决问题。

d. 坐标系的应用，由于三维扫描使用的是相对坐标系，因此需要和现场的绝对坐标系进行匹配，这将大大提高扫描数据与理论 BIM 数据比对依据的可靠性。

③ 世博民居工程

该项目应用三维扫描技术的概况如下：

设备：FARO focus3D 120，精度 2 mm；高精度白光扫描仪 Shining3D，精度 0.015 mm。

软件：Geomagic。

数据：彩色点云数据库，"月牙梁""雀替"的现状三维模型。

成果：将扫描后所建立的三维现状曲面模型通过 CNC 和局部三维打印的方式制作成 1:1 的高仿品，材料为硬泡聚氨酯。

该项目通过数字化的采集方式和制作方式对古建筑进行有效的保护。未来只要通过对被加工材料的改变，进行整栋古建筑的高仿制作也是可行的，但是在该项目中局部雀替带中空造型的对象由于数据无法采集也就无法加工，因此数据采集也需要多样化，未来的数据采集方式不再仅仅是一台设备能够打天下，新一代的手持式扫描仪的诞生为建筑装饰件领域带来了福音，快速的采集方式（无须贴点）能最大限度提高效率，见图 4-72～图 4-74。

4. 部品、部件工艺设计及数据共享

装饰工程施工中存在各种不同类型、不同材质的构配件，这些部件中非标准块与特殊造型构件占据了一定比例。如何将这些部品部件与现场高度匹配，需要前期大量的工艺设计工作来支撑，并将这些数据共享才能保证装饰工程装配化施工。

图 4-72　"雀替"扫描场景

图 4-73　"雀替"扫描成果点云图

图 4-74　用扫描数据打印复制"雀替"构件

　　部品、部件工艺设计及数据共享内容包括:整体工艺模块设计、加工构造模数设计、五金及开关面板整合设计、装配锚固程序设计、三维可视化技术交底设计;标准化图集数据库整合系统,信息平台管理系统,部品部件、物流追踪系统;部品、部件现场安装安全、质量控制系统,加工及现场安装进度周期控制系统,部品、部件成本目标控制、与其相关的沟通与协调系统。

　　5. 部件加工模块设计

　　装饰工程部件加工模块设计包括部件整体模块设计、工厂加工设计、现场装配系统设计三个部分。例如,将传统的墙地砖铺贴工艺通过部件加工设计后完全取代湿作业施工,改变传统的泥工铺贴墙砖工艺,提高装饰施工装配化施工程度。整体模块设计就是将一小块一小块的面砖通过轻质材料复合成 2 m² 左右的板材,满足工程现场空间的模数要求。整体模块设计完成后就可以进行工厂加工工艺设计以满足单元加工的流水线生产工艺条件,例如不同单元模块,包括阴角单元、阳角单元、墙地平面单元等。加工工艺设计还应包括单元模块的锚固装置、现场装配的干挂构件。干挂构件的一部分组合在单元构件上,由工厂完成定位加工,另一部分安装于现场建筑结构基层上,工人只需要在现场进行简单拼装作业即可完成所有墙地砖的铺贴工作。这样做的优点显而易见:饰面品质统一,平整度高、嵌缝整齐,饰面效果不依赖于工人自身技术水平,有效提高了生产劳动率、缩短了工期、节省了大量人工,更有利于现场管理与成本控制。而这种加工模块设计及安装方法必须基于精确的三维空间设计平台,复合块材整体设计模型见图 4-75,工厂化加工设计模型见图 4-76。

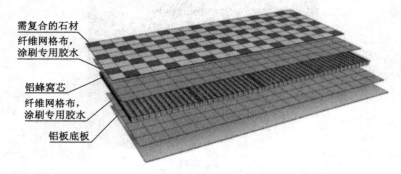

需复合的石材
纤维网格布,
涂刷专用胶水
铝蜂窝芯
纤维网格布,
涂刷专用胶水
铝板底板

图 4-75　复合块材整体设计模型

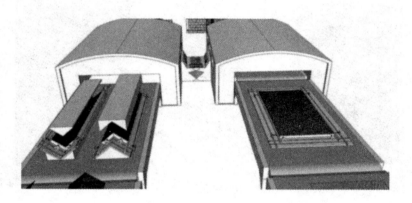

图 4-76　工厂化加工设计模型

6. 加工机具及数据接口

三维打印的数据接口一般为 STL 格式,三维模型数据必须是封闭的实体,而 3Dmax、SketchUp 建立的效果图模型是无法直接用于三维打印的,必须事先修补模型。这也是为什么三维打印时还有一块费用为模型修补,这点需要从设计阶段就规避这样的问题,才能最终让三维打印走上更合理的报价阶段。

CNC 加工通常使用 UG、PRO-E 软件进行三维设计后,可直接编程加工,但现在越来越多的曲面设计采用不同的软件进行设计,因此新的一种以 STL 格式为主的编程方法从 2011 年起越来越广泛地被使用。

未来"三维打印+CNC+批量生产"的模式将在建筑行业中广泛使用。

7. 数字化设计加工、产品物流及现场安装

目前,装饰行业数字化建造、零部件加工还未形成全面成熟的数字化设计、加工、物流配套系统,因此实践中会遇到较多的困难。涉及材料的多样性和设计的个性化的装饰工程,要形成完整的建筑装饰数字化建造还有较长时间,数字化部件设计、部品加工及安装需要成熟的市场规模。在装饰行业普遍推行数字化施工方式,逐步形成较大规模的工业化加工需求的同时,按照市场经济的规律,社会自然而然会产生出包含加工、物流、安装、服务等系统,接受各种建筑装饰部件、部品的数字化生产,形成社会化产业链。就如现有相当一部分装饰木

制品已经形成全工厂化加工的社会环境,装饰企业木制品的部件和单元的工厂加工与现场安装已经形成产业配套机制。

八、BIM 技术在玻璃幕墙工程深化设计及数字化加工中的应用

1. 在玻璃幕墙工程中应用 BIM 技术的准备

国内的建筑设计行业正步入从二维向三维转换的轨道。幕墙作为建筑的外围护结构,也是建筑的外衣,是建筑的形象表达及功能实现的重要载体。幕墙设计作为建筑设计的深化和细化,对建筑设计理念应能够充分地理解,同时更需要有与建筑设计匹配的实现工具以保证设计的延续性,从而更好地达到业主和建筑的设计目的。BIM 技术的出现,可以有效地保证建筑设计向幕墙细部设计过渡时的建筑信息完整性和有效性,正确、真实、直观地传达建筑师的设计意图。尤其是对于一些大体量或复杂的现代建筑,信息的有效传递更是保证项目可实施性的关键因素。

建筑设计的 BIM 模型延续至幕墙设计时,能直观地表达建筑效果。但其所存储的信息仅限于初步设计阶段,尤其是关于材料、细部尺寸以及幕墙和主体结构之间的关系的信息都很少。而这些信息和构件细部等,都是在幕墙深化设计、加工过程中进行完善的,这一过程被称为“创建工厂级幕墙 BIM 模型”。

工厂级 BIM 模型的创建贯穿了幕墙设计、加工、装配等阶段。创建工厂级幕墙 BIM 模型首先需要依据建筑设计提供的 BIM 模型或自行创建的建筑模型,对幕墙系统进行深化设计,进而对 BIM 模型中的构件进行细化,且随着构件的不同处理阶段不断完善和调整 BIM 模型。为了更清楚地描述工厂级 BIM 模型的创建过程,下面以某工程外幕墙为例,描述如何用 Revit 软件创建工厂级的幕墙 BIM 模型。

在创建工程外幕墙 BIM 模型的过程中,需充分利用软件优点结合项目自身特点进行创建。

① 模块化:由于 Revit 软件的模块化功能,可以将外幕墙不同类型单元做成不同的幕墙嵌板族,这样就可以根据单元类型创建族,同一种类型的单元应用同一个族,从而大大减少工作量。

② 参数化:对于外幕墙中同一种类型的嵌板族,其各种构件的定位可以利用参照线及参照面定位,并为参照线和参照面设置定位参数,使单元板块尺寸上的变化可以应用参数调节。

③ 类型参数与实例参数:根据参数形式的不同,将参数分为类型参数与实例参数,实例参数是族的参数,可以分别为每个族调整参数;而类型参数则是一个类型的所有族的参数,调节类型参数则所有该类型的板块自动随之变化。

具体幕墙模型创建过程包括以下四个步骤。

① 创建幕墙定位系统。受限于 Revit 软件平台建模功能的薄弱,形体复杂的幕墙模型首先需要创建定位体系。在目前软件开发情况下,定位系统的功能一般可由 CAD 完成。即楼层标高平台和幕墙定位线需先在 CAD 中创建,并将之引入 Revit 软件平台。

② 通过幕墙嵌板族创建幕墙单元。采用幕墙嵌板族,将单元面板、台阶构造及竖梃做在嵌板族里,且台阶宽度的变化由嵌板族中参数调节。相当于一个单元做成一个嵌板。

③ 将幕墙单元导入项目的幕墙定位系统,并输入台阶参数,以获得模型中每区每层的

幕墙板块台阶尺寸。

④ 创建幕墙支撑体系。同样经过定位、创建构件族、创建构件单元、构件单元导入等环节,创建符合施工精度要求的工厂级 BIM 模型。

2. 基于 BIM 模型的工作界面划分

建筑中包含的专业很多,包括土建、钢结构、幕墙、机电等,这些不同专业之间的工厂级 BIM 模型应由各专业分包按照一定的规则且结合各专业的特点自行制定。通过将各专业之间的 BIM 模型组织在一起,能有效地发现各专业之间模型的碰撞问题,同时分析不同专业之间交接界面的设计等。通过 BIM 模型可以做到以下几项工作。

① 精确界定各专业之间的工作界面划分。BIM 模型,可以直观地体现哪怕是连接螺钉属于哪一分包的工作范围。并且,不同的专业可以借助指定的颜色以示区别,因此,所有分包商都清楚自己的工作范围,投标漏报的风险也降低了。

② 判断深化设计对产品的最终选型是否合理。由于不同专业的进场时间是不同的,因此,专业深化设计往往有着先后顺序。例如,钢结构在进行深化设计时,机电专业可能还未确定分包商。此时,涉及可能与机电交接的工作界面,不可能等到机电分包商进场之后再行确定,因此,可由钢结构提出对机电的限制要求(如空间尺寸等),并将其在 BIM 模型中体现出来,再由业主和建筑师依据通用的机电相关设计原则进行确认,并将其纳入机电项目招标文件,对后期机电深化设计进行限定,从而有效保证了项目的工期。

③ 分析不同专业之间的相互关系及设计合理性。例如,幕墙与钢结构,某些部位的幕墙以 H 型钢结构上预焊接的钢转接件作为支撑点,传递重力荷载及风荷载。通过 BIM 模型,可以直观地判断这些工厂内预制的钢转接件是否能与幕墙正确地接口,同时更重要的是,作为原来楼面支撑体系的 H 型钢需要考虑幕墙风荷载产生的额外扭矩,而这一额外扭矩需要在 H 型钢上设置加强筋予以支撑,在以往二维平面设计中,这一问题往往不容易被发现,但在 BIM 模型中,这一问题通过可视化模型变得一览无余。

3. 基于 BIM 模型的幕墙深化设计

幕墙深化设计是基于建筑设计效果和功能要求,满足相关法律法规及现行规范的要求,运用幕墙构造原理和方法综合考虑幕墙制造及加工技术而进行的相关设计活动。BIM 技术对幕墙深化设计具有重要的影响,包括:建筑设计信息传达的可靠性大大提高,深化设计过程中更合理的幕墙方案的选择判定,深化设计出图等。信息传递的准确性和有效性及幕墙深化设计师对建筑师设计理念的理解,对幕墙深化设计的影响至关重要。幕墙深化设计阶段使用建筑设计提供的 BIM 模型,在招标、投标阶段即能充分理解建筑设计意图,轻易把握设计细节,也有利于提高项目招标、投标的报价准确性。建筑师的设计变更能充分得到响应,同时,在设计过程中需要特别注意的事项,可以方便地在 BIM 模型中给予强调或说明,使幕墙设计师能充分理解建筑的每一处细节。同时,幕墙设计师还能基于对建筑设计的充分理解,对幕墙设计进行优化,并将优化的结果以 3D 形式直观地表达出来,供业主和建筑师参考实施。

例如,上海某超高层工程外幕墙施工模型是用 Revit 建模的,其单元板块共计 19 759块,依据建筑成形原则所产生的幕墙从下至上是始终变化的;为了匹配这一建筑效果同时实现平滑过渡的原则,每层幕墙单元板块的尺寸都是变化的。同时,由于塔楼的旋转缩小,上下层交接位置的凹凸台尺寸也是逐渐变化的。因此,从理论上来说,优化前每个单元板块都不一样,整个塔楼有近 2 万种的板块种类,基本没有通用性,这就给实际施工带来巨大的挑战。

通过项目的 BIM 模型的数据导出功能,结合数据分析软件,基于建筑形态设计原则,对幕墙单元板块的种类进行优化。综合考虑建筑 120°对称的特性,同时结合工程上幕墙偏差允许的范围一般至少为 2 mm,以及转接件可调节量等特点,最终将单元板块减至约 7 000 种,同时大大增加了同一种规格板块的数量。更重要的是,通过 BIM 模型的构件分析功能,可以快速准确地分析出同一种类型幕墙构件的数量,即使它们在不同的分区之内。

基于精确创建的工厂级 BIM 模型,可以任意输出所需的建筑楼层剖面、平面甚至细部构造节点,满足工程施工深化设计要求。基于 BIM 模型的深化图纸如图 4-77 所示。

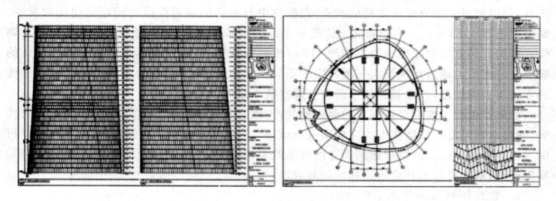

图 4-77　基于 BIM 模型的深化图纸

与 Revit 软件不同,Rhino(犀牛)软件更擅长于进行三维建模、划分幕墙表皮分格。Rhino 软件是一款基于 NURBS 的造型软件,具有非常强大的曲面建造功能,可以在 Windows 系统中建立、编辑、分析和转换 NURBS 曲线、曲面和实体,不受复杂度、阶数及尺寸的限制。Rhino 软件与其他 BIM 三维建模软件相比有以下几点优势:① 与建筑工程制图最常用的 AutoCAD 等软件有对接接口,可以互相导入,进行无缝搭接,具有良好的兼容性;② 操作简单,容易上手,而且没有很高的硬件要求,在一般配置的计算机上就可以运行;③ 建模功能强大,且建模后误差很小,此误差在建筑单位级别中可以忽略不计(小于 1 mm);④ Rhino 软件建模非常流畅,它所提供的曲面工具可以精确地制作所有用来作为渲染表现、动画、工程图用的模型;⑤ Rhino 软件对建立好的 NURBS 三维模型还能进行曲率分析、幕墙表皮板块划分和表皮划分等一系列幕墙加工图的辅助工作。

下面以成都某售楼处工程实例来介绍 Rhino 软件在曲面幕墙表皮划分、材料下单方面的应用。成都某售楼部的建筑造型类似于一个倒圆台状,底部为半径 12.2 m 的半圆,顶部为短半轴长 12.2 m,长半轴长 21.8 m 的椭圆。该项目的点式玻璃幕墙表皮造型为正圆形与椭圆形之间流动形成的建筑造型体,其玻璃幕墙表皮为三维曲面(竖向任意位置的曲率都不相同),另外业主对视觉感官的要求很高,不能有折角出现。因此初步决定玻璃板块做成三维曲面板块,这就对幕墙玻璃板块的下料加工图的准确性及对现场施工提出了更高的要求。

根据现场提供的 CAD 平面图和建筑立面图上的玻璃板块进行幕墙表皮建模,然后对其进行板块分割,共产生了 416 块不同尺寸及不同大小的玻璃板块。通过对具体的板块模型分析发现,玻璃板块上下两边的边缘线为椭圆线,每一点的曲率都不相同。如要加工此种玻璃板块需要提供每块中空玻璃的弯曲轴位置,就算提供了参数,玻璃加工厂加工起来也很困难,加工周期也会很长,造价也多了很多,而且也没有与 Rhino 这种专业工业软件相匹配的数字化加工设备,所以不能直接把模型提供给加工厂家。

经过对上下的椭圆形线段分析发现,它们曲率变化不大。如果把上下的椭圆形线段变换成与其相逼近的圆形弧线的话,这样加工图上的参数也能准确地表达清晰,而玻璃加工厂也能读懂加工图纸。变换与其相近的圆弧方法是,在 Rhino 软件中先提取椭圆形线段的 2 个水平端点,创建一条辅助线(弦),然后找到辅助线的中点,在中点上创建一条垂直于线段的辅助线与原椭圆线段相交产生交点。这样就得到了 3 个点,在软件中应用 3 点生成圆弧工具,就得到了一条有统一半径的圆弧,在软件中与最初的椭圆线段的间距变化比对发现,偏差不超过 1.34 mm。用相同的方法把下边缘的圆弧求出来,这样得到了新的板块外轮廓线。再用同种方法对原先分割出来的 416 块玻璃板块模型进行重建,最后得到一个整体的玻璃幕墙表皮。通过对模型在三维软件中不同位置角度的观察,认为用圆弧替代椭圆曲线的方法得到的模型,在电脑软件中的浏览观察效果是可以接受的。

如果幕墙施工前期经过现场的测量放线,发现土建的结构偏差较大,与幕墙完成面有冲突,则可以通过修改幕墙模型的完成面进行调整。在模型完成面中重新分割幕墙表皮,进行编号,并进行优化设计,可以达到满意的视觉效果和安装质量,而且大大缩短玻璃加工周期,减少造价,取得良好的社会效益和经济效益。

4. 基于 BIM 的幕墙数字化加工

国内的建筑幕墙产业与建筑钢结构产业类似,容易形成产业化格局,但幕墙产业使用BIM 及数字化制造的能力远远落后于后者。国内的幕墙产业依然遵循传统的工作流程及二维平面模式,短期内不能奢求如美国及一些发达国家那样真正做到无纸化,但至少可以运用 BIM 技术达成更高的效率、更少的出错率、更合理的成本。

幕墙产业本身属于易流程化的行业,尤其是采用单元式幕墙的项目,从设计制图、工厂制造、运输存储、现场安装等各环节基本实现了流程化。幕墙产业引入 BIM 技术,能大大提高整个产业链的效率。下面从三个具有代表性的方面论述 BIM 技术在幕墙加工方面的具体应用。

(1)设备材料统计

组成幕墙的材料很多,包括面板,如玻璃、铝板、石材等;支撑龙骨,如铝型材、轻钢龙骨等;配件附件,如胶条、结构胶、密封胶等。而幕墙所用材料如期进厂,是幕墙正常生产的先决条件。影响这一点的因素主要包括:① 幕墙设计对材料定额确定的速度和准确性;② 材料生产商的生产进度。这涉及备料是否充足、对幕墙设计要求是否理解、生产组织是否合理等一系列因素。

传统的模式中,幕墙厂家往往依靠与材料厂家的合作关系进行控制,也会派质检员到供货厂,进行现场调度控制,并在发货前进行检验,缩短不合格产品处理周期,为施工缩短进度争取时间。但这些控制手段并不能从根源上规避问题的产生,尤其是面对工程量大且难度高的项目。

BIM 模型可以很快速方便地计算出模型的面积,对于造型复杂的构造,特别是曲面工程量的精确计算效率更加凸显。这在幕墙投标及深化过程中都非常重要。同时,工厂级的幕墙 BIM 模型,是以板块模式建立的模型,可以输出板块数据,便于统计出不同种类的板块、每种规格板块的数量、板块内所有不同构件的数量等,输出每个板块的细部数据,包括几何数据甚至物理信息数据等。这就使得幕墙设计不仅可以快速地统计所需材料的定额,而且准确度很高。同时,材料生产商可以基于 BIM 模型直接获取幕墙设计提供的信息,与幕墙深化设计同阶段开展备料及生产准备等工作,同时由于信息获取的直观和直接,减少了易出错的环节,准确率更高;也可以通过 BIM 模型直接转换成机器语言,进行数字化加工,效率和准确度更高。

运用创建的幕墙 BIM 模型,可以方便快速地对项目中运用的不同构件的种类、材质进行统计。同时,对每一种同类型不同规格单元中所用的材料按要求自动生成定额表,可与 Excel 等数据处理软件链接使用,对数据进行更新。

(2) 幕墙构件加工

基于 BIM 模型的幕墙构件加工也被称为数字化建造,目前主要的实现途径包括直接运用和间接指导 2 种。直接运用需要有软件支持,如数据处理(DP)软件,其有着强大的物件管理和良好的 CAD 接口,造型极其精准,提供了从建筑概念设计到最终工厂加工完成的完美解决方案,但过程相对复杂,实现难度与成本较高。目前使用较多的基于 BIM 模型的生产加工还是从三维 BIM 模型中导出二维图纸,获取数据信息,从而进行指导。

如前所述,组成幕墙的材料很多,这些幕墙材料均由不同的专业材料生产厂家生产,根据要求经过一定的处理后运至幕墙加工厂进行二次加工或组装。在未使用 BIM 技术前,这些幕墙材料都需要有严格的管理组织流程,同时需要针对不同材料安排专门的协调员进行沟通、计划和监督,无形中增加了巨大的管理成本,同时容易产生质量隐患。采用 BIM 技术则可以有效连通设计和制造环节,可以由业主、建筑师和总包组成跨职能的项目团队,有效监控设计、制造的每一个环节,原本需要按部就班的程序可以同时展开,设计模型和加工详图可以同时创建,大大缩短各环节之间的等待周期,最重要的是同时确保了信息的准确性。通过各不同生产厂家之间的协同设计,在幕墙设计阶段落实材料生产加工方面的问题,信息反馈及时,从而节约加工成本。

对于复杂体态的建筑幕墙,基于 BIM 模型的幕墙构件加工图设计有着非常重要的意义。目前,构件加工图是幕墙构件生产加工的指导性文件,其表达的准确性,对于幕墙产品的精度和性能保证,乃至最终建筑效果的好坏,都有着巨大的影响。前面提到,建筑幕墙的组成材料很多,一个建筑幕墙产品中往往包括数种到几十种的材料不等。这些材料组成幕墙都按照一定的设计原则相互关联,例如幕墙分格尺寸的变化会对其对应的玻璃、铝合金型材、胶条等一系列材料产生影响。对于复杂体态的建筑幕墙,即使在允许的条件下进行优化,往往为了实现平滑过渡的建筑效果,还是会有很多种不同的幕墙分格尺寸。例如,前文提及的上海某超高层工程外幕墙上下层之间的凹凸台尺寸,虽然在每 120°内可以近似地优化,但在每层的 120°范围内仍然是个渐变的过程。而这就意味着,这一范围内的约 48 个单元板块所包含的凹凸台尺寸都是变化的。同时,由于建筑平面随着高度的缩小,其所带来的幕墙分格尺寸变化就更多了。通过一系列的对比论证方案最终发现,为了实现平滑过渡的效果,同时保证良好的幕墙性能和性价比,如果为了保证通用性就强行将幕墙凹凸台尺寸统一是不合理的。但保持这种板块多样性所产生的影响因素就是单元局部位置尺寸种类的增加,进一步细化来看就是材料尺寸种类的增加。随着幕墙行业的发展,这些材料的加工对于具备相应加工能力的生产商不是问题。但这一过程中幕墙构件加工图设计、配套细目定额等工作必然会比一般项目增加很多,而这一过程中的各环节质量控制就成为难题。BIM 技术能有效解决这个难题。

由于 BIM 技术与参数化设计有着紧密的联系,而很多复杂的项目都需要通过参数化的设计来保持完美的建筑体态。通过精细化建筑的 BIM 参数化模型,可以轻松地得到不同单元板块的尺寸数据。更重要的是,单元板块内的构件之间按照幕墙深化设计原则也会产生一个可以被公式定义出来的关系,而将这个关系植入单元板块内部,就可以方便地通过参数化引擎驱动单元板块内部所有关联构件随着某一个尺寸的变化而变化。这样,通过参数化创建出来的 BIM 模型,往往只需要将其中的 3D 单元构件摘取出来,在平面图中加以适当的标注即可使用,从而大大增加工作效率,减少错误概率。当然,通过直接与生产加工设备和检测仪器的结合,实现无纸化加工将是下一个目标。

第四节 虚 拟 建 造

基于 BIM 技术的虚拟建造是实际建造过程在计算机上的虚拟仿真实现,以便发现实际建造过程中存在的或者可能出现的问题。虚拟建造采用参数化设计、虚拟现实、结构仿真、计算机辅助设计等技术,在高性能计算机硬件等设备及相关软件本身发展的基础上协同工作,可对建造中的人、财、物信息流动过程进行全真环境的 3D 模拟,为各个参与方提供一种可控、无破坏性、耗费小、低风险并允许多次重复的试验方法,可以有效地提高建造水平,消除建造隐患,防止建造事故,减少施工成本与时间,增强施工过程中决策、控制与优化的能力,增强施工企业的核心竞争力。

虚拟建造利用虚拟现实技术构造一个虚拟建造环境,在虚拟环境中建立周围场景、建筑结构构件及机械设备等三维模型,形成基于计算机的具有一定功能的仿真系统,让系统中的模型具有动态性能,并对系统中的模型进行虚拟装配,根据虚拟装配的结果,在人机交互的可视化环境中对施工方案进行修改,据此来选择最佳施工方案进行实际施工。设计者、施工方和业主通过将 BIM 理念应用于具体施工过程中,并结合虚拟现实等技术的应用,可以在不消耗现实材料资源和能量的前提下,在项目设计策划和施工之前就能看到并了解施工的详细过程和结果,避免不必要的返工所带来的人力和物力消耗,为实际工程项目施工提供经验和最优的可行性方案。基于 BIM 技术的虚拟建造包括基于 BIM 技术的预制构件虚拟拼装和基于 BIM 技术的施工方案模拟两方面内容。

一、基于 BIM 技术的预制构件虚拟拼装

1. 混凝土构件的虚拟拼装

在预制构件生产完成后,其相关的实际数据(如预埋件的实际位置、窗框的实际位置等参数)需要反馈到 BIM 模型中,对预制构件的 BIM 模型进行修正,在出厂前,需要对修正的预制构件进行虚拟拼装,旨在检查生产中的细微偏差对安装精度的影响,若经虚拟拼装显示对安装精度影响在可控范围内,则可出厂进行现场安装,反之不合格的预制构件则需要重新加工。预制构件虚拟拼装如图 4-78 所示。

构件出厂前的预拼装和深化设计阶段的预拼装不同,主要体现在:深化设计阶段的预拼

装主要是检查深化设计的精度,其预拼装结果反馈到设计中对深化设计进行优化,可提高预制构件生产设计的水平,而出厂前的预拼装主要融合了生产中的实际偏差信息,其预拼装的结果反馈到实际生产中对生产过程工艺进行优化,同时对不合格的预拼装构件进行报废,可提高预制构架生产加工的精度和质量。

　　2. 钢结构的虚拟拼装

　　钢结构的虚拟拼装对于钢结构加工企业来说是一个十分有帮助的 BIM 应用。其优势在于:① 省去大块预拼装场地;② 节省预拼装临时支撑措施;③ 降低劳动力使用;④ 减少加工周期。这些优势都能够直接转化为成本的节约,以经济的形式直接回报加工企业,以工期节省的形式回报施工单位和建设单位。

　　实现钢结构的虚拟预拼装,则首先要实现实物结构的虚拟化。所谓实物虚拟化,就是要把真实的构件准确地转变成数字模型。这种工作依据构件的大小有各种不同的转变方法,目前直接可用的设备包括全站仪、三坐标检测仪、激光扫描仪等。

　　上海某超高层工程中钢结构体积比较大,使用的是全站仪采集构件关键点数据,组合形成构件实体模型,如图 4-79 所示。

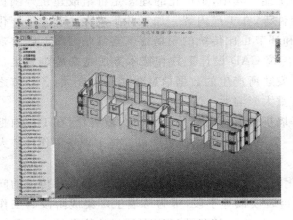

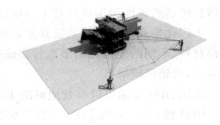

图 4-78　预制构件虚拟拼装　　　　图 4-79　虚拟预拼装前用全站仪采集数据

　　上海某钢网壳结构工程中,节点构件相对较小,使用三坐标检测仪进行数据采集,直接可在电脑中生成实物模型。采集数据后就需要分析实物产品模型与设计模型之间的差距。由于检测坐标值与设计坐标值的参照坐标系互不相同,因此在比较前必须将两套坐标值转化到同一个坐标系下。利用空间解析几何及线性代数的一些理论和方法,可以将检测坐标值转化到设计坐标值的参照坐标系下,使得转化后的检测坐标值与设计坐标值尽可能接近,也就使得节点的理论模型与实物的数字模型尽可能重合以便于后续的数据比较,其基本思路如图 4-80 所示。然后,分别计算每个控制点是否在规定的偏差范围内,并在三维模型里逐个体现。通过这种方法,逐步用实物产品模型代替原有设计模型,形成实物模型组合,所有的不协调和问题就都能够在模型中反映出来,也就代替了原来的预拼装工作。

　　这里需要强调的是两种模型互合的过程中,必须使用"最优化"理论求解。这是因为构件拼装时,工人会发挥主观能动性,调整构件到最合理的位置;而在虚拟拼装过程中,如果构件比较复杂,手动调整模型比较难调整到最合理的位置,容易发生误判。

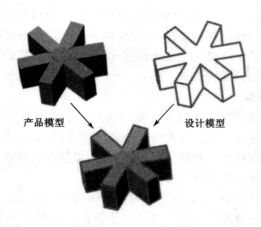

产品模型   设计模型

图 4-80　理论模型与实体数字模型互合

3. 幕墙工程虚拟拼装

单元式幕墙的两大优点是工厂化和短工期。其中,工厂化的理念是将组成建筑外围护结构的材料,包括面板、支撑龙骨及配件附件等,在工厂内统一加工并集成在一起。工厂化建造对技术和管理的要求高,其工作流程和环节也比传统的现场施工要复杂得多。随着现代建筑形式的多元化和复杂化发展趋势,传统 CAD 设计工具和技术方法越来越难满足日益个性化的建筑需求,且设计、加工、运输、安装所产生的数据信息量越来越庞大,各环节之间信息传递的速度和正确性对工程项目有重大影响。

工厂化集成可以将体系极其复杂的幕墙拼装过程简单化、模块化、流程化,在工厂内把各种材料、不同的复杂几何形态等集成在一个单元内,现场挂装即可。施工现场工作环节大量减少,出错风险降低。

运用 BIM 技术可以有效地解决工厂化集成过程前、中、后的信息创建、管理和传递的问题。BIM 模型、三维构件图纸、加工制造、组装模拟等手段,可为幕墙工厂集成阶段的工作提供有效支持。同时,BIM 的应用还可将单元板块工厂集成过程中创建的信息传递至下一阶段的单元运输、板块存放等流程,并可进行全程跟踪和控制。

4. 机电设备工程虚拟拼装

在机电工程项目中,施工进度模拟优化主要利用 Navisworks 软件对整个施工机电设备进行虚拟拼装模拟,从而方便现场管理人员及时对部分施工节点进行预演及虚拟拼装,并有效控制进度。此外,利用三维动画对计划方案进行模拟拼装,更容易让人理解整个进度计划流程,对于不足的环节可加以修改完善,对于所提出的新方案可再次通过动画模拟进行优化,直至进度计划方案合理可行。表 4-4 是传统方式和基于 BIM 技术的虚拟拼装方式下进度掌控的比较。

表 4-4　传统方式与基于 BIM 技术的虚拟拼装方式下进度掌控比较

项目	传统方式	基于 BIM 技术的虚拟拼装方式
物资分配	粗略	精确
控制方式	通过关键节点控制	精确控制每项工作

表 4-4(续)

项目	传统方式	基于 BIM 技术的虚拟拼装方式
现场情况	做了才知道	事前已规划好仿真模拟现场情况
工作交叉	以人为判断为准	各专业按协调好的图纸施工

　　传统施工方案的编排一般由手工完成,烦琐、复杂且不精确。在通过 BIM 软件平台模拟应用后,这项工作变得简单、易行。而且,通过基于 BIM 技术的 3D、4D 模型演示,管理者可以更科学、更合理地对重点、难点进行施工方案模拟预拼装及施工指导。施工方案的好坏对于控制整个施工工期的重要性不言而喻,BIM 的应用提高了专项施工方案的质量,使其更具有可建设性。

　　在机电设备项目中,BIM 的软件平台采用立体动画的方式,配合施工进度,可精确描述专项工程概况及施工场地情况,依据相关的法律法规和规范性文件、标准、图集、施工组织设计等模拟专项工程施工进度计划、劳动力计划、材料与设备计划等,找出专项施工方案的薄弱环节,有针对性地编制安全保障措施,使施工安全保证措施的制订更直观、更具有可操作性。例如深圳某超高层项目,结合项目特点拟在施工前将不同的施工方案模拟出来,如钢结构吊装方案、大型设备吊装方案、机电管线虚拟拼装方案等,向该项目管理者和专家讨论组提供分专业、总体、专项等特色化演示服务,给予他们更为直观的感受,帮助确定更加合理的施工方案,为工程的顺利竣工提供保障。图 4-81 所示为深圳某超高层项目板式交换器施工虚拟吊装方案。

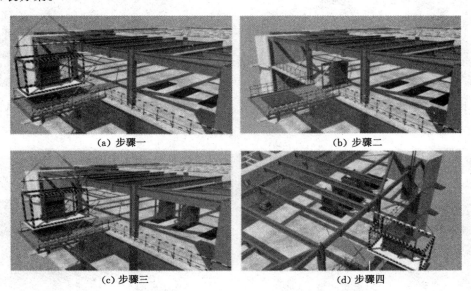

(a) 步骤一　　　　　　　　　　　　　　(b) 步骤二

(c) 步骤三　　　　　　　　　　　　　　(d) 步骤四

图 4-81　深圳某超高层项目板式交换器施工虚拟吊装方案

　　BIM 软件平台可把经过各方充分沟通和交流后建立的四维可视化虚拟拼装模型作为施工阶段工程实施的指导性文件。通过基于 BIM 的 3D 模型演示,管理者可以更科学、更合理地制订施工方案,直接体现施工的界面及顺序。例如深圳某超高层项目 B1 层部分区域进行机电工程虚拟拼装方案模拟:

① 联合支架及 C 形吊架现场安装,如图 4-82 所示。

② 桥架现场施工安装,如图 4-83 所示。

图 4-82　深圳某超高层项目走道支架安装模拟　　　图 4-83　深圳某超高层项目走道桥架安装模拟

③ 各专业管道施工安装,管道通过添加卡箍固定喷淋主管进行安装,如图 4-84 所示。

④ 空调风管、排烟管线安装,如图 4-85 所示。

图 4-84　深圳某超高层项目走道水管　　　　　图 4-85　深圳某超高层项目走道空调风管、
干线安装模拟　　　　　　　　　　　排烟管线安装模拟

⑤ 根据吊顶要求安装空调、排烟及喷淋管线末端,如图 4-86 所示。

⑥ 吊顶安装、室内精装,如图 4-87 所示。

图 4-86　深圳某超高层项目管线末端安装模拟　　图 4-87　深圳某超高层项目管线吊顶精装模拟

综上,机电设备工程可视化虚拟拼装模型在施工阶段中可实现各专业均以四维可视化虚拟拼装模型为依据进行施工的组织和安排,严格要求各施工单位按图施工,防止返工的情况发生。借助 BIM 技术在施工前对方案进行模拟,可找寻出问题并给予优化,同时进一步加强施工管理对项目施工进行动态控制。当现场施工情况与模型有偏差时,及时调整并采取相应的措施。通过将施工模型与企业实际施工情况不断地对比、调整,将改善企业施工控制能力,提高施工质量,确保施工安全。

二、基于 BIM 技术的施工方案模拟

1. 目的和意义

基于 BIM 技术的施工方案模拟,包括 4D 施工模拟和重点部位的可建性模拟。

(1)4D 施工模拟提升管理效能

施工进度计划是项目建设和指导工程施工的重要技术经济文件,是施工单位进行生产和经济活动的重要依据,进度管理是质量、进度、投资三个建设管理环节的中心,直接影响到工期目标的实现和投资效益的发挥。施工进度计划是施工组织设计的核心内容,通过合理安排施工顺序,在劳动力、材料物资及资金消耗量最少的情况下,按规定工期完成拟建工程施工任务。目前建筑业中施工进度计划表达的传统方法,多采用横道图和网络图。但是除了专业人士,并不是所有项目参与者都能看得懂横道图和网络图。传统方法虽然可以对工程项目前期阶段制订的进度计划进行优化,但是由于自身存在着缺陷,因此项目管理者对进度计划的优化只能停留在一定程度,优化不充分,这就使得进度计划中可能存在某些没有被发现的问题。当这些问题在项目的施工阶段表现出来时,项目施工就会相当被动,甚至产生严重影响。传统进度管理方法的实施过程如图 4-88 所示。

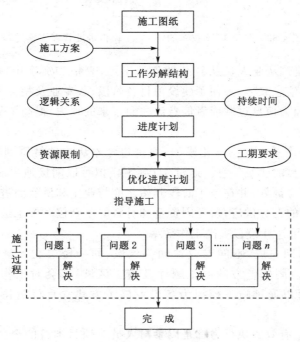

图 4-88 传统进度管理方法的实施过程

而直观的 3D 模型更加形象、直观易懂。将设计阶段和深化设计阶段所完成的 3D 的 BIM 模型,以及大型施工机械设备、场地等施工设施模型,附加时间维度,即构成 4D 施工模拟。按月、按周、按天形象地模拟施工进程,可以看作是甘特图的三维提升版。

通过在计算机上建立模型并借助于各种可视化设备对项目进行虚拟描述,主要目的是按照工程项目的施工进度计划模拟现实的建造过程,通过反复的施工过程模拟,在虚拟的环境下发现施工过程中可能存在的问题和风险,并针对问题对模型和计划进行调整和修改,提前制订应对措施,进而优化施工计划,再用来指导实际的项目施工,从而保证项目施工的顺利进行。即使发生了设计变更、施工图更改等情况,也可以快速地对进度计划进行同步修改。基于 BIM 技术的 4D 施工模拟进度管理实施过程如图 4-89 所示。

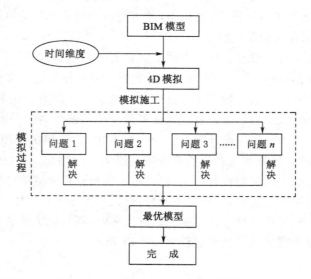

图 4-89　基于 BIM 技术的 4D 施工模拟进度管理实施过程

4D 施工模拟将建筑从业人员从复杂抽象的图形、表格和文字中解放出来,以形象的 3D 模型作为建设项目的信息载体,方便了建设项目各阶段、各专业及相关人员之间的沟通与交流,减少了建设项目因为信息过载或者信息流失而带来的损失,提高了从业者的工作效率及整个建筑业的效率。

BIM 模型不是一个单一的图形化模型,而是包含着从构件材质到尺寸数量,以及项目位置和周围环境等完整的建筑信息。通过 4D 施工模拟可以间接地生成与施工进度计划相关联的材料和资金供应计划,并在施工阶段开始之前与业主和供货商进行沟通,从而保证施工过程中资金和材料的充分供应,避免因资金和材料的不到位对施工进度的影响。

（2）重点部位的可建性模拟提高工作效率

为了保障工程如期完成,不同专业在同一区域、同一楼层交叉施工的情况是难以避免的,是否能够组织协调好各方的施工顺序及施工区域,都会对工作效率和既定计划产生影响。BIM 技术可以通过施工模拟为各专业施工方建立良好的协调管理提供支持和依据。

就建筑施工来说,有效的执行力都是以参与人员对项目本身的全面、快速、准确的理解为基础的。当今建筑项目日趋复杂,单纯用传统图纸进行交底与沟通已有相当难度。BIM

模型是对未来真实建筑的高度仿真,其可视化及虚拟特征可以对照图纸进行形象化的认知,使得施工人员更深层次地理解设计意图和施工方案要求,减少信息传达错误而给施工过程带来的不必要的影响,加快施工进度和提高项目建造质量,有效地指导施工作业,保证项目决策尽快执行。

BIM 模型施工方案,可以在虚拟环境中对项目的重点或难点进行可建性模拟,其应用点很多,例如场地、工序、安装模拟等,进而优化施工方案。即基于 BIM 模型,对施工组织设计进行论证,就施工中的重要环节进行可建性模拟分析。施工方案涉及施工各阶段的重要实施内容,是施工技术与施工项目管理有机结合的产物。尤其对一些复杂建筑体系(如施工模板、玻璃装配、锚固等)以及新施工工艺技术环节的可建性论证具有指导意义,方案论证及优化的同时也可直观地把握实施过程中的重点和难点。

可建性模拟通过模拟来实现虚拟的施工过程,可以发现不同专业需要配合的地方,以便真正施工时及早作出相应的布置,避免等待其余相关专业或承包商进行现场协调,从而提高工作效率。例如,物料进场路线的确定,可及早协调所涉及专业或承包商进行配合,清除行进过程中的障碍;物料进场后的堆放也可以通过 BIM 模型事先进行模拟,对于有可能出现的损害物料的因素做到提前预防,根据物料的使用顺序和堆放场地的大小确定最佳方案,避免各专业因"抢地盘"而造成频繁协调的不良现象。

对一些局部情况非常复杂的地方,例如多个机电专业管线汇集并行或交叉的地方,往往是谁先到谁先做,不管别的专业是否能够在本专业做完之后施工,以至于造成后到的施工专业无法施工,或已经安装的设备管线必须拆除。此类情况在实际工程中经常发生,增加了很多协调工作量和造成了极大的浪费。如果提前就局部部位运用 BIM 技术模拟施工顺序,则可提前告知所涉及专业需要注意的地方,通过各方协调模拟的施工顺序有效地指导施工,减少协调的工作量和不必要的施工成本。

2. 施工模拟

目前,国内 BIM 技术应用主要集中在建筑设计方面,建筑施工领域的应用较少。然而,随着信息技术和建筑行业的飞速发展,传统的施工水平和施工工艺已经无法满足当前建筑施工要求,迫切需要一种新的技术理念来彻底改变施工领域的困境。由此应运而生的虚拟施工技术,即可通过虚拟仿真等多种先进技术在建筑施工前对施工的全过程或者关键过程进行模拟,以验证施工方案的可行性或对施工方案进行优化,提高工程质量、可控性管理和施工安全。

通过 BIM 技术建立的建筑物的几何模型和施工过程模型,可以实时、交互和逼真地模拟施工方案,进而对已有的施工方案进行验证、优化和完善,逐步代替传统的施工方案编制方式和方案操作流程。在对施工过程进行三维模拟操作中,能预知在实际施工过程中可能碰到的问题,提前避免和减少返工及资源浪费的现象,优化施工方案,合理配置施工资源,节省施工成本,加快施工进度,控制施工质量,达到提高建筑施工效率的目的。

虚拟施工技术体系流程如图 4-90 所示。从体系架构中可以看出,建筑工程项目中使用虚拟施工技术,将会是一个庞杂繁复的系统工程,其中包括了建立建筑结构三维模型、搭建虚拟施工环境、定义建筑构件的先后顺序、对施工过程进行虚拟仿真、管线综合碰撞检查及最优方案判定等不同阶段,同时也涉及了建筑、结构、水暖电、安装、装饰等不同专业、不同人员之间的信息共享和协同工作。

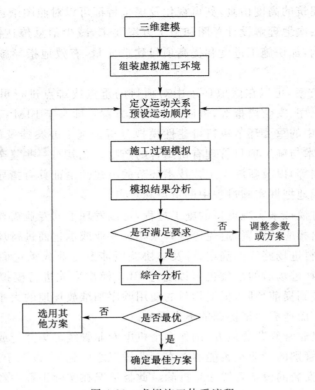

图 4-90　虚拟施工体系流程

在传统建筑施工工程中,建筑项目包括前期准备、中期建设到项目交付及后期的运营维护的各个阶段,建筑施工阶段是其中最烦琐的核心阶段,而虚拟施工技术的实施过程也是如此。建筑施工过程模拟是否真实、细致、高效和全面,在很大程度上取决于建筑构件之间的施工顺序、运动轨迹等施工组织设计是否优化合理,以及建筑构件之间碰撞干涉问题能否及时发现并解决。

虚拟施工技术应用于建筑工程实践中,首先需要应用 BIM 软件 Revit 创建三维数字化建筑模型,然后可从该模型中自动生成二维图形信息及大量相关的非图形化的工程项目数据信息。借助于 Revit 强大的三维模型立体化效果和参数化设计能力,可以协调整个建筑工程项目信息管理,增强与客户沟通能力,及时获得包括项目设计、工作量、进度和运算方面的信息反馈,在很大程度上减少协调文档和数据信息不一致所造成的资源浪费。同样 Revit 所创建的 BIM 模型可方便地将相关工程项目数据信息转换为具有真实属性的建筑构件,促使视觉形体研究与真实的建筑构件相关联,从而实现 BIM 中的虚拟施工技术。

上海某超高层建筑主楼地下 5 层,地上 120 层,总高度为 632 m。竖向分为 9 个功能区,1 区为大堂、商业、会议、餐饮区,2 区至 6 区为办公区,7 区和 8 区为酒店和精品办公区,9 区为观光区,9 区以上为屋顶皇冠。其中 1 区至 8 区顶部为设备层、避难层。外墙采用双层玻璃幕墙,内外幕墙之间形成垂直中庭。上海某超高层建筑效果图及其基于 BIM 技术的施工模拟分别见图 4-91、图 4-92。

在此项目的 BIM 技术应用过程中,总包单位作为项目 BIM 技术管理体系的核心,从设

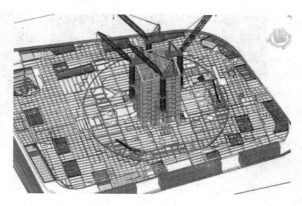

图 4-91 上海某超高层建筑效果图 　　　图 4-92 上海某超高层建筑基于
BIM 技术的施工模拟效果图

计单位拿到 BIM 设计模型后,先将模型拆分给各专业分包单位进行专业深化设计,深化完成后汇总到总包单位,并采用 Navisworks 软件对结构预留、隔墙位置、综合管线等进行碰撞校验,各专业分包单位在总包单位的统一领导下不断深化、完善施工模型,使之能够直接指导工程实践,不断完善施工方案。另外,Navisworks 软件还可以实现对模型进行实时的可视化、漫游与体验;可以实现四维施工模拟,确定工程各项工作的开展顺序、持续时间及相互关系,反映出各专业的竣工进度与预测进度,从而指导现场施工。

在工程项目施工过程中,各专业分包单位要加强维护和应用 BIM 模型,按要求及时更新和深化 BIM 模型,并提交相应的 BIM 模型技术应用成果。对于复杂的节点,除利用 BIM 模型检查施工完成后是否有冲突外,还要模拟施工安装的过程,避免后安装构/配件由于运动路线受阻、操作空间不足等问题而无法施工。

根据三维建模软件 Revit 所建立的 BIM 施工模型,构建合理的施工工序和材料进场管理,进而编制详细的施工进度计划,制订施工方案,便于指导项目工程施工。

按照施工进度计划,再结合 Navisworks 仿真优化工具来实现施工过程的三维模拟。通过三维的仿真模拟,可以提前发现并避免在实际施工中可能遇到的各种问题,如机电管线碰撞、构件安装错位等,以便指导现场施工和制订最佳施工方案,从整体上提高建筑的施工效率,确保施工质量,消除安全隐患,并有助于降低施工成本和减少时间消耗。图 4-93 即为该工程项目的三维施工进度模拟效果示意图。

(a) 进度 1 示意图 　　　　　　　　(b) 进度 2 示意图

图 4-93 上海某超高层建筑三维施工进度模拟效果图

(c) 进度3示意图　　　　　　　　　　　　　(d) 进度4示意图

图 4-93(续)

第五节　施工现场临时设施规划

　　一个项目从施工进场开始，首先要面对的是如何对将来整个项目的施工现场进行合理的场地布置。即要尽可能地减少将来大型机械和临时设施反复地调整平面位置的情况，尽可能最大限度地利用大型机械设施的性能。以往布置临时场地时，是将一张张平面图叠起来看，考虑的因素难免有缺漏，往往等施工开始时才发现不是这里影响了垂直风管安装的施工，就是那里影响了幕墙结构的施工。

　　如今将 BIM 技术提前应用到施工现场临时设施规划阶段，就是为了避免上述可能发生的问题，从而更好地指导施工，为施工企业降低施工风险与运营成本。

一、大型施工机械设施规划

1. 塔吊规划

　　重型塔吊往往是大型工程中不可或缺的部分，它的运行范围和位置一直都是工程项目计划和场地布置的重要考虑因素之一。如今的 BIM 模型往往都是参数化的模型，利用 BIM 模型不仅可以展现塔吊的外形和姿态，也可以在空间上反映塔吊的占位及相互影响。

　　上海某超高层项目大部分时间需要同时使用 4 台大型塔吊，4 台塔吊相互间的距离十分近，相邻 2 台塔吊间存在很大的冲突区域，所以在塔吊的使用过程中必须注意相互避让。在工程进行过程中存在 4 台塔吊可能相互影响的状态：① 相邻塔吊机身旋转时相互干扰；② 双机抬吊时塔吊巴杆十分接近；③ 台风季节塔吊受风摇摆干扰；④ 相邻塔吊辅助装配塔吊爬升框时相互贴近。

　　必须准确判断这四种情况发生时塔吊行止位置。以前，通常采用两种方法：其一，在 AutoCAD 图纸上进行测量和计算，分析塔吊的极限状态；其二，在现场塔吊边运行边察看。这两种方法各有其不足之处：利用图纸测算，往往不够直观，每次都不得不在平面或者立面图上片面地分析，利用抽象思维弥补视觉观察上的不足，这样做不仅费时费力，而且容易出错；使用塔吊实际运作来分析的方法虽然可以直观准确地判断临界状态，但是往往需要花费很长时间，塔吊不能直接为工程服务，或多或少都会影响施工进度。现在利用 BIM 软件进行塔吊的参数化建模，并引入现场的模型进行分析，既可以 3D 的视角来观察塔吊的状态，又能方便地调整塔吊的姿态以判断临界状态，同时不影响现场施工，节约工期和能源。

通过修改模型里的参数数值,针对这 4 种情况分别将模型调整至塔吊的临界状态(图 4-94),参考模型就可以指导塔吊安全运行。

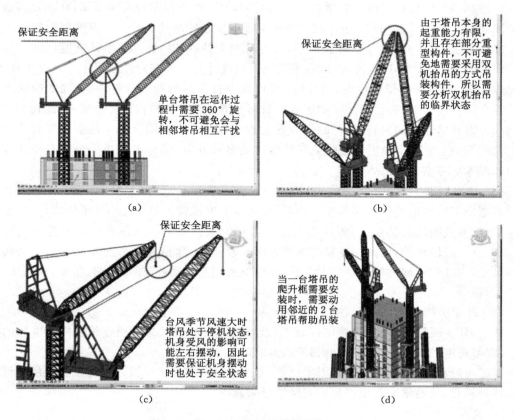

(a)

(b)

(c)

(d)

图 4-94　塔吊的临界状态

2. 施工电梯规划

在现有的建筑场地模型中,可以根据施工方案来虚拟布置施工电梯的平面位置,并根据 BIM 模型直观地判断出施工电梯所在的位置,与建筑物主体结构的连接关系,以及今后场地布置中人流、物流的疏散通道的关系。还可以在施工前就了解今后外幕墙施工与施工电梯间的碰撞位置,以便及早地出具相关的外幕墙施工方案及施工电梯的拆除方案。

(1)平面规划

在以往的很多施工项目案例中,施工电梯布置的情况,往往能决定一个项目的施工进度与项目成本。施工电梯从某种意义上来说,就是一个项目施工过程中的"高速道路",担负着项目物流和人流的垂直运输作用。如果能合理地、最大限度地利用施工电梯的运能,将大大加快施工进度,尤其是在项目施工到中后期,砌体结构、机电和装饰这三个专业混合施工时显得尤为重要。同时也能通过模拟施工,直观地看出物流和人流的变化值,从中提前测算出施工电梯的合理拆除时间,为外墙施工收尾争取宝贵的时间,以确保施工进度。

施工电梯的搭建位置还会直接影响建筑物外立面施工。通过前期的 BIM 模拟施工,将直观地看出其与建筑外墙的一个重叠区,并能提前在外墙施工方案中,解决这一重叠区的施工问题,从而对外墙的构件加工能起到指导作用。

（2）方案技术选型与模拟演示

施工电梯方案策划时,最先考虑的就是施工电梯的运输通道、高度、荷载和数量。往往这些数据都是参照以往实践过的项目的经验数据,但这些数据是否真实可靠,在项目实施前都无法确认。现在可以利用 Revit 软件的建筑模型来选择在对今后外立面施工影响最小的部位安装施工电梯。然后可以将 RVT 格式的模型文件、MPP 格式的项目进度计划一起导入广联达公司的 BIM 5D 软件内,通过手动选择进度计划与模型构件之间一一对应关联,就能完成一个 4D 的进度模拟模型,然后通过 5D 软件自带的劳动力分析功能,能准确快速地知道整个项目高峰期、平稳期施工的劳动力数据。通过这样的模拟计算分析,就能较为准确地判断方案技术选型的可行性,同时也对安全施工起到指导作用。在存在多种方案可供选择的情况下,利用 BIM 模型模拟能更直观地对比多种方案,最终来选择一个既安全又节约工期和成本的方案。

（3）建模标准

根据施工电梯的使用手册等相关资料,收集施工电梯各主要部件的外形轮廓尺寸、基础尺寸、导轨架及附墙架的尺寸、附墙架与墙的连接方式。施工电梯作为施工过程的机械设备,仅在施工阶段出现,因此在建模的精度方面要求不高,建模标准为能够反映施工电梯的外形尺寸,主要的大部件构成及技术参数,与建筑的相互关系等,如导轨架、吊笼、附墙架、外笼、电源箱等。

（4）进度协调

通过 BIM 模型的搭建,协调结构施工、外墙施工、内装施工等;通过建模模拟电梯的物流、人流与进度的关系,合理安排电梯的搭拆时间。

在施工过程中,受到各种场外因素干扰,施工进度往往不可能按原先施工方案所制订的节点计划进行,故经常需要根据现场实际情况来修正。

3. 混凝土泵规划

（1）基于 BIM 技术的混凝土浇捣布置

通过 BIM 技术直观地布置场地,同时可以方便地在图中获取相关信息,即可以反映出道路的宽窄、混凝土泵车的进出位置、大门位置、堆场的位置等信息。

（2）混凝土泵管的排布

利用 BIM 技术可以将混凝土泵管的相关排布细节直观地表现出来,利于工人施工,主要需要表现如下几点。

① 水平泵管的排布、水平泵管的固定及连接部位。

② 垂直泵管的排布。可以很方便地表示清楚混凝土泵管立管的分截以及与混凝土墙面的固定和连接。同时对于超高层泵送,其中需要设置的缓冲层也可以基于 BIM 技术很方便地将其表达出来。

4. 其他大型机械规划

其他大型机械在施工过程中往往不是很起眼,但又随处可见。通过 BIM 技术来更合理布置大型机械,往往会对项目管理起到节约成本和工期的作用。

（1）平面规划

在平面规划上,制订施工方案时往往要在平面图上推敲这些大型机械的合理布置方案。但是单一地看平面的 CAD 图纸和施工方案,很难发现一些施工过程中的问题,但是应用

BIM 技术就可以通过 3D 模型较直观地选择更合理的平面规划布置。

（2）方案技术选型与模拟演示

以往在制订施工吊装方案时,大多数的计算结果都是尽量在确保安全性的前提下进行一定系数的放大来对机械设备进行选型,如果有了 BIM 模型,就可以利用模型里所有输入的参数来模拟施工,检测选型的可行性,同时也能对安全施工起到一定的指导作用。有时候在多套方案可供选择的情况下,利用 BIM 模型模拟更能对多套方案进行直观性的对比,最终来选择一个既安全又节约工期和成本的方案。

以往采用履带吊吊装过程中,一旦履带吊仰角过小,就容易发生前倾,导致事故发生。现在利用 BIM 技术模拟施工,可以预先对吊装方案进行实际可靠的指导。

（3）建模标准

建筑工程主要用到的大型机械设备包括汽车吊、履带吊、塔吊等。这些机械设备建模时最关键的是参数的可设置性,因为不同的机械设备其控制参数是有差异的。例如履带吊的主要技术控制参数为起重量、起重高度和半径。考虑到模拟施工对履带吊动作真实性的需要,一般将履带吊分成以下几个部分:履带部分、机身部分、驾驶室及机身回转部分、机身吊臂连接部分、吊臂部分和吊钩部分。

（4）进度协调

在施工过程中,往往因受到各种场外因素干扰,施工进度不可能按原先施工方案所制订的节点计划进行,经常需要根据现场实际情况来做修正,这同样也会影响到大型机械设备的进场时间和退场时间。以往没有 BIM 技术模拟施工的时候,对于这种进度变更情况,很难及时调整机械设备的进出场时间,经常会发生各种调配不利的问题,造成不必要的等工。

现在,利用 BIM 技术的模拟施工应用可以很好地根据现场施工进度的调整,来同步调整大型机械设备进出场的时间节点,以此来提高调配的效率,节约成本。

二、现场物流规划

1. 施工现场物流需求分析

施工现场是一个涉及各种需求的复杂场地,其中建筑行业对于物流也有自己特殊的需求。BIM 技术首先是一个信息收集系统,可以有效地将整个建筑物的相关信息录入收集并以直观的方式表现出来,但是其中的信息到底如何应用,必须结合相关的施工管理应用,故首先介绍现场物流管理如何收集和整理信息。

（1）材料的进场

建筑工程涉及各种材料,有些材料为半成品,有些材料是完成品。对于不同的材料,建筑行业既有通用要求,也有特殊要求。

材料进场应该有效地收集其运输路线、堆放场地及材料本身信息。材料本身信息包含:制造商的名称;产品标识(如品牌名称、颜色、库存编号等);任何其他的必要标识信息。

（2）材料的存储

对于不同用途的材料,必须根据实际施工情况安排其存储场地,应该明确地收集其存储场地的信息和相关的进出场信息。

2. 基于 BIM 及 RFID 技术的物流管理及规划

BIM 技术首先能够起到很好的信息收集和管理功能,但是这些信息的收集一定要和现场密切结合才能发挥更大的作用,而物联网技术是一个很好的载体,它能够很好地将物体与网络信息关联,再与 BIM 技术进行信息对接,则 BIM 技术能真正地用于物流的管理与规划。

(1) RFID 技术简介

物联网是利用 RFID 或条形码、激光扫描器(条码扫描器)、传感器、全球定位系统等数据采集设备,按照约定的协议,通过互联网将任何人、物、空间相互连接,进行数据交换与信息共享,以实现智能化识别、定位、跟踪、监控和管理的一种网络应用。物联网技术的应用流程如图 4-95 所示。

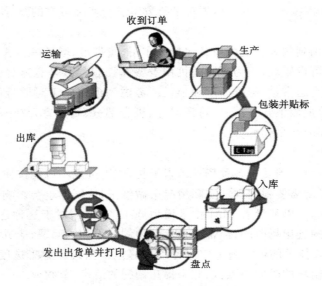

图 4-95　物联网技术的应用流程

目前在建筑领域可能涉及的编码方式有条形码、二维码及 RFID 技术。RFID 技术,可通过无线电讯号识别特定目标并读写相关数据,而无须在识别系统与特定目标之间建立机械或光学接触。射频一般是微波,1~100 GHz,适用于短距离识别通信。RFID 读写器也分移动式的和固定式的。目前 RFID 技术应用很广,如图书馆、门禁系统、食品安全溯源等。

二进制的条码识别是一种基于条空组合的二进制光电识别,广泛应用于各个领域。

条码识别与 RFID 从性能上来说各有优缺点,具体应根据项目的实际预算及复杂程度考虑采用不同的方案。其优缺点如表 4-5 所列。

表 4-5　条码识别与 RFID 的性能对比

系统参数	RFID	条码识别
信息量	大	小
标签成本	高	低
读写性能	读/写	只读
保密性	好	无
环境适应性	好	不好

表 4-5（续）

系统参数	RFID	条码识别
识别速度	很高	低
读取距离	远	近
使用寿命	长	一次性
多标签识别	能	不能
系统成本	较高	较低

条形码信息量较小，但如果均是文本信息的格式，基本已能满足普通的使用要求，且条形码较为便宜。但是条形码在土建领域使用有很多不足之处：① 条形码是基于二维纸质的识别技术，如果现场环境较为复杂，难以保证其标签的完整性，可能影响正确识读；② 二维条形码信息是只读的，不适合复杂作业流程的读写需求；③ 条形码只能逐个扫描，工作量较大时影响工作效率；④ 条形码需要开发专用的系统以满足每个公司每个项目独一无二的工程流程和信息要求。故而对于部分构件还是可以采取条形码与 RFID 相结合的方式。

（2）RFID 技术的用途

RFID 技术主要可以用于物料及进度的管理。

① 可以在施工场地与供应商之间获得更好的和更准确的信息流。

② 能够更加准确和及时地供货，将正确的物品以正确的时间和正确的顺序放置到正确的位置上。

③ 通过准确识别每一个物品来避免严重缺损，避免使用错误的物品或错误的交货顺序而带来不必要的麻烦或额外工作量。

④ 加强与项目规划保持一致的能力，从而在整个项目的过程中减少劳动力的成本并避免合同违规受到罚款。

⑤ 减少工厂和施工现场的缓冲库存量。

（3）RFID 与 BIM 技术的结合

① 软硬件配置

RFID 与 BIM 技术结合需要配置如下软硬件：a. RFID 芯片。根据现场构件及材料的数量需要有一定的 RFID 芯片，同时考虑到土木工程的特殊性，部分 RFID 标签应具备防金属干扰功能，形式可以采取内置式或粘贴式，如图 4-96 所示。b. RFID 读取设备。RFID 读取设备分为固定式和手持式，对于工地大门或堆场位置口，可考虑安装固定式以提高读取 RFID 的稳定性和降低成本，对于施工现场可采取手持式，如图 4-97 所示。c. 针对项目的流程专门开发的 RFID 数据应用系统软件。

② 相关工作流程

由于土建施工多数为现场绑扎钢筋，浇捣混凝土，故而 RFID 的应用应从材料进场开始管理。而安装施工根据实际工程情况可以较多地采用工厂预制的形式，能够形成从生产到安装整个产业链的信息化管理，故而流程及系统的设置应有不同。

土建施工流程如下：a. 材料运至现场，进入仓库或者堆场前进行入库前贴 RFID 芯片，芯片应包括生产厂商、出厂日期、型号、构件安装位置、入库时间、验收情况的信息、责任人（需有 1～2 人负责验收和堆场管理、处理数据）；b. 材料进入仓库；c. 工人来领材料，领取的

图 4-96　部分 RFID 标签

图 4-97　手持式 RFID 读取设备

材料需经扫描,同时数据库添加领料时间、领料人员、所领材料;d. 混凝土浇筑时,再进行一次扫描,以确认构件最终完成,实现进度的控制。

安装施工流程如下:a. 加工厂制造构件,在构件中加入 RFID 芯片,加入相关信息,需加入生产厂商、出厂日期、构件尺寸、构件所安装位置、责任人(需有 1～2 人与加工厂协调); b. 构件出场运输,进行实时跟踪;c. 构件运至现场,进入仓库前进行入库前扫描,将构件中所包含的信息扫描入数据库,同时添加入库时间、验收情况的信息、责任人(需有 1～2 人负责验收和堆场管理、处理数据);d. 材料进入仓库;e. 工人来领材料,领取的材料需经扫描,同时数据库添加领料时间、领料人员、领取的构件、预计安装完成时间(需有 1～2 人负责记录数据);f. 构件安装完后,由工人确认将完成时间加入数据库(需有 1 人记录、处理数据)。

三、现场人流规划

1. 现场总平面人流规划

现场总平面人流规划需要考虑现场正常的进出安全通道和应急时的逃生通道、施工现场和生活区之间的通道连接等主要部分。在施工现场又分为平面和竖向,生活区主要是平面。在生活区,需要按照总体策划的人数规划好办公区,宿舍、食堂等生活区设施之间的人流。在施工区,要考虑进出办公区通道、生活区通道、安全区通道设施、现场人流安全设施等,以及随着不同施工阶段工况的改变,相应地调整安全通道。

(1) 总述

利用工程项目信息集成化管理系统来分配和管理各种建筑物中人流模拟,采用三维模型来表现效果、检查碰撞、调整布局,最终形成可以直观展示的报告。

这个过程是建立在技术方案基础上,并在拥有比较完整的模型后,以现行的规范文件为标准进行的。模拟采用动画形式,相关人员观察产生的问题,并适时地更新、修改方案和模型。

(2) 工作内容及目标

① 数字化表达

数字化表达是采用三维的模型展示,以 Revit、Navisworks 为模型建模、动画演示软件平台。这些模拟可能包括人流的疏散模拟结果、道路的交通要求、各种消防规范的安全系数对建筑物的要求等。

数字化表达采用总体协调的方式,即在全部专业合并后所整合的模型(包括建筑、结构、机电)中,使用 Navisworks 的漫游、动画模拟功能,按照规范要求、方案要求和具体工程要求,检验建筑物各处人员或者车辆的交通流向情况,并生成相关的影音、图片文件。

② 协同作业

协同作业是采用软件模拟,专业工程师在模拟过程中发现问题、记录问题、解决问题、重新修订方案和模型的过程管理。

(3) 模型要求

对于需要做人流模拟的模型,需要先定义模型的深度,模型的深度按照 LOD100、LOD200、LOD300、LOD400、LOD500 的等级来建模。具体与人流模拟的相关建模标准如表 4-6 所列。

表 4-6　建模标准

深度等级	LOD100	LOD200	LOD300	LOD400	LOD500
场地	表示	简单的场地布置,部分构件用体量表示	按图纸精确建模,景观、人物、植物、道路贴近真实	可以显示场地等高线	—
停车场	表示	按实际标示位置	停车位大小、位置都按照实际尺寸准确表示	—	—
各种指示标牌	表示	标识的轮廓大小与实际相符,只有主要的文字、图案等可识别的信息	精确地标识,文字、图案等信息比较准确,清晰可辨	各种标牌、标示、文字、图案都精确到位	增加材质信息,与实物一致
辅助指示箭头	不表示	不表示	不表示	道路、通道、楼梯等处有交通方向的示意箭头	—
尺寸标注	不表示	不表示	只在需要展示人流交通布局时,在有消防、安全需要的地方标注尺寸	—	—
其他辅助设备	不表示	不表示	长、宽、高物理轮廓	物体建模,材质精确地表示	—
车辆、消防车机动设备	不表示	按照设备或该车辆最高最宽处的尺寸给予粗略的形状表示	比较精确的模型,具有制作模拟的、渲染、展示的必备效果(如吊机的最长吊臂)	精确地建模	可输入机械设备、运输工具的相关信息

(4) 交通人流 4D 模拟要求

① 交通道路模拟

交通道路模拟结合 3D 场地、机械、设备模型,在 LOD300 的程度下,进行现场场地的机械运输路线规划模拟。交通道路模拟可提供图形的模拟设计和视频,以及三维可视化工具的分析结果。

一般按照实际方案和规范要求(在模拟前的场地建模中,模型就已经按照相关规范要求与施工方案,做到符合要求的尺寸模式),采用 Navisworks 在整个场地、建筑物、临时设施、宿舍区、生活区、办公区模拟人员流向、人员疏散、车辆交通规划,并在实际施工中同步跟踪,科学分析相关数据。

交通道路模拟中机械碰撞行为是最基本的行为，如道路宽度、建筑物高度、车辆本身的尺寸与周边建筑设备的影响、车辆的回转半径、转弯道路的半径模拟，都将作为模拟分析的要点，分析出交通运输的最佳状态，并同步修改模型内容。

② 交通及人流模拟要求

a. 使用 Revit 建模导出 NWC 格式的图形文件，并导入 Navisworks 中进行模拟；

b. 使用 Navisworks 三维动画视觉效果展示交通人流运动碰撞时的场景；

c. 按照相关规范要求、消防要求、建筑设计规范等，并按照施工方案指导模拟；

d. 展示构筑物区域分解功能，同时展示各区域的交通流向、人员逃生路径；

e. 准确确定在碰撞发生后需要修改处的正确尺寸。

（5）建模参照的规范要求

模型建立仍然以现行规范、标准为准则，主要参考《建设工程施工现场消防安全技术规范》（GB 50720—2011）、《建设工程施工现场环境与卫生标准》（JGJ 146—2013）。

（6）实例式样

人流式样布置：在 3D 建筑中放置人流方向箭头，表示人流动向；设计最合理的线路，以3D 形式展示。

在模型中可以加入时间进度条以展现如下模拟：疏散模拟、感知时间、响应时间、道路宽度合适度、依据建筑空间功能规划的最佳营建空间（包括建筑物高度、家具的摆放布置、设备的位置等）。

在场景中作真实的 3D 人流模拟，可使用 Navisworks 的 3D 漫游和 4D 模拟来展示真实的人员在场景或者建筑物内的通行状况。也可用达到一定程度的机械设备模型来模拟对于道路或者相关消防的交通通行要求。

2. 竖向交通人流规划

竖向人流通道设置在施工各阶段均不相同，需考虑人员的上下通道，并与总平面水平通道布局相衔接。考虑到正常通行的安全，应急时人员疏散通行的距离和速度、竖向通道位置均应与总平面水平通道协调，考虑与水平通道口距离、吊机回转半径的安全范围、结构施工空间影响、物流的协调等。通过 BIM 模拟施工各阶段上下通道的状况，模拟出竖向交通人流的合理性、可靠性和安全性，满足项目施工各阶段进展的人员通行要求。

对模型深度的主要要求是反映通道体型大小、构件基本形状和尺寸。与主体模型结合后，反映出空间位置的合理性、结构安全的可靠性，以及与结构的连接方式。

人流模拟将利用 Navisworks 中的漫游功能实现图形仿真（漫游中的真实人类模型），在宿舍区、生活区、办公区等处采取对个体运动进行图形化的虚拟演练（3D 人流模型在实际场景中的行走），从而可以准确确定个体在各处行走时，是否会出现撞头、绊脚、临边坠落等硬碰撞，与碰撞处理相结合控制人员运动，并调整模型。

同时模拟观察各种楼梯、升降梯等的宽度、高度，各场地可能存在的不适合人员行走的硬件隐患，并且模拟方案设计在灾难发生时最佳逃生路径。在人流模拟时还将考虑群体性的规划，模拟从单人到多人在所需规划的道路中的行走情况，如果人员之间的距离和最近点的路径超过正常范围（按消防规范及建筑设计规范的规定），必须重新设计新的路径，修改模型，以适应人流需要。

（1）基础施工阶段

基础施工阶段的交通规划主要是上下基坑和地下室的通道,并与平面通道接通。上下基坑通道有临时性的和标准化工具式的。挖土阶段、基础施工时一般采用临时的上下基坑通道。标准化工具式多用于较深的基坑,如多层地下室基坑、地铁车站基坑等,临时性的坡道或脚手架通道多用于较浅的基坑。

临时上下基坑通道根据维护形式各不相同。放坡开挖的基坑一般采用斜坡形成踏步式的人行通道,满足上下行人员同时行走及人员搬运货物时通道宽度。在坡度较大时,一般采用临时钢管脚手架搭设踏步式通道。通道设置位置一般在与平面人员安全通行的出入口处,避开吊装回转半径之外为宜,否则应搭设安全防护棚。上下通道的两侧均应设置防护栏杆,坡道的坡度应满足舒适性与安全性要求。

在采用支护围护的深基坑施工中,人行安全通道常采用脚手架搭设楼梯式的上下通道。在更深的基坑中常采用工具式的钢结构通道,常用于地铁车站基坑、超深基坑中。鉴于通道宽度为 1.0~1.1 m,通行人员只能携带简易工具,不能搬运货物通行。通道采用与支护结构连接的固定方式,一般随基坑的开挖,由上向下逐段安装。

基础结构施工完成后,到地面以下通道一般均为建筑永久的楼梯通道、车道等。通道上要设计扶手和照明、防滑、临空围护等。

(2)结构阶段

结构阶段的人流主要是到已完成的结构楼层和作业面的,人流通道主要利用脚手架、人货梯和永久结构楼梯。

多层建筑一般采用楼梯式通道,有斜坡式、楼梯踏步式。楼梯 BIM 模型主要反映自身安全性及其与结构的连接,通向各楼层、作业面的通道及与地面安全通道的连接。

高层建筑采用人货电梯作为到结构楼层的主要通道。到作业面上还有一段距离,一般还要采用脚手架安全通道。BIM 模型要反映出竖向人流到结构楼层、再从结构楼层到作业面的流向。在已完成结构楼层的结构内部,利用永久结构的楼梯上下通行。通过建立结构施工人流演示模型图,反映人流与结构施工通道关系。在高层结构施工部位,整体提升脚手架是常用的作业面安全作业围护平台。人流从已完成的结构楼层到结构施工作业面时通过整体提升脚手架。在脚手架模型上要反映出竖向人流,还要考虑通道个数、大小与人数、上下的流向,通道的出入口距离、作业点距离等人流安全疏散的关系。对超高层的钢框筒结构,在钢框结构施工部位,要反映结构楼层到钢框架结构施工部位人流的通道,主要反映通道到作业点的安全性。

(3)装饰施工阶段

装饰施工阶段进行的内容有外墙面(幕墙)和内部砌体、隔断、装饰等内容,结构内部楼梯已全部完成,竖向人流通道主要是内部楼梯、人货电梯。外部人货电梯拆除后,竖向人流通道主要是内部的楼梯、永久电梯(一般为货梯)。

在超高层建筑结构施工阶段,低层的幕墙和内部隔断已开始施工,货运量增加。在装饰阶段,通过电梯的货流量加大。人货电梯的流量通过 BIM 建模模拟出流量的分配,协调与物流的关系。通过人流量和货运量计算人货电梯的需要数量。

在全程的施工阶段,通过对各阶段人流通道进行 BIM 建模,模拟出人流的上下安全通道的畅通连续性,调整通道的位置、形式、大小、安装形式及与各阶段施工协调,保证人流的正常通行和应急时的逃生。

3. 人流规划与其他规划的统筹和协调

（1）主要内容

人流规划是施工规划中的一项重要内容，需要重点考虑三个方面的统筹和协调。一是人流规划、机械规划和物流规划界面及协调。二是人流规划与人员活动区域（办公区、生活区、施工区）的关系及协调。同时，与此相关的进出办公区通道、生活区通道、安全区通道等设施也需要做充分的考虑和协调。三是人流规划与施工进度的关系及协调。

上述 3 个方面的统筹和协调需要统一考虑下述问题：① 相关规划内容的 BIM 模型的统一标准。即施工规划的内容需要具有一致和协调的 BIM 建模精度、深度和文件交付格式，使得规划内容不产生偏离和不一致性的问题。② 相关规划内容的 BIM 建模的统一基准。即建模需要进行统一的规划，建立统一的基准和要求，使得 BIM 模型分别制作完成后顺利合并。③ 相关规划内容的 BIM 表达方式。即规划的 BIM 表达的方式和过程可以协调一致。

（2）相关表达

人流规划的 BIM 表达主要包括人流规划的静态 BIM 模型和人流规划的动态 BIM 表达。

人流规划的静态 BIM 模型可以按照前述的要求和方法进行建模。而人流规划的动态 BIM 表达是一个相对复杂的问题，它同样包含以下内容：一是人流在不同阶段的动态组织和演示，它必须放到整个施工规划的环境中动态展示，来判断人流组织的合理性及有效性；二是人流与其相关的环境、设备、设施等之间的协调关系，确保人流组织的顺利实施和总体施工规划的实现。

（3）实现方式和目标

① 实现可视化。即 BIM 最直接的特点，它可以实现施工项目在建造过程的沟通、讨论和决策在"所见即所得"的方式下顺利进行。

② 实现协调性。即人流规划与其他施工规划内容可能产生的矛盾和不一致性，在 BIM 模型中实现静态的差错检查，如人流是否与安全通道之间发生干涉或者碰撞等。

③ 实现模型真实过程的动态模拟。如地震或者其他灾害发生时人员逃生模拟及消防人员疏散模拟，再如人员通行路线会不会产生断头和冲突等。

④ 实现不同要求的统计和分析。

⑤ 实现目标的优化。正是利用了 BIM 的静态和动态功能，可以发现矛盾和冲突，因此可以更为方便地对前期的一些不合理规划进行调整和优化，实现管理和组织上的更高效率、更高安全性、更好的经济性等。

在具体实施时，需要根据施工进度建立和维护 BIM 模型，使用 BIM 平台汇总施工规划的各种信息，消除施工规划中的信息孤岛，并且将所有信息结合三维模型进行整理和储存，实现施工规划全过程中项目各方信息的随时共享。

上述实现方式和目标，对于 BIM 模型的信息丰富程度及相关环境模型的信息丰富程度都有相一致的要求，同时需要更加科学、高效、完备的判别方式来实现。

同时，对于先进科学技术和 BIM 技术的结合也提出了更高的要求，如人流建模和规划可以用 BIM 技术来实现，而施工总平面组织和规划可以用 BIM 结合 GIS 来建模，通过 BIM 技术及 GIS 软件的强大功能，迅速得出令人信服的分析结果，帮助项目在施工规划时评估施工现场的使用条件和特点,从而对人流组织作出合理和正确的决策。

此外,对于不同责任分工者之间的协同设计也提出了更高的要求。不同责任分工者之间可能处于不同的办公地点(地理位置)或者不同的工作时间,这些通过网络连接,可以实现协同的设计内容。对于不同责任者提出了更高的非面对面交流能力的要求,也同样对其专业技能提出了更高的要求。

第六节　进度管理

一、施工进度管理的内涵

工程项目进度管理,是指全面分析工程项目的目标、工作内容、工作程序、持续时间和逻辑关系,力求拟订具体可行、经济合理的计划,并在计划实施过程中,通过采取各种有效的组织、指挥、协调和控制等措施,确保预定进度目标实现。一般情况下,工程项目进度管理的内容主要包括进度计划和进度控制两大部分。工程项目进度计划的主要方式是依据工程项目的目标,结合工程所处特定环境,通过工程分解、作业时间估计和工序逻辑关系建立一系列步骤,形成符合工程目标要求和实际约束的工程项目计划排程方案。进度控制的主要方式是通过收集进度实际进展情况,将之与基准进度计划进行比对分析、发现偏差并及时采取应对措施,确保工程项目总体进度目标的实现。

施工进度管理属于工程项目进度管理的一部分,是指根据施工合同规定的工期等要求编制工程项目施工进度计划,并以此作为管理的依据,对施工的全过程持续检查、对比、分析,及时发现工程施工过程中出现的偏差,有针对性地采取有效应对措施,调整工程建设施工作业安排,排除干扰,保证工期目标实现的全部活动。

二、BIM 技术在施工进度管理中的应用价值与流程

1. BIM 技术与施工进度管理

(1) 传统的施工进度管理

施工进度管理的主体是施工单位,其进度管理流程一般如图 4-98 所示。传统施工进度管理实践中,施工总包单位首先在项目管理单位和监理单位的协调之下,仔细阅读由设计单位提供的施工图纸并与设计单位进行必要的沟通交流,明确施工目标,在完成施工图纸会审等一系列互通有无、查漏补缺的工作后,施工总包单位根据自己的施工经验,制订项目总体施工方案并编制总体施工进度计划,并将计划下发到各个分包单位,由分包单位及各材料供应单位根据资源的限制对进度计划的方案进行反馈,施工总包单位根据这些反馈再对进度计划进行进一步优化。优化后的进度计划将具体指导施工过程,并在现场施工过程中根据所遇到的问题随时调整。编制施工进度计划一般采用横道图或网络图方法,并可以借助相关工程进度管理软件来实现。在施工进度的控制方面,则主要是在施工日报、周报或月报的基础上,对关键进度节点的可实现性进行经验性评估,据此对各工序环节执行过程中出现的问题进行处理。

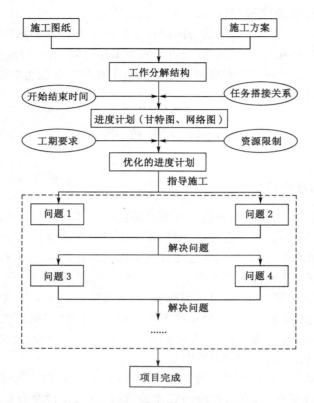

图 4-98　施工进度管理的传统流程

（2）传统的施工进度管理存在的主要问题

在传统的施工进度管理实践中，主要存在以下一些不足。

① 项目信息丢失现象严重

工程项目施工是整个工程项目的有机组成部分，其最终成果是要提交符合业主需求的工程产品，而在传统工程项目施工进度管理中，其直接的信息基础是业主方提供的勘察设计成果，这些成果通常由二维图纸和相关文字说明构成。这些基础性信息是对项目业主需求和工程环境的一种专业化描述，本身就可能存在对业主需求的曲解或遗漏，再加上相关工程信息量都很大且不直观，施工主体在进行信息解读时，往往还会加入自己一些先入为主的经验性理解，导致在工程分解时会出现曲解或遗漏，无法完整反映业主真正的需求和目标，最终在提交工程成果的过程中无法让业主满意。

② 无法有效发现施工进度计划中的潜在冲突

现代工程项目一般都具有规模大、工期长、复杂性高等特点，通常需要众多主体共同参与完成。在实践中，由于各工程分包商和供应商是依据工程施工总包单位提供的总体进度计划分头进行各自计划的编制，工程施工总包单位在进行计划合并时，难以及时发现众多合作主体进度计划中可能存在的冲突，常常导致在计划实施阶段出现施工作业与资源供应之间的不协调、施工作业面冲突等现象，严重影响工程进度目标的圆满实现。

③ 工程施工进度跟踪分析困难

在工程施工过程中，为了实现有效的进度控制，必须阶段性动态审核计划进度与实际进度之间是否存在差异、形象进度实物工程量与计划工作量指标完成情况是否保持一致。由于传统的施工进度计划主要是基于文字、横道图和网络图等进行表达,导致工程施工进度管理人员在工程形象进展与计划信息之间经常出现认知障碍,无法及时、有效地发现和评估工程施工进展过程中出现的各种偏差。

④ 在处理工程施工进度偏差时缺乏整体性

工程施工进度管理是整个工程施工管理的一个方面。事实上,进度管理还必须与成本管理和质量管理有机融合,因此,在处理工程施工进度偏差时,必须同时考虑到各种偏差应对措施的成本影响和质量约束。但是由于在实践工作中,进度管理与成本管理、质量管理往往是割裂的,仅仅从工程进度目标本身来进行各种应对措施的制定,会出现忽视其成本影响和质量要求的现象,最终影响项目整体目标的实现。

（3）BIM 技术在施工进度管理中的价值

传统工程施工进度管理存在的上述不足,本质上是由于工程项目施工进度管理主体信息获取不足和处理效率低下所导致的。随着信息技术的发展,BIM 技术应运而生。BIM 技术能够支持管理者在全生命周期内描述工程产品,并有效管理工程产品的物理属性、几何属性和管理属性。简而言之,BIM 技术是包含产品组成、功能和行为数据的信息模型,能支持管理者在整个生命周期内描述产品的各种细节。

BIM 技术可以支持工程项目进度管理相关信息在规划、设计、建造和运营维护全过程无损传递和充分共享。BIM 技术支持项目所有参建方在工程的全生命周期内以同一基准点进行协同工作,包括工程项目施工进度计划编制与控制。BIM 技术的应用无疑拓宽了施工进度管理思路,可以有效解决传统施工进度管理方式方法中的一些问题与弊病,在施工进度管理中将发挥巨大的价值。

① 减少沟通障碍和信息丢失

BIM 技术能直观高效地表达多维空间数据,避免用二维图纸作为信息传递媒介带来的信息损失,从而使项目参与人员在最短时间内领会复杂的勘察设计信息,减少沟通障碍和信息丢失。

② 支持施工主体实现"先试后建"

由于工程项目具有显著的一次性和个性化等特点,在传统的工程施工进度管理中,由于缺乏可行的"先试后建"技术支持,很多的设计错漏和不合理的施工组织设计方案只能在实际的施工活动中才能被发现,这就给工程施工带来巨大的风险和不可预见成本。而利用 BIM 技术则可以支持管理者实现"先试后建",提前发现当前的工程设计方案及拟订的工程施工组织设计方案在时间和空间上存在的潜在冲突和缺陷,将被动管理转为主动管理,实现精简管理队伍、降低管理成本、降低项目风险的目标。

③ 为工程参建主体提供有效的进度信息共享与协作环境

在基于 BIM 技术构建的工作环境中,所有工程参建方都在一个与现实施工环境相仿的可视化环境下进行施工组织及各项业务活动,创造出一个直观高效的协同工作环境,有利于参建方直接进行直观顺畅的施工方案探讨与协调,支持工程施工进度问题的协同解决。

④ 支持工程进度管理与资源管理的有机集成

基于 BIM 技术的施工进度管理,支持管理者实现各工作阶段所需的人员、材料和机械用量的精确计算,从而提高工作时间估计的精确度,保障资源分配的合理化。另外,在工作结构分解和活动定义时,通过与模型信息的关联,可以为进度模拟功能的实现做好准备。通过可视化环境,可从宏观和微观两个层面,对项目整体进度和局部进度进行 4D 反复模拟及动态优化分析,调整施工顺序,配置足够资源,编制更为科学可行的施工进度计划。

2. 基于 BIM 技术的施工进度管理流程框架

基于 BIM 技术的工程项目施工进度管理应以业主对进度的要求为目标,基于设计单位提供的模型,将业主及相关利益主体的需求信息集成于 BIM 模型成果中,施工总包单位以此为基础进行工程分解、进度计划编制、实际进度跟踪记录、进度分析及纠偏等工作。BIM模型为工程项目施工进度管理提供了一个直观的信息共享和业务协作平台,在进度计划编制过程中打破各个参建方之间的界限,使参建方各司其职,支持相关主体协同制订进度计划,提前发现并解决施工过程中可能出现的问题,从而使工程施工进度管理达到最优状态,更好地指导具体施工过程,确保工程高质、准时完工。

基于 BIM 技术的工程施工进度管理流程框架如图 4-99 所示。

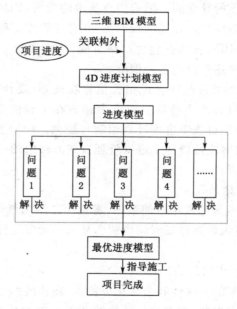

图 4-99 基于 BIM 技术的工程项目施工进度管理流程框架

3. 基于 BIM 技术的施工进度管理常用软件

目前常见的支持基于 BIM 技术的施工进度管理的软件工具主要有 Innovaya Visual 4D Simulation 和 Autodesk 公司的 Navisworks Management TimeLiner。

(1) Innovaya Visual 4D Simulation

Innovaya 公司是最早推出 BIM 施工进度管理软件的公司之一,该公司推出的 Innovaya 系列软件不仅支持施工进度管理,也支持工程算量和造价管理。在进度管理方面,Innovaya Visual 4D Simulation 软件兼容 Autodesk 公司 Primavera 及 Microsoft Project 施工进度软件。

Innovaya Visual 4D Simulation 是一个新型进度计划和施工分析工具,可利用 INV 数据交换格式,读取利用 Revit、Tekla Structures 及其他任何三维 CAD 工具构建的建筑三维模型数据,并支持将其与 MS Project、Excel 或者 Primavera 编制的施工计划关联起来,形成工程项目 4D 施工进度计划。这种计划基于 3D 构件将进度计划安排的施工过程表现出来,这便是 4D(3D+时间)施工模拟的含义。由 4D 施工模拟方式产生的相关任务可以自动地关联到 BIM 软件上,调整施工进度图后,进度安排也会自动变化,并在 4D 施工模拟时体现。该模型可以在项目施工前期形成可视化的进度信息、可视化的施工组织方案及可视化的施工过程模拟,在施工过程中可对工程变更及风险事件进行模拟。

利用 Innovaya Visual 4D Simulation 软件工具构建的四维进度信息模型,可以可视化显示施工过程中的每一个工作,提高工程项目施工管理的信息交流层次。全体参建人员可以很快理解进度计划的重要节点,同时进度计划通过实体模型的对应表示,可有利于发现施工差距并及时采取措施,进行纠偏调整;当遇到设计变更或施工图更改时,也可以很快速地联动修改进度计划。不仅如此,在施工过程中还可以应用到进度管理和施工现场管理的多个方面,主要表现为进度管理的可视化功能、监控功能、记录功能、进度状态报告功能和计划的调整预测功能,以及施工现场管理策划可视化功能、辅助施工总平面管理功能、辅助环境保护功能、辅助防火保安功能。同时还可以应用到物资采购管理方面,表现为辅助编制物资采购计划功能、物资现场管理功能及物资仓储可视化管理功能。

(2) Navisworks Management TimeLiner

Navisworks Management TimeLiner 是 Autodesk 公司 Navisworks 产品中的一个工具插件。TimeLiner 工具可以用于工程项目四维进度模拟,它可以支持用户从各种传统进度计划编制软件工具中导入进度计划,将模型中的对象与进度中的任务链接,创建四维进度模拟,用户即可看到进度实施在模型上的表现,并可将施工计划日期与实际日期进行比较。同时,TimeLiner 还能够将基于模拟的结果导出为图像和动画,如果模型或进度更改,TimeLiner 将自动更新模拟。

由于 TimeLiner 是 Navisworks Management 的一个工具插件,因此它可以方便地与 Navisworks Management 其他工具插件集成使用。通过将 TimeLiner 与对象动画链接到一起,可以根据项目任务的开始时间和持续时间触发对象移动并安排其进度,且可以帮助用户进行工作空间过程规划。将 TimeLiner 与 Clash Detective 链接在一起,可以对项目进行基于时间的碰撞检查;将 TimeLiner、对象动画和 Clash Detective 链接在一起,可以对具有动画效果的 TimeLiner 进度进行冲突检测。

三、基于 BIM 技术的进度管理方法

1. 基于 BIM 技术的施工进度管理功能

BIM 理论和技术的应用,有助于提升工程施工进度计划和控制的效率。一方面,支持总进度计划和项目实施中分阶段进度计划的编制,同时进行总、分进度计划之间的协调平衡,直观高效地管理有关工程施工进度的信息。另一方面,支持管理者持续跟踪工程项目实际进度信息,将实际进度与计划进度在 BIM 技术条件下进行动态跟踪及可视化的模拟对比,进行工程进度趋势预测,为项目管理人员采取纠偏措施提供依据,实现项目进度的动态控制。

基于 BIM 技术的施工进度管理功能如图 4-100 所示。

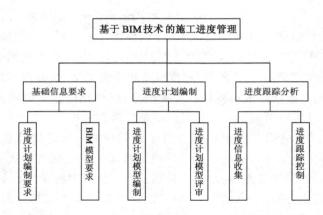

图 4-100　基于 BIM 技术的施工进度管理功能

2. 基于 BIM 技术的施工进度计划基础信息要求

（1）进度计划编制要求

相比于传统的工程项目施工进度计划，基于 BIM 技术的工程项目施工进度计划更加有利于现场施工人员准确了解和掌握工程进展。进度计划通常包含工程项目施工总进度计划纲要、总体进度计划、二级进度计划和每日进度计划等四个层次。

工程项目施工总进度计划纲要作为重要的纲领性文件，其具体内容应该包括编制说明、工程项目施工概况及目标、现场现状和计划系统、施工界面、里程碑节点等。项目设计资料、工期要求、参建单位、人员物料配置、项目投资、项目所处地理环境等信息可以有效地支持总进度计划纲要的编制。

总体进度计划由施工总包单位按照施工合同要求进行编制，合理地将工程项目施工工作任务进行分解，根据各个参建单位的工作能力，制订合理可行的进度控制目标，在总进度计划纲要的要求范围内确定本层里程碑节点的开始和完成时间。

二级进度计划由施工总包单位及分包单位根据总体进度计划要求各自负责编制。

每日进度计划是在二级进度计划基础上进行编制的，它体现了施工单位各专业每日的具体工作任务，目的是支持工程项目现场施工作业的每日进度控制，并且为 BIM 施工进度模拟提供详细的数据支持，以便实现更为精确的施工模拟和预演，真正实现现场施工过程的每日可控。

（2）BIM 模型要求

BIM 模型是 BIM 施工进度管理实现的基础。BIM 模型的建立工作主要应在设计阶段，由设计单位直接完成；也可以委托第三方根据设计单位提供的二维施工图纸进行建模，形成工程的 BIM 模型。

BIM 模型是工程项目的基本元素（如门、窗、楼梯等）物理和功能特性的数据集合，是一个系统、完整的数据库。信息模型的数据要求涵盖了传统工程设计中的各种信息和要素，整合到一起就成为一个互动的"数据仓库"。模型图元是模型中的核心元素，是对建筑实体最直接的反映。

3. 基于 BIM 技术的施工进度计划编制

传统施工进度计划编制内容，主要包括工作分解结构的建立、工期估算及工作逻辑关系安排等步骤。同样,基于 BIM 的施工进度计划的第一步是建立工作分解结构(WBS),一般通过相关软件或系统辅助完成。将 WBS 作业进度、资源等信息与 BIM 模型图元信息链接,即可实现 4D 进度计划,其中的关键是数据接口集成。基于 BIM 技术的施工进度计划编制流程如图 4-101 所示。

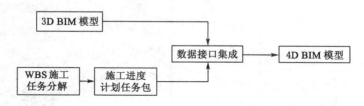

图 4-101　基于 BIM 技术的施工进度计划编制流程

(1) 基于 BIM 技术的施工项目 4D 模型构建

基于 BIM 技术的施工项目 4D 模型构建可以采用多种软件工具来实现,以下介绍采用 Navisworks Management 和 Microsoft Project 软件工具组合进行的施工项目 4D 模型构建方法。

首先在 Navisworks Management 中导入工程三维实体模型,然后进行 WBS 分解,并确定工作单元进度排程信息。这一过程可在 Microsoft Project 软件中完成,也可在 Navisworks Management 软件中完成。工作单元进度排程信息包括任务的名称、编码、计划开始时间、计划完成时间、工期及相应的资源安排等。

为了实现三维模型与进度计划任务项的关联,同时简化工作量,需先将 Navisworks Management 中零散的构件进行归集,形成一个统一的构件集合,构件集合中的各构件拥有各自的三维信息。在基于 BIM 的进度计划中,构件集合作为最小的工作包,其名称与进度计划中的任务项名称应为一一对应关系。

a. 在 Microsoft Project 中实现进度计划与三维模型的关联。在 Navisworks Management 软件中预留与各类 WBS 文件的接口,如图 4-102 所示,通过 TimeLiner 模块将 WBS 进度计划导入 Navisworks Management 中,并通过规则进行关联,即在三维模型中附加上时间信息,从而实现项目的 4D 模型构建。

在导入 Microsoft Project 文件时,通过字段的选择来实现两个软件的结合。如图 4-103 所示,左侧为 Navisworks Management 中各构件的字段,而右侧为 Microsoft Project 外部字段,通过选择相应同步的 ID(可以为工作名称或工作包 WBS 编码),将构件对应起来,并将三维信息和进度信息进行结合。

两者进行关联的基本操作为:将 Microsoft Project 项目通过 TimeLiner 模块中的数据源导入 Navisworks Management 中,在导入过程中需要选择同步的 ID,然后根据关联规则自动将三维模型中的构件集合与进度计划中的信息进行关联。

b. 直接在 Navisworks Management 中实现进度计划与三维模型的关联。Navisworks Management 自带多种实现进度计划与三维模型关联的方式,根据建模习惯和项目特点可选择不同的方式实现,以下介绍两种较常规的方式。

——使用规则自动附着。为实现工程进度与三维模型的关联,从而形成完整的 4D 模型,关键在于进度任务项与三维模型构件的链接。在导入三维模型、构建构件集合库的基础

图 4-102　Navisworks Management
与 WBS 文件的接口

图 4-103　Navisworks Management
与 Microsoft Project 字段选择器

上，利用 Navisworks Management 的 TimeLiner 模块可实现构件集与进度任务项的自动附着。

基本操作：使用 TimeLiner 中"使用规则自动附着"功能，选择规则"使用相同名称、匹配大小写将 TimeLiner 任务从列名称对应到选择集"，即可将三维模型中的构件集合与进度计划中的任务项信息进行自动关联，随后可根据工程进度输入任务项的 4 项基本时间信息（计划开始时间、计划结束时间、实际开始时间和实际结束时间）及费用等相关附属信息，实现进度计划与三维模型的关联。

——逐一添加任务项。根据工程进展和变更，可随时进行进度任务项的调整，对任务项进行逐一添加，添加进度任务项的操作。

基本操作为：选择单一进度任务项，点击鼠标右键，选择附着集合，在已构建的构件集合库中选择该进度任务项下应完成构件集合名称，或可直接在集合窗口中选择相应集合，鼠标拖至对应任务项下，即可实现该任务项与构件集合的链接。

上述两种方法均可成功实现 4D 模型的构建，主要区别在于施工任务项与构件集合库进行关联的过程。

使用 Microsoft Project 和 Navisworks Management 中 TimeLiner 的自动附着规则进行施工进度计划的构建时，通过信息导入，可实现施工任务项与三维模型构件集合的自动链接，大大节省了工作时间。需要注意的是，任务项名称与构件集合名称必须完全一致，否则将无法进行 ID 识别，进而完成两者的自动链接。

在 TimeLiner 中手工进行一项一项的进度链接时，过程复杂，但可根据实际施工过程随时进行任务项的调整，灵活性更高，任务项名称和构件集合名称也无须一致。使用者可根据项目的规模、复杂程度、模型特点和使用习惯选择适合的 4D 模型构建方法。

（2）基于 BIM 技术的施工进度计划模拟

基于 BIM 技术的施工进度计划模拟也常被称为 4D 施工进度计划动态模拟，它将整个工程施工进程以 4D 可视化方式直观地展示出来。项目管理人员在 4D 可视化环境中查看各项施工作业,可以更容易地识别出潜在的作业次序错误和冲突问题,可以更有弹性地处理设计变更或者工作次序变更。此外,基于 BIM 技术的施工进度计划模拟使得项目管理人员在计划阶段更容易判断建造可行性问题和进行相关资源分配的分析,例如现场空间、设备和劳动力等,从而在编制和调试进度方案时更富有创造性。总体而言,借助基于 BIM 技术的施工进度计划模拟,可以实现施工进度、资源、成本及场地信息化、集成化和可视化管理,从而提高施工效率、缩短工期、节约成本。

基于 BIM 技术的施工进度计划模拟可以分成两类,一类是基于任务层面的,一类是基于操作层面的。基于任务层面的 4D 施工进度计划模拟技术是通过将三维实体模型和施工进度计划关联而来的。这种模拟方式能够快速地实现对施工过程的模拟,但是其缺陷在于缺乏对例如起重机、脚手架等施工机械和临时工序及场地资源的关注;而基于操作层面的 4D 施工进度计划模拟则是通过对施工工序的详细模拟,使得项目管理人员能够观察到各种资源的交互使用情况,从而提高工程项目施工进度管理的精确度及各个任务的协调性。

① 基于任务层面的 4D 施工进度计划模拟方法

在支持基于 BIM 技术的施工进度管理的软件工具环境下,可通过其中的模拟功能,对整个工程项目施工进度计划进行动态模拟。在 4D 施工进度计划模拟过程中,建筑构件随着时间的推进从无到有动态显示。当任务未开始时,建筑构件不显示;当任务已经开始但未完成时,显示为 90% 透明度的绿色(可在软件中自定义透明度和颜色);当任务完成后就呈现出建筑构件本身的颜色,如图 4-104 所示。在模拟过程中发现任何问题,都可以在模型中直接进行修改。

如图 4-104 所示,梁任务已开始但未完成,显示为 90% 透明度的绿色(注:浅色、上部为梁);柱子和基础部分已经完成,显示为实体本身的颜色(注:深色、下部为柱子和基础部分)。

如图 4-105 所示,软件界面上半部分为施工进度计划 4D 模拟,左上方为当前工作任务时间;下半部分为施工进度计划 3D 模拟操作界面,可以对施工进度计划 4D 模拟进行顺时执行、暂停执行和逆时执行等操作。顺时执行是将进度计划进展过程按时间轴动态顺序演示。逆时执行是将进度计划进展过程反向演示,由整个项目的完成逐渐演示到最初的基础施工。暂停执行功能,可以辅助项目管理人员更加熟悉施工进度计划各个工序间的关系,并在工程项目施工进度出现偏差时,采用倒推的方式对施工进度计划进行分析,及时发现影响施工进度计划的关键因素,并及时进行修改。

当施工进度计划出现偏差需要进行修改时,可以首先调整 Microsoft Project 施工进度

图 4-104　梁柱界面图

图 4-105　施工模拟界面

计划数据源,然后在 Navisworks Management 中对数据源进行刷新操作,即能够实现快速的联动修改,而不需要进行重复的导入和关联等工作,大大节约人工操作的时间。

最后,当整个工程项目施工进度计划调整完成后,项目管理人员可以利用 TimeLiner 模块中的动态输出功能,将整个项目进展过程输出为动态视频,以更直观和通用的方式展示建设项目的施工全过程。

② 基于操作层面的 4D 施工进度计划模拟方法

相比于任务层面的 4D 施工进度计划模拟,操作层面模拟着重表现施工的具体过程。其模拟的精度更细,过程也更复杂,常用于对重要节点的施工具体方案的选择及优化。

4. 基于 BIM 技术的施工进度跟踪分析

基于 BIM 技术的施工进度跟踪分析的特点包括实时分析、参数化表达和协同控制。通过应用基于 BIM 技术的 4D 施工进度跟踪与控制系统,可以在整个建筑项目的实施过程中实现施工现场与办公所在地之间进度管理信息的高度共享,最大化地利用进度管理信息平台收集信息,将决策信息的传递次数降到最低,保证所做决定的立即执行,提高现场施工效率。

基于 BIM 技术的施工进度跟踪分析主要包括两个核心工作:首先是在建设项目现场和进度管理组织所在工作场所建立一个可以即时互动交流沟通的一体化进度信息采集平台,该平台主要支持现场监控、实时记录、动态更新实际进度等进度信息的采集工作;然后基于该信息平台提供的数据和基于 BIM 技术的施工进度计划模型,通过基于 BIM 技术的 4D 施工进度跟踪与控制系统提供的丰富分析工具对施工进度进行跟踪分析与控制。

(1)进度信息收集

构建一体化进度信息采集平台是实现基于 BIM 技术的施工进度跟踪分析的前提。在项目实施阶段,施工方、监理方等各参建方的进度管理人员利用多种采集手段对工程部位的进度信息进行更新,该平台支持的进度信息采集手段主要包括现场自动监控和人工更新。

① 现场自动监控

现场监控包括利用视频监控、三维激光扫描等设备对关键工程或者关键工序进行实时进度采集,使进度管理主体不用到现场就能掌握第一手的进度管理资料。

a. 通过 GPS 定位或者现场测量定位的方式确定建设项目所在准确坐标。

b. 确定现场部署的各种监控设备的控制节点坐标,在现场控制点不能完全覆盖建筑物时还需要增加监控点,在控制点上对工程实体采用视频监控、三维激光扫描等设备进行全时段录像、扫描工程实际完成情况,形成监控数据。如图 4-106 所示。

c. 将监控数据通过网络设备传回到基于 BIM 技术的 4D 施工进度跟踪与控制系统进行分析处理,为每一个控制点的关键时间节点生成阶段性的全景图形,并与 BIM 进度模型进行对比,计算工程实际完成情况,准确地衡量工程进度。

② 人工更新

对于进度管理小组日常巡视的工程部位也可采用人工更新的手段对 BIM 进度模型进行更新。具体过程包括:进度管理小组携带智能手机、平板电脑等便携式设备进入日常巡视的工程部位;小组人员利用摄像设备对工程部位进行拍照或摄影,并与 BIM 进度管理模块中的 WBS 工序进行关联;小组人员利用便携式设备上的 BIM 进度管理模块接口对工程部位的形象进度完成百分比、实际完成时间、计算实际工期、实际消耗资源数量等进度信息进

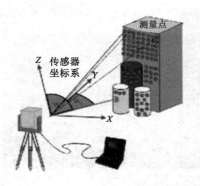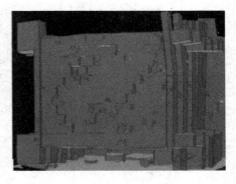

图 4-106 三维激光扫描及效果施工模拟界面

行更新,有时还需要调整工作分解结构、删除或添加作业、调整作业间逻辑关系等。

通过整合各种进度信息采集方式实时上传的视频图片数据、三维激光扫描数据及人工表中数据等,施工进度管理人员可以对目前进度情况作出判断并进行进度更新。项目进展过程中,更新进度很重要,实际工期可能与原定估算工期不同,工作一开始作业顺序也可能更改。此外,还可能需要添加新作业和删除不必要的作业。因此,定期更新进度是进度跟踪与控制的前提。

(2)进度跟踪与控制

在项目实施阶段,在更新进度信息的同时,还要持续跟踪项目进展、对比计划与实际进度、分析进度信息、发现偏差和问题,通过采取相应的控制措施解决已出现的问题,并预防潜在问题以维护目标计划。BIM 施工进度管理体系从不同层次提供多种分析方法以实现项目进度的全方位分析。

BIM 施工进度管理系统提供项目表格、甘特图、网络图、进度曲线、四维模型、资源曲线与直方图等多种跟踪视图。项目表格以表格形式显示项目数据;项目横道图以水平"横道图"格式显示项目数据;项目横道图、直方图以栏位和"横道图"格式显示项目信息,以剖析表或直方图格式显示时间分摊项目数据;四维视图以三维模型的形式动态显示建筑物建造过程;资源分析视图以栏位和"横道图"格式显示资源、项目使用信息,以剖析表或直方图格式显示时间分摊资源分配数据。

关于计划进度与实际进度的对比一般综合利用横道图对比、进度曲线对比、模型对比完成。基于 BIM 的 4D 施工进度跟踪与控制系统可同时显示三种视图,实现计划进度与实际进度间对比。如图 4-107 所示。

可以通过设置视图的颜色实现计划进度与实际进度的对比。另外,通过项目计划进度模型、实际进度模型、现场状况间的对比,可以清晰地看到建筑物的"成长"过程,发现建造过程中的进度偏差和其他问题。

所有跟踪视图都可用于检查项目,首先进行综合的检查,然后根据工作分解结构、阶段、特定 WBS 数据元素来进行更详细的检查。还可以使用过滤与分组等功能,以自定义要包含在跟踪视图中的信息的格式与层次。根据计划进度和实际进度信息,可以动态计算和比较任意 WBS 节点任意时间段计划工程量和实际工程量。

进度情况分析主要包括里程碑控制点影响分析、关键路径分析及计划与实际进度的对

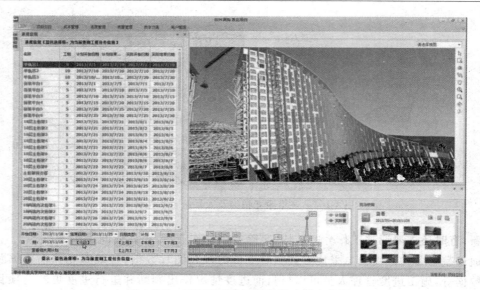

图 4-107　工程项目施工进度跟踪对比分析

比分析。通过查看里程碑计划及关键路径,并结合作业实际完成时间,可以查看并预测项目进度是否按照计划时间完成。关键路径分析,可以利用系统中横道视图或者网络视图进行。基于 BIM 技术的施工进度跟踪分析至少包括如下几方面用途:① 帮助施工管理者实时掌握工程量的计划完工和实际完工情况。② 在分期结算过程中,系统动态计算实际工程量,可以为施工阶段工程款结算提供数据支持。③ 作为工程成本控制的依据,通过计划用量与实际用量之间进行对比和分析,进行实时动态管理。当现场实际工程量与计划工程量之间发生偏差,系统发出预警时,可及时寻找原因,进行改进,防患于未然。④ 作为施工人员调配、工程材料采购、大型机械的进出场等工作的依据。

　　为避免进度偏差对项目整体进度目标的不利影响,需要不断地调整项目的局部目标,并再次启动进度计划的编制、模拟和跟踪,如需改动进度计划则可以通过进度管理平台发出,用现场投影或者大屏幕显示器的方式将计算机处理之后的可视化模拟施工视频、各种辅助理解图片和视频播放给现场施工班组,现场的施工班组按照确定的纠偏措施动态地调整施工方案,对下一步的进度计划进行现场编排,实现管理效率的最大化。

　　综上所述,通过利用 BIM 技术对施工进度进行闭环反馈控制,可以最大限度地使项目总体进度与总体计划趋于一致。

第七节　质量管理

　　我国国家标准《质量管理体系 基础和术语》(GB/T 19000—2016)指出:一个关注质量的组织倡导一种通过满足顾客和期望来实现其价值的文化,这种文化反映在其行为、态度、活动和过程中。组织的产品和服务质量取决于满足顾客的能力,以及对有关相关方的有意和无意的影响。产品和服务的质量不仅包括其预期的功能和性能,而且还涉及顾客对其价值和受益的感知。质量的主体不但包括产品,而且包括过程、活动的工作质量,还包括质量管理体系运行的效果。工程项目质量管理是指在力求实现工程项目总目标的过程中,为满足项目的质量要求所开展的有关管理监督活动。

1. 影响质量管理的因素

在工程建设中,无论是勘察、设计、施工还是机电设备的安装,影响工程质量的因素主要有"人、机、料、法、环"五大方面,即人工、机械、材料、工法、环境。工程项目的质量管理主要是对这 5 个方面进行控制。

(1) 人工的控制

人工是指直接参与工程建设的决策者、组织者、指挥者和操作者。人工的因素是影响工程质量的五大因素中的首要因素。在某种程度上,它决定了其他因素。很多质量管理过程中出现的问题归根结底都是人工的问题。项目参与者的素质、技术水平、管理水平、操作水平,最终都影响工程建设项目的质量。

(2) 机械的控制

施工机械设备是工程建设不可或缺的设施,对施工项目的施工质量有着直接影响。有些大型、新型的施工机械可以使工程项目的施工效率大大提高,而有些工程内容或者施工工作必须依靠施工机械才能保证工程项目的施工质量,如混凝土,特别是大型混凝土的振捣机械、道路地基的碾压机械等。如果靠人工来完成这些工作,往往很难保证工程质量。但是施工机械体积庞大、结构复杂,而且往往需要有效的组合和配合才能收到事半功倍的效果。

(3) 材料的控制

材料是建设工程实体组成的基本单元,是工程施工的物质条件。工程项目所用材料的质量直接影响着工程项目的实体质量,因此每一个单元的材料质量都应该符合设计和规范的要求,工程项目实体的质量才能得到保证。在项目建设中使用不合格的材料和构配件,会造成工程项目的质量不合格。因此在质量管理过程中一定要把好材料、构配件关,打牢质量根基。

(4) 工法的控制

工程项目的施工方法的选择也对工程项目的质量有着重要影响。对一个工程项目而言,施工方法和组织方案的选择正确与否直接影响整个项目的建设能否顺利进行,关系到工程项目的质量目标能否顺利实现,甚至关系到整个项目的成败。但是施工方法的选择往往是根据项目管理者的经验进行的,有些方法在实际操作中并不一定可行。如预应力混凝土的先拉法和后拉法,需要根据实际的施工情况和施工条件来确定。工法的选择对于预应力混凝土的质量也有一定影响。

(5) 环境的控制

工程项目在建设过程中面临很多环境因素的影响,主要有社会环境、经济环境和自然环境等。通常对工程项目的质量产生影响较大的是自然环境,其中又有气候、地质、水文等细部的影响因素。例如冬季施工对混凝土质量的影响,风化地质或者地下溶洞对建筑基础的影响等。因此,在质量管理过程中,管理人员应该尽可能地考虑环境因素对工程质量产生的影响,并且努力去优化施工环境,对于不利因素严加管控,避免其对工程项目的质量产生影响。

2. 传统质量控制方法与过程

在项目初期,建设单位需要根据相应的质量标准和政策法规,制订项目的质量目标和质量管理方案。设计和施工阶段是质量控制的重点时期,设计的质量控制对于整个项目的后期发展具有决定性作用,主要包括对设计本身质量的控制和对项目质量标准的控制。在施工阶段,建设单位按照一系列施工标准和质量管理方案进一步编制工程质量控制计划,对现场施工进行自我检查评定。同时,由建设单位委托的监理单位或者建设项目负责人在现场对项目情况进行监管,从事前、事中和事后三个角度对建造质量进行全面监控。观察各种工艺流程和施工方法,对施工中的突发状况和各种问题提出解决方案,及时处理和反馈施工方的要求或索赔等情况,并代表建设单位对施工进行阶段性竣工验收。监理单位在验收时对质量与设计方案符合程度的检查,是施工阶段质量控制的关键。阶段验收不合格的部分,需要施工人员进行返工,进行不同程度的重新施工或者修补,直到验收合格为止。整个项目的质量控制就是建立在建设单位、施工单位和监理单位三方的管理之中,但是施工单位基本不参与项目的初期设计,只是在项目设计基本完成时才进入项目。建设单位肩负统领项目质量控制的职责,通过监理单位的反馈,对施工进行间接质量控制,并提供对处理方案的意见。

3. 传统质量控制的缺陷

建筑业经过长期的发展已经积累了丰富的管理经验。在此过程中,通过大量的理论研究和专业积累,工程项目的质量管理也逐渐形成了一系列的管理方法。但是工程实践表明:大部分管理方法在理论上的作用很难在工程实践中得到发挥。受实际条件和操作工具的限制,这些方法的理论作用只能得到部分发挥,甚至得不到发挥,影响了工程项目质量管理的工作效率,造成工程项目的质量目标最终不能完全实现。工程施工过程中,施工人员专业技能不足、材料的使用不规范、不按设计或规范进行施工、不能准确预知完工后的质量效果、各个专业工种相互影响等问题都会对工程质量管理造成一定的影响。

(1) 施工人员专业技能不足

工程项目一线操作人员的素质直接影响工程质量,是工程质量高低、优劣的决定性因素。工人们的工作技能、职业操守和责任心都对工程项目的最终质量有重要影响。但是现在的建筑市场上,施工人员的专业技能普遍不高,绝大部分没有参加过技能岗位培训或未取得有关岗位证书和技术等级证书。很多工程质量问题都是因为施工人员的专业技能不足造成的。

(2) 材料的使用不规范

国家对建筑材料的质量有着严格的规定和划分,个别企业也有自己的材料使用质量标准。但是在实际施工过程中往往对建筑材料质量的管理不够重视,个别施工单位为了追求额外的效益,会有意无意地在工程项目的建设过程中使用一些不规范的工程材料,造成工程项目的最终质量存在问题。

(3) 不按设计或规范进行施工

为了保证工程建设项目的质量,国家制定了一系列有关工程项目各个专业的质量标准和规范。同时每个项目都有自己的设计资料,这些设计资料也规定了项目在实施过程中应该遵守的规范。但是在项目实施的过程中,这些标准和规范经常被突破,这一方面是因为人们对设计和规范的理解存在差异,另一方面是由于管理的漏洞,造成工程项目无法实现预定的质量目标。

(4) 不能准确预知完工后的质量效果

一个项目完工之后,如果感官上不美观,就不能称之为质量很好的项目。但是在施工之前,没有人能准确无误地预知完工之后的实际情况。往往在工程完工之后,或多或少都有不符合设计意图的地方,存有遗憾。较为严重的还会出现使用中的质量问题,比如设备的安装没有足够的维修空间,管线的布置杂乱无序,因未考虑到局部问题被迫牺牲外观效果等,这些问题都影响着项目完工后的质量效果。

(5)各个专业工种相互影响

工程项目的建设是一个系统、复杂的过程,需要不同专业、工种之间相互协调、相互配合才能很好地完成。但是在工程实践中往往由于专业的不同,或者所属单位的不同,各个工种之间很难在事前做好协调沟通。这就造成在实际施工中各专业工种配合不好,使得工程项目的进展不连续,或者需要经常返工,以及各个工种之间存在碰撞,甚至相互破坏、相互干扰,严重影响了工程项目的质量。如水、电等其他专业队伍与主体施工队伍的工作顺序安排不合理,造成水电专业施工时在承重墙、板、柱、梁上随意凿沟开洞,因此破坏了主体结构,影响了结构安全。

4. BIM 技术质量管理优势

在现场将 BIM 模型与施工作业结果进行比对验证,可以有效、及时地避免错误的发生。BIM 技术的出现丰富了项目质量检查和管理方式,将质量信息链接到 BIM 模型上,通过模型浏览,使质量问题能在各个层面上实现高效流转。相比传统的文档记录的方式,这种方式能够摆脱文字的抽象表达,促进质量问题协调工作的开展。同时,将 BIM 技术与现代化新技术相结合,可以进一步优化质量检查和控制手段。

(1)材料设备管控

就建筑产品物料质量而言,BIM 模型储存了大量的建筑构件、设备信息。通过软件平台,从物料采购部、管理层到施工人员个体可快速查找所需的材料及构配件信息,规格、材质、尺寸要求等一目了然,并可根据 BIM 设计模型,跟踪现场使用产品是否符合设计要求,通过先进测量技术及工具的帮助,可对现场施工作业产品进行追踪、记录、分析,掌握现场施工的不确定因素,避免不良后果的出现,监控施工质量。

(2)技术质量管理

施工技术的质量是保证整个建筑产品合格的基础,工艺流程的标准化是企业施工能力的表现,尤其当面对新工艺、新材料、新技术时,正确的施工顺序和工法、合理的施工用料将对施工质量起决定性的影响。BIM 的标准化模型为技术标准的建立提供了平台。通过 BIM 的软件平台动态模拟施工技术流程,由各方专业工程师合作建立标准化工艺流程,通过讨论及精确计算确立,保证专项施工技术在实施过程中细节上的可靠性。再由施工人员按照仿真施工流程施工,确保施工技术信息的传递不会出现偏差,避免实际做法和计划做法不一样的情况出现,减少不可预见情况的发生。同时,可以通过 BIM 模型与其他先进技术和工具相结合的方式,如激光测绘、射频识别、智能手机传输、数码摄像探头、增强现实等技术,对现场施工作业进行追踪、记录、分析,能够第一时间掌握现场的施工动作,及时发现潜在的不确定性因素,避免不良后果,监控施工质量。

(3)施工工序管理

工序质量控制就是对工序活动条件即工序活动投入的质量和工序活动效果的质量及分项工程质量的控制。在利用 BIM 技术进行工序质量控制时能够着重于以下四个方面的工作。

① 利用 BIM 技术能够更好地确定工序质量控制工作计划。一方面要求对不同的工序

活动制订专门的保证质量的技术措施,作出物料投入及活动顺序的专门规定;另一方面,要求规定质量控制工作流程、质量检验制度。

② 利用 BIM 技术主动控制工序活动条件的质量。工序活动条件主要指影响质量的五大要素,即人、材料、机械设备、方法和环境等。

③ 能够及时检验工序活动效果的质量。主要是实行班组自检、互检、上下道工序交接检,特别是对隐蔽工程和分项(部)工程的质量检验。

④ 利用 BIM 技术设置工序质量控制点(工序管理点),实行重点控制。工序质量控制点是针对影响质量的关键部位或薄弱环节确定的重点控制对象。正确设置控制点并严格实施是进行工序质量控制的重点。

(4)复杂节点展示

针对施工图纸中钢筋密集点、钢结构复杂节点、防水节点等,借助 BIM 技术进行三维建模,并对施工注意事项进行标注,达到辅助现场施工的目的,避免现场施工与施工图纸不符的问题。

(5)质量检查验收

应用 BIM 技术,将质量检查验收标准植入 BIM 模型,各方在对工程实体进行检查验收时,可以实时查阅质量标准,实现标准统一;在 BIM 模型上预设检查部位,BIM 管理平台自动提醒各方在进行过程检查和竣工验收检查时,对预设检查部位进行检查,避免检查部位和检查内容漏项。

5. 基于 BIM 的质量控制应用亮点

BIM 在施工质量控制的应用常表现在建模前期协同设计、技术交底、质量检测对比、碰撞检查及预留洞口、施工质量控制高效的沟通机制、收集整理现场质量数据和实时动态跟踪等几个方面。以下重点介绍前四个方面。

(1)建模前期协同设计

在建模前期,需要建筑专业和结构专业的设计人员大致确定吊顶高度及结构梁高度;对于净高要求严格的区域,提前告知机电专业的设计人员;各专业针对空间狭小、管线复杂的区域,协调出二维局部剖面图。建模前期协同设计的目的是在建模前期就解决部分潜在的管线碰撞问题,预知潜在质量问题。

(2)技术交底

根据质量通病及控制点,重视对关键、复杂节点,防水工程,预留、预埋、隐蔽工程及其他重、难点项目的技术交底。传统的施工交底是借助二维 CAD 图纸,然后进行空间想象。但人的空间想象能力有限,不同的人想法也不一样。BIM 技术针对技术交底的处理办法是:利用 BIM 模型可视化、虚拟施工过程及动画漫游进行技术交底,使一线工人更直观地了解复杂节点,有效提升质量相关人员的协调沟通效率,将隐患扼杀在摇篮里。图 4-108 是砌筑工程的三维技术交底图。

(3)质量检查对比

质量检查对比首先要现场拍摄图片、通过目测或实量获得质量信息,将质量信息关联到BIM 模型,把握现场实际工程质量;根据是否有质量偏差,落实责任人进行整改,再根据整改结果核对质量目标,并存档管理。图 4-109 是某写字楼机电工程四层的设计深化图与现场实际情况对比。

图 4-108　砌筑工程的三维技术交底图

图 4-109　某写字楼机电工程四层的设计深化图与现场实际情况对比

（4）碰撞检查

传统二维图纸设计中,在结构、水暖电等各专业设计图纸汇总后,由总工程师人工发现和协调问题。人为的失误在所难免,使施工中出现很多冲突,造成建设投资巨大浪费,并且还会影响施工进度。另外,由于各专业承包单位实际施工过程中对其他专业或者工种、工序的不了解,甚至是漠视,产生的冲突与碰撞比比皆是。但施工过程中,这些碰撞的解决方案,往往受限于现场已完成部分的局限,大多只能牺牲某部分利益、效能而被动地变更。调查表明,施工过程中相关各方有时需要付出几十万元、几百万元甚至上千万元的代价来弥补由设备管线碰撞引起的拆装、返工和浪费。

目前,BIM 技术在三维碰撞检查中的应用已经比较成熟,依靠其特有的直观性及精确性,于设计建模阶段就可一目了然地发现各种冲突与碰撞。在水、暖、电建模阶段,利用BIM 技术随时自动检查及解决管线设计初级碰撞,其效果相当于将校审部分工作提前进行,这样可大大提高成图质量。碰撞检查的实现主要依托于虚拟碰撞软件,其实质为 BIM可视化技术,施工设计人员在建造之前就可以对项目进行碰撞检查,不但能够彻底消除碰撞,优化工程设计,减少在建筑施工阶段可能存在的错误损失和返工的可能性,而且能够优化净空和管线排布方案。最后施工人员可以利用碰撞优化后的三维方案,进行施工交底、施工模拟,提高施工质量,同时也提高与业主沟通的主动权。

碰撞检查可以分为专业间碰撞检查及管线综合的碰撞检查。专业间碰撞检查主要包括土建专业之间（如检查标高、剪力墙、柱等位置是否一致,梁与门是否冲突）、土建专业与机电专业之间(如检查设备管道与梁柱是否冲突)、机电各专业间(如检查管线末端与室内吊顶是否冲突)的软、硬碰撞点检查;管线综合的碰撞检查主要包括管道专业、暖通专业、电气专业系统内部检查,以及管道、暖通、电气、结构专业之间的碰撞检查等。另外,解决管线空间布局问题,如机房过道狭小等问题也是常见碰撞内容之一。

在对项目进行碰撞检查时,要遵循如下检测优先级顺序:第一,进行土建碰撞检查;第二,进行设备内部各专业碰撞检查;第三,进行结构与给排水、暖、电专业碰撞检查等;第四,解决各管线之间交叉问题。其中,全专业碰撞检查的方法如下:将完成各专业的精确三维模型建立后,选定一个主文件,以该文件轴网、坐标为基准,将其他专业模型链接到该主模型中,最终得到一个包括土建、管线、工艺设备等全专业的综合模型。该综合模型真正为设计提供了模拟现场施工碰撞检查平台,在这平台上完成仿真模式现场碰撞检查,并根据检测报告及修改意见对设计方案合理评估并作出决策,然后再次进行碰撞检查。如此循环,直至解决所有的软、硬碰撞。

碰撞检查完毕后,在计算机上出具碰撞检查报告,方便快速读出碰撞点的具体位置与碰撞信息。

在读取并定位碰撞点后,为了更加快速地给出针对碰撞检查中出现的软、硬碰撞点的解决方案,可以将碰撞问题划分为以下几类:① 重大问题,需要业主协调各方共同解决;② 由设计方解决的问题;③ 由施工现场解决的问题;④ 因未定因素(如设备)而遗留的问题。

针对应由设计方解决的问题,可以通过多次召集各专业主要骨干参加三维可视化协调会议的办法,把复杂的问题简单化,同时将责任明确到个人,从而顺利地完成管线综合设计、优化设计,得到业主的认可。针对其他问题,则可以通过三维模型截图、漫游文件等协助业主解决。另外,管线优化设计应遵循以下原则:① 在非管线穿梁、碰柱、穿吊顶等必要情况下,尽量不要改动;② 只需调整管线安装方向即可避免的碰撞,属于软碰撞,可以不修改,以减少设计人员工作量;③ 需满足建筑业主要求,对没有碰撞但不满足净高要求的空间,也需要进行优化设计;④ 管线优化设计时,应预留安装、检修空间;⑤ 管线避让原则是有压管道避让无压管道,小管线避让大管线,施工简单管道避让施工复杂管道,冷水管道避让热水管道,附件少的管道避让附件多的管道,临时管道避让永久管道。

某工程碰撞检查及碰撞点如图 4-110 所示。

图 4-110 某工程碰撞检查及碰撞点

第八节　安全管理

1. 安全管理的定义

安全管理是管理科学的一个重要分支,它是为实现安全目标而进行的有关决策、计划、组织和控制等方面的活动;主要运用现代安全管理原理、方法和手段,分析和研究各种不安全因素,从技术、组织和管理上采取有力的措施,解决和消除各种不安全因素,防止事故发生。

2. 安全管理的重要性

安全管理是企业生产管理的重要组成部分,是一门综合性的系统科学。安全管理,主要是组织实施企业安全管理规划、指导、检查和决策,同时又是保证生产处于最佳安全状态的根本环节。安全管理的对象是生产中一切人、物、环境的状态管理与控制。施工现场安全管理的内容,大体可归纳为安全组织管理、场地与设施管理、行为控制和安全技术管理等四个方面,分别对生产中的人、物、环境的行为与状态进行具体的管理与控制。

3. 传统安全管理的难点与缺陷

建筑业是我国"五大高危行业"之一。《安全生产许可证条例》规定建筑企业必须实行安全生产许可制度。但是为何建筑业的"五大伤害"事故的发生率并没有明显下降?从管理和现状的角度,传统完全管理主要有以下几种原因。

(1)企业责任主体意识不明确。企业对法律法规缺乏应有的了解和认识,上到企业法人,下到专职安全生产管理人员,没有明确地了解对自身安全责任及工程施工中所应当承担的法律责任,误认为安全管理是政府的职责,造成安全管理不到位。

(2)政府监管压力过大,监管机构和人员严重不足。为避免安全生产事故的发生,政府监管部门按例进行建筑施工安全检查。由于我国安全生产事故追究实行"问责制",一旦发生事故,监管部门的管理人员需要承担相应责任,而由于有些地区监管机构和人员严重不足,造成政府监管压力过大,加之检查人员的业务水平不足等因素,很容易使事故隐患没有被及时发现。

(3)企业重生产,轻安全,"质量第一、安全第二"。一方面,造成事故发生的因素具有潜伏性和随机性,安全管理不合格是安全事故发生的必要条件而非充分条件,造成企业存在侥幸心理,疏于安全管理;另一方面,由于质量和进度直接关系到企业效益,而生产能给企业带来效益,安全则会给企业增加支出,所以很多企业重生产而轻安全。

(4)"垫资""压价"等不规范的市场主体行为直接导致施工企业削减安全投入。"垫资""压价"等不规范的市场行为一直压制企业发展,造成企业无序竞争。很多企业为生存而生产,有些项目零利润甚至负利润,在生存与发展面前,这些企业的安全投入就成了一句空话。

(5)建筑业企业资质申报要求提供安全评估资料,这就要求独立于政府和企业之外的第三方建筑业安全咨询评估中介机构应大量存在,安全咨询评估中介机构所提供的评估报告可以作为政府对企业安全生产现状采信的证明。而安全咨询评估中介机构的缺失,造成无法给政府提供独立可供参考的第三方安全评估报告。

(6)工程监理管安全,"一专多能"起不到实际作用。建筑安全是一门多学科系统,在我国属于新兴学科,同时也是专业性很强的学科。而监理人员多从施工员、质检员过渡而来,对施工质量很专业,但对安全管理并不专业。相关的行政法规却把施工现场安全责任划归监理,并不十分合理。

4. BIM 技术安全管理优势

传统的安全管理、危险源的判断和防护设施的布置都需要依靠管理人员的经验来进行,而 BIM 技术在安全管理方面可以发挥其独特的作用,从场容场貌、安全防护、安全措施、外脚手架、机械设备等方面建立文明管理方案,指导安全文明施工。在项目中利用 BIM 技术建立三维模型,使各分包管理人员提前对施工面的危险源进行判断,在危险源附近快速地进行防护设施模型的布置,比较直观地提前检查安全死角。项目管理人员对防护设施模型的布置进行模型和仿真模拟交底,确保现场按照布置模型执行。利用 BIM 技术及相应灾害分析模拟软件,提前对灾害发生过程进行模拟,分析灾害发生的原因,制订相应措施,避免灾害的再次发生,并编制人员疏散、救援的灾害应急预案。基于 BIM 技术将智能芯片植入项目现场劳务人员安全帽中,对其进出场控制、工作面布置等方面进行动态查询和调整,有利于安全文明管理。总之,安全文明施工是项目管理中的重中之重,结合 BIM 技术可发挥其更大的作用。

(1)施工准备阶段安全控制

在施工准备阶段,利用 BIM 技术进行与实践相关的安全分析,直观展示施工过程,分析安全文明控制要点,使现场管理人员有针对性地进行安全文明管理,提升现场安全文明管理水平和效率,规避施工风险,如:4D 模拟与管理和安全表现参数的计算可以在施工准备阶段排除很多建筑安全风险;BIM 虚拟环境划分施工空间,排除安全隐患;基于 BIM 技术及相关信息技术的安全规划可以在施工前的虚拟环境中发现潜在的安全隐患并予以排除;采用 BIM 模型结合有限元分析平台,进行力学计算,保障施工安全;通过模型发现施工过程重大危险源并实现水平洞口危险源自动识别等。

(2)BIM 辅助施工方案验证

对于结构体系复杂、施工难度大的结构,结构施工方案的合理性与施工技术的安全可靠性都需要验证,利用 BIM 技术建立试验模型,对施工方案进行动态展示,从而为试验提供模型基础信息。在项目中利用 BIM 技术建立三维模型使各分包管理人员提前对施工面的危险源进行判断,在危险源附近快速地进行防护设施模拟布置,比较直观地提前排查安全死角。项目管理人员负责对防护设施模型的布置进行模型和仿真模拟交底,能确保现场按照布置模型执行。

(3)施工过程仿真模拟

仿真分析技术能够模拟建筑结构在施工过程中不同时段的力学性能和变形状态,为结构安全施工提供保障。通常采用大型有限元软件来实现结构的仿真分析,但对于复杂建筑物的模型建立需要耗费较多时间。在 BIM 模型的基础上,开发相应的有限元软件接口,实现三维模型的传递,再附加材料属性、边界条件和荷载条件,结合先进的时变结构分析方法,便可以将 BIM、4D 技术和时变结构分析方法结合起来,实现基于 BIM 技术的施工过程结构安全分析,有效捕捉施工过程中可能存在的危险状态,指导安全维护措施的编制和执行,防止发生安全事故。

(4)施工动态监测

长期以来,建筑工程事故时常发生,如何进行施工中的结构监测已成为国内外的前沿课题之一。施工中的结构监测是对施工过程进行实时监测,特别是重要部位和关键工序,及时了解施工过程中结构的受力和运行状态。施工监测技术的先进与否,对施工控制起着至关重要的作用,这也是施工过程信息化的一个重要内容。为及时了解结构的工作状态,发现结构未知的损伤,建立工程结构的三维可视化动态监测系统,就显得十分迫切。

三维可视化动态监测技术较传统的监测手段具有可视化的特点,可以人为操作在三维虚拟环境下漫游,直观、形象地提前发现现场的各类潜在危险源,提供更便捷的方式查看监测位置的应力应变状态。在某一监测点应力或应变超过拟定的范围时,系统将自动采取报警给予提醒。

使用自动化监测仪器进行基坑沉降观测,通过将感应元件监测的基坑位移数据自动汇总到基于 BIM 技术开发的安全监测软件上,借助对数据的分析,结合现场实际测量的基坑坡顶水平位移和竖向位移变化数据进行对比,形成动态的监测管理,确保基坑在土方回填之前的安全稳定性。

通过信息采集系统得到结构施工期间不同部位的监测值,根据施工工序判断每时段的安全等级,并在终端上实时地显示现场的安全状态和存在的潜在威胁,给管理者以直观的指导。

基于 BIM 云平台技术将智能芯片植入项目现场劳务人员安全帽中,对其进出场、工作面布置等方面进行动态查询和调整,有利于安全文明管理。

（5）防坠落管理

坠落危险源包括尚未建造的楼梯井和天窗等。通过在 BIM 模型中的危险源存在部位建立坠落防护栏杆构件模型,研究人员能够清楚地识别多个坠落风险,且可向承包商提供完整且详细的信息,包括安装或拆卸栏杆的地点和日期等。

（6）塔吊安全管理

大型工程施工现场需布置多个塔吊同时作业,因塔吊旋转半径不足而造成的施工碰撞也屡屡发生。确定塔吊回转半径后,在整体 BIM 施工模型中布置不同型号的塔吊,能够确保其同电源线和附近建筑物的安全距离,确定哪些员工在哪些时候会使用塔吊。在整体BIM 施工模型中,用不同颜色的色块来表明塔吊的回转半径和影响区域,并进行碰撞检查来生成塔吊回转半径计划内的任何非钢安装活动的安全分析报告。该报告可以用于项目定期安全会议中,减少由于施工人员和塔吊缺少交互而产生的意外风险。

（7）灾害应急管理

随着建筑设计的日新月异,规范已经无法满足超高型、超大型或异型建筑空间的消防设计。利用 BIM 技术及相应灾害分析模拟软件,可以在灾害发生前,模拟灾害发生的过程,分析灾害发生的原因,制订避免灾害发生的措施,以及发生灾害后人员疏散、救援支持的应急预案,为发生意外时减少损失并赢得宝贵时间。BIM 模型能够模拟人员疏散时间、疏散距离、有毒气体扩散时间、建筑材料耐燃烧极限及消防作业面等,主要表现为:4D 模拟、3D 漫游和 3D 渲染能够标识各种危险,且 BIM 中生成的 3D 动画、渲染能够用来同工人沟通应急预案计划方案。应急预案包括五个子计划,即施工人员的入口/出口、建筑设备和运送路线、临时设施和拖车位置、紧急车辆路线、恶劣天气的预防措施;利用 BIM 数字化模型进行物业沙盘模拟训练,训练保安人员对建筑的熟悉程度,模拟灾害发生时,通过 BIM 数字模型指导大楼人员进行快速疏散;通过对事故现场人员感官的模拟,使疏散方案更合理;通过 BIM 模型判断监控摄像头布置是否合理,与 BIM 虚拟摄像头关联,可随意打开任意视角的摄像头,摆脱传统监控系统的弊端。

另外,当灾害发生后,BIM 模型可以向救援人员提供紧急状况点的完整信息,配合温感探头和监控系统发现温度异常区,获取建筑物及设备的状态信息,通过 BIM 技术和楼宇自动化系统的结合,使得 BIM 模型能清晰地呈现出建筑物内部紧急状况的位置,甚至到紧急状况点的最合适路线,救援人员可以由此作出正确的现场处置,提高应急行动的成效。

第九节 成本管理

一、概述

1. 传统造价管理局限性

在我国建设工程造价管理工作中,工程量计算方法从起初的根据初步设计概算,凭借施工人员经验估价发展到软件绘图算量,同时,计价方式也从采用定额模式发展到清单模式估价,造价管理体系日趋完善,与国际市场日益接轨。我国经济的高速发展带动着基本建设突飞猛进,包括原材料在内的建设资源价格不断上涨,建筑工程的总造价和单位造价也在不断提高。如何合理确定和控制工程造价,使工程造价的增长控制在合理的范围内,是工程建设者需要考虑的一个重要问题。

虽然我国建设工程造价管理已经经过了几十年的发展,造价管理方式也在实践中不断完善,但是整个工程造价行业发展水平仍然与当前经济、社会发展水平存在差距,其中一个重要原因就是造价管理信息化、精细化的程度不够,出现各省或地区各自为政的局面,严重制约了建筑企业跨省作业,甚至走向国际市场。这种情况限制了我国工程造价管理工作效率的提高,一定程度上影响了我国建筑工程行业的健康发展。

(1)造价管理过程孤立,无法支撑全过程造价。首先,工程造价管理过程普遍存在着各阶段独立和被动管理的现象,各阶段的造价信息仅为了满足本阶段业务需求而简单使用,其对造价的过程管理特别是成本管控的巨大潜力没有得到发挥。例如,施工图预算对工程预算仅仅起到指导和总控的作用,工程预算基本上是重做,没有复用,导致大量人力、物力的消耗和浪费,成本超支。

其次,造价管理与项目管理之间数据不统一。造价数据在工程项目成本管理中起着重要的作用,是项目成本测算的基础。目前,由于造价数据共享存在困难,造价工程师与工程其他岗位人员协同工作也存在障碍,影响部门之间业务数据交换的及时性和有效性,这也正是我国建筑企业基于三算对比的成本管理制度效果不太理想的原因之一。

最后,没有形成前后关联、资源共享的全过程造价管理。目前国内还缺少一套能够实现项目造价全过程数据共享与管理的完整的计价体系。例如,建设项目工程前期项目策划的估算和设计概算费用关系还存在脱节。因此有必要加强造价全过程数据管理的相关业务标准及信息化体系建立,实现从最初的可行性研究报告向工程竣工各阶段精细化的工程造价管理的转变,使得成本控制与风险控制具有连续性。

(2)缺乏企业定额,缺少计价依据支撑。目前大部分的企业没有建立企业定额,这与宏观环境、企业能力、成本都有关系,特别是国家地区定额的发布和普遍使用,使企业没有动力去做。在没有自己的企业定额基础上,企业依旧使用国家或地方颁布的定额,背离了工程量清单计价模式的本质要求。而现行的国家定额,其收费标准的调整跟不上市场的节奏,导致与市场的实际情况产生一定脱节,迫使主管部门不断进行定额调整,结果是系数套系数,计算方法复杂,计算不精确,给专业计价人员增加了困难。

(3) 清单和定额计价模式并存。首先,我国的造价管理模式是定额计价模式和工程量清单计价模式共存的局面,各地在普遍采用工程量清单模式的基础上,对定额计价模式莫衷一是。很多地方在投标报价中强制采用当地定额,建设单位、施工单位都采用统一定额,即由各地区主管部门统一采用单价法编制反映地区平均成本价的工程预算定额,实行价格管理。同时每月在当地的建设网站或者媒体公布当地的价格信息,形成指导价与指定价结合,定期不定期公布造价指导性系数,再进行工程造价调整。

其次,定额计价模式不利于施工企业之间正常的价格竞争、技术竞争和管理竞争。以定额计价模式为依据形成的工程造价属于社会平均价格,按照招标、投标竞争定价的原则,这种平均价格可作为市场竞争的参考价格,但不能反映参与竞争企业的实际消耗和技术管理水平,在一定程度上限制了企业的公平竞争。

最后,地方法规细则受定额计价影响较深。很多地方在投标报价中也采用当地定额。还有就是在清单宣传、贯彻或制订地方性的工程量清单实施细则中,都把工程量清单和传统定额牢牢捆绑在一起,甚至列出工程量清单和定额子目的对应包含、组合关系,这既违背了清单计价的初衷,也违反了市场规律,使企业无法展开良性竞争,制约了我国工程造价管理水平的提高和造价行业的发展。

(4) 计价依据时效性差。我国在建设工程招标投标中所采用的工程造价计算模式仍然是以定额计价为主的传统模式,而定额的更新比较滞后,这导致很多数据并不适应当前的市场形势。一方面,新材料、新工艺的快速发展,引起施工技术变化,这要求定额能够及时更新。但是,目前定额版本的更新发布一般是 2～5 年一次,明显滞后,造价过程中缺乏有效、准确的依据。另一方面,与消耗量定额配套的价格体系没有建立,即使建立,也没有按照材料周期得到及时更新。价格信息的准确性、及时性和全面性都存在严重问题。仅凭二次动态调价无疑又增加了一次甚至多次计价工作,无论从时间还是成本方面,均不利于提高工作效率和降低项目的成本投入。

(5) 项目造价数据难以实现共享。造价数据在工程项目中起着重要的作用,它是项目资源计划、变更签证、进度支付、工程计算的依据。造价数据的共享对提高工程项目运行效率尤为重要。

造价数据的共享和协同使用是项目各岗位业务上的需要。首先,在项目建设过程中,造价数据会被各个业务人员使用,材料人员需要按照预算提取需用计划;成本管理人员需要按照预算进行成本核算和控制;经营人员需要按照预算进行工程结算等。这就涉及多个岗位对造价数据的共享需求。其次,由于造价数据共享存在困难,造价工程师与工程其他岗位人员协同工作会存在障碍。例如,在对项目进行多算对比时,不仅需要项目的预算数据材料消耗、材料消耗、分包结算等,而且还需要这些数据相关部门或岗位的协助。而项目组织管理中部门的平级设置,一定程度上造成各业务部门之间沟通困难,体现在业务合作上效率不高、各自为政。这种效率较低的沟通方式影响了部门之间业务数据交换的及时性和有效性,这也是我国建筑企业基于三算对比的造价管理制度形同虚设的原因之一。

（6）工程造价信息化管理手段落后。目前，工程造价信息化一般都集中在工程量计算和计价上。工程造价信息化管理手段落后表现为缺乏造价数据管理的信息化手段，难以实现对历史造价信息和关键要素的积累、利用和更新的高效管理，例如历史造价工程的复用、造价指标的抽取和利用等，也较难通过信息化手段和技术，为决策者提供可靠的判断。

2. 工程造价软件现状

工程造价软件已经在我国建筑企业中普遍使用，并且应用深度也不断增加。软件供应商也非常多，主要包括广联达、鲁班、神机等。工程造价基础性软件主要包括两大类：计价软件和工程量计算软件。这些软件主要完成造价编制和工程量计算等基础性工作。一般的应用模式是利用相关图形（建筑、钢筋和安装等）工程量计算软件进行工程量的计算，并导入工程计价软件，再根据计价模式的不同（定额计价和清单计价），进行工程价格计算。围绕基础的造价软件，还有一些辅助性的造价软件，例如工程造价审核、工程对量、工程结算管理等。造价系列软件的发展大大提高了工程造价管理的工作效率。人们在享受计价软件提供的便利的同时，随着科技的发展和业务要求的不断提高，对工程计价工具的期望值也不断提升。目前我国的计价软件也暴露一些共性问题。

（1）难以实现造价全过程管理

现有的工程造价管理是一种事前预算和事后核算的造价管理方式。在招标阶段进行投标预算，在工程竣工之后通过竣工结算反映最终造价，把造价管理的重点放在造价发生之后的工程成本的审核上，而不是在造价发生的全过程中，无法对整个工程进行实时的监控，缺乏对整个造价全过程的控制作用和意义。

为满足造价全过程管理，应该集成造价软件，建立一套科学的工程造价信息化管理服务平台。建筑工程生产活动本身是一项多业务、多环节、多因素、多角色、内外部联系密切的复杂活动。传统的工程造价管理是以纸为载体，这种方式层次多、效率低、费用高，极易因信息缺失和交流沟通失误造成管理失效。因此，应该建立一套科学的工程造价信息化管理服务平台，最大限度地缩小计划与实际发生之间的差距，充分利用可控资源（人、材、机），整合完善项目管理的数据链和数据流，在工程项目全生命周期中通过动态跟踪对造价全过程进行实时动态监控和管理，真正意义上做到工程造价全过程管理与控制的信息化集成应用。

（2）难以实现造价基础数据的共享与协同

工程造价管理要想实现过程动态管控，最重要的就是保证与之相关的工程造价基础数据的自动化、智能化与信息化，其核心就是能够及时、准确地调用基础数据。目前，造价管理中难以实现数据的共享与协同，这主要表现在以下两点。

第一，造价工程师无法与其他岗位进行协同办公。例如，当进行项目的多算对比和成本分析时，需要项目多岗位和多业务的运行数据，由于没有日常的数据共享平台，临时匆忙地收集数据往往造成协调困难、效率低下，而且拿到的数据也很难保证及时性和准确性。这些量化的工程数据不仅是工程项目各项决策的信息基础，也可以精确控制施工实际成本，实现过程的监督，并作为核查比对的依据。总之，工程基础数据是支撑工程造价过程管控的关键，只有实现真正意义上的建设工程管理集成化和信息化，才能实现数据的共享，进而实现全过程的造价控制。

第二，工程建设过程中涉及众多的工程软件的应用，软件之间目前没有形成标准化的接口，造价软件与其他软件之间无法实现数据交换和共享。从工程造价管理的角度来说，如果建筑辅助设计软件、结构设计软件及工程管理软件能够与之建立无缝接口的话,就能实现各业务数据之间的低成本转移,这样就能解决工程造价工作中最烦琐的数据信息、图形信息的输入和共享问题,使得工程造价管理软件的最大难点迎刃而解,其价值也可以得到最大限度的发挥。

（3）缺乏统一的造价数据的积累

目前,工程建设过程中所形成的造价数据无法形成统一、标准的历史数据库。从国外成功经验来看,对建设成本和未来成本的分析计算,基本上是在已完工程的造价信息数据库基础上进行的,这样的分析具有动态性、科学性和准确性。在我国,由于工程建设模式不同,已完工程的历史数据由设计单位、施工单位和建设单位分别创建和保管,即使是施工单位自身,也很少能够建立统一的施工阶段的造价信息库,同一类的造价数据在不同业务部门之间可能口径都不一致,造价数据缺乏统一性、完整性和一致性。更重要的是没有利用数据库技术进行统一的管理,无法利用先进的数据挖掘等技术手段对历史造价数据进行整理、抽取和分析,进行数据复用和辅助决策。例如对造价指标的抽取,包括估算指标库、概算指标库、预算定额等,这些指标数据对于新项目的估价、成本分析等具有重要意义。

（4）造价数据分析功能弱

目前无论主流造价软件还是表格法的套价软件,只能分析一条清单总量的数据,数据粒度远不能达到项目管理精细化需求,只能满足投标预算和结算,无法实现按楼层、按施工区域或按构件分析的粒度,更不能实现基于时间维度的分析。同时,企业级管理能力不强,大型工程由众多单体工程组成,大型企业的成本控制更动态涉及数百项工程,快速准确的统计分析需要强大的企业级造价分析系统,并需要各管理部门协同应用,但目前的造价分析技术还局限在单机软件分析单体工程上。

3. BIM 在工程造价管理中的应用价值

"工程造价"是工程建设项目管理的核心指标之一,工程造价管理依托于工程量统计和工程计价。BIM 技术的成熟推动了工程软件的发展,尤其是工程造价相关软件的发展。传统的工程造价软件是静态的、二维的,处理的只是预算和结算部分的工作,对于工程造价过程管控几乎不起任何作用。BIM 技术的引入使工程造价软件发生了根本性的改变:第一是从 2D 工程量计量进入 3D 模型工程量计算阶段,完成了工程量统计的 BIM 化;第二是逐渐由 BIM4D（3D＋时间/进度）建造模型进一步发展到了 BIM5D（3D＋成本＋进度）全过程造价管理,实现工程建设全过程造价管理 BIM 化。

使用 BIM 技术对工程造价进行管理,首先需要集成三维模型、施工进度、成本造价三个部分于一体,形成 BIM5D 模型,这样才能够真正实现成本费用的实时模拟和核算,也能够为后续施工阶段的组织、协调、监督等工作提供有效的信息。项目管理人员通过 BIM5D 模型在开始正式施工之前就可以确定不同时间节点的施工进度与施工成本,可以直观地按月、按周、按日察看项目的具体实施情况,即形象进度,并得到各时间节点的造价数据,很好地避免设计与造价控制脱节、设计与施工脱节、变更频繁等问题,使造价管理与控制更加有效。BIM 在工程造价管理中的应用价值主要包括以下几点。

（1）提高工程量计算准确性

对施工项目而言,工程量的精确计算是工程预算、变更签证控制和工程结算的基础,造价工程师因缺乏充分的时间未精确计算工程量而导致预算超支和结算不清的事情屡见不鲜。造价工程师在进行成本和费用计算时可以手工计算工程量,或者将图纸导入工程量计算软件中计算,但不管哪一种方式都需要耗费大量的时间和精力。有关研究表明,工程量计算在整个造价计算过程中会占到 50%～80% 的时间。工程量计算软件虽在一定程度上减轻了造价工程师的工作强度,但造价工程师在计算过程中同样需要将图纸重新输入工程量计算软件,这种工作常常造成人为误差。

BIM 包含丰富数据,具有智能化和参数化特点,其中的构件信息是可运算的信息。借助这些信息,计算机可以自动识别模型中的不同构件,根据模型内嵌的几何、物理和空间信息,结合实体扣减计算技术,对各种构件的数量进行统计。以墙体的计算为例,计算机可以自动识别软件中墙体的属性,根据模型中有关该墙体的类型和组分信息统计出该段墙体的数量,并对相同的构件进行自动归类。因此,当需要制作墙体明细表或计算墙体数量时,计算机会自动对它们进行统计,构件所需材料的名称、数量和尺寸都可以在模型中直接生成,而且这些信息将始终与设计保持一致。BIM 的自动化工程量计算为造价工程师带来的价值主要包括以下两个方面。

① 基于 BIM 技术的自动化工程量计算方法提高了算量工作的效率,将造价工程师从烦琐的劳动中解放出来,为造价工程师节省出更多的时间和精力用于更有价值的工作,如造价分析等。同时,可以及时将设计方案的成本反馈给设计师,便于在设计的前期阶段对成本进行控制。

② 基于 BIM 技术的自动化工程量计算方法比传统的计算方法更加准确。工程量计算是编制工程预算的基础,但计算过程非常烦琐,容易因人为原因造成计算错误,影响后续计算的准确性。自动化等量功能可以使工程量计算工作摆脱人为因素影响,得到更加客观准确的数据。

(2)更好地控制设计变更

传统的工程造价管理中,一旦发生设计变更,造价工程师需要手动检查设计图纸,在设计图纸中确定关于设计变更的内容和位置,并进行设计变更所引起的工程量的增减计算。这样的过程不仅缓慢、耗时长而且可靠性不强。同时,维护变更图纸、变更内容等数据的工作量也很大,如果没有专门的软件系统辅助,查询非常麻烦。

利用 BIM 技术,造价信息与三维模型数据就进行了一致关联,当发生设计变更时,只要修改模型,BIM 系统将自动检测哪些内容发生变更,并直观地显示变更结果,统计变更工程量,并将结果反馈给施工人员,使他们能清楚地了解设计图纸的变化对造价的影响。例如,设计变更中要求窗户尺寸缩小,该变更将自动反映到所有相关的材料明细表中,造价工程师使用的所有材料需用数量和尺寸也会随之变化。同时,设计变更所产生的数据将自动记录在模型中,与相关联的模型绑定在一起,这样随时可以查询变更的完整信息。使用模型代替图纸进行造价计算和变更管理的优势显而易见。

(3)提高项目策划的准确性和可行性

所谓施工项目策划,是指根据建设业主总的目标要求,从不同的角度出发,系统分析建设项目,预先地考虑和设想施工建设活动的全过程,以便在施工活动的时间、空间、结构三维关系中选择最佳的结合点重组资源和展开项目运作,为保证项目在完成后获得满意可靠的经济效益、环境效益和社会效益提供科学的依据。单个施工项目规模和体量呈现逐步扩大趋势,带来项目的施工周期变长和资金需求量变大。如果项目管理者要保证工程按期完成,必须有足够的资源及相应的合理化配置作为保证,所以,制订准确可行的施工策划方案对于合理安排资金、材料、设备、劳动力等具有重要的意义。

项目管理者利用 BIM5D 模型,有利于合理安排工程进度计划、资金计划和配套资源计划。具体来讲,就是使用 BIM 软件快速建立工程实体的三维模型,通过自动化工程量计算功能计算实体工程量,进而结合 BIM 数据库中的人工、材料、机械等价格信息,分析任意部位、任何时间段的造价。同时,利用 BIM 数据库,赋予模型内各构件进度时间信息,形成 BIM5D 模型,就可以对数据模型按照任意时间段、任一分部分项工程细分其工程量和造价,辅助工程人员快速地制订项目的资金计划、材料计划、劳动力计划等资源计划,并在施工过程中,按照实际进度合理调配资源,及时准确掌控工程成本,高效地进行成本分析及进度分析。同时,利用 BIM 模型的模拟和自动优化功能,可实现多项目方案的实时模拟,并进行对比、分析、选择和进一步优化,例如通过对多方案的反复比选,优化施工计划,合理利用资金,提高资金的周转率和使用效率。因此,从项目整体上看,BIM 技术可提高项目策划的准确性和可行性,进而提升项目的管理水平。

（4）造价数据的积累与共享

在现阶段,造价机构与施工单位完成项目的预算和结算后,相关数据基本以纸质载体或 Excel、Word、PDF 等载体保存,要么存放在档案柜中,要么存放在硬盘里,它们孤立而分散地存在,查询和使用起来非常不便。

有了 BIM 技术,带有设计和施工全部数据的三维模型资料库就可以形成了,从而便捷地存储数据,并通过统一的模型入口准确地调用和分析数据,实现不同业务和不同角色之间的信息共享。BIM 数据库的建立是基于对历史项目数据及市场信息的积累,有助于施工企业高效利用项目信息模型,快速生成业主方需要的各种进度报表、结算单、资金计划,避免施工单位每月都花大量时间核实这些数据。

同时,施工单位可以从公司层面统一建立 BIM 数据库,通过造价指标抽取,为同类工程提供对比指标;也可以方便地为新项目的投标提供可借鉴的历史报价参考,避免单位的造价专业人员流动带来的重复劳动和人工费用增加。在项目建设过程中,施工单位也可以利用 BIM 技术按某时间、某工序、特定区域进行工程造价管理,做到项目精细化管理。正是 BIM 这种统一的项目信息存储平台,实现了信息的积累、共享及管理的高效、便捷。

（5）提高项目造价数据的时效性

在工程施工过程中,从项目策划到工程实施,从工程预算到结算支付,从施工图纸到设计变更,不同的工作、阶段或业务,都需要能够及时准确地获取项目的造价信息,而施工项目的复杂性使得传统的项目管理方式在特定阶段获取特定造价信息的效率非常低下。

BIM 技术的核心是一个由计算机三维模型所形成的数据库。这些数据库信息在建筑全寿命过程中会随着施工进展和市场变化进行动态调整。相关业务人员调整 BIM 模型数据后,所有参与者均可实时地共享更新后的数据。数据信息包括任意构件的工程量和造价、任意生产要素的市场价格信息、某部分工作的设计变更、变更引起的其他数据变化等。BIM 这种富有时效性的共享数据平台的工作方式,改善了沟通方式,使项目工程管理人员及项目造价人员及时、准确地筛选和调用工程基础业务数据成为可能。也正是这种时效性,大大提高了造价基础数据的准确性,从而提高了工程造价的管理水平,避免了传统造价模式与市场脱节、二次调价等问题。

（6）支持不同阶段的成本控制

BIM模型丰富的参数信息和多维度的业务信息能够辅助不同阶段和不同业务的成本控制。在施工项目投标过程中，投标造价的合理性至关重要。在充分理解施工图纸基础上，将设计图纸中的项目构成要素与BIM数据库积累的造价信息相关联，可以按照时间维度，按任一分部、分项工程输出相关的造价信息，自动统计指标信息，这些对于投标造价成本的合理性分析和审核具有重要意义。

在设计交底和图纸会审阶段，传统的图纸会审是基于二维平面图纸进行的，且各专业图纸分开设计，仅凭借人为检查很难发现问题。BIM技术的引入，可以把各专业设计模型整合到一个统一的BIM平台上，设计方、承包方、监理方可以从不同的角度审核图纸，利用BIM技术的可视化模拟功能，进行各专业碰撞检查，及时发现不合实际之处，降低设计错误数量，极大地减少理解错误导致的返工费用，避免工程实施中可能发生的各类变更，做到成本的事前控制。

在施工过程中，材料费用通常占预算费用的70%，占直接费用的80%，比重非常大。因此，如何有效地控制材料消耗是施工成本控制的关键。通过限额领料可以控制材料浪费，但是在实际执行过程中往往效果并不理想。原因就在于配发材料时，由于时间有限及参考数据查询困难，审核人员无法判断报送的领料单上的每项工作消耗的数量是否合理，只能凭主观经验和少量数据大概估计。通过BIM技术，审核人员可以利用BIM的多维模拟施工计算，快速准确地拆分汇总并输出任一细部工作的消耗量标准，真正实现限额领料的初衷，真正做到成本的过程控制。

（7）支撑不同维度多算对比分析

工程造价管理中的多算对比对于及时发现问题、分析问题、纠正问题并降低工程费用至关重要。多算对比通常从时间、工序、空间三个维度进行分析对比，只分析一个维度可能发现不了问题。比如某项目上月完成600万元产值，实际成本450万元，总体效益良好，但很有可能某个子项工序预算为90万元，实际成本却发生了100万元。这就要求我们不仅能分析一个时间段的费用，还要能够将项目实际发生的成本拆分到每个工序中。又因为项目经常按施工段进行区域施工或分包，这又要求我们能按空间区域或流水段统计、分析相关成本要素。当从这三个维度进行统计及分析成本情况时，需要拆分、汇总大量实物消耗量和造价数据，仅靠造价人员人工计算是难以完成的。

要实现快速、精准的多维度多算对比，需利用BIM5D技术和相关软件。对BIM模型各构件进行统一编码，在统一的三维模型数据库的支持下，从最开始就进行模型、造价、流水段、工序和时间等不同纬度信息的关联和绑定，在施工过程中，能够以最少的时间实时实现任意维度的统计、分析和决策，保证多维度成本分析的高效性和精准性，以及成本控制的有效性和针对性。

4. BIM在工程造价管理的流程框架

对施工企业来讲，工程造价管理业务涵盖了整个施工项目全生命周期，因此，BIM在造价管理中的应用也将涉及不同的项目阶段、不同项目参与方和不同的BIM应用点三个维度的多个方面，复杂程度可想而知。如果想保证BIM在工程造价管理中的顺利应用和实施，仅仅完成孤立的单个BIM任务是无法实现BIM效益最大化的，这就需要BIM各应用单位之间按照一定的流程进行集成应用，集成程度是影响整个建设项目BIM技术应用效益的重要因素。

BIM 集成应用需要遵循一定的流程。流程包括三部分的内容：第一是流程活动和任务。第二是任务的输入和输出。完整的 BIM 项目都是由一系列任务按照一定流程组成的，每一个任务的输入都有两个来源：其一是该任务前置任务的输出，其二是该任务责任方的人工输入，人工输入就是完成这个任务所增加的信息。第三就是交换信息，也就是每个任务具体输入和输出的信息内容是什么，每一个任务都会在上一个任务节点输出的信息中，根据当前 BIM 应用要求，获取所需要的部分信息，并加入新的造价信息，最终形成完整的造价信息模型。因此统一的 BIM 模型平台是 BIM 集成应用和实施的基础。

（1）设计阶段

在设计阶段，施工企业还没有参与进来，但是设计阶段是 BIM 应用的基础，本阶段会产生施工所需要的 BIM 基本三维信息模型。基本信息模型是实施 BIM 的基础，它包括所有不同 BIM 应用子模型共同的基础信息，这些信息可用于项目整个生命周期，也是基于 BIM 的工程造价管理的核心基本信息模型。本阶段模型包含以构件实体为基本单元的建筑对象的几何尺寸、空间位置及与各构件实体之间的关系信息，以及工程项目类型、名称、用途、建设单位等项目的基本工程信息。根据设计专业不同，输出的模型信息可以分为建筑模型、结构模型和机电模型等。

（2）投标及工程预算阶段

在投标阶段，由于业主单位招标时间紧，准确地进行工程量计算和工程计价成为困扰施工单位两大难题。特别是工程量计算，一般工程很难做到为保证清单工程量的精确而进行反复核实，只能对重点单位工程或重要分部工程进行审核，避免误差。在本阶段使用 BIM 技术，在设计模型的基础上，搭建三维算量模型，可以快速准确地计算工程量，并通过计价软件进行合理组价，自动将量和价的信息与模型绑定，为后面造价管理工作提供基础。同时，在中标后，针对投标建立的算量模型，结合市场价、企业定额等，可进一步编制工程预算，为项目目标成本和成本控制提供依据。

本阶段将输出算量模型和预算模型。它们是在设计提供的基本信息模型上增加工程预算信息形成的具有造价信息和工程量信息的子信息模型。工程预算存在定额计价和清单计价两种模式，对于使用较多的清单计价而言，预算信息模型包括建筑构件的清单项目，以及相应的人、材、机资源信息和相应费率等。通过此模型，系统能识别并自动提取建筑构件的清单类型和工程量（如体积、质量、面积或长度等）等信息，自动计算建筑构件的资源用量及造价信息，为施工过程的计量支付、变更等提供基础信息的依据。

（3）项目策划阶段

在项目施工准备阶段，项目策划是非常重要的。施工项目实施策划是指为满足建设业主总的目标要求，对施工过程进行总体策划，主要包括施工组织设计、重要的施工方案、进度计划、资源配套计划等内容。施工进度计划是单位工程施工组织设计的重要组成部分，它的任务是按照组织施工的基本原则，根据选定的施工方案，在时间和施工顺序上作出安排，同时按照进度计划的要求，确定施工所必需的各类资源（人力、材料、机械设备、水、电等）数量，编制各类配套计划，并根据计划资源配比进行优化，达到最合理的人力、财力配置，保证在规定的工期内提供合格的建筑产品。

传统的进度计划优化，需要对计划进行资源绑定，工作量巨大，修改调整麻烦。采用

BIM 技术,在 3D 模型的基础上,可使用施工流水段切割模型构件,达到施工协同管理的目的,同时将进度计划与流水段、模型绑定,将模型的形成过程以动态的 3D 方式表现出来,形成 4D 模型。4D 信息模型可以结合进度计划和相关资源进行进度优化和控制,并可以支持工程项目施工过程可视化动态模拟和施工管理。

基于 5D 信息模型可根据建筑构件的类型自动关联预算信息,自动计算任意节点 WBS 或施工段相关实体构件工程量,以及相应施工进度的人力、材料、机械等资源消耗量和预算成本。同时,将资源与时间结合,可以进行资源平衡分析,将核心和稀缺资源尽可能地分配给关键路径上的任务,充分利用非关键路径上的浮动时间来灵活调整各种资源的使用。在以后的实际施工过程中,利用 BIM5D 进行工程量完成情况、资源计划和实际消耗等多方面的统计分析,能够在施工过程中进行施工资源动态管理和成本实时监控。

(4)施工阶段

施工阶段的造价管理和控制主要包括进度计量、工程款支付、变更管理和成本管理。施工单位可以利用在前期形成的 BIM5D 模型基础上,及时准确编制各类资源配套计划。例如,在对物资的管理过程中,合理、准确、及时地提交物资采购计划是十分重要的,通过 BIM 模型与造价信息进行关联,可以根据计划完成情况,准确得到相应的材料需用计划。在现场材料管理过程中,材料管理人员利用 BIM 技术可以及时、快速地获得不同部位的工程量信息,有效地控制限额领料。

同时,按照工程进展情况,形成动态的进度模型,不仅可以与计划进行对比,还可以自动分解出报告期的已完成进度计划项,并进一步得到已完工工程量,及时、准确地进行进度款申报,同时可以完成对分包支付的控制。在设计变更发生时,利用三维模型技术,直接修改算量模型,修改记录将会被 BIM 平台记录,形成变更模型,自动计算变更工程量。最后,根据工程实际运行情况,BIM 平台集成项目管理系统,自动收集模型相关的分包结算、材料出库、机械结算等数据,形成实际成本,利用 BIM5D 模型按照时间、工序、流水段等不同纬度进行工程造价管理,并通过多算对比达到成本控制和核算的目的,最终形成成本模型。

(5)竣工阶段

工程造价管理的最后阶段就是工程结算。工程结算需要依据经过多次设计变更形成的竣工图纸,除此之外,还需要在施工过程中形成的洽商签证、工程计量、价差调整、暂估价认价等单据,依据多而烦琐,造成结算工作时间长、任务重。BIM 系统利用 BIM5D 技术,集成项目管理系统,可将众多的过程记录集成在 BIM 模型上,使得单据具备量、价和时间属性,便于在工程施工过程中及时查询。在工程结算的时候,BIM 系统将会对模型上所有的结算信息进行汇总,形成结算模型,并以规范的格式输出及保存,由此缩短工程结算的时间,降低结算工作量。

二、基于 BIM 技术的工程预算

对于建筑施工企业来说,工程预算是必不可少的工作,提高其效率和准确性对提高项目经济效益、降低成本至关重要。预算工作形成的工程预算价格是工程造价管理的核心对象,也是工程建设项目管理的核心控制指标之一。因此,提供准确、高效、合理的工程价格信息很重要。工程价格的产生主要包括了两个要素:工程量和价格。准确计算这两个要素的工作就是工程量计算和工程计价。

1. 基于 BIM 技术的工程量计算

工程量计算耗时最多,也是一个基础性工作。它不仅是工程预算编制的前提,也是工程造价管理的基础。只有工程量统计准确,才能保证投标、合同、变更结算等造价管理工作有序高效进行。现行的工程量统计工作存在一些问题。

首先,概预算人员工作强度普遍过大。工程量的计算是工程造价管理工作中最烦琐、最复杂的部分。计算机辅助工程量计算软件的出现,确实在一定程度上减轻了概预算人员的工作强度。目前,市场主流的工程量计算软件的开发模式大致分为两种:一是基于自主开发的二维图形平台;二是基于 AutoCAD 的三维图形平台进行二次开发。但不论哪种平台都存在两个明显缺陷:三维渲染粗糙,图纸需要手工二次输入。概预算人员往往需要重新绘制工程图纸来进行工程量的自动计算,所以概预算人员的工作强度仍然很大。

其次,工程量计算精度普遍不高。由于在利用工程量辅助计算软件时,工程图纸数据输入及工程量输出时,手工操作所占比例仍然过大,同时对于较复杂的建筑构件描述困难,而且缺乏严谨的数学空间模型,计算复杂建筑物时容易出现误差,所以工程量精度无法达到恒定水准。

最后,工程量计算重复冗余。建设项目各相关需要对同一建设项目工程量进行流水线式的重复计算,上下游之间的模型完全不能复用,往往需要重新建模,各方之间还需要对相互间的工程量计算结果进行核对,浪费大量人力和物力。

BIM 是一个包含丰富数据、面向对象的、具有智能化和参数化特点的建筑设施的数字化表示。由于 BIM 中的构件信息是可运算的信息,计算机借助这些信息可以自动识别模型中的不同构件,并根据模型内嵌的几何和物理信息对各种构件的数量进行统计。BIM 这种特性,使得基于其工程量计算具有更高的准确性、快捷性和扩展性。

(1) 基于三维模型的工程量计算

BIM 应用强调信息互用,它是协调和合作的前提和基础。BIM 信息互用是指在项目建设过程中各参与方之间、各应用系统之间对项目模型信息能够交换和共享。三维模型是基于 BIM 技术进行工程量计算的基础,从 BIM 应用和实施的基本要求来讲,工程量计算所需要的模型应该直接复用设计阶段各专业模型。但在目前的实际工作中,专业设计对模型的要求和依据的规范等与造价对 BIM 模型的要求不同,同时,设计时也不会把造价管理需要的完整信息放到设计 BIM 模型中去,因此,设计阶段模型与实际工程造价管理所需模型存在差异。这主要包括:① 工程量计算工作所需要的数据在设计模型中没有体现,例如设计模型没有内外脚手架搭设设计;② 某些设计简化表示的构件在等量模型中没有体现,例如做法索引表等;③ 算量模型需要区分做法而设计模型不需要,例如内外墙设计在设计模型中不区分;④ BIM 模型软件设计与工程量计算软件计算方式有差异,例如在设计 BIM 模型构件之间的交汇处,默认的几何扣减处理方式与工程量计算规则所要求的扣减规则是不一样的。

因此,造价人员有必要在设计模型的基础上建立算量模型。建模一般有两种实施方法:其一是按照设计图纸或模型在工程量计算软件中重新建模;其二是从工程量计算软件中直接导入设计模型数据。对于二维图纸而言,市场流行的 BIM 工程量计算软件已经能够实现从电子 CAD 文件直接导入的功能,并基于导入的二维 CAD 图建立三维模型。随着 IFC 标准的逐步推广,三维设计软件可以导出基于 IFC 标准的模型,兼容 IFC 标准的 BIM 工程量计算软件可以直接导入,造价工程师基于模型增加工程量计算和工程计价需要的专门信息,最终形成算量模型。

从目前实际应用来讲,在 BIM 工程量计算的实际工作过程中,由于设计包括建筑、结构、机电等多个专业,会产生不同的设计模型或图纸,这导致工程量计算工作也会产生不同专业的算量模型,包括建筑模型、钢筋模型、机电模型等。不同的模型在具体工程量计算时是可以分开进行的,最终可以基于统一 IFC 标准和 BIM 图形平台进行合成,形成完整的算量模型,支持后续的造价管理工作。例如,钢筋算量模型可以用于钢筋下料时钢筋的断料和加工,便于现场钢筋施工时钢筋的排放和绑扎。总之,等量模型是基于 BIM 技术的工程造价管理的基础。

（2）工程量自动计算

BIM 工程量计算主要包含两层含义。

① 建筑实体工程量计算是自动化的,并且是准确的。BIM 模型是参数化的,各类构件被赋予尺寸、型号、材料等的约束参数,同时模型中对于某一构件的构成信息和空间、位置信息都精确记录,模型中的每一个构件都是与现实中实际物体一一对应,其中所包含的信息是可以直接用来计算的。因此,计算机可以在 BIM 模型中根据构件本身的属性进行快速识别分类,工程量统计的准确率和速度上都得到很大的提高。以墙体的计算为例,计算机可以自动识别软件中墙体的属性,根据模型中有关该墙体的类型和组分信息统计该段墙体的数量,并对相同的构件进行自动归类。因此,当需要制作墙体明细表或计算墙体数量时,计算机会自动对它进行统计。

② 内置计算规则保证了工程量计算的合规性和准确性。模型参数化除了包含构件自身属性之外,还包括支撑工程量计算的基础性规则,这主要包括构件计算规则、扣减规则、清单和定额规则。构件计算除包含通用的计算规则之外,还包含不同类型构件和地区性的计算规则。通过内置规则,系统自动计算构件的实体工程量。不同构件相交需要根据扣减规则自动计算工程量,在得到实体工作量的基础之上,模型丰富的参数信息可以生成项目特征,根据特征属性自动套取清单项目和生成清单项目特征等。在清单统计模式下可同时按清单规则、定额规则平行扣减,并自动套取清单和定额做法。同时,建筑构件的三维呈现也便于工程预算时工程量的对量和核算。

（3）关联构件的扣减计算

在工程量计算工作中,相关联构件工程量扣减计算一直是耗时、烦琐的工作。首先,构件本身相交部分的尺寸数据计算相对困难,如果构件是异型的,计算就更加复杂。传统的计算是基于二维电子图纸,图纸仅标识了构件自身的尺寸,而没有与相关联构件在空间的关系和交叠数据。人工处理关联部分的尺寸数据,识别和计算工作烦琐,很难做到完整和准确,容易因为纰漏或疏忽造成计算错误。其次,在我国当前的工程量计算体系中,工程量计算是有规则的,同时,各省或地区的计算规则也不尽相同。例如,混凝土过梁伸入墙内部分工程量不扣除,但构造柱、独立柱、单梁、连续梁等伸入墙体的工程量要扣除。除建筑工程量之外,还包括相交部分的钢筋、装饰等具体怎么计算,这些都需要按照各地的计算规则来确定。

BIM 模型中每一个构件除了记录自身尺寸、大小、形状等属性之外,在空间上还包括与之相关联或相交的构件的位置信息,这些空间信息详细记录了构件之间的关联情况。这样,

BIM 工程量计算软件就可以得到各构件相交的完整数据。同时,BIM 工程量计算软件通过集成各地计算规则库,规则库描述构件与构件之间的扣减关系计算法则,软件可以根据构件关联或相交部分的尺寸和空间关系数据智能化匹配计算规则,准确计算扣减工程量。

（4）异型构件的计算

在实际工程中,经常遇到复杂的异型建筑造型及节点钢筋,造价人员往往需要花费大量的时间来处理。同时,异型构件与其他构件的关联和相交部分的形状更加不可确定,这无疑给工程量计算增加了难度。传统的工程量计算需要对构件进行切割分块,然后根据公式计算,这必然花费大量的时间。同时,切割也造成异型构件工程量计算准确性降低,特别是一些较小的不规则构件交叉部分的工程量无法计算,只能通过相似体进行近似估算。

BIM 工程量计算软件从两个方面解决了异型构件的工程量计算。首先,软件对于异型构件工程量计算更加准确。BIM 模型详细记录了异型构件的几何尺寸和空间信息,通过内置的数学方法,例如布尔计算和微积分,能够将模型切割分块趋于最小化,计算结果非常精确。

其次,软件对异型构件工程量计算更加全面完整。异型构件一般都会与其他构件产生关联和交叠,这些相交的部分不仅很多,而且形状更加异常。算量软件可以精确计算这部分的工程量,并根据自定义扣减规则进行总工程量计算。同时,构件空间信息的完整性决定了软件不会遗漏掉任何细小的交叉部位的工程量,使得计算工程量十分完整,进而保证了总工程量的准确性。

2. 基于 BIM 技术的工程计价

随着计算机技术的发展,建筑工程预算软件得到了迅速发展和广泛应用。尽管如此,目前工程造价人员仍需要花费大量时间来进行工程预算工作,这主要有几个方面的原因。第一,清单组价工作量很大。清单项目单价水平主要由清单的项目特征决定,实质上就是构件属性信息与清单项目特征的匹配问题。在组价时,预算人员需要花费大量精力进行定额匹配工作。第二,设计变更等修改造成造价工作反复较多。由于我国实际的工程往往存在“三边工程”,图纸不完整情况经常存在,修改频繁,由此产生新的工程量计算结果必须重新组价,并需要人工与之前的计价文件进行合并,无法做到直接合并,造成计价工作的重复和工作量增加。第三,预算信息与后续的进度计划、资源计划、结算支付、变更签证等业务割裂,无法形成联动效应,需要人工进行反复查询修改,效率不高。

BIM 工程量计算软件形成了算量模型,并基于模型进行精确算量,算量结果可以直接导入 BIM 计价软件进行组价,组价结果自动与模型进行关联,最终形成预算模型。预算模型可以进一步关联 4D 进度模型,最终形成 BIM5D 模型,并基于 BIM5D 进行造价全过程的管理。BIM 工程预算包括以下几个特点。

（1）工程量计算和计价一体化

目前市场上的工程量计算软件和计价软件功能是分离的,算量软件只负责计算工程量,对设计图纸中提供的构件信息输入完后,不能传递至计价软件中来,在计价软件中还需重新输入清单项目特征,这样会大大降低工作效率,出错概率也提高了。BIM 工程量计算和计价软件实现计价算量一体化,通过 BIM 算量软件进行工程量计算。同时,通过算量模型丰富的参数信息,软件自动抽取项目特征,并与招标的清单项目特征进行匹配,形成模型与清单关联。在工程量计算完成之后,在组价过程中,BIM 造价软件根据项目特征可以与预算定额进行匹配,实现自动组价功能,或依据历史工程积累的相似清单项目综合单价进行匹配,实现快速组价功能。

（2）造价调整更加快捷

在投标或施工过程中,经常会遇到因为错误或某些需求而发生图纸修改、设计变更,往往需要进行工程量的重新计算和修改。目前的工程量计算软件和计价软件割裂导致变更工程量结果无法导入原始计价文件,需要利用计价软件人工填入变更调整,而且系统不会记录发生的变化。BIM 计价和工程量计算软件的工作全部基于三维模型,当发生设计修改时,仅需要修改模型,系统将会自动形成新的模型版本,按照原算量规则计算变更工程量,同时根据模型关联的清单定额和组价规则修改造价数据。修改记录将会记录在相应模型上,支撑以后的造价管理工作。

（3）深化设计降低额外费用产生

在建筑物某些局部会涉及众多的专业,特别是在一些管线复杂的地方,如果不进行综合管线的深化设计和施工模拟,极有可能造成返工,增加额外的施工成本。使用专业的 BIM 碰撞检查和施工模拟软件对所创建的建筑、结构、机电等 BIM 模型进行分析检查,可提前发现设计中存在的问题,并根据检查分析结果,直接利用 BIM 算量软件的建模功能对模型进行调整,并及时更正相应的造价数据,有利于降低施工时修改带来的额外成本。

（4）BIM5D 模型辅助造价全过程管理

工程进度计划在实际应用之中可以与三维模型关联形成 4D（三维模型＋进度计划）模型。同时,将预算模型与 BIM4D 模型集成,在进度模型的基础上增加造价信息,就形成 BIM5D 模型。BIM5D 模型可以辅助造价全过程的管理。

① 在预算分析优化过程中,可以进行不平衡报价分析。招投标是一个博弈过程,如何制定合理科学的不平衡报价方案,提高结算价和结算利润是预算编制工作的重点。例如,BIM5D 模型可以实现工程实际进度模拟,在模拟过程中,可以非常直观地了解相应清单完成的先后顺序,这样可以利用资金收入的时间先后提高较早完成的清单项目的单价。

② 在施工方案设计前期,BIM5D 模型有助于对施工方案设计的详细分析和优化,能协助制订合理而经济的施工组织流程,这对成本分析、资源优化、工作协调等工作非常有益。

③ 在施工阶段,BIM5D 模型还可以动态地显示整个工程的施工进度,指导材料计划、资金计划等精确及时下达,并进行已完成工程量和消耗材料量的分析对比,及时地发现施工漏洞,从而尽最大可能采取措施,控制成本,提高项目的经济效益。

三、基于 BIM 技术的 5D 模拟与方案优化

3D 信息模型与预算模型、进度计划集成扩展成为 BIM5D 模型,如图 4-111 所示,BIM5D 模型包括了建筑构件信息、进度信息、WBS 划分信息、预算信息以及它们之间的关联关系。基于 BIM 技术的 5D 施工信息模型可以自动计算任意时间段、任意 WBS 节点或任意施工流水段的工程量,以及相应于施工进度的人力、材料、机械消耗量和预算成本,进行工程量计划完成、资源计划平衡和方案造价优化等多方面施工 5D 动态模拟和优化工作。BIM5D 模型的模拟与方案对比应用包括以下几个方面。

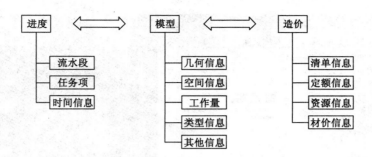

图 4-111　BIM5D 模型

（1）合理安排施工进度

在施工准备阶段，施工单位需要编制详尽的施工组织设计，而施工进度计划是其中重要的工作之一。施工进度应按照项目合同要求合理安排施工的先后顺序，根据施工工序情况划分施工段，安排流水作业。合理的进度计划必须遵循均衡原则，避免工作过分集中，有目的地消减高峰期工程量、减少临时设施的搭设次数，避免劳动力、材料、机械消耗量大进大出，保证施工过程按计划、有节奏地进行。

首先，利用 BIM5D 模型可以方便快捷地进行施工进度模拟和资源优化。施工进度计划绑定预算模型之后，基于 BIM 模型的参数化特性，以及施工进度计划与预算信息的关联关系，可以根据施工进度快速计算不同阶段的人工、材料、机械设备和资金等的资源需用量计划。在此基础上，工程管理人员可以通过形象的 4D 模型科学、合理地安排施工进度，能够结合模型以所见即所得的方式进行施工流水段划分和调整，并组织安排专业队伍连续或交叉作业，流水施工，使工序衔接合理紧密，避免窝工，这样既能提高工程质量，保证施工安全，又可以降低工程成本。

其次，系统基于三维图形功能模拟进度的实施，自动检查单位工程限定工期、施工期间劳动力、材料供应均衡度、机械负荷情况、施工顺序是否合理、主导工序是否连续和是否有误等情况，避免资源的大进大出。同时，在保证进度的情况下，实现工期优化和劳动力、材料需要量趋于均衡，以及施工机械利用率的提高。图 4-112 显示了 BIM5D 结合资源曲线进行资源计划平衡。

优化平衡工作主要包括以下几个方面。

① 工期优化

工期优化即时间优化。BIM5D 模型根据进度计划会自动计算计划工期和关键路径。当计划的计算工期大于要求工期时，通过压缩关键线路上的工作的持续时间或调整工作关系，以满足工期要求。工期优化应该考虑下列因素：一是根据工作的工程量信息、所属工作面、相关资源需用情况自动进行优化计算，压缩任务项的最短持续时间。二是先压缩持续时间较长的工作。一般认为，持续时间较长的工作更容易压缩。三是优先选择缩短工作时间所需增加费用较少的工作。

② 资源有限，工期最短优化

BIM5D 模型可以清晰地展现每一个构件、工作、施工段、时间段的人、材、机械、设备和资金等资源情况。在项目的资源供应有限的情况下，系统可以设置每日供给各个工序固定

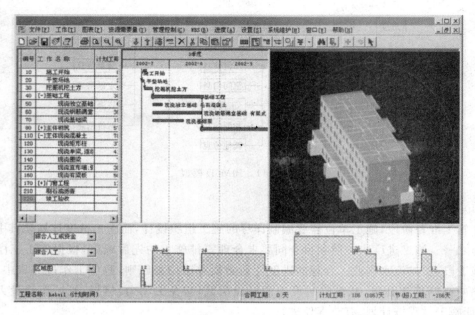

图 4-112　资源计划平衡

的资源,合理安排资源分配,寻找最短计划工期。

③ 工期固定,资源均衡优化

制订项目计划时,不同资源的使用尽可能地保持平衡是十分重要的,每日资源使用量不应出现过多的高峰和低谷,从而有利于生产施工的组织与管理,有利于施工费用的节约。大多数项目的资源消耗曲线呈现梯状,理想的资源消耗曲线应该是一个矩形。虽然编制这种理想的计划是非常困难的,但是,利用 BIM5D 模拟功能,利用时差微调进度计划,资源随之进行自动化的调整,系统能够实时显示资源平衡曲线,同时,可以设置优化目标,例如资源消耗的方差 R 最小,达到目标自动停止优化。

④ 工期成本优化

工程项目的成本与工期是对立统一的矛盾体。在生产效率一定的条件下,要缩短工期,就得提高施工速度,就必须投入更多的人力、物力和财力,使工程某些方面的费用增加,同时使管理费等某些间接费减少。此时,就要考虑两方面的因素,寻求最佳组合:一是在保证成本最低情况下的模拟最优工期,包括进度计划中各工作的进度安排;二是在保证一定工期要求的情况下,模拟出对应的最低成本,以及网络计划中各工作的进度安排。要完成上述优化,BIM5D 丰富的信息参数提供了支持,例如 BIM5D 模型包含每个工序的时间信息、工序资源的日最大供应量、间接费变化率等。

(2) 施工方案的造价分析及优化

在施工方案确定过程中,可以利用 BIM5D 模拟功能,对各种施工方案从经济上进行对比评价,从而做到及时修改和计算,方便快捷。BIM 算量模型绑定了工程量和造价信息,当需要对比验证几个不同方案的费用时,可以按照每种方案对模型进行修改,系统将会根据修改情况自动统计变更工程量,同时按照智能化的构件项目特征匹配定额快速组价,得到造价信息。这样可以快速得到每个方案的费用,可采用价值最低的方案为备选方案。例如某框架结构的框架柱内的竖向钢筋连接,从技术上来讲,可以采用电渣压力焊、帮条焊和搭接焊三种方案,根据方案的不同,修改模型和做法,自动得到用量和造价信息,一目了然。除此之外,还可以综合考虑工期和成本,运用价值工程分析法来优选方案。

（3）优化资金使用计划

正确编制资金使用计划和及时进行投资偏差分析,在工程造价管理工作中处于重要而独特的地位。资金使用计划的科学合理编制,有助于明确施工阶段工程造价的目标值,使工程造价的控制有据可依,方便资金筹措和协调,提高资金的利用率和周转率,同时有利于工程人员对未来项目资金的使用情况和进度控制进行预测。

BIM 技术在编制资金使用计划上也有较大优势。BIM5D 模型整合了建筑模型时间维度和造价信息,同时根据资源计划在时间轴上形成了资金的使用计划。系统通过模型自动模拟建设过程,进而动态展示施工所需分包、采购、租赁等资金状况,更为直观地体现建设资金的动态投入过程。根据资金投入曲线可以直观地看到资金需要量的分布情况,如果资金分布不平衡或不均匀,可以采用资源计划优化方法进行优化,避免资金在一段时间过于紧张而在另外一段时间闲置。

资金计划是施工过程中资金申请和审批的依据,可以把资金计划作为造价控制的手段,在工程施工过程中定期地进行实际收入和实际支出对比分析,发现其中的偏差,并分析偏差产生的原因,采取有效措施加以控制,以保证资金控制目标的实现。

四、基于 BIM 技术的工程造价过程控制

建筑业一直被认为是能耗高、利润低、管理粗放的行业,特别是施工阶段,建筑工程浪费一直居高不下,造成工程项目建造成本增加,利润减少。对于建筑施工企业来讲,应该不断提高项目精益化管理水平,改进整个项目交付过程,为业主提供满意产品与服务的同时,以最小的人力、设备、资金、材料、时间和空间等资源投入,创造出更多的价值。因此,施工阶段需要严格按照设计图纸、施工组织设计、施工方案、成本计划等的要求,将造价管理工作重点集中在如何有效地控制浪费、增加收入上来。

BIM5D 技术可以有效地提高施工阶段的造价控制能力和管理精细化水平。图 4-113

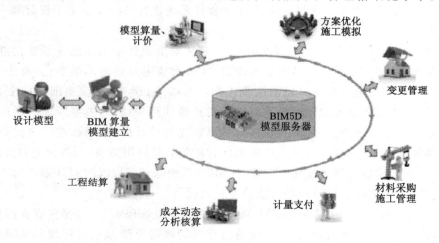

图 4-113　基于 BIM 技术的造价过程控制

显示了 BIM5D 造价过程控制的流程。在前期进行基于 BIM 技术的精确工程量计算、计价工作之后，基于 BIM 模型进行施工模拟，不断优化方案，提高计划的合理性，提高资源利用率，这样可减少在施工阶段可能存在的错误损失和返工的可能性，减少潜在的经济损失。在施工阶段，基于 BIM5D 模型，可精确及时生成材料采购计划、劳动力入场计划和资金需用计划等，借助 BIM 模型中的材料数据库信息，严格按照合同控制材料的用量，确定合理的材料价格，发挥"限额领料"的真正效用。同时，基于三维模型，自动进行变更工程量计算和计价、工程计量和结算，相应变更和计量记录自动保存，方便咨询；并能够实时把握工程成本信息，实现成本的动态管理，通过成本多算对比提高成本分析能力。

1. 基于 BIM 技术的变更管理

（1）工程变更管理及其存在问题

工程变更管理贯穿于实施的全过程，工程变更是编制竣工图、施工结算的重要依据。对施工企业来讲，变更也是项目开源的重要手段，对于项目二次经营具有重要意义，工程变更在伴随着工程造价调整过程中，成为甲乙双方利益博弈的焦点。在传统方式中，工程变更产生的变更图纸需要重新进行工程量计算，并经过三方认可，才能作为最终工程造价结算的依据。目前，一个项目所涉及的工程变更数量众多，在实际管理工作中存在很多问题：① 工程变更预算编制压力大，如果编制不及时，将会贻误最佳索赔时间；② 针对单个变更单的工程变更工程量产生漏项或少算，造成收入降低；③ 当前的变更多采用纸质形式，特别是变更图纸，一般是变更部位的二维图，无变化前后对比，不形象也不直观，结算时虽然有签字，但是容易导致双方扯皮，索赔难度增加；④ 工程历时长，变更资料众多，若管理不善则容易造成遗忘，追溯和查询麻烦。

（2）基于 BIM 技术的变更管理内容

利用 BIM 技术可以对工程变更进行有效管理，主要包括以下几个方面内容。

① 利用 BIM 模型可以准确、及时地进行变更工程量的统计。当发生设计变更时，施工单位按照变更图纸，直接对算量模型进行修改，BIM5D 系统将会自动统计变更后的工程量。同时，软件计算也可弥补手算时不容易算清的关于构件之间影响工程量的问题，提高变更工程量的准确性和合理性，并生成变更量表。由于模型集成了造价信息，用户可以设置变更造价的计算方式，是重新组价还是实物量组价。软件系统将自动计算变更工程量和变更造价，并形成输出记录表。

② BIM5D 集成了模型、造价、进度信息，有利于对变更产生的其他业务变化进行管理。首先是模型的可视化功能，可以三维显示变更，并给出变更前后的图形变化，对于变更的合理性一目了然，同时，也有利于日后的结算工作。如图 4-114 所示，变更前后的变化内容清晰呈现。其次，使用模型来取代图纸进行变更工程量计算和计价，模型所需材料的名称、数量和尺寸都自动在系统中生成，而且这些信息将始终与设计保持一致；在出现设计变更时，如某个构件尺寸缩小，该变更将自动反映到所有相关的材料明细表中，造价工程师使用的材料名称、数量和尺寸也会随之变化。因此，BIM5D 系统除了可以及时对计划进行调整之外，还可以及时显示变更可能导致的项目造价变化情况。

③ BIM5D 集成项目管理系统（PM）可提升变更过程管理水平，为变更管理提供了先进的技术手段。在实际变更管理过程中，变更过程的管理需要依靠项目管理系统完成。项目管理系统一般提供变更的日常管理和专业协同，当变更发生时，设计经理通过项目管理系统

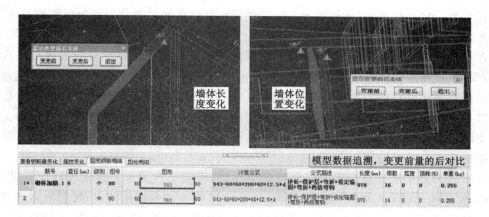

图 4-114 变更可视化

可以启动变更流程,形成变更申请,上传至 BIM 模型服务器。造价工程在 BIM5D 系统中根据申请内容完成工程量计算、计价、资料准备等工作,相关变更工程量表和计价信息按照流程转给项目经理审批,并自动形成变更记录,这些过程都通过变更单与相关的模型绑定。工作人员任何时点都可以通过模型服务器进行查询,方便结算工作。

2. 基于 BIM 技术的材料控制

在工程造价管理过程中,工程材料的控制是至关重要的,材料费用在工程造价中往往占据很大比重,一般占整个预算费用的 70% 左右,占直接费用的 80% 左右。同时,材料供应的及时性和完备性,是施工进度能够顺利进行的重要保证。因此,施工阶段不仅要严格按照预算控制材料用量,选择合理的材料采购价格,还要能够及时、准确地提交材料需用计划,及时完成材料采购,保证实体工程的施工,只有这样,才能有效地控制工程造价和保证施工进度。

BIM5D 将三维实体模型中的基本构件与工程量信息、造价信息关联,同时按照施工流水段将构件进行组合或切割,进而与具体的实体工程进度计划进行关联。根据实体工程进度,BIM5D 系统按照年度、月度、周自动抽取与之关联的资源信息,形成周期的材料需用计划和设备需用计划。通过 BIM5D 系统,材料管理人员随时可以查看任意实体或流水段的材料需用情况,及时准确编制材料需用计划,指导采购,只有这样,才能够切实保证实体工程的进度。

在实际材料现场管理过程中的 BIM 应用主要包括两个方面。

一方面是提高钢筋精细化管理水平。由于钢筋用量占材料成本的比重较高,精确的下料有助于提高钢筋的使用率和降低浪费。基于 BIM 技术的钢筋算量模型提供了丰富的结构方面的参数化特征,并结合钢筋相关的规则设置,可以实现钢筋断料优化、组合,合理利用原材料和余料,降低成本,同时为钢筋加工和钢筋排布自动生成图纸。系统随时统计各部位和流水段的钢筋用量,使得钢筋进度报量精确,这既可保证施工进度,又能降低钢材的采购成本。

另一方面,通过限额领料可以控制材料浪费。材料库管理人员根据领料单涉及的模型范围,通过 BIM5D 系统可以直接查看相应的钢筋料单和材料需用计划,通过计划量控制领用量,并将领用量计入模型,形成实际材料消耗量。项目管理者可针对计划进度和实际进度查询任意进度计划节点在指定时间段内的工程量,以及相应的材料预算用量和实际用量,并可进行相关材料预算用量、计划量和实际消耗量三项数据的对比分析和超预算预警。

3．基于 BIM 技术的计量支付

在传统管理模式下，施工总承包企业根据施工实际进度完成情况分阶段进行工程款的回收；同时，也需要按照工程款回收情况和分包工程完成情况，进行分包工程款的支付。这两项工作都要依据准确的工程量统计数据。一方面，施工总包方需要每月向发包方提交已完工程量的报告，同时花费大量时间和精力按照合同及招标文件要求与发包方核对工程量所提交的报告；另一方面，还需要核实分包申报的工程量是否合规。计量工作频繁，往往使得效率和准确性难以得到保障。

BIM 技术在工程计量计算工作中得到应用后，则完全改变了上述工作状况。首先，由于 BIM 实体构件模型与时间维度相关联，利用 BIM 模型的参数化特点，按照所需条件筛选工程信息，计算机即可自动完成已完工构件的工程量统计，并汇总形成已完工程量表。造价工程师在 BIM 平台上根据已完工程量，补充其他价差调整等信息，可快速、准确地统计这一时段的造价信息，并通过项目管理平台及时办理工程进度款支付申请。

其次，从另一个角度看，分包单位按月度也需要进行分包工程计量支付工作，总包单位可以基于 BIM5D 平台进行分包工程量核实。BIM5D 在实体模型上集成了任务信息和施工流水段信息，各分包与施工流水段是对应的，这样系统就能清晰识别各分包的工程，进一步识别已完工程量，降低了审核工作的难度。如果能将分包单位纳入统一的 BIM5D 系统，这样，分包也可以直接基于系统平台进行分包报量，提高工作效率。

最后，这些计量支付单据和相应数据都会自动记录在 BIM5D 系统中，并关联在一定的模型下，方便以后的查询、结算、统计汇总工作。

4．基于 BIM 技术的结算管理

虽然结算工作是造价管理最后一个环节，但是结算所涉及的业务内容覆盖了整个建造过程，包括从合同签订一直到竣工的关于设计、预算、施工生产和造价管理等的信息。结算工作存在几个难点。

一是依据多。结算涉及合同报价文件，施工过程中形成的签证、变更、暂估材料认价等各种相关业务依据和资料，以及工程会议纪要等相关文件。特别是变更签证，一般项目变更率在 20% 以上，施工过程中与业主、分包、监理、供应商等产生的结算单据数量也超过百张，甚至上千张。

二是计算多。施工过程中的结算工作涉及月度、季度造价汇总计算，报送、审核、复审造价计算，以及项目部、公司、甲方等的造价统计计算。

三是汇总累。结算时除了需要编制各种汇总表外，还需要编制设计变更、工程洽商、工程签证等分类汇总表，以及分类材料（钢筋、商品混凝土）分期价差调整明细表。

四是管理难。结算工作涉及成百上千个计价文件、变更单、会议纪要的管理，业务量和数据量大造成结算管理难度大，变更、签证等业务参与方多和步骤多也造成结算管理工作困难。

BIM 技术与 5D 协同管理的引入，有助于改变工程结算工作的被动状况。BIM 模型的参数化设计特点，使得各个建筑构件不仅具有几何属性，而且还被赋予了物理属性，如空间关系、地理信息、工程量数据、成本信息、材料详细清单信息及项目进度信息等。特别是随着施工阶段推进，BIM 模型数据库也不断修改完善，模型相关的合同、设计变更、现场签证、计量支付、甲供材料等信息也不断录入与更新,到竣工结算时,其信息量已完全可以表达竣工工程实体。除了可以形成竣工模型之外,BIM 模型的准确性和过程记录完备性还有助于提高结算效率;同时,BIM 可视化的功能便于随时查看三维变更模型,并直接调用变更前后的模型进行对比分析,避免在进行结算时描述不清楚而导致索赔难度增加,减少双方扯皮,加快结算速度。

5. 基于 BIM 技术的分包管理

项目实施经常按施工段、按区域进行施工或者分包,这就需要能按区域分析和统计成本关键要素,实行限额领料、与分包单位结算和控制分包项目成本。这就需要从三个维度(时间、空间区域、工序)进行分析,因此要求管理者能快速、高效地拆分汇总实物量和造价的预算数据,而传统的手工预算难以支撑如此大的工作量。传统模式的分包管理常存在以下问题:一是无法快速准确分派任务进行工程量计划,数据混乱、派工重复;二是结算不及时、不准确,使分包工程量超支,超过总包能向业主结算的工程量;三是分包结算争议多。

BIM 技术对于分包管理起到了重要作用,其强大的三维可视化表现力可以提前预警工程的各种情况,使项目参建方提前对各类问题进行沟通和协调,在分包管理时可以从项目整体管控的角度出发,对分包进行管理,同时给予综合的协调支持。

(1) 任务单管理

基于 BIM 技术的任务单管理系统可以快速、准确地分析出按进度计划进行的工程量清单,提供准确的用工计划,同时系统不会重复派工,控制漏派工,实现基于准确数据的派工管理。派工单与 BIM 关联后,在可视化的 BIM 图形中,可按区域开出派工单,系统自动区分和控制是否派过,减少差错。

(2) 分包结算和分包成本控制

作为施工单位,要与下游分包单位进行结算,在这个过程中施工单位的角色成为甲方,供应商或分包方成了乙方。传统造价模式下,由于施工过程中人工、材料、机械的组织形式与传统造价理论中的定额或清单模式的组织形式存在差异,在工程量的计算方面,分包计算方式与定额或清单中的工程量计算规则不同,双方结算单价的依据与一般预结算不同。在对这些规则的调整,以及准确价格数据的获取上,传统模式主要依据造价管理人员的经验与市场的不成文规则,而这种做法常常成为成本管控的盲区或灰色地带。

根据分包合同的要求,可建立分包合同清单与 BIM 模型的关系,明确分包范围和分包工程量清单,按照合同要求进行过程算量,为分包结算提供支撑。

6. 基于 BIM 技术的工程造价动态分析

成本管理和控制一直以来都是施工单位造价管理中的重中之重,但同时也是一个难点。传统的项目成本管理往往是在统一的成本科目和核算对象的基础上,进行收入、预算和实际成本的对比分析。这种方式是基于财务核算原理进行的,起到了周期性成本核算的目的,但是无法真正达到成本动态的分析和控制。原因主要有三个方面。

第一,这种传统的方式无法达到项目成本事前控制。成本管理工作基本处于事后核算分析,事前成本预控少,特别是事中的动态及时分析很难。

第二,成本分析工作量大,项目经营人员每月、每季都需要进行大量的统计工作,统计时由于核算数据复杂,特别是这些数据来源于不同的业务部门,统计口径又不一样,需要重新进行成本分摊工作,工作的烦琐复杂往往造成核算不及时或不准确。

第三,成本分析颗粒度不够。首先是无法做到主要资源细化控制,大宗材料的控制不够精细,无法得到不同阶段、不同部位的材料量价对比分析,以便找出材料超预算原因;其次就是分析、统计和对比工作做不到工序或者构件级。例如,某个核算期间,总的成本没有超支,但是部分关键构件或者工序成本超出预算。传统核算方式无法识别这种情况,这样就使得成本分析工作达不到应有的效果。

(1)基于 BIM 技术的成本管理优势

在传统的 PM(项目管理系统)的基础上 BIM5D 技术对施工项目成本的动态管理,可以有效地融合技术和管理两个手段的优势,提高项目成本控制的效果。BIM 技术在实现工程成本管理、控制和核算中有着巨大的优势。

BIM5D 系统是集成了 3D 模型、预算和工序的关系数据库。当 BIM5D 与传统的项目管理系统进行集成时,作为项目管理主线之一的合同信息就会与模型关联。同时,在实际施工过程中,通过项目管理系统进行各业务板块运行过程的实际成本管理和控制,并形成实际业务成本数据,及时进入 5D 关系数据库。这样就实现了收入、预算和实际成本的三算对比模型。一切基于模型。由此,成本汇总、统计、拆分对应瞬间可得,成本统计分析工作就很轻松,软件强大的统计分析能力可轻松满足各种成本分析需求。图 4-115 显示了 BIM5D 系统强大的造价动态分析功能,能够统计不同构件、不同阶段成本,并通过分析曲线显示。基于 BIM 技术的实际成本动态管理方法,较传统方法具有极大优势。

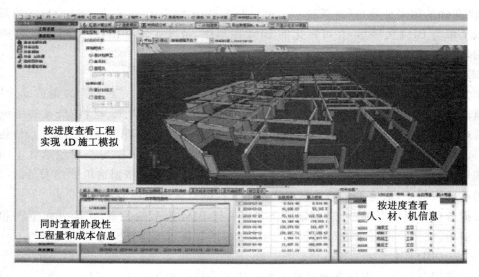

图 4-115　BIM5D 系统的动态成本分析

首先,统计工作高效准确。由于 BIM5D 的基础是以模型为核心的造价数据库,先进的数据库汇总分析能力大大加强,速度快,实现短周期的成本分析不再困难。同时,基于模型的成本数据实现动态维护,成本数据随工程进度不断丰富完善,成本分析的准确度越来越高。另外通过 PM 与 BIM5D 数据集成,可以实时监督成本运行情况。

其次,成本分析能力加强。可以实现多维度分析汇总和统计,在传统的三算对比基础上,可以分别针对时间、空间、工序和构件等进行收入、预算和实际成本的汇总分析。同时,提供更多分类、更多分析条件的成本统计报表。

最后,有助于提升整个企业成本控制能力。将实际成本 BIM 模型通过互联网集中在企业总部服务器,可以抽取项目成本指标,形成企业级成本指标库。企业总部成本部门、财务部门就可共享每个工程项目的实际成本数据,实现总部与项目部的信息对称。同时,总部可以针对成本指标进行项目成本控制和考核,提高项目成本综合管控能力。

(2) 基于 BIM 技术的成本管理内容

基于 BIM 技术的施工成本动态分析管理包括三个方面的内容。

① 成本管理事前控制

利用 BIM5D 和 PM 进行集成,对施工成本实现以预算成本为控制基准的成本预控。本阶段一般会形成成本控制计划。传统的成本控制计划将合同预算按照成本科目和核算对象两个维度进行拆分,工作量巨大,也容易出错。虽然这样形成的计划成本可以起到成本核算的目的,但是无法从总承包项目部管理的角度实现对成本的动态管理和分析的目的。

BIM5D 基于三维模型,集成了合同预算、相关资源工作任务分解、时间进度等参数信息,可以自动对成本进行任意维度的分解。基于 BIM 的成本计划以总包合同收入为依据,以合约规划为手段制订项目计划成本,实现成本过程管理和控制。其中,合约规划是指将工程合同按照可支出的口径进行分解,形成规划项,例如按照不同的分包项分解成为分包合同,这样有利于清晰各业务成本的过程动态管理和控制。BIM 技术提供了可视化的三维模型,并与进度计划和造价信息进行合成。施工组织设计优化后的进度计划包含了分包的拆解信息,这样就可以很方便地将合同预算分解成可管理的合同规划包,规划包中包含了人、材、机等预算资源信息,同时,各合约规划项的明细与分解后的总包合同清单单价构成对应,实现以合同收入控制预算成本,继而以预算成本控制实际成本的成本管控体系。

② 成本综合动态分析

成本控制最有效的手段就是进行工程项目的三算实时对比分析。BIM5D 可提高项目部基于三算对比的成本综合分析能力。首先,基于 BIM 技术的三算对比分析需要统一的成本项目,合同收入、预算成本、实际成本核算分析都需要基于一致的口径。成本项目一般包含材料费、机械费、人工费和分包费等项目,利用 BIM5D 可视化功能,将模型相关的清单资源与成本项目进行对应,间接实现了合约规划和成本科目的关联。其次,在不同的成本核算期间,基于 BIM 模型,可实现不同维度的收入、预算成本和实际成本的三算对比分析。按照管理控制层次不同,成本分析分为三个层级:成本项目层级、合同层级、合同明细层级。其中,合同明细层级可以进行量、价、金额三个指标的对比分析,重点是材料量、价分析。

在施工过程中,合同收入、预算成本和实际成本数据是实现成本动态对比分析的基础,利用 BIM 技术可以方便、快捷地得到三算数据。第一,BIM 模型结合了预算信息和进度信息,形成 5D 模型,在施工过程中,按照月度实际完成进度,自动形成关联模型的已完工程量清单,并导入项目管理系统形成月度业主报量,根据业主批复工程量和预算单价形成实际收入。同时根据清单资源自动归集到成本项目,形成核算期间内的成本项目口径的合同收入。第二,根据月度实际完成任务,确定当月完成模型范围。从关联模型中自动导出形成月度实际完成工程量,按照成本口径归集,形成预算成本;进一步细化,按照合约规划项自动统计,形成具体分包合同的预算成本。第三,在项目管理系统中,随着工程分包、劳务分包、材料出库、机械租赁等业务的进展,每月自动按照分包合同口径形成实际成本归集,进一步归集到成本项目,这样就形成项目的实际成本。

③ 精细化的成本分析

在对成本进行分析的时候，经常会发生这种情况：某个子项工程超出了预算，另一项节省了预算。虽然项目整体实际成本没有超支，但这并不代表项目成本管理没有问题，如果不分析出具体问题，下一个核算期间，超支的项目可能会继续超支。传统的成本分析难以解决这样的问题，基于BIM技术的成本分析可以实现工序、构件级别的成本分析。在BIM5D成本管理模式下，关于成本的信息全部与模型进行了绑定，间接绑定了进度任务，这样，就可以在工序、时间段、构件级别上进行成本分析。特别是基于BIM模型的资源量控制，主要材料（钢筋、混凝土）基于模型已经细化到楼层、部位，因此通过BIM模型的预算量，可控制其实际需用量和消耗量，并将预算和收入进行及时的对比分析和预控。对于合同而言，可以按照分包合同，细化到各费用明细，通过BIM模型的工程量，控制其过程报量和结算量。

五、BIM技术在工程造价管理中的应用趋势和展望

1. 基于BIM技术的全过程造价管理

工程造价管理的每个对象（工程）都有海量的数据，且计算十分复杂，即使一个六层楼的住宅，若要达到精细化管理的水准也是如此。随着经济发展，大型复杂工程剧增，造价管理工作难度越来越高。传统手工算量、非基于BIM技术的单机软件预算，已大大落后于时代的需要（表4-7）。目前，我国造价软件仍然以单机的单条定额的预算软件为主，与国外算量技术的快速发展有较大的差距。

表4-7　传统造价软件与基于BIM的造价软件的产品系列和核心优势对比

对比项	传统造价软件	基于BIM的造价软件
项目管理	单项目管理	项目群、企业级管理，方便进行查阅、对比、审核；更好地进行全过程造价管理
数据来源	输入单条清单和定额工程量数据，无法进行数据的追踪	接收算量软件完整数据，包括图形数据
分析功能	只有汇总分析	图形与造价结合，框图出价，可以快速进行进度款管理；方便进行数据的反查
数据共享	无法协同	基于互联网数据库技术，提高协同、共享、审批、流转速度，提高人员工作效率等
企业管理	数据颗粒太粗，无法被ERP利用	多维度结构化、高细度数据库，可以与ERP对接，便于企业管理系统充分利用基础数据
企业应用	单兵作战，无法形成企业的数据库	累积企业经验数据库，进行协同、共享；避免重复组价，提高工作效率

鉴于BIM技术的发展与成熟，提高工程造价管理水平的时机已到。BIM技术能建立工程项目多维度结构化数据库，并可将数据细度达到构件级。基于BIM技术的核心能力，可以在项目群、企业级造价管理中的投资决策、规划设计、招投标、施工、变更管理、竣工结算各个阶段全面升级，实现全过程造价管理（图4-116），提升现有造价管理技术能力，并实现管理方式的根本转变。

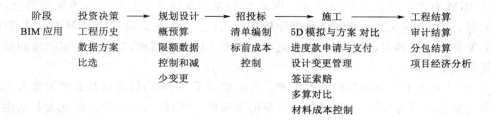

图 4-116　BIM 技术在全过程造价管理中的应用

　　基于 BIM 的造价管理平台以全新的理念进行软件设计和构架，能兼容造价管理模式，当然也能进行定额计价和清单计价，它基于互联网和 BIM 技术，提供云推送服务，可以将一份预算文件方便地转化为多形式的造价文件，如投标价、分包价、成本价、送审价、结算价、审定价等。通过对这些历史经验数据的沉淀、积累和管理形成的可以共享、参考和调用的造价数据库，具有很强的适应性和造价管理能力。它以工程项目管理为核心，实现对群体、单体、单位工程数据的动态集成管理，保证项目数据的完整性。基于 BIM 技术的造价软件可以进行项目、单项工程、单位工程分级，它的标段设置功能能满足进度款结算的需要，每一层级都应有相应的造价信息、招投标信息，可以清晰地看到造价比例、单方造价指标、材料指标等，便于进行对比分析、判断和决策等。

　　2. 企业级 BIM 数据库的建立

　　(1) BIM 数据集中管理

　　BIM 模型一般是针对单项目模型。对于企业而言，正在施工的项目有几十个甚至更多，同时管理多个项目时，必须实现项目群的 BIM 模型的集中管理。量、价 BIM 数据创建好后，可将包含成本信息的 BIM 模型上传到基础数据分析系统服务器，系统就会自动对文件进行解析，同时将海量的成本数据进行分类和整理，形成一个多维度的、多层次的、包含三维图形的成本数据库。同一个企业，在同一个 BIM 系统中，即可统计多个项目的上个月完成的产值、下个月该采购多少钢筋等。这为企业的集中采购、集约化经营提供了基础。

　　(2) BIM 数据协同

　　BIM 的核心价值之一在于协同。利用云技术与 BIM 技术的结合，可以有效地实现 BIM 数据的集中管理与公司成员之间的数据协同。通过互联网技术，系统将不同的数据发送给不同的人，或者不同的人可以根据不同的权限查询相关的数据信息。例如，总经理可以看到项目资金使用情况，项目经理可以看到造价指标信息，材料员可以查询下月材料使用量，不同的人各取所需，共同受益，从而对建筑企业的成本精细化管控和信息化建设产生重大作用。

　　(3) 企业定额

　　企业定额是指企业根据自身的施工技术和管理水平，以及有关工程造价资料制定的，供本企业使用的人工、材料和机械台班消耗量标准。企业定额是招标、投标、成本控制与核算、资金管理的重要依据，也是企业的核心竞争力之一。但可惜的是，定额所涉及的子目众多，需要大量的数据搜集工作等，给企业定额的编制带来了巨大的困难。企业定额的形成和发展需要经历从实践到理论、由不成熟到成熟的多次反复检验、滚动、积累。在企业定额库的建立与完善过程中，BIM 将发挥巨大的作用。

① BIM 有助于企业定额的建立。BIM 模型本身就包含完整的工程消耗量信息,可以实现时间、空间、WBS 工序的多维数据分析抽取,且将企业各个项目的 BIM 模型数据整合在一起便是一个最真实、最丰富的企业定额数据源。以此为基础,建设企业定额库的难度和工作量都是最低的。

② BIM 有助于企业定额的动态维护。传统模式下,定额的量价信息需要依靠人工从定额站和建材信息网等处采集,很难保障信息的准确性、及时性和全面性。以此为基础建立起的企业定额,终将因缺乏活力而失去生命力。而 BIM 模型数据将随着工程项目的建设而逐步丰满,企业定额的维护过程中可以通过软件系统的智能化、自动化从中汲取充分的给养。

3. BIM 与 ERP 的对接

2010 年 11 月 30 日,中华人民共和国住房和城乡建设部出台的《施工总承包企业特级资质标准实施办法》(建市〔2010〕210 号)提出信息化考评要求。此后,我国施工企业纷纷进行信息化建设,但成效并不大理想。最主要的原因在于,系统中缺乏关键项目基础数据(量、价、消耗量指标)的支撑,普遍发挥不出应有的价值和功能,有的甚至成了空中楼阁,严重挫伤了企业信息化的积极性。

建筑企业项目和企业管理面对的数据可分为两大类,即基础数据和过程数据。基础数据是在管理中和流程关系不大的数据,不因施工方案、管理模式变化而变化,如工程实物量、各生产要素(人、材、机)价格、企业消耗量(企业定额)等。工程实物量由施工图纸确定;各生产要素价格由市场客观行情确定;企业消耗量指标也相对固定不变。而费用收支、物资采购、出入库等数据都会在生产过程中因施工方案、管理流程和合作单位的变化而变化,因此是过程数据。

在实际过程中,基础数据是由 BIM 技术提供和实现的,而过程数据是由 ERP 记录的,BIM 与 ERP 的合作,能实现计划与实际量进行对比,发现项目的内控管理水平,挖掘不足,提出解决方案,从而进一步提升企业的管理水平。

BIM 技术平台是一个极佳的工程基础数据承载平台,其优势在于工程基础数据的创建、计算、共享和应用,主要解决"项目该花多少钱"。ERP 优势在于过程数据的采集、管理、共享和应用,主要体现"项目花了多少钱"。二者是完全的互补关系,即 BIM 技术系统可为 PM、ERP 系统提供工程项目的基础数据,完成海量基础数据的计算、分析和提供,解决建筑企业信息化中基础数据的及时性、对应性、准确性和可追溯性的问题。两个系统的完美结合,将取得多赢的结果——两个系统的价值将大幅增加,客户价值更是大增。

BIM 技术系统和同样由 BIM 支撑的 ERP 系统的无缝连接,完全可以实现计划预算数据和过程数据的自动化、智能化生成,自动完成拆分、归集任务,不仅可大幅减轻项目的工作强度,减少工作量,还可避免人为的错误(不准确、不及时、不对应、无法追溯),实现真正的成本风险管控,让项目部和总部都能第一时间发现问题、提出问题解决方案和措施,做到明察秋毫。

根据目前市场 BIM 与 ERP 对接情况来看,需要对接的具体数据分为企业级数据和项目级数据。企业级数据包括分部分项工程量清单库、定额库、资源库、计划成本类型等数据。项目级数据包括项目信息、项目 WBS、项目 CBS、单位工程、业务等数据。

在基础数据分析系统服务器的数据库上有两套 Web Service,一套是自己的客户端使用的,可以获取和操作基础数据分析系统服务器数据库中的数据,另外一套供 ERP 系统调用,只能用于获取该服务器数据库中的 ERP 数据。

对 ERP 接口主要以 Web Service 的形式提供,具有平台无关性和语言无关性,可以比较方便地与其他系统集成。

由于接口主要是在企业内部系统之间调用,因此采用比较简单的信任 IP 控制。

部分接口返回的数据量可能比较大,针对这些接口,采用分页获取数据的方式。目前采用分页获取数据的接口有:① 获取资源信息;② 获取安装实物量信息;③ 获取安装配件信息;④ 获取安装加高信息。

BIM 与 ERP 的无缝连接将是未来的趋势。尤其是造价软件数据与项目管理系统的数据对接,可实现计划数据的自动获取,有效提升计划数据获取的效率和准确性。

第十节　物　料　管　理

传统物料管理模式就是企业或者项目部根据施工现场实际情况制定相应的材料管理制度和流程。这个流程主要是依靠施工现场的材料员、保管员及施工员来完成。施工现场的多样性、固定性和庞大性,决定了施工现场材料管理具有周期长、种类繁多、保管方式复杂等特殊性。传统材料管理存在核算不准确、材料申报审核不严格、变更签证手续办理不及时等问题,造成大量材料现场积压、大量资金被占用、停工待料、工程成本上涨。

基于 BIM 技术的物料管理通过建立安装材料 BIM 模型数据库,使项目部各岗位人员及企业不同部门都可以进行数据的查询和分析,为项目部材料管理和决策提供数据支撑。

1. 安装材料 BIM 模型数据库

项目部拿到机电安装各专业施工蓝图后,由 BIM 项目经理组织各专业机电 BIM 工程师进行三维建模,并将各专业模型组合到一起,形成安装材料 BIM 模型数据库。该数据库是以创建的 BIM 机电模型和全过程造价数据为基础,把原来分散在安装各专业手中的工程信息模型汇总到一起,形成一个汇总的项目级基础数据库。

2. 安装材料分类控制

材料的合理分类是材料管理的一项重要基础工作,安装材料 BIM 模型数据库的最大优势是包含材料的全部属性信息。在进行数据建模时,各专业建模人员对施工所使用的各种材料属性,按其需用量的大小、占用资金多少及重要程度进行"星级"分类,科学合理地控制。

3. 用料交底

BIM 与传统 CAD 相比,具有可视化的显著特点。设备、电气、管道、通风空调等安装专业三维建模并碰撞后,BIM 项目经理组织各专业 BIM 项目工程师进行综合优化,提前消除施工过程中各专业可能遇到的碰撞。项目核算员、材料员、施工员等管理人员应熟读施工图纸、透彻理解 BIM 三维模型、吃透设计思想,并按施工规范要求向施工班组进行技术交底,将 BIM 模型中用料意图灌输给班组,用 BIM 三维图、CAD 图纸或者表格下料单等书面形式做好用料交底,防止班组"长料短用、整料零用",做到物尽其用,减少浪费及边角料,把材料消耗降到最低限度。

4. 物资材料管理

安装材料管理一直是项目管理的难题,施工现场材料的浪费、积压等现象司空见惯。BIM 模型与施工程序及工程形象进度周密安排材料采购计划的结合,不仅能保证工期与施工的连续性,而且能用好用活流动资金、降低库存、减少材料二次搬运。同时,材料员根据工程实际进度,方便地提取施工各阶段材料用量。在下达施工任务书中,附上完成该项施工任务的限额领料单,作为发料部门的控制依据,实行对各班组限额发料,防止错发、多发、漏发等无计划用料,从源头上做到材料的"有的放矢",减少施工班组对材料的浪费。

5. 材料变更清单

工程设计变更和增加签证在项目施工中会经常发生。项目经理部在接收工程变更通知书执行前,应有因变更造成材料积压的处理意见,原则上要由业主收购;否则,如果处理不当就会造成材料积压,无端地增加材料成本。BIM 模型在动态维护工程中,可以及时地将变更图纸三维建模,将变更发生的材料、人工等费用准确、及时地计算出来,便于办理变更签证手续,保证工程变更签证的有效性。

第十一节　绿色施工管理

绿色施工作为建筑全寿命周期中的一个重要阶段,是实现建筑领域资源节约和节能减排的关键环节。绿色施工是指工程建设中,在保证质量、安全等基本要求的前提下,通过科学管理和技术进步,最大限度地节约资源并减少对环境负面影响的施工活动,实现节能、节地、节水、节材和环境保护("四节一环保")。实施绿色施工,应依据因地制宜的原则,贯彻执行国家、行业和地方相关的技术经济政策。绿色施工应是可持续发展理念在工程施工中全面应用的体现。绿色施工并不仅仅是指在工程施工中实施封闭施工,没有尘土飞扬,没有噪声扰民,在工地四周栽花、种草,实施定时洒水等这些内容,它涉及可持续发展的各个方面,如生态与环境保护、资源与能源利用、社会与经济的发展等内容。

BIM 是信息技术在建筑中的应用,能赋予建筑"绿色生命"。绿色施工管理应当以绿色为目的、以 BIM 技术为手段,用绿色的观念和方式进行建筑的规划、设计,在施工和运营阶段采用 BIM 技术促进绿色指标的落实,促进整个行业的进一步资源优化整合。

在建筑设计阶段,利用 BIM 技术可进行能耗分析,选择合理的建筑材料等,还可以进行环境生态模拟,包括日照模拟、日照的情景模拟及分析、二氧化碳排放计算、自然通风和混合系统情况仿真、通风设备及控制系统效益评估、采光情景模拟、环境流体力学情景模拟等,达到保护环境、资源充分及可持续利用的目的,并且能够给人们创造一种舒适的生活环境。

一座建筑的全生命周期应当包括前期的规划、设计,建筑原材料的获取,建筑材料的制造、运输和安装,建筑系统的建造、运行、维护,以及最后的拆除等全过程。要在建筑全生命周期内施行绿色理念,不仅要在规划设计阶段应用 BIM 技术,还要在节地、节水、节材、节能及施工管理、运营维护管理等五个方面深入应用 BIM 技术,不断推进整体行业向绿色方向行进。

1. 节地与室外环境

节地不仅仅是施工用地的合理利用,建筑设计前期的场地分析、运营管理中的空间管理也同样包含在内。BIM 在施工节地中的主要应用内容有场地分析、土方量计算、施工用地管理等。

(1)场地分析

场地分析是研究影响建筑物定位的主要因素,是确定建筑物的空间方位和外观、建立建筑物与周围景观联系的过程。BIM 结合 GIS,对现场及拟建的建筑物空间数据进行建模分析,结合场地使用条件和特点,设计最理想的现场规划、交通流线组织关系。利用计算机可分析出不同坡度的分布及场地坡向、建设地域发生自然灾害的可能性,区分可适宜建设与不适宜建设区域,对前期场地设计可起到至关重要的作用。

（2）土方量计算

利用场地合并模型,可直观查看场地挖填方情况,对比原始地形图与规划地形图,得出各区块原始平均高程、设计高程、平均开挖高程。然后计算出各区块挖、填方量。

（3）施工用地管理

建筑施工是一个高度动态的过程。随着建筑工程规模不断扩大,复杂程度不断提高,施工项目管理变得极为复杂。施工用地、材料加工区、堆场也随着工程进度的变换而调整。BIM 的 4D 施工模拟技术可以在项目建造过程中合理制订施工计划、精确掌握施工进度、优化使用施工资源,以及科学地进行场地布置。

2. 节水与水资源利用

在施工过程中,水的用量是十分巨大的,混凝土的浇筑、搅拌、养护都要用到大量的水,机器的清洗也需要用水。一些施工单位由于在施工过程中没有计划,肆意用水,往往造成水资源的大量浪费,不仅浪费了资源,也会因此受到处罚。因此在施工中节约用水是势在必行的。

BIM 技术在节水方面的应用体现在协助土方量的计算,模拟土地沉降、场地排水设计,以及分析建筑的消防作业面,设置最经济合理的消防器材。

利用 BIM 技术,可以对施工过程中用水过程进行模拟,比如处于基坑降水阶段、肥槽未回填时,采用地下水作为混凝土养护用水,使用地下水作为喷洒现场降尘和混凝土罐车冲洗用水。也可以模拟施工现场情况,编制详细的施工现场临时用水方案,使施工现场供水管网根据用水量设计布置,采用合理的管径、简捷的管路,有效地减少管网和用水器具的漏损。

3. 节材与材料资源利用

基于 BIM 技术,重点从钢材、混凝土、木材、模板、围护材料、装饰装修材料及生活办公用品材料等七个主要方面进行施工节材与材料资源利用控制。采用 BIM5D 安排材料采购的合理化,建筑垃圾减量化,可循环材料的多次利用化,钢筋配料、钢构件下料以及安装工程的预留、预埋,管线路径的优化等措施;同时根据设计的要求,结合施工模拟,达到节约材料的目的。BIM 技术在施工节材中的主要应用内容有管线综合设计、复杂工程预加工预拼装、物料跟踪等。

（1）管线综合设计

目前功能复杂、大体量的建筑、摩天大楼等机电管网错综复杂,在大量的设计面前很容易出现管网交错、相碰撞及施工不合理等问题,以往人工检查图纸比较单一,不能同时检测平面和剖面的位置。BIM 软件中的管网检测功能为工程师解决了这个问题。BIM 可生成管网三维模型,并植入建筑模型中。系统可自动检查出"碰撞"部位并标注,这样使得大量的检查工作变得简单。空间净高是与管线综合相关的一部分检测工作,基于 BIM 信息模型对建筑内不同功能区域的设计高度进行分析,查找不符合设计规划的缺失,将情况反馈给施工人员,以此提高工作效率,避免错、漏、碰、缺的出现,减少原材料的浪费。

（2）复杂工程预加工预拼装

复杂的建筑形体如曲面幕墙及复杂钢结构的安装是施工的难点,尤其是复杂曲面幕墙,由于组成幕墙的每一块玻璃面板形状都有差异,给幕墙的安装带来一定困难。BIM 技术最拿手的是复杂形体设计及建造应用,可针对复杂形体进行数据整合和验证,使得多维曲面的设计得以实现。工程师可利用计算机对复杂的建筑形体进行拆分,拆分后利用三维信息模型进行解析,在电脑中进行预拼装,分成网格块编号,进行模块设计,然后送至工厂按模块加工,再送到现场拼装即可。同时数字模型也可提供大量建筑信息,包括曲面面积统计、经济形体设计及成本估算等。

(3)物料跟踪

随着建筑行业标准化、工厂化、数字化水平的提升,以及建筑使用设备复杂性的提高,越来越多的建筑及设备构件通过工厂加工并运送到施工现场进行高效的组装。BIM 技术结合施工计划和工程量造价,可以实现 5D 应用,做到"零库存"施工。

4. 节能与能源利用

以 BIM 技术推进绿色施工,节约能源,降低资源消耗和浪费,减少污染是建筑发展的方向和目的。节能在绿色环保方面具体有两种体现。一是帮助建筑形成资源的循环使用,这包括水能循环、风能流动、自然光能的照射,科学地根据不同功能、朝向和位置选择最适合的构造形式。二是实现建筑自身的减排:构建时,以信息化手段减少工程建设周期;运营时,不仅能够满足使用需求,还能保证最低的资源消耗。

在方案论证阶段,项目投资方可以使用 BIM 技术来评估设计方案的布局、视野、照明、安全、人体工程学、声学、纹理、色彩及规范的执行情况。BIM 技术甚至可以做到建筑局部的细节推敲,设计和施工中可能需要应对的问题的迅速分析。BIM 包含建筑几何形体的很多专业信息,其中也包括许多用于执行生态设计分析的信息,能够很好地将建筑设计和生态设计紧密联系在一起,设计将不单单是体量、材质、颜色等,也是动态的、有机的。相关软件提供了许多即时性分析功能,如光照、日光阴影、太阳辐射、遮阳、热舒适度、可视度分析等,而得到的分析结果往往是实时的、可视化的,很适合建筑师在设计前期把握建筑的各项性能。

建筑系统分析是对照业主使用需求及设计规定来衡量建筑物性能的过程,包括机械系统操作和建筑物能耗分析、内外部气流模拟、照明分析、人流分析等涉及建筑物性能的评估。BIM 结合专业的建筑物系统分析软件避免了重复建立模型和采集系统参数,可以验证建筑物是否按照特定的设计规定和可持续标准建造,通过这些分析模拟,最终确定、修改系统参数甚至系统改造计划,以提高整个建筑的性能。

5. 减排措施

BIM 技术可以对施工场地废弃物的排放、放置进行模拟,以达到减排的目的。具体方法如下所列。

(1)用 BIM 模型编制专项方案,对工地的废水、废弃、废渣的三废排放进行识别、评价和控制。安排专人、专项经费,制订专项措施,减少工地现场的三废排放。

(2)根据 BIM 模型对施工区域的施工废水设置沉淀池,进行沉淀处理后重复使用或合规排放,对泥浆及其他不能简单处理的废水集中交由专业单位处理。在生活区设置隔油池、化粪池,对生活区的废水进行收集和清理。

(3)禁止在施工现场焚烧垃圾,使用密目式安全网、定期浇水等措施减少施工现场的扬尘。

（4）利用 BIM 模型合理安排噪声源的放置位置及使用时间，采用有效的噪声防护措减少噪声排放，并满足施工场界环境噪声排放标准的限制要求。

（5）生活区垃圾按照有机、无机分类收集，与垃圾站签订合同，按时收集垃圾。

第十二节　工程变更管理

EC(工程变更)，指的是针对已经正式投入施工的工程进行变更。在工程项目实施过程中，按照合同约定的程序对部分或全部工程在材料、工艺、功能、构造、尺寸、技术指标、工程数量及施工方法等方面作出的改变。

设计变更应尽量提前，变更发生得越早损失越小，反之则越大。若变更发生在设计阶段，则只需修改图纸，其他费用尚未发生，损失有限。若变更发生在采购阶段，在需要修改图纸的基础上还应重新采购设备及材料。若变更发生在施工阶段，则除上述费用外，已施工的工程还需增加拆除费用，势必造成重大变更损失。设计变更费用一般应控制在工程总造价的 5% 以内，由设计变更产生的新增投资额不得超过基本预备费的三分之一。

工程中由设计缺陷和错误引起的修正性变更居多，它是由于各专业各成员之间沟通不当或设计师专业局限性所致。有的变更则是需求和功能的改善，无计划的变更是项目中引起工程延期和成本增加的主要原因。

几乎所有的工程项目都可能发生变更甚至是频繁的变更，有些变更是有益，而有些却是非必要和破坏性的。在实际施工过程中，应综合考虑实施或不实施变更给项目带来的风险，以及对项目进度、造价、质量方面等产生的影响来决定是否实施工程变更。造价师应在变更前对变更内容进行测算和造价分析，根据概念、说明和蓝图进行专业判断，分析变更必要性，并在功能增加与造价增加之间寻求新的平衡；评估设计单位设计变更的成本效应，针对设计变更内容给集团合约采购部提供工程造价费用增减估算；根据实际情况、地方法规及定额标准，配合甲方做好项目施工索赔内容的合理裁决、判断、审定、最终测算及核算；审核、评估承包商、供货商提出的索赔，分析、评估合同中甲方可以提出的索赔，为甲方谈判提供策略和建议。工程变更应遵循以下四项原则：① 设计文件是安排建设项目和组织施工的主要依据，设计一经批准，不得随意变更，不得任意变更范围；② 工程变更对改善功能、确保质量、降低造价、加快进度等方面要有显著效果；③ 工程变更要有严格的程序，应申述变更设计理由、变更方案、与原设计的技术经济比较，报请审批，未经批准的不得按变更设计施工；④ 工程变更的图纸设计要求和深度等同原设计文件。

引起工程变更的因素及变更产生的时间是无法掌控的，但工程变更管理可以减少变更带来的工期和成本的增加。设计变更直接影响工程造价，施工过程中反复变更图纸导致工期和成本的增加，而变更管理不善导致进一步的变更，使得成本和工期目标处于失控状态。BIM 应用有望改变这一局面，通过在工程前期制定一套完整、严密的基于 BIM 的变更流程来把关所有因施工或设计变更而引起的经济变更。美国斯坦福大学整合设施工程中心(CIFE)根据对 32 个项目的统计，分析总结了使用 BIM 技术后产生的效果，认为它可以消除 40% 预算外更改，即从根本上、源头上减少变更的发生。

首先，可视化建筑信息模型更容易在形成施工图前修改完善，设计师直接用三维设计更容易发现错误并修改。三维可视化模型能够准确地再现各专业系统的空间布局、管线走向，实现三维校审，大大减少"错、碰、漏、缺"现象，在设计成果交付前消除设计错误，以减少设计变更。而使用二维图纸进行协调综合则事倍功半，虽花费大量的时间去发现问题，却往往只能发现部分表面问题，很难发现根本性问题，"错、碰、漏、缺"几乎不可避免，必然会带来工程后续的大量设计变更。

其次，BIM能增加设计协同能力，更容易发现问题，从而减少各专业间冲突。单个专业的图纸本身发生错误的比例较小，设计各专业之间的不协调、设计和施工之间的不协调是设计变更产生的主要原因。用BIM协调流程进行协调综合，能够彻底消除协调综合过程中的不合理方案或问题方案，使设计变更大大减少。BIM技术可以做到真正意义上的协同修改，改变以往"隔断式"设计方式、依赖人工协调项目内容和分段依赖人工协调项目内容和分段交流的合作模式，大大节省开发项目的成本。

最后，在施工阶段，用共享BIM模型能够实现对设计变更的有效管理和动态控制。通过设计模型文件数据关联和远程更新，建筑信息模型随设计变更而即时更新，减少设计师与业主、监理、承包商、供应商间的信息传输和交互时间，从而使索赔签证管理更有时效性，实现造价的动态控制和有序管理。

第十三节 协同工作

工程建造活动能否顺利进行，很大程度上取决于参与各方之间信息交流的效率和有效性，许多工程管理问题如成本的增加、工期的延误等都与项目组织中各参与方之间的"信息沟通损失"有关。传统工程管理组织中信息内容的缺损、扭曲、过载以及传递过程的延误和信息获得成本过高等问题严重阻碍了项目各参与方的信息交流和传递，这在大型工程建设过程中尤其突出。工程项目全生命周期一般由策划、设计、施工和运营阶段构成，传统管理模式按照全生命周期的不同阶段来划分，即每个阶段由不同的项目参与方来完成，在建设过程中，不同参与方的管理是分割的。然而，由于专业分工及各参与方介入工程项目的时间差等问题，上游的决策往往不能充分考虑下游的需求，而下游的反馈又不能及时传达给上游，造成信息管理中的"孤岛现象"，使项目参与方处于孤立的生产状态，不同参与方的经验和知识难以有效集成，不同阶段产生的大量资料和信息难以得到及时的传递和沟通，容易出现信息失效、内容短缺、信息内容扭曲、信息量过载、信息传递延误、信息沟通成本过高等一系列问题，加大了项目控制难度，造成工程工期拖延、成本增加及工程质量得不到保证等众多问题。传统模式下"分工合作"导致的问题主要有：设计中建筑、结构、设备等各专业间缺乏协调，设计深度不够，施工过程中各参与方信息交流不畅，工程变更频繁等。

基于BIM技术的工程项目管理，以BIM模型为基础，为建筑全生命周期过程中各参与方、各专业合作搭建了协同工作平台，改变了传统的组织结构及各参与方的合作关系，为项目业主和各参与方提供项目信息共享、信息交换及协同工作的环境，从而实现了真正意义上的协同工作。与传统的金字塔式组织结构不同，基于BIM技术的工程项目管理要求各参与方在设计阶段就全部介入工程项目，以此实现全生命周期各参与方共同参与、协同工作的目标。

（1）设计—施工协同

在设计—施工总承包模式下,施工单位在施工图设计阶段就可以介入项目,根据自己的施工经验,与设计单位共同商讨施工图是否符合施工工艺和施工流程的要求等问题,提出设计初步方案的变更建议,然后设计方出具变更以及进度、费用的影响报告,由业主审核批准后确定最终设计方案。

（2）各专业设计协同优化

基于 BIM 技术的项目管理在设计过程中,各个专业如建筑、结构、设备（暖通、电、给排水）在同一个设计模型文件中进行,多个工种在同一个模型工作,可以实时地进行不同专业之间及各专业内部间的碰撞检查,及时纠正设计中的管线碰撞、几何冲突问题,从而优化设计。因此,施工阶段依据在 BIM 指导下的完整、统一的设计方案进行施工,就能够避免诸多工程接口冲突、施工变更、返工问题。

（3）施工环节之间不同工种的协同

BIM 模型能够支持从深化设计到构件预制,再到现场安装的信息传递,使设计阶段产生的构件模型供生产阶段提取、深化和更新。如将 BIM3D 设计模型导入专业的构件分析软件如 Tekla 里,完成配筋等深化设计工作。同时,自动导出数控文件,完成模具设计自动化、生产计划管理自动化、构件生产自动下料工作,实现构件设计、深化设计、预制构件、加工、预安装一体化管理。

（4）总包与分包的协同

BIM 技术能够搭建总承包单位和分包单位协同工作平台。BIM 模型由于集成了建筑工程项目的多个维度信息,可以被视为一个中央信息库。在建设过程中,项目各参与方在此中央信息库的基础上协同工作,可处理各自掌握的项目信息,上传到信息平台,或者对信息平台上的信息进行有权限修改,其他参与方便可以在一定条件下通过信息平台获取所需要的信息,实现信息共享与信息高效率、高保证率地传递流通。

以 BIM 技术为基础的工程项目建设过程是策划、设计、施工和运营集成后的一体化过程。事实上,在工程管理全过程的各个阶段,每一个阶段的结束与下一个阶段的开始都存在工作上的交叉与协作、信息上的交换与复用。而 BIM 模型则为建设工程中各阶段的参与主体提供了一个共享的工作平台与信息平台。基于 BIM 技术的工程管理能够实现不同阶段、不同专业、不同主体之间的协同工作,保证了信息的一致性及在各阶段之间流转的无缝性,提高了工程设计、建造的高效率。有关参与方在设计阶段能有效地介入项目,基于 BIM 平台进行协同设计,并对建筑、结构、水暖电等各专业进行虚拟碰撞分析,用以鉴别"冲突",对建筑物的能耗性能进行模拟分析。所有工作都基于 BIM 模型与平台完成,保证信息输入的唯一性,这是一个快速、高效的过程。在施工过程中,还可以将合同、进度、成本、质量、安全等信息集成至 BIM 模型中,形成整体工程数字信息库,并随着工程项目的生命延续而实时扩充项目信息,使每个阶段各参与方都能够根据需要实时、高效地利用各类工程信息。

第十四节　竣　工　交　付

1. 数字化集成交付概述

数字化集成交付是在工程三维图形文件的基础上,以建筑及其产品的数字化表达为手段,集成了规划、设计、施工和运营各阶段工程信息的建筑信息模型文件传递。

施工阶段及此前阶段积累的 BIM 数据最终是需要为建筑物、构筑物增加附加价值的，需要在交付后的运营阶段再现或再处理交付前的各种数据信息，以便更好地服务于运营。

建筑行业工程竣工档案的交付目前主要采用纸质档案，其缺点是档案文件堆积如山，数据信息保存困难，容易损坏、丢失，查找使用麻烦。《纸质档案数字化规范》（DA/T 31—2017）等国家档案行业相关标准规范更加注重我国纸质档案数字化工作自身的特点，结合目前信息技术发展的水平，提出适用于档案行业的纸质档案数字化工作的规范性要求。

在应用了 BIM 技术、计算机辅助工程（CAE）技术、虚拟现实、人工智能、工程数据库、移动网络、物联网以及计算机软件集成技术，引入建筑业国际标准 IFC 后，通过建立信息模型，形成一个信息数据库，实现信息模型的综合数字化集成。

2. 数字化集成交付特点

建筑工程竣工档案具有可视化、结构化、智能化、集成化的特点，采用全数字化表达方法，对建筑机电工程进行详细的分类梳理，建立数字化三维图形。建筑、结构、钢结构等构件分类包括场地、路、柱、梁、散水、幕墙、建筑柱、门、窗、屋顶、楼板、天花板、预埋吊环、桁架等。建筑给水排水及采暖、建筑电气、智能建筑、通风与空调工程的构件分类包括管道、阀门、仪器仪表、管件、管件附件、卫生器具、线槽、桥架、管路、设备等。构件几何信息、技术信息、产品信息、维护维修信息与构件三维图形关联。

（1）可视化

集成交付需要一个基于 BIM 技术的数据库平台，通过这样一个平台提供网络环境下多维图形的操作，构件的图形显示不限于二维 XY 图形，也包括三维 XYZ 图形不同方向的显示效果。建筑图、平面图均可实现立体显示，施工方案、设备运输路线、安装后的整体情况等均可进行三维动态模拟演示、漫游。

（2）结构化

数字化集成交付系统在网络化的基础上，对信息在异构环境进行集成、统一管理，通过编码和构件成组编码，将构件及其关键信息提取出来，实现数据的高效交换和共享。

（3）智能化

智能化要求建筑三维图形与施工工程信息高度相关，可快速对构件信息、模型进行提取、加工，利用二维码、智能手机、无线射频等移动终端实现信息的检索交换，快速识别构件系统属性、技术参数，定位构件现场位置，实现现场高效管理。

（4）集成化

规划信息、设计信息、施工信息、运营维护信息在工程各个阶段通常是孤立的，给同一项目各个专业信息传达造成了极大的不便。通过对各阶段信息进行综合，并与模型集成，可达到工程数据信息的集成管理。

3. BIM 技术在竣工交付中的应用

BIM 能将建筑物空间信息和设备参数信息有机地整合起来，从而为业主获取完整的建筑物全局信息提供途径。BIM 技术与施工过程记录信息的关联，能够实现包括隐蔽工程资料在内的竣工信息的集成，不仅为后续的物业管理带来便利，并且可以在未来进行的翻新、改造、扩建过程中为业主及项目团队提供有效的历史信息。

（1）竣工模型的移交

BIM 模型包含完整的建造过程的信息。借助 BIM 管理平台的云存储功能，为用户提供直观的管理平台和永不丢失的数据存储,极大地方便了后续数据的提取和应用。

（2）竣工验收

可以带着移动终端,直接在现场查看、操纵 BIM 模型,360°的模型查看,使得现场管理工作变得既简单直观又快捷有效。一方面,可以根据需要,关闭多余图层,选择相应的视角,参照施工现场;另一方面,也可以在施工过程中,有针对性地进行现场校验,如果发现现场与模型不符之处,可以用移动终端对现场情况进行拍摄,最后将模型截图与现场照片对比、作出整改文件,下发至作业层。

（3）竣工结算的应用

BIM 模型的准确性和过程记录完整性还有助于提高结算的效率,同时 BIM 可视化的功能可以随时查看多维变更模型,并直接调用变更前后的模型进行对比分析,避免在进行结算时描述不清楚而导致索赔难度增加,减少双方的推诿扯皮,加快结算速度。

（4）运营维护管理的依据

基于 BIM 技术的业主档案资料协同管理平台,可以将运营维护阶段需要的信息,包括维护计划、检验报告、工作清单、设备故障时间等列入 BIM 模型,实现高效的协同管理;竣工交付时交给业主的是经过几个阶段不断完善的 BIM 参数模型,该模型拥有建设项目中各专业、各阶段的全部信息,可为日后各专业的设备管理与维护提供依据。

为了保证工程建设前一阶段移交的 BIM 模型能够与工程建设下一阶段 BIM 应用模型进行对接,对 BIM 模型的交付质量提出以下要求。

① 提供模型建立依据,如建模软件的版本号、相关插件的说明、图纸版本、调整过程记录等,方便接收后的模型维护工作。

② 在建模前进行沟通,统一建模标准,如模型文件、构件、空间、区域的命名规则,标高准则,对象分组原则,建模精度,系统划分原则,颜色管理,参数添加等。

③ 所提交的模型需各专业内部及专业之间无构件碰撞问题,提交有价值的碰撞检查报告(含硬碰撞和间隙碰撞)。

④ 模型和构件尺寸形状及位置应准确无误,避免重叠构件,特别是综合管线的标高、设备安装定位等信息。

⑤ 所有构件均有明确详细的几何信息及非几何信息,且数据信息完整规范。

⑥ 与模型文件一同提交的说明文档中必须包括模型的原点坐标描述及模型建立所参照的 CAD 图纸情况。

⑦ 针对设计阶段的 BIM 应用点,每个应用点分别建立一个文件夹。对于 3D 漫游和设计方案比选等应用,提供 AVI 格式的视频文件和相关说明。

⑧ 对于工程量统计、日照和采光分析、能耗分析、声环境分析、通风情况分析等应用,提供成果文件和相关说明。

⑨ 设计方各阶段(方案阶段、初步设计阶段、施工图阶段)的 BIM 模型通过业主认可的第三方咨询机构审查后,才能进行二维图正式出图。

⑩ 所有的机电设备、办公家具有简要模型,由 BIM 公司制作,主要功能房、设备房及外立面有渲染图片,室外及室内各个楼层均有漫游动画。

⑪ 由 BIM 模型生成若干个平面、立面、剖面图纸及表格,特别是构件复杂、管线繁多部位应出具详图,且应该符合《建筑工程设计文件编制深度规定(2016 年版)》。

⑫ 搭建 BIM 施工模型,含塔吊、脚手架、升降机、临时设施、围墙、出入口等,每月更新施工进度,提交重点、难点部位的施工建议、作业流程。

⑬ BIM 模型生成详细的工程量清单表,汇总梳理后与造价咨询公司的清单对照检查,提交结论报告。

⑭ 提供平板电脑随时随地对照检查施工现场是否符合 BIM 模型,便于甲方、监理的现场管理。

⑮ 为限制文件大小,所有模型在提交时必须清除未使用项,删除所有导入文件和外部参照链接,同时模型中的所有视图必须经过整理,只保留默认的视图和视点,其他都删除。

⑯ 竣工模型在施工图模型的基础上添加以下信息:生产信息(生产厂家、生产日期等)、运输信息(进场信息、存储信息)、安装信息(浇铸、安装日期,操作单位)和产品信息(技术参数、供应商、产品合格证等)。如有在设计阶段还没能确定的外形结构的设备及产品,竣工模型中必须添加与现场一致的模型。

第五章 基于 BIM 技术的工程项目 IPD 模式

第一节 基于 BIM 技术的工程项目 IPD 模式概述

一、建设模式概述

1. 设计—招标—施工建设模式

DBB(设计—招标—施工)建设模式是最传统的一种建设项目承发包模式。对于业主而言,这种建设模式可以通过竞争性投标实现最低工程造价的目标,这使得 DBB 模式长期以来成为建设项目的主要建设交付模式。在 DBB 模式下,典型的项目流程包括以下三个步骤。

① 业主委托设计与咨询机构,首先建立项目的总体建设目标,基于该目标展开一系列的深化设计工作,最终产生能够用于招标、投标和施工的图纸及相关建设技术规范文档。

② 招标、投标依据施工图纸和相关建设技术规范文档进行,一般情况下,工程建设的合同授予往往以最低价中标为原则。中标的企业将与业主签订一份基于清单报价的承包合同,合同中一般约定,在项目结算时保持报价清单的单价不变,工程量将按实际发生结算。

③ 进入施工阶段后,承包方依据承包合同与图纸安排施工。其间,因各种原因产生的项目变更,将首先由业主许可,然后由设计机构出具变更单,变更单所造成的工程停滞、返工成本一般由业主承担。项目变更是项目结算总价与投标报价总价差额的主要根源,由业主支付项目变更款项的过程也被称作索赔。

在工程设计阶段,由于传统 2D 技术或工期紧张等原因,在工程实践中,很多的专业设计不详或产生疏漏,各专业之间不协调、空间冲突也是常见现象。在招标、投标阶段,投标方在报价中往往会压缩其利润空间而赢得中标机会。在激烈的竞争环境下,项目招标、投标中的恶性竞争时有发生,恶性竞争经常导致中标项目利润为零或负。中标后,承包方则寻找各种机会增加其利润空间,包括滥用变更索赔,放大设计变更给承包方造成的损失以提高索赔额。在 DBB 模式下,通过索赔增加收入已成为许多承包方的经营之道。这些原因共同导致施工阶段的设计变更频繁发生,并导致业主与承包方之间产生很多的纠纷和对抗利益。因设计变更造成的返工明显影响项目的工期和成本。一份研究资料显示,在以往的建设工程中,约有 30% 的工程存在返工现象,40% 的工程存在资源浪费现象,超过 40% 的工程存在工期延误现象。

在 DBB 模式下,BIM 在设计阶段的应用效果主要体现在:通过可视化设计与审查,提高业主对设计的理解,通过 3D 分析、设计冲突检查等功能提高设计质量。但是,由于在设计阶段施工承包方还未确定,有效的施工方案、施工技术难以体现在设计成果中,所产生的设计成果仍然存在不协调、施工不可行的风险,这些风险在施工阶段仍然会导致设计变更、计划外成本增加与工期延误的现象发生,在 DBB 模式下,BIM 应用的深度和广度均受到很多限制,只能收到有限的成效。

2. 设计—施工建设模式

DB(设计—施工)建设模式是将设计与施工集成到一个承包主体上,从而简化任务实施关系的一种工程项目建设模式。在 DB 模式下,业主直接和设计-施工一体化的联合体签署合同,将首先开发一个完善的建设程序和概要设计来满足业主需求,然后,DB 承包商估算项目的整体预算,制订包括设计与施工在内的计划周期,最终交由业主审查、批复,获得业主批准的整体预算作为最终预算,最终预算将附加在双方签订的承包合同中。

最终预算一旦确立,对于工程承包方而言就是项目的最高限价,在此之后的项目实施中,所有因变更造成的成本增加、工期延误、质量降低等责任,全部由承包方负责。从项目的整体利益而言,DB 模式允许在项目早期对设计及相应的计划进行修改来满足业主的要求,与 DBB 模式相比,这种修改在所需周期和成本上都会有所降低。另外,由于设计与施工为同一个承包方,工程设计与施工可以互相融合、并行进行,项目建设周期明显缩短,并能减少承包方与业主之间因变更产生的纠纷,在一定程度上降低工程造价。DB 模式降低了业主的风险,但是当初始设计被批准并确立最终预算之后,业主也失去了要求变更的灵活性。

由于设计与施工集中为一个责任主体,设计与施工过程也允许存在一个并行的时期,因此,DB 模式比 DBB 模式更利于 BIM 技术发挥其虚拟设计与施工的价值。在 DB 模式下,业主与设计-施工总承包方能够在项目早期用 BIM 技术进行可视化设计、3D 分析、4D/5D 虚拟施工等,基于虚拟施工的施工方案也可以尽早反映在设计成果中,从而有效避免因不满足施工要求导致的设计变更。然而,由于最终预算并不是建立在最终施工图基础上的,在最终预算确立时,业主并没有看到完整的设计成果,尤其在设计细节方面,后来出具的详图设计并不一定完全符合业主的要求,然而那时业主也往往失去了变更的机会,BIM 技术对业主也不具有更多的价值。DB 模式并非 BIM 技术最理想的实施环境。

3. 集成化项目交付模式

在 DBB 模式下,项目风险主要由业主承担。而在 DB 模式下,风险主要由总包方承担。无论哪种模式,项目风险并没有按照项目相关方所获得利益的大小进行分摊。在传统项目实施过程中,项目参与方往往以各自组织机构的利益为主导,将风险转移给项目其他方,这种状况在某种程度上与交易平等原则是相违背的,项目相关方在项目中实施汇总其追求的目标不同,业主要求更低的成本、更高的质量、更短的工期,而设计和施工企业则追求更高的利润、更高的安全性和员工满意度,项目相关方的目标在某种程度是对立的,这种对立将直接影响项目的整体利益,因此难以获得最佳项目建设效益。为此,一种基于创新思维的集成化项目交付(IPD)模式产生了。IPD 是一种将人员、系统、业务结构、实践整合到一起的项目建设模式。这种模式贯穿工程项目的全生命周期中,可以集中各相关方的智慧和经验优化项目建设,以减少浪费,更有效地完成既定目标。在 IPD 模式下,由项目各主要相关方组成的项目团队在项目早期就介入其中,项目各方以相互信赖为基础的协同工作一直延续到项目交付,并通过 IPD 合同结成契约关系,使团队成员的风险和利益一致。IPD 模式最突出的优势是项目团队使用最佳的协作工具和技术进行工作,以保证项目在所期望的造价和工期内满足业主的要求。其主要特征为:① 项目团队实行基于相互信任的协同工作与开放式交流;② 项目各方共同管理风险,按照预期利益分担项目风险;③ 项目各方的成功依赖于项目的成功,不会发生项目失败而个别项目相关方成功的现象。

在 BIM 的应用实施中,IPD 模式是快速发展中的建设模式,许多的研究和实践均表明,IPD 模式也是 BIM 技术应用和实施的最佳模式。目前,虽然仅有为数不多的工业发达国家项目采用这种建设模式,但研究表明,采用该模式的项目取得了巨大的成功和效益。

二、基于 BIM 技术的 IPD 模式

1. IPD 模式的实践准则

IPD 模式基于项目相关方之间相互信任的合作而构成项目团队,这种基于相互信任的合作将鼓励团队成员聚焦于项目的整体目标与团队整体利益,而不再是团队成员所服务企业的独立目标。如果不以充分信任为基础进行合作,IPD 模式不会取得项目的成功,项目参与方之间仍然会停留在因利害冲突而相互转移风险的状态。IPD 模式和 BIM 技术的应用实施需要项目全体成员遵循以下实践准则。

① 相互尊重,互相信任,互利互惠。业主、设计方、施工方、供应商必须理解并认可团队协作的价值,积极、主动地作为项目团队的一个成员参与协同工作,基于相互尊重、相互信任及互利互惠行为准则,共同制定项目的目标与激励机制。

② 在合作基础上进行创新与决策。只有当某种思想能在项目所有成员之间自由交换时,才能激发创新,而一个主意是否有价值和切合实际,要由整个团队来评判并获得改进。

③ 关键的项目成员应尽早介入。关键参与方的早期介入,可以为项目提供多学科的知识与经验,这些知识和经验对于项目的早期决策是非常有帮助的。

④ 尽早制定项目总体目标。项目总体目标应是在项目初期被全体参与成员所关注并一致同意的结果,获得每一个项目成员对总体目标的理解与支持是重要的,它将推动项目成员的创新意识,鼓励项目成员以项目总体目标为框架制定其个体目标。

⑤ 增强设计。集成化方法让人们认识到,增强设计会产生很好的项目实施效果,展现施工阶段降低返工、避免浪费、避免工期延误,因此,IPD 方法的主旨不是简化设计,而是加强设计投入来避免在施工过程中更大的投入。

⑥ 创造开放式的交流与沟通氛围。开放的、直接而坦诚的交流几乎是所有 IPD 推介者所强调的,而实际上这样的氛围在项目中的确是重要的,可以说是实现 IPD 一切目标的基础。没有这样的氛围。没有信息的开放与共享,IPD 所承诺的目标只能停留在计划层面。

⑦ 相匹配的技术和工具。采用相匹配的技术和工具实现项目功能性、整体性和协同工作能力的最大化,开放的、互用的数据交换将给予 IPD 强力支持,基于公开标准的技术将支持团队成员之间进行最好的交流。

⑧ 团队组织与负责人的选择。项目团队是一个拥有自主决策权的组织,所有的团队成员都应致力于项目团队的目标和价值观。团队负责人应是在专业工作和服务方面能力最强的团队成员。通常情况下,设计领域专家和承建商以他们在其各自领域的能力可赢得整个团队的支持,但是具体的角色必须结合项目实情确定。

2. IPD 模式的组织与契约

在传统项目实施过程中,当出现问题时,习惯性做法是做好守住自己一方利益的准备,

而将损失转移到其他方,这种做法使各参与方之间的合作受到打击。相比之下,当问题出现时,IPD则要求参与方协调一致解决问题,共同承担责任与损失。IPD模式战略性地重组项目的角色、工作目标及工作方式,希望充分发挥每个项目成员的能力、知识和经验的价值,产生最佳项目绩效。在人们习惯于传统建设模式下,这种对传统角色和项目目标的重新界定,将不可避免地导致一些新问题的出现,包括参与者的习惯行为如何改变、如何在大协作环境下应对风险等。

在IPD项目中,项目团队应在项目早期尽快组建,项目团队一般包括两类成员:主要参与方和关键支持方。IPD的主要参与方与项目有实质性关联并从头至尾承担项目责任,与传统项目相比,其成员选择范围更加宽泛,一般情况下既包括业主、设计方、承包方等项目相关方,也包括因利益关系而参与进来的其他组织或个体,他们将通过合约聚集为一个整体,或被集成到SPE(单一目标实体,一般指项目公司)中,SPE虽是临时的。但在工程建设过程中却是一个正式组织,可以是公司或者有限公司。关键支持方是IPD项目的重要角色,在为项目服务的形式上更加独立些,如为项目提供结构设计咨询服务的结构专家,在许多IPD项目中可以以关键支持方角色为IPD项目提供结构设计咨询服务。关键支持方也将直接与主要参与方或SPE建立合同关系,并同意主要参与方之间的合作方法和工作流程。关键支持方与主要参与方的主要区别在于其阶段性。例如,在大部分建筑工程中,结构工程师一般不作为主要参与方服务于IPD项目,因为他们仅为项目的一个独立的阶段服务而不是贯穿整个项目生命期,而在桥梁工程中,结构工程师作为主要参与方会更加合适。

团队一旦建立,保持团队合作的意识和开放式的交流氛围是很重要的,这些将有利于信息在团队成员之间共享,有利于发挥技术工具——BIM的重要作用。团队应以保密协议约定对敏感、私密信息的共享与使用权限。成功的集成项目有着让所有成员理解、认同并遵循的决策方法和过程,最终决策权并不固定在某成员身上,而是落在经团队一致同意的决策主体上,决策主体一般是以主要参与方为主、关键支持方为辅的权力团体,决策主体一般也在项目初始阶段组建。由于团队成员之间的相互关联性较高,某一成员的离去、内部产生激化矛盾都将对团队产生较大的负面影响,因此维护团队成员的稳定性及其良好的内部关系也是IPD项目应重视的问题。

IPD模式试图突破因各参与方维护自己利益而产生关系割裂、最终损害项目整体利益的现状,但这并不意味着各参与方的利益与工作范围含混不清,相反,IPD模式对各方的责、权、利有着清晰的界定,IPD团队成员的职责划分基于其能力基础,确保承担者能够胜任其职责。主要项目成员包括以下几方。

设计方:是承担产品设计的主体,参与项目设计过程的定义,在设计阶段提供增强的冲突检查服务,全面解决产品设计中潜在的冲突问题,频繁而及时地为其他成员提供用于评估和专业工作的产品设计信息,获取反馈改进设计。

施工方:在项目早期参与项目,基于其施工知识与经验,为项目提供施工方面的咨询与决策支持信息,包括施工计划、成本估算、阶段成果分析定义、系统评估、可建设性检视、采购程序定义,提供产品设计评估建议,在产品优化设计中发挥比传统项目更显著的作用。

业主:业主是评估与选择设计结果的主要角色,在项目早期提出对项目建设进行分析测量的标准,按照IPD项目的灵活性需要,业主也将更多地协助解决项目实施过程中所发生的问题。作为 IPD 项目的决策主体的成员，与传统项目相比，业主将参与更多的项目细节工作，并需要为项目的持续、有效发展作出迅速反应。

从上述分析中可以看出，每一个项目都是互联的、角色间沟通和彼此承诺的网络，每个角色将承担比传统项目中更宽泛的职责，其责任之间的相互影响比传统项目更加密切，这也容易引发责任主体不清的问题。因此，在 IPD 项目实施过程中，需通过定义良好的 IPD 协议划清每个参与方的工作与责任范围，各方的利益也将在合同中相应地作出明确的规定。在 IPD 协议中，需要对某方不履行职责所产生的风险作出规定，从而推动跨越传统角色及其责任的合作。IPD 协议将在所有直接参与方之间分散风险。基于这种原则和方法，设计方可能会直接分担因施工方不作为的风险，反之亦然。在洽谈协议和搭建项目团队成员关系时，这一条款将作为公认条款放在首要位置。在 IPD 模式中，项目主要参与方有必要清晰地认识他们将要承担的风险与传统项目有着本质性的区别。IPD 协议是确保 IPD 项目获得成功的关键文档，伴随 IPD 模式的发展及项目类型的不同，IPD 协议存在多种形式。

在这样的团队创建并进入项目实施后，项目参与方的利益完全依赖于项目的成功，基于项目的总体目标，各参与方的角色定位、责任目标、风险承担方式等均有清晰的界定，对各方职责的实施绩效仍然可以像传统项目那样依据合约作出明确的判定，基于相互信任的合作与明确的 IPD 协议将保驾集成化团队的工作向着出色地实现项目目标的方向发展。最终，人们会发现，项目参与方在传统项目中养成的保护、提高自己利益的习惯将会成为促成 IPD 项目目标实现的动力，这或许说明了 IPD 模式具有艺术性一面的特征。

3. IPD 模式的典型项目流程

IPD 模式把项目流程划分为集成化团队建设方面和项目实施方面。集成化团队建设是项目实施的必要条件，它由以下六项工作构成：① 尽可能早地确定主要项目参与方，这项工作对项目至关重要；② 对项目主要成员进行资格预审；③ 考虑并选择其他项目相关方，包括行业主管部门、保险商、担保银行等；④ 用易于理解的方式定义项目总体目标、利益关系及主要参与方的活动目标；⑤ 确定最适合于项目的组织与经营结构；⑥ 开发、签署项目协议，定义参与方的角色、责任和权益。

在建设项目实施过程中，按照 IPD 思想重组传统建设项目的实施流程，IPD 的项目实施流程与传统项目的关键区别，是将项目决策和设计的时间尽最大可能向项目起始方向推移，实现以尽可能小的成本产生尽可能好的设计成果。

另外，在 IPD 模式和 BIM 技术实施过程中，定义和分析项目实施的每一个阶段的工作需要基于以下两个关键的原则：一是在项目早期集成来自施工方、制造方、供应商和设计方的工作成果；二是使用 BIM 技术和工具建模并准确地模拟分析项目、组织和过程。这两个原则会在施工图设计开始之前将设计的完成度提升到相当高的水平，从而使之前的方案设计、扩初设计和施工图设计三个阶段的工作效果显著地高于其他传统的建设模式，这种高水平的早期设计的完成度使得后续阶段的设计、规范和标准审查、冲突检查等不再像传统项目那样需要付出较大的精力和时间，并在施工阶段降低返工成本、缩短施工周期。在每一个实施阶段，IPD 模式清晰定义了每一个阶段性项目成果与各方的责任分工。

三、BIM 技术在 IPD 模式中的应用

1. IPD 模式与 BIM 技术的相互关系

BIM 技术与 IPD 模式有着近乎完全一致的项目目标——实现项目利益的最大化。将这一目标分解开来,主要包括产品形式与功能满足业主的要求,为实现这一目标所付出的投资均能产生预期价值,项目能在最短的时间内实现,要实现项目质量和功能,要在进行建筑实物建设投资之前,通过合适的方法让项目各参与方充分理解设计意图,在业主及相关方对产品的设计完全认可之后,再进行建筑实物的建设投资。BIM 技术可以为项目提供多维可视化检视功能,对于安全、能耗、设施维护方案等诸多方面的设计结果可以进行虚拟仿真与分析,这些已被证明是在大量资金投入之前让项目相关方充分理解设计意图的最佳技术方法。此外,IPD 团队中的设计成员需要使用 BIM 技术进行优化设计,以满足业主的需求;施工管理成员则需要通过 BIM 技术对施工过程进行仿真模拟,检查施工方案在空间协调、安全保障等方面的可执行性。

BIM 技术是 IPD 模式最强健的支撑工具。由于 BIM 技术可以将设计、制造、安装及项目管理信息整合在一个数据库中,它为项目的设计、施工提供了一个协同工作平台,另外,由于模型和数据库可以存在于项目的整个生命周期,在项目交付之后,业主可以利用 BIM 技术进行设施管理、维护等。

BIM 的应用正在不断发展。一个较大的复杂项目,可能需要依赖于多个相互关联的模型。例如,加工模型将与设计模型共同产生加工信息,同时,可在设计与采购阶段进行冲突协调。在施工之前,施工方的工作模型与设计模型关联进行施工模拟以降低材料浪费、缩短施工周期。BIM 技术可以在项目早期阶段产生精确的施工成本与工程造价,在极端复杂的工程中可能不再需要为项目的复杂性而增加额外的建设周期和资金投入。

BIM 技术不是一个系统的项目建设模式,但是 IPD 的建设模式与 BIM 技术紧密关联并充分应用这种技术所具有的能力。因此,项目团队有必要理解关于模型如何被开发,如何建立相互关联,如何被使用,以及信息在模型和参与方之间如何进行交换,如果没有对这些知识的清晰理解,模型就可能被误用。软件的选用应基于功能和数据互用的需要,开放性技术平台本质上是 BIM 技术和其他模型在项目流程中的集成,这种集成将促进项目各阶段的交流,为了实现这一目标,以数据互用为目标的数据交换协议(如 IFC 标准等)已陆续开发出来。

BIM 模型的开发级别和模型精度应依据用途来确定。例如,如果将模型用于成本计划与成本控制,则模型中的协议将包括成本信息如何创建和交换,管理和交换模型的方法也应确定下来。如果 BIM 模型作为承包合同的一部分,那么模型与其他合同文档之间的关系就要确定下来。在 IPD 模式下,BIM 模式的决策和协议对于 BIM 的实施效果是至关重要的,在确定和签署之前,最好经过 IPD 团队讨论,并使项目各方达成共识。

IPD 模式所倡导的基于信任的协同工作环境和开放性交流氛围,无疑为 BIM 的数据交换提供了最佳实施环境,BIM 技术则反过来帮助 IPD 的项目参与方实现超越传统意义的协同工作。IPD 模式与 BIM 技术融合在一起,能够实现建筑产品与施工过程同步设计,最终彻底消除因设计缺陷所导致的施工障碍和返工浪费。

2. BIM 在 IPD 模式中的实施过程

在 IPD 模式下,BIM 应用将贯穿于整个建设项目生命周期,其突出价值会体现在工程设计、施工和运营各阶段,基于之前所描述的 IPD 模式的典型项目流程及国内通常对项目的阶段性划分,在 IPD 模式下的 BIM 技术的实施过程包括以下七个阶段。

（1）方案设计阶段

业主提出建筑形式、功能、成本及建设周期相关的设计主导意见,这一主导意见是项目的主要目标,应被整个项目参与团队理解并接收。在听取业主、专业工程师、承包商等团队中各专业的相关意见的基础上,建筑师创建建筑方案的 3D 模型,该模型将反映出团队中各方成员对项目的相关意见。在这一创作过程中,虽然模型主要是由建筑师或其助手完成的,但同时包含团队其他成员所提供的专业建议,所以 3D 模型包含在多方面满足项目目标的必要信息。方案的模型将经过 IPD 团队成员的检视、讨论并最终确定。由 IPD 团队确定的方案在建筑形式、规模范围、空间关系、主要功能、估算造价范围、结构选型等方面,同时满足业主要求及实施的可行性。

（2）初步设计阶段

业主方将在检视方案设计模型的基础上,提供更加细致的项目要求,包括使项目规模、投资浮动范围、空间关系、功能要求更加清晰。建筑师按照业主要求修改设计模型,并将模型提交给其他专业设计,由各专业设计人员进行专业设计和专业分析,产生量化的分析结果,包括建筑能耗、结构、设备选型、施工方案等。BIM3D 模型将由单个建筑专业模型扩展为多专业的初步模型,初步模型中的关键构件、设备、系统,要经总包、分包、供应商检视并反馈其在制造、运输、安装等流程中的技术问题,用于建筑和系统设计的改进,并确定型号与价格范围。对于特大型及复杂项目,施工承包方在该阶段将基于初步设计模型中的构件、设备选型,创建 4D 模型,模拟项目中关键部位的施工方案,确认设计的施工可行性。团队在综合多专业信息的基础上,产生与初步产品设计及施工方案相呼应的概算造价、施工工期、安全环保措施等初步设计成果,依据初步设计成果,由业主方进行后续项目进展的决策。

（3）扩大初步设计阶段

扩大初步设计阶段也称详细设计阶段。在此阶段,业主将审查初步设计模型和相应的设计结果,依据审查意见提出局部修改和细化要求。建筑师、专业工程师、分包商将进一步细化各自的专业模型,并将各专业模型集成为综合模型,进行碰撞检查与空间协调设计,承包方将依据设计模型,创建相对完整的项目 4D/5D 模型,对项目的实施进行模拟,检视项目实施过程中的组织、流程、施工技术、安全措施等方面的潜在问题,改进、完善施工方案。当产生较大的设计变更时,相关专业需要基于模型重新进行专业分析,核实设计结果。最终,整个 IPD 项目团队将产生经充分协调了的各专业模型——充分协调模型,依据充分协调模型所产生的新一轮设计概算,将作为业主审查和最终批准项目的依据。

（4）施工图设计阶段

业主将最后一次审核该项目设计,需工厂化加工的构件将由分包商或产品供应商进行加工建模和零件设计,并将加工模型叠加到相关的专业模型上,建筑、结构、设备、施工各专业将最终完善模型,并依据模型出具工程施工图。承包商将进行采购协调和施工场地、施工过程中的动态空间冲撞检查,调整优化工程施工流程。

（5）审查与最终审批阶段

IPD团队将向建设项目的审查机构提交包括图纸、模型及相关设计文档在内的审查文件，协助审查机构审查设计，完成基于模型和图纸的施工交底，总包方继续将设计模型升级到施工模型，以满足对施工过程进行可视化项目管理的需要。

（6）施工阶段

业主或工程监理单位将监督施工过程，对有关的工程变更请求提出审核意见，工程设计方负责项目变更的设计，施工承包商负责将该阶段的相关变更反映到施工模型上，最终产生建设项目的BIM竣工模型，其他相关方将协助竣工模型的修改和完善。

（7）运营阶段

该阶段项目的设施管理单位将使用建设项目的竣工模型进行设施的管理，必要时将根据设施管理工作需要对竣工模型进行修改和优化。

在IPD模式下，项目的规模、复杂程度不同，将使各阶段BIM实施的内容可能有所不同。但是，项目相关方应按照一致的项目目标进行密切协同工作的特点将保持不变，该模式将是BIM技术发挥最佳效果的建设模式，作为区别于其他模式的典型特征，将成为与BIM应用相互促进、共同发展的基础。

第二节　基于BIM技术的IPD模式生产过程

一、传统工程建设管理模式与IPD模式

1. 传统工程建设管理模式的弊端

在传统工程建设管理模式中，决策阶段的DM（开发管理）、项目实施的PM（项目管理）和运营期的FM（设施管理）是相互分割和相互独立的。这给整个项目的业主方和运营方管理带来种种弊端，主要表现在以下五个方面。

（1）传统管理模式中相互独立的DM、PM和FM针对决策阶段、实施阶段和运营阶段分别进行管理，往往由不同的专业队伍负责，很难对不同参与方之间的界面、不同阶段之间的界面进行有效管理，缺少对建设项目真正从全生命周期角度进行分析，全生命周期目标往往成为空中楼阁。

（2）传统工程管理模式难以真正以建设项目的运营目标来导向决策和实施，最终用户需求往往从决策阶段开始就很难得到准确、全面的定义，无法实现运营目标的优化。

（3）传统管理模式中承担DM、PM和FM服务的专业工程师各自在本阶段代表业主方或运营方利益提供咨询服务。建设项目作为一个复杂系统，要实现全生命周期目标，需要从决策阶段开始就将各方的经验和知识进行有效集成，而传统管理模式相互独立的DM、PM和FM很难做到这一点。

（4）传统管理模式中DM、PM和FM的相互独立，造成全生命周期不同阶段用于业主方或运营方管理的信息支离破碎，形成许多信息孤岛或自动化孤岛，决策和实施阶段生成的许多对物业管理有价值的信息往往不能在运营阶段被直接、准确地使用，造成很大的资源浪费，不利于全生命周期目标的实现。

（5）适用于DM、PM和FM的信息系统为各自管理目标服务，建立在不同的项目语言

和工作平台之上，难以实现灵活、有效、及时的信息沟通。

2. IPD 模式的特点

为克服以上诸多弊端，集成的理论和方法（产品数据集成、过程集成、不同专业和供应链集成、工具集成及内部商务集成等）近年在建筑业中的应用是热门课题之一。由此产生了一种新型工程管理模式——IPD 模式，其将传统管理模式中相对独立的 DM、PM 及 FM 等阶段运用管理集成思想，在管理理念、管理目标、管理组织、管理方法、管理手段等各方面进行有机集成（不是简单叠加）。与传统模式相比，IPD 模式具有以下四个特点。

（1）在 IPD 模式下项目生产过程主要可分为概念设计、标准设计、详细设计、执行文件、机构审查、采购分包、建造、收尾等过程。项目流在整体交付过程中从早期的设计到结束，没有用 PD-SD-DD-CD（概念设计—结构设计—详细设计—标准设计）的惯例，而是采取 PD-CD-DD（概念设计—标准设计—详细设计）的工作流程，尽可能实现在项目初期确定设计决策，减少项目工作流的障碍，有利于实现影响产出的机会最大化和成本最小化。

（2）在 IPD 模式的生产过程中尤其强调精益建造。精益建造是吸收精益生产的理念并加以改进用于建筑业的一种先进的建造方法与管理思想，以减少浪费、持续改进、向顾客增加价值为原则来实现项目完美交付。它以顾客为中心，通过采用 TQM（全面质量管理）、JIT（拉动式生产）、CE（并行工程）、LPS（最后计划者系统）等关键技术来消除一切浪费，追求完美，以实现顾客价值最大化和浪费最小化。而 BIM 作为一个建设项目物理性能和功能性能的数字表达，不仅仅是一种设计工具，更是一种团队合作的平台。通过这个合作平台的共享知识源，团队成员分享项目相关信息，为项目全生命周期相关决策提供依据，并可支持和反映团队成员各方协同作业。

（3）IPD 模式是一种追求顾客价值最大化的新型项目管理方式，它的实现必须改变传统的建造方式，使用先进的技术工具。精益建造是一种以顾客价值的最大化为目标的建造方式，能满足 IPD 对建造方式的要求，它的相关技术为 IPD 的实现提供了强大支撑。而作为建筑工程领域出现的一项变革性的新技术，BIM 技术不仅为精益建造关键技术的实施创造条件，更是促成 IPD 实现的关键因素。同时精益建造的实施又为 BIM 技术的运用提供了一个先进的建造体系，改变了 BIM 运用的社会建造背景。在 IPD 模式下，基于 BIM 实施精益建造体系所带来的价值比单独运用精益建造或 BIM 所带来的价值更大，是双赢智慧的体现。

（4）IPD 模式具有协作程度非常高的流程，该流程覆盖了设计、供应、施工等项目各个阶段。精益建造的目的就是通过改善生产流程，减少项目生命周期各个过程中不增加价值的浪费。而精益建造体系的运用，是以项目各参与方对项目各阶段数据的掌握为基础。随着项目的深入，相关数据量越来越多，以文本数据为代表的单一数据互享方式已经不能满足现代项目管理的需要。而以解决项目不同阶段、不同参与方、不同应用软件之间信息存取管理和信息交换共享问题为特色的 BIM 技术的出现，解决了 IPD 模式下实施精益建造体系对海量数据要求的难题。

二、BIM 技术对建设生产过程的影响

国内外研究均能表明，与其他工业（汽车、航空航天等）相比，建筑业生产效率低下。斯坦福大学的一项研究表明，从 20 世纪 60 年代以来，美国工程建设行业的劳动生产效率呈现下降趋势,而在同一个时间段里面非农业的其他工业行业劳动生产率提高了一倍以上。技术手段的投入不足和项目实施方法的天生缺陷是其中最主要的两个原因。

根据 IDC(互联网数据中心)的分析研究报告 *Worldwide IT Spending by Vertical Market* 2002 *Forecast and Analysis* 2001—2006,全球制造业和建筑业的规模相差无几,大约为 3 万亿美元,但是两者在信息技术方面的投入差异很大,建筑业用于 BLM(建设工程生命周期管理)的 14 亿美元只有制造业用于 PLM(产品生命周期管理)81 亿美元的 17% 左右。

技术投入不足的结果就是依然使用抽象的、不完整的、不关联的、缺失信息的 2D 图纸(包括 2D 图形电子文件)作为工程建设项目承载和传递信息的最主要手段,而在飞机、汽车、电子消费品等制造业领域的 3D 技术、数字样机以及 PLM 的应用已经相当普及。工程建设行业应对这方面挑战的技术手段就是 BIM。

1. BIM 技术对建筑业生产方式的影响

BIM 技术应用对建筑业的生产方式产生很大的影响,以下分别介绍。

参数化建模,与传统设计有非常大的区别,它等于是参数化设计。以前 2D 的 CAD 用线条、圆弧来进行设计,而现在应用 BIM 是基于构件的各种参数来进行设计,设计的数据都存入 BIM 数据库。BIM 模型不是简单地把东西放在一起,而是把它们弄成一个相互关联的整体。

非现场制造,这也是 BIM 技术的主要特点功能之一。非现场制造量越大,代表工业化程度越高。非现场制造可以节约建设成本,加快施工速度,此外还可以降低安全事故率和减少对环境的污染。很多安全事故和环境污染就是现场制造造成的。统计表明,非现场制造可以使事故率大大降低、环境污染大大减少。

另外还有虚拟建造、数字沟通,或者 4D、5D、ND 等相关技术。4D 就是把进度横道图可视化,即相当于一个 3D 加一个横道图,这样在看进度的时候不是枯燥的一根根横线,而是动画的工程进度视频。5D 就是将枯燥的工程量清单进行可视化,即工程量与工程实体进行可视化的、有机的链接,并能够自动计算。所谓 ND,就是对建筑性能进行可视化分析,包括了能耗、消防、交通等建筑性能的可视化分析。有了 4D、5D、ND 技术就可以以可视化方式进行工程项目管理和建筑性能分析,并在此基础上,进一步将实现工程项目管理自动化和建筑性能改进自动化。

BIM 技术代表的是一种新的理念和实践。BIM 技术在建筑业的应用,能减少建筑业的各种浪费,提高建筑效果和建筑业的效率。

2. BIM 对建筑业生产流程的影响

BIM 不只是软件或技术,它也是过程。建筑行业中 BIM 技术的应用可以改变传统的工作方式、工作习惯、项目管理,从而实现更高的效率、更低的造价,提高施工配合度。建筑设计建造过程中 BIM 技术的应用,从方案比选、初步设计的绿色建筑模拟、施工的碰撞检查、概算阶段的工程量统计及竣工阶段的施工模拟等多个方面,显著提高建筑设计全周期的工作效率。

目前流行的建设模式,包括平行发包、设计—投标—施工(DBD)、设计—施工(DB)和承担风险等模式,都有一个天生的缺陷:项目各参与方均以合同规定的自身的责、权、利作为努力目标,而忽视整体项目的总体目标,即参与方的目标和项目总体的目标不一致。因此经常出现这样的情况,项目的目标没有完成(例如造价超出预算),但某个参与方的目标却圆满完成(例如施工方实现盈利)。

而 BIM 模型中有一个 3D 工程项目数据库,它集成了构件的几何、物理、性能、空间关系、专业规则等一系列信息,可以协助项目参与方从项目概念设计阶段开始就在 BIM 模型支持下进行项目的造型、分析、模拟等各类工作,提高决策的科学性。首先,这样的 BIM 模型必须在主要参与方(业主、设计、施工、供应商等)一起参与的情况下才能建立起来,而传统的项目实施模式由于设计、施工等参与方分阶段介入而很难实现这个目标,其结果就是设计阶段的 BIM 模型仅仅包括设计方的知识和经验,很多施工问题还得留到工地现场才能解决;其次,各个参与方对 BIM 模型的使用广度和深度必须有一个统一的规则,才能避免错误使用和重复劳动等问题。

假想一个从项目一开始就建立的由项目主要利益相关方参与的一体化项目团队,这个团队对项目的目标整体成功负责。这样的一个团队至少包括业主、设计总包和施工总包三方,与传统的接力棒形式的项目管理模式比较起来,团队变大变复杂了,在任何时候都更需要利用 BIM 技术来支持项目的表达、沟通、讨论决策。这就是 IPD 模式的概念。

3.BIM 对建筑业组织的影响

IPD 模式可以大幅提高建筑生产过程的效率。英国政府商务办公室的研究表明:采用 IPD 模式的项目团队通过在多个项目上不断磨合可以持续提高项目的建设水平,磨合后的项目团队可以将目前的建设成本减少 30%,即使只在一个项目上应用 IPD,也可以减少 2%~10% 的成本。除了上述优势之外,IPD 模式还可以使主要的项目参与方从中受益。

在 IPD 的方法下,业主可以在项目的早期了解到更多的项目知识,这不仅有利于业主和各项目参与方的交流,而且有利于业主作出正确的决策来实现自己的目标。IPD 的方法也有助于其他项目参与方更好地理解业主的需求,帮助业主实现项目的目标。

IPD 的方法可以让承包商在设计阶段就参与当中,这样可以提高他们对设计方案的理解水平,更好地安排施工计划,及时发现设计过程中存在的问题并着手解决,合理安排施工顺序,控制施工成本。总之,承包商的早期参与有助于更好地完成项目。

IPD 的方法可以使设计方从承包商的早期参与中受益,例如及早发现设计方案中存在的问题,帮助设计人员更好地理解设计方案对施工的影响,IPD 的方法可以让设计人员把更多的时间投入前期的方案设计上,施工图出图的时间可以大量减少,提高对项目成本的控制能力。

IPD 的方法需要项目各参与方之间精诚合作,这就需要各参与方之间能相互信任。基于组织间相互信任而建立的合作关系会引导项目各参与方共同努力来实现项目目标,而不是以各自的目标作为努力的方向。相反,如果各参与方之间失去了相互信任,IPD 实现的基础将不复存在,各参与方依然会回到对抗与各自为政的老路。IPD 的方法可以实现比传统建设方法更好的效果,但这种效果不会自动产生,它需要各参与方都能按照 IPD 方法的原则各司其职,协同工作。由项目各参与方组成以追求项目成功为最终目标的集成化项目团队是应用 IPD 方法的关键。在 IPD 的方法下,一旦出现矛盾或问题,各参与方首先考虑的将会是如何携手解决问题,而不是单纯考虑如何保护各自的利益。在传统的建筑业中,面对矛盾和问题时自我保护已经成为各参与方的一种本能反应,它已经成为传统建设项目文化的一部分,要想改变它首先需要在项目文化上有所突破。在选择项目团队成员时,不仅需要考虑他们完成任务的能力,还需要考虑他们是否愿意采用新的方法进行协作,这两点对 IPD 项目的成功实施至关重要。

第三节　基于 BIM 技术的 IPD 模式组织设计

组织论是项目管理的母学科。在国际上,对一个工程系统存在的问题往往从组织、管理、经济和技术等四个方面进行分析和诊断,而组织是其中最重要的。组织不但反映了系统结构及其运行机制,还融合着系统的管理思想,它既是系统运行的支撑条件,也是目标实现的决定性因素,任何系统目标的实现都离不开有效的组织保障。IPD 模式下的 BIM 应用和实施需要确定项目 BIM 实施目标、确定项目各参与方的任务分工及流程。只有在理顺组织的前提下,才有可能有序、高效地进行 BIM 实施管理。基于 BIM 技术的 IPD 模式组织设计对 BIM 应用目标及项目目标的实现具有重要影响。

一、概述

1. 基于 BIM 技术的 IPD 模式组织概念

组织的含义比较宽泛,常用的组织一词一般有两个意义:动态意义为组织工作,表示对一个过程的组织,对工作的筹划、安排、协调、控制和检查,如组织一次活动;静态意义为结构性组织,指人们(单位、部门)按照一定的目的、任务和形式编制起来的集体或团体,具有一定的职务结构或职位结构,如项目组织。建设项目组织不同于一般的企业组织、社团组织和军队组织。

在建设项目的全生命周期(包括决策阶段、实施阶段及运营阶段)中,围绕建设活动形成的组织系统不仅包括建设单位本身的组织系统,还包括参与单位共同或分别建立的针对特定工程项目的组织系统,即开发方、运营方、业主方项目管理、设计总包单位、设计分包单位、总承包商、分包商、材料供应商、设备供应商、技术咨询单位、法律咨询单位及政府有关的建设监督管理部门等。工程项目组织是建设活动开展的载体,是有意识地对建设活动进行协调的体系。基于 BIM 技术的工程项目 IPD 活动的项目组织范畴与传统建设模式下的项目组织范畴并无不同。为阐述方便,在不违背组织范畴划分依据的前提下,将上述复杂的组织关系简化成业主方、设计方、施工方及供货方,如图 5-1 所示。他们是构成基于 BIM 的工程项目 IPD 模式的基本组织单元。基于 BIM 技术的 IPD 模式组织设计需要重点分析与梳理项目各主要参与方之间的跨组织关系。

2. 基于 BIM 技术的 IPD 模式组织设计目标

作为一种新的建设项目生产组织模式,基于 BIM 技术的 IPD 模式强调下游组织的前期参与和投入,考虑下游组织对项目设计活动的影响,提倡组织间活动的并行交叉,鼓励组织间的协同工作和信息共享,这些都对传统的项目组织模式提出了很大挑战。为了使基于 BIM 的 IPD 模式可以顺利实施,须对传统建设模式的组织模式进行重新设计,从组织的角度采取措施确保项目的顺利实施。基于 BIM 技术的 IPD 模式的组织设计目标包括以下几点。

（1）有利于组织系统目标的实现

组织是系统良好运行的支撑条件,组织理论认为系统目标决定了系统的组织,组织是系

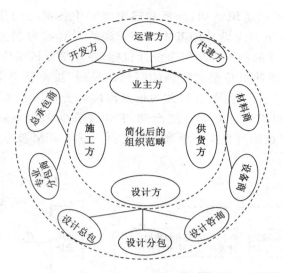

图 5-1　基于 BIM 技术的 IPD 模式的组织范畴

统目标能否实现的决定性因素,组织反映了系统的结构,而系统的结构影响系统行为。因此,基于 BIM 技术的 IPD 模式的组织设计目标是努力促进各项目组织与系统目标协调一致,从组织结构上保证参与各方围绕共同目标工作,从组织分工上强化各参与方的相互关联性,使系统的目标高效率地实现。在构造基于 BIM 技术的 IPD 模式的组织时,目标至上原则是进行组织设计的最高原则。

（2）有利于组织系统功能的发挥

项目组织本身就是由不同项目参与方组成系统,因而具有系统的整体性特征。参与项目建设的组织分属不同的专业和利益归属,他们既存在竞争关系,也存在合作关系,因而组织设计的目标就是要促进组织间的合作,减少组织间的内耗,共同为项目目标的实现而努力。

（3）具有充分的弹性和柔性

项目组织的弹性表现为组织的相对稳定性和对内、外条件变化的适应性,柔性表现为组织的可塑性。组织权变理论认为每个组织的内在要素和外在环境条件都各不相同,组织需要根据所处的内外环境发展变化而随机应变,具有快速响应外部环境变化和进行内部调整的能力。基于 BIM 技术的 IPD 模式的组织应该具备开放、动态、柔性特征,既能够适应外部环境的变化,又具有一定的稳定性。

（4）有利于形成协同化的组织环境

BIM 作为一种新的生产工具,由于内在的建筑全息模型,应用环境与传统的 2D 生产工具有着很大的区别,其功能的充分发挥需要通过不同项目组织、不同专业的协同工作来实现,因而新的组织模式应该为协同化环境的形成创造有利条件,使其可以更好地为项目服务。

3. 基于 BIM 技术的 IPD 模式组织设计步骤

组织设计需根据组织的内在规律有步骤地进行。根据组织论的基本原理,要建立一个有效组织系统,必须首先明确该系统的目标,有了明确的目标才能分析系统的任务,有了明确的任务才可以考虑组织结构,分析和确定组织中各部门的任务与职能范围,确定组织分工,这是一个系统组织设计的基本程序。组织设计将遵循上述原理,首先根据基于 BIM 技术的 IPD 模式的特点提出组织设计目标,在详细分析了传统组织结构和组织分工体系对基于 BIM 技术的 IPD 模式实施的制约路径后,提出基于 BIM 技术的 IPD 模式的组织结构和组织分工设计原则,并以此为根据构建基于 BIM 技术的 IPD 模式的组织结构和组织分工模型。组织设计并非一蹴而就,它需要在实践中不断改进,以新的认识和结论进行反复迭代,在运用过程中不断改进和完善。基于 BIM 技术的 IPD 模式的组织设计步骤如图 5-2 所示。

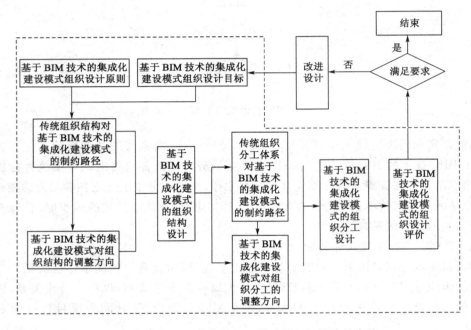

图 5-2　基于 BIM 技术的 IPD 模式的组织设计的步骤

二、基于 BIM 技术的 IPD 模式组织结构

1. 传统组织结构对基于 BIM 技术的 IPD 模式的制约

现代管理学之父彼得·德鲁克(Peter F. Drucker)认为,组织结构是一种实现组织目标和绩效的方式。错误的组织结构将严重影响组织的运作,甚至可能使其陷于瘫痪。传统项目割裂式的组织结构对基于 BIM 技术的 IPD 模式具有很大的制约。传统的工程项目组织是建立在分工协作基础上的金字塔式层级组织,其结构具有多层级、界面复杂的特点(图 5-3),其项目组织结构是与传统的工程建设环境相适应的。而在基于 BIM 技术的 IPD 模式下,随着建设环境的改变,传统的组织结构已不再适用,具体表现在以下三个方面。

(1)不利于组织间的信息沟通

作为一种面向全局的综合性生产方法,IPD 的有效实施需要对信息进行高效的收集、处理、传输。基于 BIM 技术的 IPD 模式能否成功实施很大程度上取决于各项目参与方的合作水平,而组织间的协同工作需要以可靠和及时的信息沟通为基础。在基于 BIM 技术的 IPD 模式下,项目组织间沟通频率要远高于传统建设模式,如图 5-4 所示,因而需要有良好的沟通途径作保障。在传统的项目组织结构下,各项目参与方之间的信息沟通方式是建立在严格的层级制基础上的,这种信息沟通方式的特点是重在纵向命令,缺乏横向沟通。一方面,纵向多层次的信息传递方式使自下而上的信息流由于受传统等级领导制度的压制而变得被动和衰减;另一方面,各项目参与方之间缺乏横向沟通,使各参与方之间的信息交流形成一堵无形的信息沟通隔墙,导致设计单位与施工单位的组织分割。上述信息沟通障碍不但加剧了建设生产过程的分离,也造成工程建设过程中的"信息孤岛"现象及孤立生产状态,严重破坏了组织的有效性,极大降低了组织工作效率,其后果必然是导致工程建设成本增加、工期拖延、质量下降,甚至会造成整个工程建设的失败。

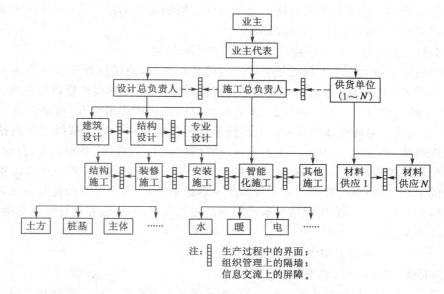

图 5-3 传统建设模式下的组织结构

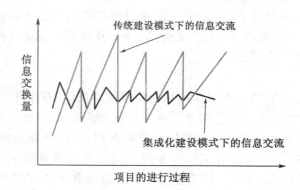

图 5-4 基于 BIM 技术的 IPD 模式下的信息沟通特点

(2)不利于组织间建立平等与信任的工作关系

IPD 模式的核心理念是协同合作,要求在项目生命周期内,项目各参与方紧密协作共同完成项目目标并使项目收益最大化。而高效的合作和充分的信息共享是建立在平等、信任基础上的。在传统的层级式组织内,权力意味着对组织内关键资源的支配能力,对权力的追逐和向往使传统项目组织变得等级森严和低效,组织内普遍存在的不平等现象迫使很多参与方只能是被动地执行命令。这种组织内的不平等现象和缺乏协商的作风在我国工程项目建设中表现得尤为突出,业主大权独揽,独断式地随意决策,设计与施工等实施方只是被动地执行决策。这种工作方式极大地挫伤了直接从事工程建设生产活动的设计、施工及供货各参与方的生产积极性和工作热情。平等是信任的基础,只有各参与方能平等协商,相互之间才可能建立信任工作关系。不平等的地位造成利益上的矛盾,利益上的矛盾在工作过程中就会演变成不信任。项目各参与方之间缺乏信任、各自为政,甚至人为地制造障碍、封锁信息,业主一味压低造价,施工方为了盈利而不惜偷工减料,弄虚作假,这对工程建设的恶劣影响是不言而喻的。各参与方之间缺乏信任不仅会削弱组织的战斗力,而且使大量的资源损耗在组织界面上,而不是用于目标的实现。

（3）不利于灵活地应对工程建设过程中的变化和风险

工程项目建设活动的最大特点是实施环境的复杂多变,建设过程中会有很多不可预见的风险因素需要及时处理,正如同济大学丁士昭教授所指出,工程项目管理依据的哲学思想就是:变化是绝对的,而不变是相对的。要有效应对建设过程中的变化,就必须建立灵活的组织结构,可以快速对环境作出反应。但传统的组织结构往往会因为层级过多而错失解决问题的最佳时机,在建设过程中,一个指令往往要经过业主、代建方、总承包方、分包方、工作班组等多个层次才能最终下达到直接从事生产操作的一线工人那里,如果再考虑每个层次内部层级的组织结构,多层管理的复杂局面是不难想象的,这种多层级的信息传递方式不仅会因信息传递时间过长导致组织错失解决问题的最佳时机,而且也容易导致信息的短缺、扭曲、失真,甚至是错误。

2. 基于 BIM 技术的 IPD 模式组织结构设计原则

（1）目标统一及责、权、利平衡原则

基于 BIM 技术的 IPD 模式的有效运行,需要各参与方有明确统一的目标。由于项目各参与方隶属于不同的单位,具有不同的利益,项目运行的障碍较大,为了使项目顺利实施,达到项目的总目标,需要满足以下三个原则:① 项目参与方应就总目标达成一致;② 项目设计、合同、计划及组织管理规范等文件中贯彻总目标;③ 项目实施全过程中考虑项目各参与方的利益,使项目各参与方满意。

（2）无层级原则

基于 BIM 技术的 IPD 模式在组织结构上要遵循无层级、扁平化的原则。组织可以看成关系的模式,组织的基础是信息沟通。由于传统的信息处理和传递工具落后,传递速度慢、效率低,为了实现对复杂生产过程的监督和控制,只能把复杂的工作过程分解为相对简单的工作任务或活动,并针对工作任务或活动实施监督和控制,并相应地设置了层层的职能管理部门进行信息的"上传下达",即传统的信息沟通方式产生了传统的层级式组织。基于 BIM 技术的 IPD 模式将彻底改变传统的信息传递方式,借助于 BIM 技术和现代网络通信工具,各项目参与方可以实现自由沟通,传统组织结构的层级设置将不再必要,取而代之的是无层级的网络组织,如图 5-5 所示。组织无层级的深层含义是否定传统组织的信息观。

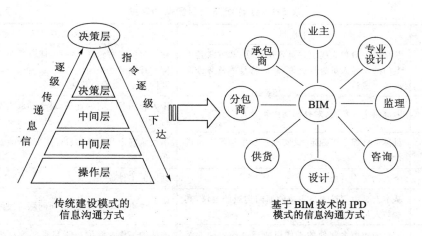

图 5-5　传统的建设模式与基于 BIM 技术的 IPD 模式的信息沟通方式对比

（3）强化关联原则

参与工程建设的项目各参与方都是相互独立的组织系统,各方都有自己的利益归属和运行体系。但是为了完成项目目标,项目各参与方必须将自己的组织目标融入项目目标当中,成为项目组织系统的一员。组织结构设计的目标是通过对组织资源的整合和优化,使之融合成统一的整体,实现组织资源价值最大化和组织绩效最大化。传统的建设模式割裂了设计与施工活动的固有联系,也造成了项目组织的分离。基于 BIM 技术的 IPD 模式不仅要在生产过程中恢复设计与施工的联系,而且也要从组织上强化设计与施工的联系。要实现这一目标,不同项目组织间就必须强化关联,以整体的方式对待项目建设过程中的问题,项目各参与方在建设过程中既需清楚自己的职责所在,也需了解自己的工作对其他组织的影响。增强组织的关联性需综合运用多种手段:在组织结构上,打破传统的层级组织模式,建立扁平化的网络组织;在组织分工上,打破传统的组织边界,建立新的组织的分工体系;在工作关系上,打破原有工作组的办公形式,建立多功能的交叉职能团队;在契约设计上,打破传统的收益与风险分配格局,建立"共赢共输"的契约体系。

（4）面向多参与方、跨专业协作的工作原则

传统的工程项目组织分工强调各部门完成各自的分工任务,而非共同完成一项整合的工作,体现在组织结构上就表现为组织与组织之间,尤其是具体的工作组之间缺乏合作。而基于 BIM 技术的 IPD 模式强调组织间的协同工作和相互支持,形成了前后衔接、相互支援的组织系统,这就需要在不同的组织和专业之间构造具有交叉功能的项目团队。例如,在设计阶段,为了实现优化设计、降低成本的目标,要求项目各参与方前期介入成立由设计、施工、供货等不同项目参与方构成的多功能项目团队,将参与方的经验和知识联合运用到工程项目中,这样不仅可减少项目过程中错误的发生,而且可以提高项目的效率。项目团队可以理解为若干处理共同项目任务的人员组合,项目团队内没有传统的上下级秩序、指令关系和层级的沟通渠道,而是强调团队成员间信息的直接沟通、平等协作,这与传统工作组式的建设生产单元有很大区别,详见表 5-1。

表 5-1　工作组与项目团队的区别

内容	工作组	交叉功能团队
领导	其结构一般预先确定并具备层级性；其方式是由专门的领导人员进行决策，然后将具体任务分配给各个成员	领导角色通常轮换，每一个成员都可以按照其相应的技能来承担确定的领导任务；对具体的任务共同讨论、决策和开展
责任	内部由个人负责，对外部则由领导人员负责	个人和相互之间的责任，对于外部由整个团队进行负责
目标	目标从外部予以确定，其实现过程由领导人员进行控制	由团队确定其自身的目标系统，所有成员在其中相互协调
工作成果	个人的工作成果	共同的工作成果
协调会议	基本上是由领导人员主持的面向沟通的会议，其参与人员是被动的	没有约束的积极讨论，面向问题解决的会议
效率衡量	工作的效率由其他的工作组或通过确定的业绩指标予以衡量	团队的工作业绩取决于目标实现程度和最终结果的质量

3. 基于 BIM 技术的 IPD 模式组织结构模型

基于上述组织设计流程及原则的分析，构造了基于 BIM 技术的 IPD 模式组织结构模型，如图 5-6 所示。其有以下四个特征。

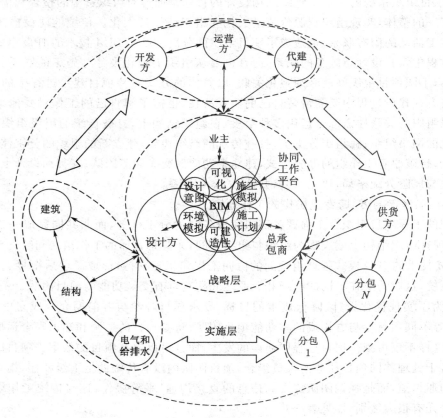

图 5-6　基于 BIM 技术的 IPD 模式的组织结构模型

（1）在模型运用划分上，该模型包括两个方面：第一方面是战略层，第二方面是实施层。

战略层的成员主要是项目的核心参与方。核心参与方是指对工程项目建设具有关键性作用、需要对整个项目进行全局性决策控制或进行整体协调管理的参与方，主要由业主、设计总包方、施工总包方构成，但可根据工程项目的具体情况增加其他关键的设计分包商和施工分包商。

实施层的成员主要是支持性参与方。支持性参与方是指围绕核心参与方并接受核心参与方协调管理的、阶段性地参与工程项目局部建设的参与方。核心参与方与支持性参与方的主要区别就在于他们在项目中的地位和稳定性不同，但他们之间并没有绝对的界限。例如，在一个结构简单的住宅项目上，结构工程师可能并不是项目的核心参与方，但是在一个结构复杂的体育馆项目上（如北京的国家游泳馆"水立方"），结构工程师的地位将非常重要，并需要一直参与项目直到竣工，在这种情况下，结构工程师就会成为项目的核心参与方。

在项目的建设周期内，支持性参与方在不同的阶段可以发生变化，但核心参与方比较稳定，流动性很小，这样可以使项目结构既保持较高的稳定性，又具有一定的柔性。

（2）在任务分工上，战略层与实施层有很大区别。战略层主要由业主、设计总包单位和施工总包单位等智力密集型参与方构成，承担工程项目中高层管理和决策工作。支持性参与方通常由施工分包商、专业设计方、咨询方、材料与设备供应商等技术密集型和劳动密集型参与方构成，承担工程项目的具体实施工作。具体地说，战略层的主要工作包括规划、评价、协调，实施层的主要工作是计划、实施、检查和协调，二者具体的任务分工如表 5-2 所列。

表 5-2 战略层与实施层的任务分工

组织层次	任务	任务描述
战略层	规划	规划是确定项目目标，明确工作任务，协商制定项目各组织共同遵循的工程项目建设运行轨道
	评价	评价是对项目目标实际完成情况的评估，并根据评估结果对实施者提出指导性建议，改进组织的建设环境
	协调	协调是把不同的组织及人的活动联系到一起的过程，对组织之间的界面进行管理，处理组织间的争议
实施层	计划	实施层的计划是对战略层规划方案的细化，并根据工程进展不断修改调整
	实施	实施是指各项目参与方按照既定的工作计划完成建设过程中的任务
	检查	检查即查看现场，掌握目标完成的情况，以便及时发现问题，采取纠正措施
	协调	协调主要指协调各组织成员之间的工作关系，构造组织内信任与合作的工作环境

（3）在工作方式上，基于 BIM 技术的 IPD 模式将不再以二维、抽象、分隔的图纸作为组织间协作的媒介，取而代之的是三维、具象、关联的 BIM 模型。

建设项目的协同是跨组织边界、跨地域、跨语言的一种行为。除了需要建立支持这种工作方式的网络平台外，BIM 模型由于整合了项目的空间关系、地理信息、材料数量及构件属性等几何、物理和功能信息，使项目各参与方都可以 BIM 技术作为协同工作的基础，高效完成与自己责任相关的各项工作。

BIM 作为组织间协同工作的基础有两层含义：首先，BIM 为项目各参与方的协同工作提供统一的数据源，提高了建筑产品信息的复用性。BIM 作为共享的数据源旨在提高数据的复用性,减少数据冗余和信息转换过程中的错误和失真,这也是应用 BIM 技术最大的优势之一。上游参与方完成的模型可以直接为下游组织所利用,不同组织间共享模型信息的过程如图 5-7 所示。这里需要注意的是,作为信息源的 BIM 模型不必是最终版本,也可以是工作过程中的 BIM 模型。其次,BIM 技术为项目各参与方提供了协同工作平台。例如,在设计方与业主沟通时,BIM 的可视化功能可以增强业主对设计方案的理解,减少后期变更的概率;在业主与施工单位沟通时,4D 模拟功能则可帮助业主更好地了解施工计划,提高施工计划的认同度;而在设计方与施工方的合作层面上,BIM 的冲突检查功能可以发现设计方案的不合理之处,提高设计方案的可建造性。BIM 模型取代图纸成为项目组织间协同工作基础的意义并不仅仅意味着生产工具的升级,其深层次的含义在于它使传统的基于 2D 图形媒介的孤立工作方式转变为基于统一产品信息源和虚拟建设方法的协同工作方式。

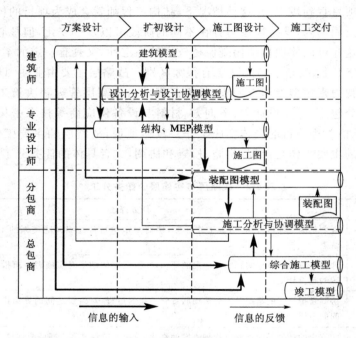

图 5-7　不同组织间共享模型信息的过程

(4) 在沟通方式上,传统组织的管理职能是基于命令和控制的,而在基于 BIM 技术的 IPD 模式的组织中,透明的工作环境使传统组织中的层层监督、严格检查的体系失去存在的价值,其控制是通过对目标的不断评价和对现场工作的指导而间接完成的,是通过营造相互信任、互相学习的组织环境和促进工作效率提高而实现的。因此,在基于 BIM 技术的 IPD 模式下,传统组织结构中的单箭头直接命令变为双箭头的相互联系,传统的指令关系转变为先后关联的工作关系。

三、基于 BIM 技术的 IPD 模式组织分工

1. 传统组织分工体系对基于 BIM 技术的 IPD 模式的制约

传统的工程项目建设思想是建立在英国古典政治经济学家亚当·斯密(Adam Smith)的分工与合作理论之上,把整个建设过程看作是许多单个活动或任务的总和。在这种思想

的指引下,为了能更好地实现项目目标,项目中的工作会被分解为众多可供管理的项目单元,并将这些项目单元预先安排给确定学科工种的项目组织,从而建立明确的工作归属和职责分工体系。工程项目建设活动中最常用的分解工具是 WBS(工作分解结构)和 OBS(组织分解结构)。在工程建设活动开展之前,项目工作人员将项目任务按产品和活动进行分解,分解得到的产品分解结构和活动分解结构(即 WBS)将作为任务分配、责任界定及进度安排的基础;在将工作任务分解之后,再将项目组织按专业分解成 OBS,建立 WBS-OBS 矩阵(图5-8),确立组织的任务分工。WBS-OBS 矩阵的建立对于控制项目生产过程、明确各参与方的任务有着重要的作用,但也无形之中形成了系统之间的工作界面和组织界面。这些界面的存在对基于 BIM 技术的 IPD 模式的应用具有一定的制约作用。此外,传统的组织分工体系并未考虑 BIM 技术应用带来的岗位和职责变化。

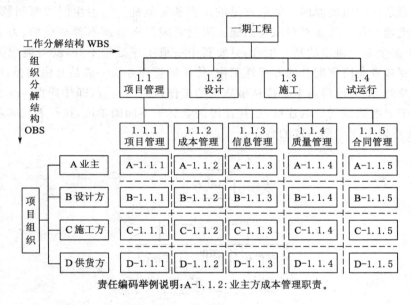

责任编码举例说明:A-1.1.2:业主方成本管理职责。

图 5-8　WBS-OBS 责任矩阵示意图

传统工程项目组织分工体系对基于 BIM 技术的 IPD 模式的制约因素主要有以下几点。

(1) 传统组织分工体系不利于项目组织间的协同工作

建筑产品的生产涉及多专业、多组织的合作,传统的分工协作理论及面向职能的组织设计原理逐渐使工程项目建设形成了多元化生产的组织格局。每个项目组织成员来自不同的单位,有自己的目标和利益归属,各部门只负责自己职责范围内的工作,对整个组织的目标考虑较少。从大的项目组织到具体的工作班组,甚至每一个人都只顾完成自己分内的工作,对与自己工作相关的其他组织的工作考虑较少,组织与组织之间缺乏充分的信息交流。但实际上,建设项目是由许多互相联系、互相依赖、互相影响的活动组成的行为系统,具有系统的相关性与整体性特点,系统的功能一般是通过各项目单元之间的相互作用、相互联系和相互影响来实现的。项目的分解固然可以帮助项目组织更好地控制项目建设活动,但项目的整体性特点也要求不同的组织加强联系,分析项目单元之间的界面联系,将项目还原成一个整体。

（2）传统的组织分工体系容易造成责任盲区

在项目实施过程中，很多工作虽然可以分解成较为独立的工作单元，但各工作单元之间存在着复杂的关联，即各独立工作单元之间还存在着复合工作面，如图5-9所示。工作A虽然分解为工作B和工作C，但工作B和工作C之间还存在着需B和C工作组织合作完成的B+C界面。界面的本义指物体和物体之间的接触面，在这里可理解为不同工作单元之间合作、连接及整合的介质。随着项目复杂性和专业化分工的加剧，项目建设过程中的工作界面也在急剧增加，界面工作往往是管理上的盲点、难点，研究表明，建设过程中大量的矛盾、争执和损失都发生在界面上。如果不能正确地识别界面的存在，就可能引发系统功能失效、组织加剧分离和过程控制失灵等问题，并直接导致返工、时间浪费和成本增加。建筑生产过程中的界面管理不善问题，不但造成工作上的等待、重复、延误及返工等现象，而且还是产生若干质量疑难杂症的重要原因。如最常见的工程质量顽症——卫生间渗漏问题，就是由于水暖专业与土建专业及防水材料专业的施工班组之间界面管理不善造成的，为了不产生渗漏问题，需要多个专业班组的精心配合，只要其中一道工序处理不好，就可能成为渗漏的隐患。对于需要多专业协作配合的界面性工作，传统的管理办法一般是开协调会，但协调会内容往往很难及时、全面地传达至直接从事施工的工作班组。再者，即使同在一个交叉界面工作的各个施工班组清楚问题的症结，也往往因为隶属于不同的单位，执行着代表不同利益的工作计划，而难以实现步调一致的合作。

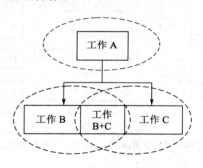

图5-9　项目工作界面

（3）传统的组织分工体系没有考虑BIM技术应用引起的岗位职责变化

传统的组织分工体系是针对图形文件的，没有考虑BIM技术应用引起的新的岗位职责需求。在基于BIM技术的IPD生产环境下，BIM成为项目各参与方协同工作的基础和平台。借助于信息网络，BIM模型可在任何时间、任何地点被授权人访问或更新，模型的更新和访问频率要比传统信息媒介频繁得多，在这种环境下，保证模型信息交流、共享过程的可靠性、安全性、实时性对BIM技术应用至关重要，这不仅需要在技术上的保障，也需要组织管理方面的保障，建立针对BIM技术应用的职责分工与职能分工体系，对模型的信息交换和共享过程进行管理。目前，很多应用BIM技术的工程项目都设置了专门从事模型管理工作的工程师，这种工程师被称为BIM经理。除了BIM经理外，项目还需要BIM建模员来构建BIM模型和从事相关的分析工作，也需要模型协调人来指导BIM技术应用。表5-3详细描述了这三种工作的岗位职责及对从业人员的要求。

表 5-3　与 BIM 相关岗位职责及对从业人员的要求

职务	岗位职责	对从业人员的要求
BIM 经理	① 维护并保证模型系统的安全。BIM 经理需要定期对模型中的数据进行备份和监测,如果发现系统漏洞,应立刻对系统进行修补,并对系统的故障进行记录和汇报。 ② 管理用户对模型的访问。BIM 经理需要负责创建、删除、更新、维护用户的账户,并负责对参与方的访问权限进行及时更新、删除或分配。 ③ 对模型的不同版本进行管理,基于 BIM 技术的设计过程比传统的设计过程更加开放,BIM 经理需要对不同版本的模型进行管理,保证模型的实时性	BIM 经理需要担负和主导建设生产过程 BIM 的应用任务,清楚建模过程中可能存在的技术问题和过程障碍,制订具有可操作性的执行计划;掌握项目的基本情况和任务安排,统筹考虑各方的需求和 BIM 的应用经验,为各方提供有针对性的服务。BIM 经理的职务有点类似于传统的项目经理的职位,但职务内容既包括了对项目的管理,也包括了对 BIM 的管理。一般来说,BIM 经理并不负责具体的 BIM 建模工作,也不对模型中信息的正确与否进行检查
模型协调人	模型协调人是 BIM 早期应用所需设置的工作岗位,是一种过渡时期的岗位,其存在主要是为了解决项目组织早期应用 BIM 经验的缺乏。模型协调人的主要任务是帮助那些不熟悉 BIM 技术应用的项目组织使用 BIM,为工作人员提供与 BIM 相关的服务。例如,为项目工作人员编写 BIM 使用指南,帮助现场工作人员学习和掌握如何利用 BIM 模型进行工作	模型协调人需要熟悉 BIM 技术应用过程,了解如何引导项目组织以最佳方式应用 BIM。例如:引导项目参与方利用 BIM 的可视化功能进行沟通交流,利用冲突检查功能排除施工过程中的障碍,利用 4D 信息模型进行进度安排等。模型协调人主要对软件的应用比较熟悉,而对建模过程不需要有深入的了解
BIM 建模员	BIM 建模员的主要任务是建立和分析 BIM 模型,保证模型信息的准确性和全面性	BIM 建模员需要掌握具体的 BIM 建模方法和技术,熟悉不同模型间信息转换的方法

2. 基于 BIM 技术的 IPD 模式对传统组织分工体系的调整

(1) 建立多维的组织分工体系,强化组织间的关联

建设项目是由许多互相联系、互相依赖、互相影响的活动组成的行为系统,具有系统的相关性与整体性特点,系统的功能通常是通过各项目单元之间的相互作用、相互联系和相互影响来实现的。要高效地完成项目,就必须深刻地认识到建设过程所固有的规律,加强项目组织间的合作。传统的组织分工方法强调各部门完成各部门的工作,而非所有参与方共同完成一项整体工作。基于 BIM 技术的 IPD 模式将建设项目看成是一个复杂的系统,各组织间的业务并不存在绝对的界限,而是相互影响,交织成网络。各方以合作为基础去解决建设过程存在的问题,各方的业务范围将突破传统建设模式下的界限,主要表现在打破了传统组织系统中的组织边界,重新设计工作与组织架构,形成了前后衔接、相互支援的组织系统,很多工作任务已不是传统意义上的“非此即彼”关系,而是“亦此亦彼”的中间状态。从宏观层面上讲,施工方作为下游参与方的整体前端介入和交叉职能团队的建立将使下游的参与方不再仅仅局限于施工阶段的工作,他们将与业主、设计方共同确定项目的建设目标,探讨设计方案的可见建造性,而设计方和业主也将对下游项目参与方的工作提供建议,如共同分析施工计划、确定材料采购的时间等。从微观层面上讲,各工作团队之间也将相互支持,例如,水、暖、电、设备安装人员在工作过程中会积极与上游的土建施工人员保持联系,紧密合作,同时也会考虑下游的装饰人员的工作安排,为之创造便利的工作条件,形成相互之间彼此依靠的合作关系。当然,工作职责的交叉一方面会有利于合作创新,但另一方面也容易导致责任界限模糊不清。因此,基于 BIM 技术的 IPD 模式的组织分工体系除了强调组织的协同工作外,也强调要明确组织的工作范围及责任界限,相互协作并不意味着责任模糊。

(2) 增加与 BIM 技术相关的工作岗位和职责分配

以下将分别分析说明 BIM 经理、BIM 建模员和模型协调人这些工作岗位的组织安排。

① BIM 经理。从理论上讲,BIM 经理的任务既可以由项目组织的内部成员来担任,也可以外包给项目组织之外的第三方来担任,第三方担任的前提是具备 BIM 经理的基本业务素质并为各项目参与方所认可。现有的成功应用 BIM 的案例中,模型管理工作既有通过外包形式来实现的,也有通过项目组织内部人员的管理来实现的。在基于 BIM 技术的 IPD 模式下,BIM 经理的工作一般应由组织内的成员来担任,这一方面是因为 BIM 经理的工作对整个项目十分重要,模型中涉及大量与项目相关的核心数据,交给项目组织之外的第三方来管理本身存在一定的安全风险;另一方面,BIM 经理的任务不仅仅是在技术层面从事管理工作,而且也需要与应用模型的项目参与方进行大量的沟通和协调,这就需要 BIM 经理有很强的组织协调能力,而外包的工作人员短期内难以对项目有全面的了解,而且第三方组织的加入也会使项目组织关系更加复杂。

② BIM 建模员。BIM 建模员是模型的具体操作人员,如果 BIM 技术的应用是从设计阶段开始的,那么相应的模型构建任务可由设计人员或承包商中负责装配图设计的工程师来担任。如果项目是从施工阶段开始应用 BIM,那么业主要么聘请第三方建模人员、要么由承包商自己来完成 2D 图纸的转化任务。在可能的条件下,项目参与方最好能自己动手建立 BIM 模型,因为利用 BIM 的目的并不仅仅是为了得到 BIM 模型,而且还包括在建模过程中提高项目团队对项目的理解水平,只有项目团队的成员自己动手建模,才能更好地理解项目,换言之,采用外包形式建立模型的项目参与方对项目的理解深度与自己建模的组织会存有很大差异。项目各参与方合作建模的过程不但会增强组织对项目的理解深度,还会提高组织成员间的合作水平,加深成员之间的信任程度。

③ 模型协调人。模型协调人是 BIM 早期应用所需要设置的工作岗位,是一种过渡时期的岗位,他的存在主要是为了解决项目组织早期应用 BIM 经验缺乏的问题,因而模型协调人一定要由有 BIM 技术应用经验的人来担任。根据现有的项目应用经验来看,项目组织应用 BIM 技术通常都是由某一方主导的,主导方通常都具有 BIM 技术应用经验。例如,在山景城医院办公楼项目上,模型协调人的职位就是由承包商 DPR 公司来担任的,DPR 公司在此前的多个项目上都使用过 BIM 技术,深知 BIM 技术应用对项目的影响,因而在项目建设开始前就力主应用 BIM 技术,并在项目建设过程中对设计方和其他分包商应用 BIM 技术进行指导,担任 BIM 咨询师的职务。

模型协调人可由项目组织中有 BIM 应用经验的任何一方来担任,在斯坦福大学调研的 32 个 BIM 应用案例中,由业主主导应用的项目有 15 个,由总承包商主导的项目有 9 个,由设计方主导的项目有 8 个。如果项目各参与方都没有 BIM 应用经验,也可由第三方咨询公司来担任模型协调人的工作。

3. 基于 BIM 技术的 IPD 模式的组织分工设计

BIM 的应用、下游组织的前端介入及项目交叉职能团队的建立,使基于 BIM 技术的 IPD 模式的组织分工体系与传统的组织分工体系有了很大的区别,而这种差异既体现在组织职责分工的变化上,也体现在组织职能分工的变化上。在组织职责分工上,项目各参与方所承担的职责范围较传统建设模式有很大变化。下游参与方要同业主、设计方共同确定项目的建设目标,要为设计方案的可建造性担负一定的责任,要为上游参与方的工作提供必要的信息咨询,业主和设计单位也会对下游组织的施工计划、采购方案提供建议,这些都是对传统组织任务分工体系的改变。组织的任务分工首先要明确各方的工作范围,然后明确任务的主要负责方(R)、协助负责方(A)及配合部门(I)。协办方将会参与执行任务,但不对任务负责;而配合方则只提供服务(如提供信息),不具体执行任务。组织间的相互协作并不意味着责任模糊,组织职责分工设计必须遵守的原则是每项任务只能有一个主要负责方。在职能分工上,一方面项目组织需要承担传统建设模式下没有的职能,例如,由项目的核心参与方对 BIM 应用计划进行决策;另一方面,传统建设模式下由某一组织单独完成的职能将会由项目交叉职能团队来完成。

在进行组织分工设计前,还需要考虑项目的单件性特征对组织分工的影响。每个项目在项目类型、契约模式、采购内容、生产流程及管理方式上都不同于其他项目,因而,在不违背契约设计和生产过程设计的前提下,需对项目的单件性特征做如下约定。

(1) 在契约模式上,假设业主方与 DB 联合体(由一家设计总包单位和施工总包单位组成)签订了委托代理契约,业主只与 DB 联合体发生联系,设计分包单位、施工分包单位及材料供应商的选择和管理由 DB 单位具体负责,业主不会参与决策分包商的甄选工作。

(2) 在项目类型上,假设项目比较复杂,信息开发要求比较高,因此下游的承包商和材料供应商需要尽早进入项目参与项目的前期决策。

(3) 在采购内容上,假设项目采购的种类包括了 ETO(面向定单设计)的预制构件,因此预制构件供应商(供货商的一种)需要介入项目的设计过程,为预制构件的制作进行准备,也需要参与 BIM 应用计划的制订,减少后期 BIM 模型的应用障碍。

(4) 在模型管理任务的职责分配上,假设项目设计阶段和施工阶段的模型管理任务分别是由设计方和施工方来承担。

基于 BIM 技术的 IPD 模式下的组织分工和各方的职能分工十分重要,在工程建设的各个阶段,一般性的基于 BIM 技术的 IPD 模式的组织分工如表 5-4 所列。

表 5-4　基于 BIM 技术的 IPD 模式的组织分工

序号	阶段		任务	业主方	设计方	施工方	供货方
1.1	设计阶段	建设条件分析	现场建设条件分析	APD	RPE	AP	
1.2			业主需求分析	APD	RPE	AP	
1.3			项目资金安排分析	APDE	RP	AP	
2.1		项目目标定义	可持续性目标	APD	RPE	AP	IP
2.2			功能目标	APD	RPDE	AP	IP
2.3			成本目标	RPDE	APE	APE	IPE
2.4			进度目标	RPDE	APE	APE	APE
2.5			质量目标	RPD	APE	APE	APE
3.1		制订BIM应用计划	BIM 软件的选择	AP	RPDEC	APE	APE
3.2			BIM 平台的维护和管理	AP	RPDEC	APE	APE
3.3			互用标准的确定	AP	RPDEC	APE	APE
3.4			明确模型要实现的功能	AP	APDEC	APE	APE
3.5			各阶段模型要达到的详细程度	AP	RPDEC	APE	APE
3.6			信息交换协议的确定	AP	RPDEC	APE	APE

表 5-4（续）

序号	阶段		任务	业主方	设计方	施工方	供货方
4.1		制订成本计划	确定不同系统的成本范围	RPDEC	APE	AP	IP
4.2			确定价格基准点	RPDC	APE	AP	IP
4.3			确定价值工程的方法	RPDEC	APE	APE	IP
5.1		制订进度计划	总体进度安排	RPDE	APE	APE	APE
5.2			设计进度安排	APC	RPDE	AP	
5.3			施工进度安排	APC	AP	RPDE	APE
5.4			供货进度安排	APC	AP	PDC	APDE
5.5			4D 信息模型的建立	APC	AP	APDE	IP
6.1	设计阶段	制订质量控制计划	设计质量控制计划	APC	RPDE	AP	IP
6.2			施工质量控制计划	APC	AP	APDE	IP
6.3			材料质量控制计划	APC	IP	RPDEC	RPDE
7.1		设计任务	设计方案的提出	AP	RPDE		
7.2			设计方案比选	APD	RPDE	AP	IP
7.3			创建图纸		RE		
7.4			设计方案分析	APE	RPDE	APE	
7.5			设计方案报审	RE	AE		
8.1		招标与采购	DB 联合体的选择	RPDE			
8.2			设计分包单位的选择	AP	RPDE		
8.3			分包商的选择	AP		RPDE	
8.4			材料供应商的选择	AP		RPDE	
9.1	施工阶段	施工	制订施工计划	APC	AP	RPDE	RPE
9.2			对分包单位的协调与管理	AP	AP	RPDE	AE
9.3			施工现场的管理	AC		RPDE	AE
9.4			设计变更的处理	APC	AD	RPE	
9.5			施工进度的控制	AC		RPDE	APE
9.6			工程事故的处理	AC		RPDE	
9.7			工程质量的控制	AC		RPDE	APE
9.8			工程投资的控制	AC		RPDE	
9.9			BIM 平台的维护与管理	AP	AP	RPDEC	
9.10			BIM 模型的补充与完善	A	AC	APDE	
10.1		竣工交付	实体设施验收	AC	I	RE	
10.2			竣工资料验收	AC	AE	RE	
10.3			BIM 竣工模型验收	AC	A	RE	
10.4			设施试运行	RE		A	

注：R——主办；A——协办；I——提供信息；P——计划；D——决策；E——执行；C——检查。

如果其他项目与表 5-4 的说明有所出入，可根据项目实际情况进行灵活调整。例如：对有些信息开发要求不高的项目而言，下游参与方不一定需要参加项目的前期决策任务，因而也就不需要承担有关项目决策的相关任务，相应的组织分工部分可以做空缺处理；如果项目没有使用预制构件，供货方（只包含材料供应商和设备供应商）则不需要参与 BIM 应用计划的制订，相应的组织分工部分可以做空缺处理；而 BIM 模型也并不一定按照上述模式进行分工管理，项目可以根据实际情况选择由设计方或施工方中的一方持续担任 BIM 经理一职，或聘请项目组织外的第三方担任。如果项目对设计总包单位及施工总包单位的选择是分别进行的，那么可以根据项目的情况先确定设计单位，然后在设计单位的协助下选择施工单位。

第四节　基于 BIM 技术的 IPD 模式契约

工程项目建设是以契约为基础的商品交换行为，契约是各项目参与方履行权利与义务的凭证。传统建设模式所采用的契约多是"零和"契约，即一方利益的增加往往以另一方利益的减少为基础，这种契约从根本上确立了项目利益相关者之间的对立冲突关系，导致项目利益相关者之间目标错位，建设生产过程中的各种纠纷看似由建设环境等外生变量导致的契约履行障碍，实则是契约内生变量作用的必然结果。基于 BIM 技术的 IPD 模式契约，根据 IPD 模式特点和需求，以委托代理理论与合作博弈理论为工具，对传统的契约模式进行重新设计，旨在使得各方在新的契约框架下突出项目利益，加强合作，为 IPD 模式的实施奠定契约基础。

一、基于 BIM 技术的 IPD 模式契约概述

（1）基于 BIM 技术的 IPD 模式的契约特征

国际上关于 IPD 模式的定义较多，其中被业内最广泛接受的定义是 AIA（美国建筑师协会）在其 2007 年发布的 IPD 指导手册中给出的，即 IPD 模式是一种集成人员、系统、知识、经验，能够减少浪费、降低成本、减少返工、缩短工期、提升建筑物对业主的价值的工程项目交付模式。与传统工程项目交付模式相比，IPD 模式作为一种全新的项目交付模式，其特征鲜明。由于契约在集成化交付模式中起着非常重要的作用，CMAA（美国建设管理协会）按合同设计和合同执行将其特征划分为两类，每类包含的具体特征如表 5-5 所列。

表 5-5　IPD 模式合同特征分析

序号	分类	特征
1		参与方在项目开始阶段的平等参与
2		参与方以项目最终产出为基础的风险与收益的分配
3		所有参与方放弃诉讼彼此的权力
4	合同设计特征	参与方之间公司财务透明
5		集成参与方知识优化设计成果
6		所有参与方共同制定项目目标和评价指标
7		参与方达成一致的共同决策

表 5-5（续）

序号	分类	特征
8		参与方相互尊重与信任
9	合同执行特征	参与方之间强烈的合作意愿
10		参与方之间坦诚交流

（2）基于 BIM 技术的 IPD 模式的契约范畴

工程项目的建设过程是业主通过契约委托其他参与方在一定资源和时间约束条件下完成某项特定建设性任务的过程，建筑系统的复杂性和多学科性使业主必须委托其他组织从事设计、施工、管理、监督工作。在建设过程中，组织的临时性与分布性导致业主无法观测各代理方的行动，业主和代理单位间存在着信息不对称，而环境的不确定性与多变性使得业主无法通过与代理方签订完备的契约来避免代理人的"道德风险"。因此，业主与其他项目参与方之间的契约关系存在着严格经济学意义上的委托代理关系，其中业主为委托方，而受委托的组织为代理方。委托代理契约是工程项目中最主要的契约类型，业主与设计方、承包商、咨询方签订的契约都属于这一类型。

除了委托代理契约外，建设项目中还存在着另外一种重要契约——项目联盟契约。项目联盟契约是指参与项目建设的组织为了实现降低交易费用、减少风险、优势互补的目标，在自愿互利的原则下以契约的形式结合成联盟伙伴关系来共同完成任务。项目联盟契约在建筑业中也很常见，通常是以联合体的形式出现，例如由设计与施工单位组成的设计—施工联合体（DB 联合体）及由施工总包与分包单位组成的施工联合体。而有关材料采购的契约虽然也是常见的工程项目契约类型，但这种契约属于纯粹的"买卖契约"，材料供应商并不参与具体的工程建设活动，因而不在讨论范围之列。

（3）基于 BIM 技术的 IPD 模式契约设计目标

基于 BIM 技术的 IPD 模式是要通过组织间的协同工作来实现"功能倍增"或"利益涌现"的效果。可以说，基于 BIM 的 IPD 模式的核心是组织间的合作与共赢，要实现建设生产方式的转变，就需要各组织参与方统一目标，减少内耗，通过协同工作来"做大蛋糕"。因此，集成化契约设计的目的就是改变传统契约模式下各自为政的行为方式，通过"共享利益、共担风险"的契约模式，将项目各参与方的利益与项目的利益紧密关联，项目各参与方将以项目成功为基础，各参与方只有通过密切合作保证项目成功才能从中获益，这样，各参与方为了维护自己的利益都会想方设法来保证项目的成功。集成化契约设计的目标可以通过图5-10 来表示。

由委托代理理论可知，在信息不对称的条件下，当代理人与委托人的目标不一致时，代理人极有可能会利用自己拥有的信息优势隐藏努力水平，甚至损害委托人的利益，产生败德行为。而委托人只能通过机制的设计来使代理人在满足自己效用最大化时最大限度地实现委托人的效用，即个体总是追求自身效用最大化，而制度安排只能在满足个体理性的基础上实现集体效用最大化。因此，委托代理契约设计的目标是通过设计相应的激励与约束机制，减少或杜绝代理人的道德失范行为，使业主与代理人的目标趋于一致。

由博弈论可知，当合理设置激励与约束机制时，非合作博弈中的局中人的策略选择就可能从非合作行为转向合作行为，使联盟成员的"个体理性"趋向于整个联盟的"集体理性"，使

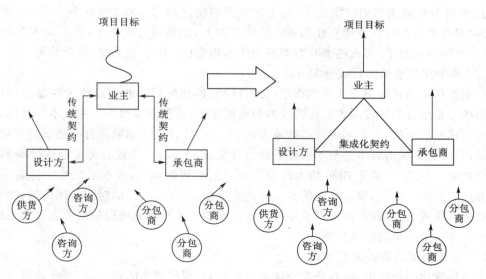

图 5-10 基于 BIM 技术的 IPD 模式契约设计的目标

联盟成员的个体目标向项目的总体目标靠近。因此,项目联盟契约设计的目的是将通过设计合理的机制使联盟中的各方都努力改善各自的资源和流程,通过合作将"蛋糕"做大,共同分享合作收益。

(4) 基于 BIM 技术的 IPD 模式契约设计方法

项目各参与方的根本目的是取得一定的收益,而收益和风险是不可分割的,新契约的设计意味着新的收益与风险分配格局的形成,收益与风险的分配问题是契约设计的关键,也是影响组织合作最突出的问题。

将在委托代理契约框架下构建委托人与代理人的收益与风险分配模型,设计相应的激励与约束机制来鼓励和强化代理人的正向行为,管束和惩罚代理人的道德失范行为,使代理人与委托人的目标趋于一致,并运用博弈论确定委托人与代理人之间的收益分配方案。项目联盟的合作形式与委托代理理论有一定差异,项目联盟成员间缺少占有剩余而又无法操纵产出的委托人,而且联盟成员之间由于产出存在的不确定性而存在个体理性最大化的倾向。因此,项目联盟契约设计主要是利用合作博弈理论构建联盟间收益与风险分配的合作博弈模型,设计相应的激励与约束机制来使联盟成员的"个体理性"趋向于整个联盟的"集体理性",并运用改进 Shapley 值(沙普利值)的方法确定项目联盟间的收益分配策略。

二、基于 BIM 技术的 IPD 模式的委托—代理契约设计原则

(1) 基于项目成效的收益分配方式

在传统的契约模式下,项目的成功与各参与方的成功间不存在必然联系,有时候项目目标没有实现(如成本超支),但项目某些参与方却可能从中获益。在项目建设过程中,各参与方都会以自己的目标和利益为中心,对项目的目标和利益关注不够,一旦项目出现问题,各参与方更是尽可能地将风险和问题转嫁他方,而不是立即与其他项目参与方一起行动来寻找解决方案,当潜在的敌对态度升级为争执冲突时,意见的分歧就演变为仲裁和索赔。造成这种局面的根本原因是各参与方的收益与项目的成功与否缺少必然联系。因此,在基于

BIM 技术的 IPD 模式的契约框架下,为了使关键的项目参与方都能突出项目利益、紧密合作,必须将各参与方的收益建立在项目成效的基础上,如果项目成功了,各参与方都会从中得益,如果项目失败了,那么各参与方都要为此承担责任,即"收益共享、风险共担"。

(2) 基于项目价值的收益分配方式

业主委托其他各参与方从事工程建设的目的是得到使用功能满足要求的设施,但传统契约的核心是项目的建设成本。在传统的契约框架下,承包商以减少工程成本为目标,而非创造真正优良的产品,为了实现效益的最大化,承包商往往只考虑满足合同最低的质量与功能要求,有时为了压缩成本甚至不惜以质量为代价,偷工减料,导致有关工程质量缺陷的事故频繁发生。因此,在基于 BIM 技术的 IPD 模式的契约框架下,成本的节约不再是项目各参与方追求的唯一目标,取而代之的是以合理的价格、在可以接受的时间范围内得到满足功能需求的优质的工程,即在多项评价指标间取得平衡。虽然有关项目价值的定义还未统一,但它一定是一个多维的评价体系。

(3) 基于贡献的收益分配方式

在项目成功的前提下,收益分配应体现公平原则,即代理方的贡献越大,收益应该越高。传统的契约模式多是固定支付模式,即业主根据代理方承担的任务按事先协商好的协议给其支付固定的报酬(可以一次性支付,也可以分次支付),而业主则享有合作剩余和承担项目风险。这种固定支付的收益分配方式明显不利于调动代理方的工作热情。因此,在基于 BIM 技术的集成化契约模式下,将采用产出分享模式,即代理方按一定的比例分享合作剩余。

三、基于 BIM 技术的 IPD 模式的项目联盟契约设计

1. 基于 BIM 技术的 IPD 模式项目联盟契约设计原则

(1) 联盟契约的设计是以委托代理契约为基础

工程项目联盟的组建与面向市场的研发联盟有很大的区别,工程项目联盟契约是以委托代理契约的存在为前提的。无论是 DB 联合体组成的项目联盟还是总承包商与分包商组成的项目联盟,都必须同业主签订委托代理契约。因此,联盟契约的设计必须以委托代理契约为基础,委托代理契约明确定义了业主与项目联盟之间的收益与风险分担方式,这在很大程度上决定了联盟成员的收益与风险分担方式,联盟契约只能在此基础上进行设计,合理地分担风险与收益来实现联盟的目标。

(2) 坚持集体理性第一与兼顾个体理性原则

项目联盟是作为一个整体参与到项目的建设过程中,如果盟员之间通过合作实现了项目既定目标,并创造出超额利润,那么项目各参与方可以按照提前约定的收益分配方法合理地分享收益;反之,如果项目参与方之间钩心斗角,因内耗过重导致创造的价值低于各参与方单独行动的收益之和,那么各方也要为此承担相应的风险。即各方的收益与风险是建立在联盟绩效的基础之上,即集体理性第一原则。在集体理性得到满足的前提下,考虑各项目参与方的贡献、承担的风险、投入的资源进行公平分配,即兼顾个体理性原则。

(3) 激励与约束机制并用原则

项目联盟契约设计的目的在于统一项目联盟成员的目标,加强联盟内的合作。要达到这一目标就必须设置相应的激励与约束机制。激励机制的作用在于鼓励和诱导盟员以联盟

目标作为努力方向;但是,在建设过程中,因联盟成员之间的努力水平具有不可观测性,加之努力成本与努力的产出效率均存在差异,这将导致高成本或低效率的盟员有"搭便车"的倾向,而约束机制的设计就是对这种"偷懒"行为给予惩罚,避免"道德风险"事件的发生。约束可以作为激励失灵的补充,二者相辅相成,并可以在一定条件下相互转化。激励往往出现在事前和事中,而约束大都发生在事中和事后。当机会主义行为或败德行为的预期收益明显少于事前激励的作用效果时,约束就可以用激励来代替。

2. 基于 BIM 技术的 IPD 模式项目联盟契约设计方法

(1) 考虑贡献的 Shapley 值收益分配方法

Shapley 值法是由 L. S. 沙普利(L. S. Shapley)提出的用于解决多人合作博弈收益分配问题的一种数学方法,它主要用于解决合作收益的分配问题。Shapley 值法是根据每个联盟成员对该联盟的贡献大小进行分配,这种分配方法的优点在于其原理和结果易于被各个合作方视为公平,其进一步的研究发现,应用 Shapley 值法可以结合局中人在投资、风险等方面的差异,而不单一地以贡献作为唯一的影响收益分配的要素。在基于 BIM 技术的建设项目集成化模式中考虑联盟成员的收益,主要结合实际情况考虑传统的 Shapley 值法,综合考虑投资、风险因素对联盟成员收益的影响,提出一种更接近实际的分配策略。

Shapley 值法可以表述如下:设联盟中有 n 个成员,即 $N=\{1,2,\cdots,n\}$,如果对于 N 的任一子集 s(表示 n 个人集合中的任一组合)都对应着一个实值函数 $v(s)$,满足 $v(\Phi)=0$, $v(s_1 \bigcup s_2) \geqslant v(s_1)+v(s_2)$ 且 $s_1 \bigcap s_2 = \Phi$,则称 $v(s)$ 为定义在 N 上的特征函数,即合作收益。特征函数在实质上描述了各种合作产生的效益,即联盟中参与人所得到的利益要比不合作时多,合作不能损害个体利益,也意味着全部合作对象参加合作是最好的。

通常情况下,用 x_i 表示 N 中 i 成员从合作的最大效益 $v(N)$ 中应得到的一份收入,其中 $i=1,2,\cdots,n,v(i)$ 为成员 i 单干时的收入。在合作 N 的基础下,合作对策的分配用 $X=(x_1,x_2,\cdots,x_n)$ 表示。在模型中的分配向量满足对称性、有效性和可加性公理的前提下,L. S. 沙普利证明了 Shapley 值是能够唯一确定联盟收益的分配向量,即合作博弈的一种分配形式。

这样一种分配方式考虑了各伙伴企业对联盟整体所作的贡献,如果贡献大,则所得的分配也多,反之则少,体现了多劳多得、少劳少得的分配原则,也反映了个体在集体中的重要性程度。按照这一定理可以给每个伙伴企业分配唯一的一个收益值。如果仅从对价值的贡献率角度来考虑利益分配,确实是比较好的方案之一,但实际利益分配可能还受其他因素影响。

(2) 考虑投资因素的收益分配方法

资本是获取利润的一个重要源泉,投资额的大小也是联盟成员参与利益分配的一个重要因素,因此,在考虑收益分配方法时也应当考虑联盟成员的投资额度。投资额应当包括伙伴的所有投入,具体包括启动资金、人力成本及融资成本。启动资金包括联盟成员伙伴用于购置设备、技术、材料的投资;人力成本包括雇佣工程师、管理人员和普通技术工人及进行劳动培训的投资;融资成本不仅考虑伙伴的融资数量,还要考虑伙伴的融资成本。

(3) 考虑风险的收益分配方法

项目联盟的运作是一个复杂的过程,某一环节出现问题都可能使联盟蒙受损失。风险和收益同时存在,风险是收益的代价,收益是风险的报酬,二者相辅相成。在项目联盟的运作过程中,参与合作的项目参与方由于担负任务不同,承担的风险也就有所不同。为了联盟持续、健康地运转,收益分配时应遵循收益与风险相对称原则,成员承担的风险越大,所获得报酬就应该越多,这样才能增强联盟成员合作的积极性。目前,有关风险识别与风险分配的理论已比较成熟,成果颇丰,而且有相当一部分是针对工程项目的风险识别方法。因此,在具体项目实施过程中,可以借鉴前人的研究成果,将联盟契约下的各伙伴所承担的风险划分为合作风险、技术风险和市场风险。利用模糊综合评判法对三种风险进行归一化分析和处理。

(4) 综合考虑贡献、风险、投资的合作收益分配方法

根据联盟契约的约定,可以建立事前分配与事后分配相结合的合作收益分配方法。其中,投资额与风险可以在事前与事中或事后进行评估,得到投资与风险分配向量,而贡献的分配可以在项目结束后按照实际产出利用 Shapley 值法进行分配。事前联盟各方需要确定投资、风险、贡献的权重比例。权重的大小并无优劣之分,不同的权重反映的是联盟对各种影响要素的偏爱和重视程度。确定权重的方法可以采用专家调查法(德尔菲法)和层次分析法。

第六章 工 程 实 例

第一节 某机场土护降工程施工投标阶段 BIM 技术应用案例

BIM 应用能力作为体现企业创新能力和管理实力的重要标志,其效果在投标阶段也凸显出来。清单工程量的核对、询价、技术标的编制等都是投标中工作量比较大的管理工作。而 BIM 技术能够实现精准算量,从而辅助控制、平衡投标价,而其使施工组织更加可视化,以及可视化展示技术方案的主要疑难内容,可以使技术标更加让招标人认可。熟练掌握BIM 技术应用的投标队伍可极大地减少传统大量人员重复算量、二维图纸沟通不畅等诸多不便,把问题快速地排查清楚,能极大地减少投标参与人员数量,而且效率更高。以下案例就土护降工程投标阶段如何在方案策划上综合应用 BIM 技术展开介绍。

一、项目背景

航站楼的中心区基坑及基础桩工程,其基坑面积达 19 万平方米、基坑周长为 2 100 m、土方量约为 200 万立方米,护坡桩为 10 根,预应力锚杆约为 80 000 延米,降水井约为 270眼,基础桩为 8 400 根,约为 22 万立方米混凝土,桩间土开挖及 8 400 根基础桩的桩头凿除和检测也包含在施工招标范围内,施工工程量非常大。基坑及基础桩工程要求 2014 年 9 月开工,2015 年 2 月(农历正月)竣工,工期 150 日历天,施工大部分时间处于冬季。工程有规模大、工序多、工期紧等特点。BIM 应用需要针对造价的准确性和工程管理的重点及难点展开。

二、BIM 技术应用内容

1. 策划

根据机场基坑面积大、深度大,基坑开槽标高多,支护形式多样,基坑排水面积大等特点,基坑工程施工信息技术应用如表 6-1 所列。

表 6-1 基坑工程施工信息技术应用表

序号	信息化系统	信息化应用内容
1	某机场工程项目管理信息系统	合同管理、文档管理、进度款管理、物资设备管理等
2	基坑工程实时监测信息化应用系统	桩(坡)顶水平位移监测、桩(坡)顶垂直位移监测、桩体深层水平位移监测、地表沉降监测、锚杆拉力监测、地下水位监测
3	BIM 可视化管理系统	三维场地布置、土方施工进度模拟、桩基施工进度模拟、可视化危险源管理、钢筋笼吊运、泥浆循环利用等
4	安全绿色文明施工信息化应用	实名制门禁管理、施工场景的三维 GIS 展现、现场全覆盖视频监控、会议室大屏中心建设、物料管理信息化

基于上述方案设计,策划施工过程拟采用 BIM 系列软件,以及位移监测、地表沉降监测、锚杆拉力监测、地下水位监测、大屏中心、门禁系统等硬件设备。同时,该工程将在施工现场布置如图 6-1 所示的硬件环境。

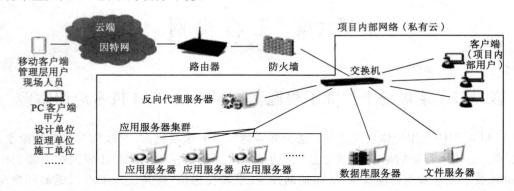

图 6-1　施工现场信息化硬件环境方案

2. 投标阶段 BIM 技术综合应用表述

投标阶段 BIM 技术综合应用解决的主要问题如表 6-2 所列。

表 6-2　投标阶段 BIM 技术综合应用解决的主要问题

序号	解决的问题	采取的信息技术
1	施工进度及工况模拟	BIM4D 平台或 Navisworks 等
2	施工机械管理	GIS+GPS+BIM+视频监控
3	土方开挖工程量控制	利用地表模型、进度模型、激光扫描、视频监控、机械计划、BIM4D
	土方外运控制	利用地表模型、最终场控标高模型平衡土方外运
4	护坡桩检测	信息平台+GIS,实现报警信息

3. 组织机构

为保证投标后 BIM 技术应用的质量和效果,选择具有 BIM 管理经验的人员,建立以投标项目经理为负责人的组织机构,将施工管理 BIM 技术应用落实到岗位职责和每个参与的管理人员。投标期间组建 BIM 团队,在投标组织机构中,由企业的 BIM 中心经理负责牵头 BIM 团队,对整个项目投标期间 BIM 工作的开展负责。团队参与组织、监督和协调项目投标全方向及全过程,参与支持重大事件决策,配置包括顾问、建模、算量、三维可视化模拟、深化设计、管理应用、服务支持、项目协调、技术支持等岗位成员,明晰岗位职责。组织机构图如图 6-2 所示。

4. 制订实施计划

策划项目 BIM 技术应用实施计划,满足从进场开始直至基坑项目竣工的施工要求。关键线路是软、硬件的配置,软件操作培训及试运行,机场项目管理信息系统的应用及承包人自主基于 BIM 技术的项目管理系统的应用。

5. BIM 建模、模型整合及施工模拟

(1) 各类模型的创建及整合

应用建模软件建立基坑施工的 BIM 模型,地表模型,现场临时设施、施工场地布置的模型,并且为土方施工、护坡施工、桩基施工、降排水等分项工程建立施工 BIM 模型(图 6-3)。

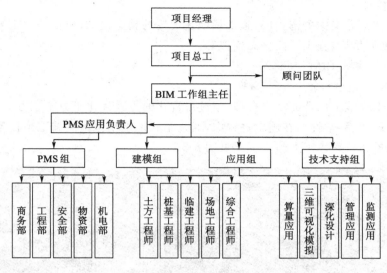

图 6-2　信息化实施组织机构图

图 6-3　场地模型

　　再结合施工项目管理技术,尤其是进度管理、成本管理的综合应用,形成基于 BIM5D 技术的施工项目管理信息化管理应用(图 6-4)。

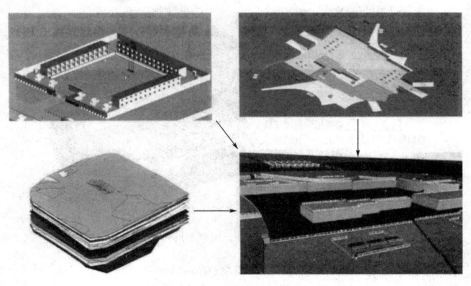

图 6-4　模型整合示意图

（2）施工模拟

进行施工技术方案中关键工序、施工场地建模后的动态模拟，包括场地布置、打桩流程、泥浆制备、钢筋笼吊运、施工阶段终态模拟等。

6. 土方工程中的 BIM 应用

（1）土方施工进度模拟

通过土方工程施工部署的动态模拟，通过可视化的方式优化土方施工方案及施工部署，提高方案的合理性、科学性。在施工过程中，通过施工进度模拟提高施工项目各方之间协调管理工作的质量和效率。土方施工工况见图 6-5。

图 6-5　施工阶段动态模拟

（2）土方开挖工程量控制

运用 BIM 技术生成原始地形数字模型并在此基础上进行土方量计算，不但计算结果更加准确，时间上也仅仅需要几天即可完成。各种土方量计算结果能够以表格或报表方式输出。

① 土方开挖工程量的计算流程

a. 依据地质勘查报告，创建地下土层模型，真实反映地下土层状况（图 6-6）。

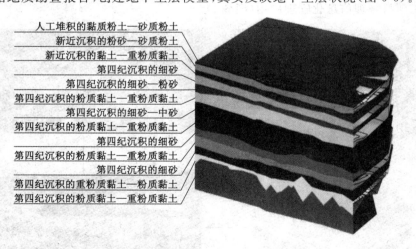

图 6-6　土层模型及对应土层列表

b. 根据施工方案建立土方开挖的 BIM 模型（图 6-7）。

c. 将土方开挖的 BIM 模型与地质土层模型进行对比（图 6-8）。

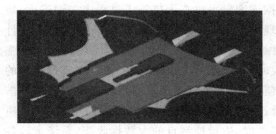

图 6-7　创建土方开挖 BIM 模型

图 6-8　土方模型与地质模型重叠对比计算

d. 生成各土层开挖土方量清单表。

通过结合 BIM 技术和三维激光扫描技术,用三维激光扫描现场的施工状态,建立实测实量的模型,基于该模型与 BIM 施工模型的对比,可以分析挖方与施工方案的一致性,可以直观地显示问题和偏差,方便对潜在的问题进行及时的监控和解决。

② 检测土方施工误差的过程

a. 根据施工方案建立土方开挖的 BIM 模型。

b. 使用三维激光扫描仪扫描现场的土方施工状态,形成点云模型(图 6-9)。

c. 使用 Revit 软件的导入点云数据的插件,根据点云模型自动生成施工现状模型。

d. 通过模型的对比,直观地显示出现场施工状态与设计方案的对比情况(图 6-10)。

图 6-9　点云模型

图 6-10　BIM 模型与点云模型对比分析

7. 桩基工程的 BIM 应用

(1) 桩基施工进度模拟

通过桩基工程施工部署的动态模拟,采用可视化的方式优化桩基施工方案及施工部署,提高方案的合理性、科学性。在施工过程中,通过施工进度模拟提高施工项目各方之间协调管理工作的质量和效率。

(2) 桩施工精细化控制

建立基坑施工 BIM 模型,对 BIM 模型中的桩构件按照区域划分,为每根基础桩、护坡桩建立施工进度、质量信息库,通过移动端设备采集现场施工进展和质量验收情况,通过基于 BIM 大数据的统计和分析,实现桩施工过程中的精细控制和管理。

按照桩施工工艺过程,选择五个关键的控制节点,即测量放线、成孔、钢筋笼验收、灌注混凝土和后压浆。对每个节点的进度、质量验收信息进行及时、准确的跟踪,建立施工过程大数据模型。

综合以上,精细化桩基施工过程的应用过程如下:① 根据建模规则,建立桩基工程 BIM

模型,每个基础桩、护坡桩具有唯一的编码,根据该编码可以查询桩施工过程中关键进度、质量的数据。② BIM 模型支持按照施工部署和现场协调安排进行区域划分,方便进行进度计划与 BIM 模型的关联。③ 通过移动端设备跟踪每根桩的施工开始、施工完成时间。在施工过程中可以按照施工工序录入该节点的完成时间,以及施工班组、施工设备和质量验收的信息。当每根桩施工完成时,需要点击完成按钮;如果有关键工序没有通过验收或者未点击完成按钮,系统会给出提示。④ 桩基进度查看:通过 BIM 模型查看各区域的施工状态、质量过程的检验信息。基于桩基施工过程中关键进度、质量控制点的大数据收集,系统统计各工序的进度完成情况,统计各工序的质量完成情况。在各控制节点支持进行实际工程量统计,如钢筋笼数量的统计。⑤ 施工提醒及预警:当施工进展与计划出现偏差时,根据内置的提醒和预警规则,系统进行自动的预警,并将预警通知发送到相关责任人的手机上。对现场施工计划和质量管理工作,系统通过提醒的方式提示管理人员,避免因工作忙乱导致的遗漏。

8. 降水工程的 BIM 应用

基于机场航站楼核心区基坑施工面积大、基坑开挖深、开槽标高多、排水范围广、支护形式多样等特点,迫切需要在降水施工前,利用数值分析和 BIM 手段对降水方案进行监测、仿真和预测,以及时掌控基坑核心区、基坑周边在施工过程中的降水面和降水井抽水量。

(1) 渗透系数的数值分析与反演

土的性质、土层厚度等复杂的地质情况,导致很难取得渗透系数的实际值。该项目在通用数值分析软件的基础上,建立降水的数值分析模型,对基坑降水设计方案进行数值仿真模拟。在施工过程中,根据实际降水监测数据与模拟效果对比,反演和修正渗透系数等降水关键参数。图 6-11 给出了模拟单井降水工况下地下水位下降过程的示意,施工过程中按照实际基坑和降水方案建模进行仿真模拟和反演计算。

图 6-11　单井降水后基坑地下水位变化示意图

(2) 地下水施工的动态预测与超前控制

降水施工过程中,建立数值计算模型,依据反演修正后的渗透系数等参数,对设计中的降水方案进行模拟分析,对于可能存在诸如由承压水导致的坑底隆起和暴雨等异常工况,通过数值模拟进行事先预测。这个分析过程随着降水过程多次进行,以实现降水过程中的动态分析,提前采取有效措施,指导后续降水。

9. 基于 BIM 技术的进度 4D 可视化管理

(1) 基于 BIM 技术的计划编制与模拟

通过建立基坑施工的 BIM 模型,以 BIM 模型提供的工程量作为参考,辅助进行进度计划的编制。通过建立进度计划与模型的关联,按照进度计划的进程用 BIM 模型展现施工进展。通过 BIM 进度模拟,可以检查进度计划的时间参数是否合理,工作之间的逻辑关系是否准确,各工序的工程量及劳动力的安排是否合理等。

（2）施工日报

通过项目管理平台,现场管理人员对施工进度进行日常检查报告,随时检查实际工程进度。

（3）施工进度监控

通过工作面任务的进展状态（未开始、进行中、已经完成）显示出的不同颜色,帮助项目管理人员掌握现场实际施工情况。对于现场的进度偏差问题,通过系统的预警机制进行预警消息的推送。

10. 其他综合应用

（1）会议室大屏中心建设

在现场会议室设立大屏监控中心,根据会议室墙面实际尺寸,大屏由若干块拼接屏组成,并在会议室侧面设置大屏控制室,控制监控画面。大屏左右两侧可分别显示监控画面和BIM模型,将BIM模型与现场监控进行对比,形象展现施工进度。

大屏监控中心平时主要用于现场安全监控、召开现场协调会等;在进度例会上可以在大屏上显示基于BIM模型的进展与现场监控图片的对比分析,显示进度的偏差和预警信息,支持对现场施工进展的分析和控制;当突发应急事件时,大屏监控中心可作为临时应急指挥中心,通过多屏、多画面的实时影像,及时掌控现场情况,调动现场人员展开有序、高效的应急工作（图 6-12）。

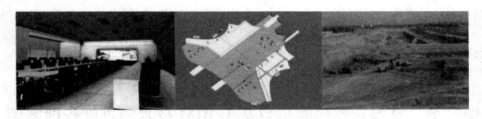

图 6-12 会议室大屏中心示意图

（2）基于二维码技术的混凝土量统计

施工阶段拟采用在混凝土的运送料单上打印载有混凝土运送信息的二维码,主要信息有混凝土的方量、强度等级、坍落度、使用位置、浇筑时间、生产单位等。同时开发二维码扫描 App,混凝土罐车进入现场浇筑时,现场管理人员利用手机 App 扫描二维码,"物联网混凝土统计系统"将自动读取混凝土的运送信息。根据混凝土浇筑位置、强度等级和方量,系统自动计算各区的混凝土累计浇筑完成总量、各强度等级完成总量、剩余完成量、完成比率等信息,同时,当出现浇筑缺陷时,根据浇筑时间可查询该部位该车混凝土的运送信息,保证责任明晰,实现混凝土用量的精细化管理。

二维码技术的应用有效减少了现场管理人员手工统计混凝土浇筑量的工作量,提高了工作效率,节约了人力成本。

（3）基于 GPS 技术的机械设备管理

建立"施工机械设备 GPS 定位管理系统",对现场主要的移动式机械设备进行 GPS 定位和跟踪管理。机械设备主要包括长螺旋钻机、旋挖钻机、履带式起重机、汽车式起重机、混凝土泵车、混凝土车载泵、挖掘机、推土机、装载机、自卸汽车等。在机械设备进场时，将设备名称、型号、编号、负责人、联系方式、检测时间、所属单位等全部信息登记到系统中，并为其发放一个小型 GPS 定位器，将此设备固定在机械设备上，即可记录、跟踪机械设备的具体位置。登录"施工机械设备 GPS 定位管理系统"，输入该机械 GPS 定位器内置的卡号，即可查询此设备的当前位置和每天的行走路径。机械出场登记时，将定位器收回，以便下次使用。机械设备 GPS 定位管理如图 6-13 所示。

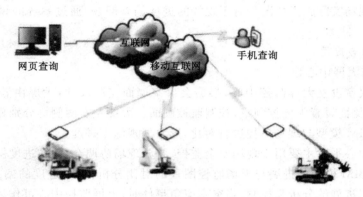

图 6-13　机械设备 GPS 定位管理示意图

管理系统根据机械设备进、出场登记情况，自动统计出当天场区内的机械设备数量、每种类型及型号的设备数量、每台设备当前及某段时间所处位置、每台设备的进、出场时间等信息。

（4）项目文档管理

应用云文档平台管理对内的资料文档，如技术方案、会议记录、图纸及其他文件。

第二节　某综合性医院项目基于 BIM 技术的进度管理案例

随着信息技术的发展，3D 数字化信息早已融入大众生活的方方面面，在影视传媒、工业制造、网络通信等领域带来的变革尤为明显。目前 BIM 技术已经在我国城市综合体、商场、道路桥梁等项目中有普遍成功的应用，而针对医院这类管线密集、设备种类繁多、各种流线功能分区要求严格的建筑，BIM 技术的应用还比较少见。以下案例就针对某综合性医院项目展开介绍，详细讲述如何利用 BIM 技术帮助项目实现进度可控、风险可控，进而提升工程质量，节约成本。

一、项目背景

1. 项目特点

该项目是某区三级综合性医院，始建于 19 世纪，具有悠久的历史。于 2013 年 5 月对原医院进行扩建，总建筑面积达 70 800 m^2，地上 10 层，地下 3 层，是集门诊、急诊、医技和病房为一体的综合性医院项目。

2. 项目应用目标

该项目的机电管线设备复杂，存在大量新技术、新设备应用，施工难度大、成本风险高，工期安排紧张。针对上述情况,传统的施工管理模式已不能满足新的需求,针对国内设计与施工分离的现状,决定采用 BIM 技术提高施工管理水平。

二、BIM 应用内容

1. BIM 平台总体框架

该项目通过采用某软件公司开发的 BIM5D 系统,实现基于 BIM 技术的进度管理。它是以 BIM 技术为核心,集成项目管理过程数据的项目管理系统,适用于总承包项目现场管理。作为 BIM5D 系统输入的模型,来自不同专业的、基于 BIM 技术的设计模型和算量模型,由 Revit、MagiCAD、广联达土建 BIM 算量等多家软件产生的模型集成。BIM5D 系统提供协同平台,基于多专业集成模型为建设方、施工方等提供进度分析优化、工作面管理、5D 过程管控、数字交付等应用(图 6-14)。

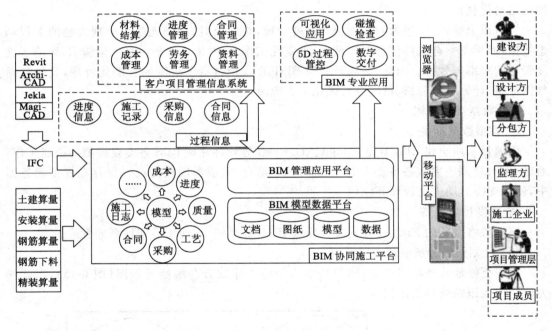

图 6-14　BIM5D 管理系统

2. BIM 实施计划

在项目开展初期,BIM 技术人员就制订了相应里程碑节点的工作目标与计划,保证了后期项目顺利实施。具体实施计划如下:① 自项目启动起 7 d 内,完成 BIM 模型(设计模型与数据模型)标准建立。② 在具备工作必需资料后起 30 d 内,完成主要专业 BIM 主体模型的创建;剩余模型根据要求进行构建及整合。③ 在具备工作必需资料后 60 d 内,完成项目 BIM 综合数据平台的搭建、调整开发,打通设计与施工两大环节之间的数据交换(在系统接口开发不完备的情况下允许通过人工导出导入的方式实现数据交互),实现工程量统计、进度计划编排展示等 BIM 专业应用。④ 在具备工作必需资料后 90 d 内,完成项目 BIM 综合应用平台的设计及模型合并与分拆、模型版本与变更管理、施工设计信息浏览(3D 方式)、进度计划及状态浏览(4D 方式)、资源需求计划及耗用浏览(3D 方式)等功能的开发。⑤ 在具备工作必需资料后150 d内,完成项目BIM综合应用平台的设计及开发,实现基于3D可视化的预算、进度管理、资源消耗、成本核算等信息的浏览、分析、报表等综合应用功能。⑥ 工程完工,取得甲方提供的完整施工竣工图纸及竣工资料后,30 d内完成竣工三维建筑信息模型。

3. BIM 应用内容及实施成果

进度管理贯穿于工程整个施工周期,是保证工程履约的重要组成部分。该项目BIM技术的应用重点在于如何在有限的施工时间里合理优化进度工期,确保项目保质保量顺利交付。通过对该项目的现场情况进行归纳总结,现将影响进度管控的因素列举如下:① 施工工序较多,编制进度计划时未充分考虑劳动力情况,缺乏可操作性;② 进度管理涉及项目几乎所有部门,进度管理信息传递时容易混乱与遗漏;③ 现场进度信息分散、收集困难,难以时时跟踪计划并作出及时的决策;④ 大量精力集中在现场协调管理,缺乏对阶段进度管理的总结与优化。

针对以上难点,要想做到精细化的进度管理,必须及时、准确地收集整理大量的工程动态数据,而手工整合这些信息工作量大,重复性工作多,占用了管理人员大量精力,影响了进度管理的效率与效果。因此,该项目利用BIM5D系统进行了进度的智能化管理,具体包括数据准备、计划跟踪分析、进度分析优化三个阶段。

(1) 数据准备阶段

① 模型数据准备

该项目采用土建BIM算量、MagiCAD、Revit等软件完成BIM各专业模型的搭建工作,通过BIM5D系统完成各专业BIM模型的三维整合,集成后的模型统一保存在模型服务器中,便于支持后期进度管理等应用工作。

② 进度计划准备

该项目将微软的Project计划文件导入BIM5D系统中,便于后期计划的管理。

(2) 计划跟踪分析阶段

为了更好地管理项目进度,项目技术人员将工作细分并编制流程图(图 6-15),以此作为后期进度跟踪处理的依据。

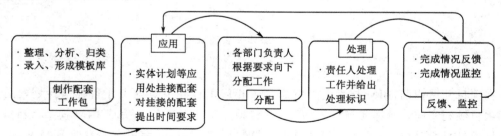

图 6-15　进度跟踪分析流程图

① 模型与进度挂接

该项目根据实际施工流水段的划分情况及进度计划的精细程度,在模型分区模块中划分分区,使模型构件与进度计划逐条对应,方便三维形象进度的生成及施工进度的管理。

② 配套工作维护管理

根据该项目实际情况建立配套工作库,对日常工作信息进行集中管理。

③ 配套工作与模型挂接

由于前面计划已经与模型挂接,现将计划与相应配套工作相关联,从而实现模型与配套工作相关联。

④ 配套工作分派

实体计划挂接配套工作后,各管理部门负责人根据本部门实际情况及配套工作的时间要求,向下分配配套工作。

⑤ 配套工作处理

具体项目责任人根据项目实际进度情况对配套工作进行处理,处理结果会与进度计划比对,反映出配套工作的执行状态。

⑥ 配套工作监控

配套工作分配、完成情况在个人门户中提醒,并反馈给应用者,同时部门负责人或项目负责人可以分别查看部门或项目配套工作进展情况,从而作出相应的决策。

⑦ 计划跟踪分析总结

该项目通过将各条进度计划对应的配套工作分派给相关责任人,实现了计划的落实;通过跟踪施工日志及分派任务的处理情况,实现了对进度计划及各部门日常工作的跟踪与检查;通过将工程动态信息汇总于 BIM 平台并在平台上自动对特定信息进行整理汇总,方便了管理人员对进度情况的总结分析并作出合理调整。

（3）进度分析优化阶段

该项目根据进度计划对应的工程量、施工时间及工效定额计算出相应的劳动力数量,绘出劳动力分布曲线。通过分析这种理论的劳动力分布曲线,确定是否存在劳动力剧烈波动的现象,从而判断进度计划是否合理并作出相应优化(图 6-16)。

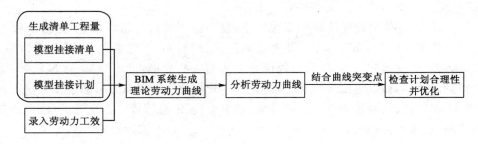

图 6-16　进度分析优化实施流程

4. 项目实施经验总结

该项目 BIM5D 系统平台的应用解决了现场数据收集难、管理难、分析难的问题,通过对模型、计划、现场信息的集成及关联,实现了进度数据的可管理、追溯、分析、优化,保证了项目工期,提高了项目管理水平。后期项目技术人员对应用 BIM 技术的成效与传统项目管理模式对比,分析总结,整理出了一套基于 BIM 技术的项目管理应用方案,为后期类似项目推广提供了宝贵经验。

第三节 广州某大型地标性建筑基于 BIM 技术的成本管理案例

我国正处于工业化和城市化的快速发展阶段。2017 年 10 月 25 日,我国住房和城乡建设部编制了《建筑业 10 项新技术(2017 年版)》,其中包括信息化技术在建筑业的应用。作为改变传统建筑行业的 BIM 技术,从 1990 年末概念提出,通过十多年的大型项目试点推广,到现在 BIM 技术已经由单业务应用向多业务集成应用转变,从标志性项目应用向一般项目应用延伸,事实证明,BIM 技术的推广应用已经如火如荼。以下案例围绕施工阶段 BIM 技术全面应用展开,重点针对 BIM 技术如何在总承包管理中实现成本管控的降本增效。

一、项目背景

该项目工程总高度 530 m,总建筑面积 50.77 万平方米,地下 5 层,地上 111 层。该项目于 2011 年 8 月 8 日开工,计划于 2015 年 11 月 6 日完工。塔楼主体是带加强层的框架—筒体结构,具体由 8 根箱形钢管混凝土巨柱、112 层楼层钢梁和 6 道环形桁架、4 道伸臂桁架组成。

项目存在以下突出难点和关键点。

(1)工程复杂,体量大。混凝土用量为 28.8 万平方米,钢筋为 6.5 万 t,核心筒首次使用双层劲性钢板剪力墙配以 C80 高强混凝土,墙内钢筋、栓钉、埋件密布,对混凝土施工提出全新的严苛要求;钢结构为 9.7 万 t,用钢量巨大;周边场地极为狭小,主塔楼垂直运输量大。预计高峰期主塔楼同时施工人数最多约为 3 000 人;钢构件尺寸大,单件重,数量多,其中巨柱截面尺寸为 3.5 m×5.6 m,单件最重达到 69 t。工程存在超高测量难度大、技术要求高、超高层安全消防体系庞大等难点。

(2)分包众多,总包管理及协调工作繁重、复杂。该项目为超高层,不但涉及数十个专业及分包立体交叉施工,而且施工现场专业队伍多、材料多、工序复杂,总承包管理难点多。专业交叉频繁,进度编制困难,跟踪预控困难。成本管控方面,成本预算、成本核算、变更计算等工作量巨大,需做好事前成本预控,避免成本管控及事后核算分析的过往失误。各种合同、图纸、申报材料、洽商函等文件数量庞大,状态查询、汇总管理工作十分困难,导致各种风险项被遗漏,造成经济损失。

基于上述原因,该项目希望建立一套基于 BIM 的数字化施工技术和管理系统,利用数据化的 BIM 模型,实现项目精细化、数字化的技术与经济的管理。

二、BIM 应用内容

1. BIM 应用目标

该项目 BIM 系统的总体应用思路是建立以 BIM 为基础的信息化平台,实施数字化的技术、经济管理,具体描述如图 6-17 所示。

BIM 模型不仅仅包括三维模型,还包含进度、成本、合同、图纸等丰富的业务数据,通过 BIM 模型为技术方面和经济方面及时、准确地提供关键数据。

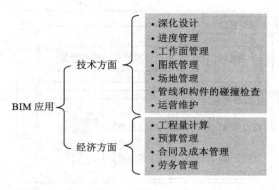

图 6-17 BIM 应用内容

2. BIM 应用挑战

① 软件之间数据交互难题。目前国内外主流 BIM 软件多以专项应用为主,可解决单专业单业务问题;由于 BIM 数据标准缺乏,数据格式多样、不统一,软件之间数据交互困难,无法满足总包对各专业的综合管理需求。

② 无法充分利用各专业已有的深化模型。由于建模规则不统一,数据格式不互通,导致无法充分利用机电、钢结构等专业已有的深化模型。

③ 信息与模型挂接的难题。信息与模型关联难度大,仅实现一次性的"文档关联",没有实现实时、动态的"信息关联"。比如:施工进度模拟软件只能实现模型与一份进度计划的关联,用于展示形象进度模拟功能,无法做到动态进度计划与模型的实时、自动关联,因此无法用于进度的日常管理。另外,清单与模型关联难度大,合同与图纸目前只能做到整份文档与模型的关联。

④ 目前市场上没有成熟的、适合中国国情、应用于施工管理的 BIM 软件。

⑤ 对于体量巨大的超高层建筑,各专业 BIM 模型集成后数据量巨大,目前软、硬件很难一次性加载运行成功。

3. BIM 应用方案策划

① 建立统一的 BIM 规范及信息关联规则。

② 用各专业软件分别进行深化设计及建模。在广泛市场调研基础上,针对各 BIM 应用产品专长不同的情况,该项目各专业选用适合专业情况的建模软件进行建模。土建专业主要应用广联达 GCL、GGJ;机电专业主要应用 MagiCAD;钢结构专业主要应用 Tekla。

③ 依照规则将各专业模型集成到统一平台。

④ 在项目管理系统中维护进度、合同、成本、变更、图纸等信息,按照预设的规则与模型进行信息关联。

4. BIM 综合应用内容

该项目与国内 BIM 软件公司合作开发了"BIM 集成信息平台"。该平台具有开放的接口,可集成不同 BIM 工具软件模型,以及 Project、Word、Excel 等办公软件的数据。信息集成后可通过模型查询任意模型构件的进度、图纸、清单、合同条款等信息。基于该平台,结合施工现场项目管理业务需求,与项目管理系统实现数据互通(图 6-18)。

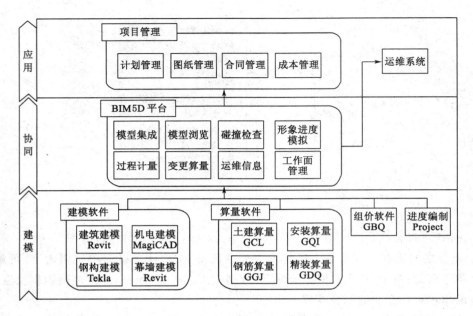

图 6-18　BIM 整体解决方案

① BIM 规范及模型集成

制定符合项目需求的统一的土建、钢构、机电等各专业建模规则，不同专业建模软件可以建立模型，并能集成到统一的平台。深化设计模型可为后续工程量统计、进度管理过程使用，解决各专业模型无法融合的难题。

② 模型集成

项目将各专业、各层的模型集成到 BIM5D 平台。平台使用模型服务器技术，在大模型显示方式、加载效率等方面取得重大突破，可将 10 个专业的整楼模型加载到一个平台中，并且可按照应用要求几秒钟内按需加载指定楼层和专业。

③ 碰撞检查

项目将不同专业的模型集成到统一平台并进行自动的碰撞检查，帮助进行预留预埋、管线综合等多项深入优化。

④ 模型与进度、图纸、清单、合同条款按照属性关联

通过预设置的属性，将模型与项目管理系统的进度、图纸、清单、合同条款等进行自动关联，解决手动关联工作量极为繁杂的难题，可按模型查看相关信息，很好地解决数据交互问题。

⑤ 工程量自动计算及各维度（时间、部位及流水段、专业）的工程量汇总

按照时间段、部位及流水段、专业等不同维度，对工程量进行统计，实现物资计划、备料、现场加工、垂直运输等精细管理。

⑥ 设备信息维护及影响分析

系统可通过 Excel 批量导入设备的供应商、电话等信息，可查找设备的维护手册、维修计划，还能通过管线、设备的关联性分析水、电等系统，判断在管道损坏时应该关闭哪些阀门，将会影响到哪些房间。

5. BIM 在造价管理方面的应用内容

在该项目 BIM 系统中,造价管理方面的应用主要体现在合同管理、变更签证管理和成本分析这三个方面。

在合同管理方面,通过合同条款的拆分,定义具体的合同条款分类和关键词,实现总分包合同的快速检索和查询。同时,通过 BIM 模型实现快速获取指定构件的合同条款内容。

在 BIM 系统合同管理模块中,根据收入和支出两条线,对各类合同的登记、变更签证、报量、结算的全过程执行情况进行管控。同时,可添加合同相关辅助工作,具体提醒相关部门开展与合同相关的工作,并可设置具体的预警机制,针对每份合同的风险条款设置预警条件、预警等级、责任人、通知人,自动对相关责任人发送预警,避免人为疏漏所引起的损失。

在合同履约过程中,跟踪具体变更情况,在各类合同对应的变更、签证登记界面中编辑每份变更的时间、内容、量价等相关信息;并可上传相关附件,为变更索偿提供依据。同时,根据变更前后两个版本的模型文件,系统分析计算出清单工程量的变化,如新增、删除、调整等,并给出具体清单明细,用户根据系统提供的结果编制所需的预算文件。

在向业主报量或审核分包报量的过程中,通过模型可自动获取每期进度的工程量,结合与模型具体构件关联清单的单价数据,可快速获得对应总费用;同时,也可直接从 Excel 表格中导入已编制完成的每期工程量价信息。最后,在各类合同的结算页面中,可详细记录每份合同各期结算的具体日期、金额等信息。

基于上述数据信息,建立合同台账,可查看指定合同的详细执行情况及收支对比分析。

在成本管理方面,BIM 技术帮助该项目有效提高了成本核算和成本分析的工作效率。在成本核算中,首先通过清单与模型的自动关联,实现以模型为载体、各构件价格和工程量数据的对应,进而实现实际收入的快速核算。通过模型工程量、分包报量与合同价格的对应,实现项目实际成本和预算成本的快速核算。在此成本核算的基础上,BIM 系统即可按时间对比分析整个项目的核算成本情况,并可对比分析某一成本项目的成本核算情况,为项目成本控制提供数据支撑。

三、应用成效及价值分析

(1)该项目 BIM 应用实现了一个项目的大数量信息集成并提取应用,研发成果有效地提高了建筑施工信息传递的准确率和时效性。

(2)BIM 系统通过总包、专业分包协同进度编制,解决计划编制多专业协同难的问题,大幅度提升计划编制效率,并为进度编制提供了及时、准确的工程量信息,帮助项目进行准确的工期估算。

(3)系统集成了 BIM 算量成果,将实际施工内容(包括模型范围、清单、工程量)与合同条款进行关联,实现自动汇总中期报量、分包签证报量和结算,把每份签证时间从 1 d 缩短到 2 h,明显减少现场工作人员手工劳动,提高了准确率。

(4)BIM 系统还实现工程实体部分的收入、预算成本自动核算,并与实际成本进行对比分析,实现实时统计系统各项成本状态,为项目决策及时提供准确的数据。

(5)该项目自应用 BIM 技术以来,有效提高了进度、图纸、合同、清单等条款内容交底的效率,避免了不同人员对同一内容理解的偏差,大幅提升了项目管理水平。

第四节　某体育中心利用 BIM 技术管理施工质量案例

为了适应国家发展和人民物质生活水平的需要,大型综合体育场馆、会展中心等项目的建设日渐增多。而这类项目通常空间跨度大、悬挑长,体系受力复杂,形体关系相对复杂,常采用钢结构体系并配合预应力技术。大体量钢结构或预应力钢结构项目施工时存在很多难点和关键问题,如:由于施工过程是不可逆的,如何合理地安排施工进度;安装数量大,如何控制安装质量;如何控制施工过程中结构应力状态,使变形状态始终处于安全范围内等。而为了满足预应力空间结构的施工需求,把 BIM 技术、仿真分析技术和监测技术结合起来,实现学科交叉,建立一套完整的全过程施工控制及监测技术,并运用到此类工程的建设和施工项目管理中,以保证结构施工的质量,是目前 BIM 技术应用中崭新的课题。

一、项目背景及应用目标

1. 项目特点

某体育中心项目集体育竞赛、大型集会、国际展览、文艺演出、演唱会、音乐会、演艺中心等功能于一体。其占地面积为 591.6 亩(1 亩约为 666.67 平方米),总建筑面积为 20 万平方米,可以容纳 35 000 人观看比赛。体育中心结构形式为超大规模复杂索承网格结构,平面外形接近圆形,结构尺寸约为 263 m×243 m,中间有椭圆形大开口,开口尺寸约为 200 m×129 m。

体育场结构最大标高约为 45.2 m,雨篷共 42 榀带拉索的悬挑钢架,体育场雨篷最大悬挑长度约为 39.9 m,最小悬挑长度约为 16 m,下弦采用了 1 圈环索和 42 根径向拉索,环索规格暂定为 $6\phi121$,长度约为 587 m;径向索规格为 $\phi90$、$\phi100$ 和 $\phi127$,另外在短轴方向中间各布置了 4 根斜拉索,斜拉索规格为 p70,拉索采用锌 5%铝-混合稀土合金镀层钢索。

2. BIM 期望应用效果

该项目属索承网格结构并且跨度大,在国内的体育场馆中实属首例,在对预应力索体的吊装和安装方面对施工的质量要求高,对钢结构构件的应力、应变有严格的控制,如处理不当将造成整个体系的失稳倾覆。因此,在场馆的受力、位移监测方面采用全新的 BIM 技术进行配合及辅助,利用三维可视化的动态监测手段对体育中心的结构的应力、应变数据进行采集、汇总并实时反馈,确保预应力索体的工程质量,保证施工能顺利完成。

二、BIM 应用概况及实施路线

1. BIM 平台建设总体框架

该项目采用 Revit 平台建立模型并结合 VDC 技术对项目的施工质量及应力、应变进行监测。通过二次开发生成相应的数据传输终端,利用模型直观展示施工过程中的应力、应变数据,对预应力钢结构构件的吊装过程和钢构件安装质量进行监控。

2. 实施路线流程

该项目在实施初期就进行了 BIM 技术辅助的规划,从工程的设计阶段就利用 BIM 技术进行相应的辅助,对相应的钢结构构件都进行了参数化设计,并在工程施工的各个阶段不同程度地利用 BIM 技术参与项目建设,利用虚拟场景直观展示施工过程的各个环节,为项目的质量控制和顺利完工提供强有力的保障。实施基本路线如下：① 制定 BIM 实施标准；② 建立参数化族库；③ 建模前期协同设计；④ 构件碰撞检查；⑤ 施工工序管理；⑥ 施工深化设计；⑦ 施工动态模拟及施工方案优化；⑧ 安装质量管控及数据三维动态监测；⑨ 三维扫描复查施工质量。

三、BIM 应用内容及实施成果

1. BIM 标准制定

对于预应力钢结构来说，施工中构件的准确下料、各构件的施工顺序、索的张拉顺序严重影响着结构最后的成形及受力，决定着结构最后是否符合建筑设计与结构设计的要求。预应力钢结构的施工难度大，施工质量要求高，因此基于 BIM 软件技术进行项目模型的建立时族包含的信息就更多更大。该项目在预应力钢结构相关族建立时主要考虑了施工深化图出图的需要、模型的参数驱动需求及体现公司特色的目标，因此在建立预应力钢结构族库的时候，运用企业自定义的族样板，在 Revit Structure 原有族样板的基础上，结合公司深化的经验与习惯，创建了适应公司预应力结构施工及日后维护的族样板作为族库建立的标准样板。此标准样板包含了尺寸、应力、价格、材质、施工顺序等在施工中必需的参数。

2. 相应参数化族库

体育场结构复杂，预应力钢结构族库建立是重要的步骤之一。根据项目的需求主要建立了耳板族、索夹族、索头族、索体族及体育场特有的复杂节点族，所建立的族具有高度的参数化性质，可以根据不同的工程项目来改变族在项目中的参数，通用性和拓展性强。

3. 建模前期协同设计

在建模前期，利用 BIM 技术的协同功能，对该工程的建筑、结构和机电等专业进行设计，确定钢构件与下部混凝土看台的连接形式，确定钢网格单元各方向的尺寸，确定索的安装位置和安装间距，避免在整体索体吊装时出现的位置变化。

同时利用协同，可以对场馆的结构和机电设备进行预先的定位，协调出二维局部剖面图，确定结构顶高及结构梁高度。建模前期协同设计的目的是，在建模前期就解决部分潜在的管线碰撞问题，对潜在质量问题提前预知。

从结构的剖面图（图 6-19）和平面图等可看出，该项目的结构形式复杂，而构件的准确安装定位是施工中最关键的一步，因此，如何准确地进行模型的定位也是 BIM 建模的关键技术。在模型定位上大体有两种思路可以使用：根据计算分析软件 Midas 或 Ansys 中的节点和构件坐标在 Revit Structure 中进行节点的准确定位，这样比较费时；根据 AutoCAD 中的模型进行定位，将 CAD 中的模型轴线作为体量导入 Revit Structure 中，导入前在 Revit Structure 中定好所要导入的轴线体量的标高，所导入的轴线体量即构件的定位线。该体育中心场所用的方法为先在 Revit Structure 中定好标高，然后导入 AutoCAD 中的轴线，以导入的轴线作为定位线，这样既快捷又准确。

4. 构件碰撞检查

传统 2D 图纸设计中，在结构、水暖电力等各专业设计图纸汇总后，由总工程师人工发现和协调问题，人为的失误在所难免，使施工中出现很多冲突，造成建设投资巨大浪费，并且还会影响施工进度。施工过程中，这些碰撞的解决方案，往往受现场已完成部分的局限，大多只能牺牲某部分利益、效能，而被动地变更。

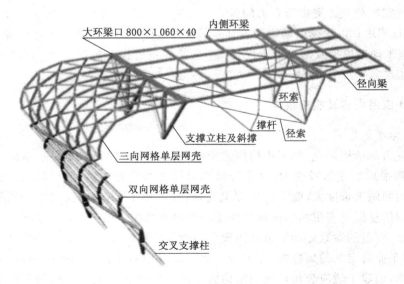

图 6-19　某体育中心钢结构剖面

在对项目进行碰撞检查时,要遵循如下检测优先级顺序:首先,进行土建碰撞检查;然后,进行设备内部各专业碰撞检查;之后,进行结构与给排水、暖、电专业碰撞检查等;最后,解决各管线之间交叉问题。其中,全专业碰撞检查的方法如下:完成各专业的精确三维模型后,选定一个主文件,以该文件轴网坐标为基准,将其他专业模型链接到该主模型中,最终得到一个包括土建、管线、工艺设备等全专业的综合模型。该综合模型真正地为设计提供了模拟现场施工碰撞检查平台,在这平台上完成仿真模式现场碰撞检查,并根据检测报告及修改意见对设计方案合理评估并作出设计优化决策,然后再次进行碰撞检查。如此循环,直至解决所有的硬碰撞、软碰撞达到允许接受的程度。

在读取并定位碰撞点后,为了更加快速地给出针对碰撞检查中出现的软、硬碰撞点的解决方案,可以将碰撞问题为以下几类:① 重大问题,需要业主协调各方共同解决;② 由设计方解决的问题;③ 由施工现场解决的问题;④ 因未定因素(如设备)而遗留的问题;⑤ 因需求变化而带来的新的问题。

针对由设计方解决的问题,可以通过多次召集各专业主要骨干参加三维可视化协调会议的办法,把复杂的问题简单化,同时将责任明确到个人,从而顺利地完成管线综合设计、优化设计,得到业主的认可。针对其他问题则可以通过三维模型截图、漫游文件等协助业主解决。另外,管线优化设计应遵循以下原则:① 在非管线穿梁、碰柱、穿吊顶等必要情况下,尽量不要改动。② 只需调整管线安装方向即可避免的碰撞,属于软碰撞,可以不修改,以减少设计人员的工作量。③ 满足建筑业主要求。对于没有碰撞但不满足净高要求的空间,也需要进行优化设计。④ 管线优化设计时应预留安装、检修空间。⑤ 管线避让原则如下:有压管道避让无压管道;小管线避让大管线;施工简单管道避让施工复杂管道;冷水管道避让热水管道;附件少的管道避让附件多的管道;临时管道避让永久管道。

5. 施工工序质量管理

工序质量控制就是对工序活动条件即工序活动投入的质量和工序活动效果的质量及分

项工程质量的控制。在利用 BIM 技术进行工序质量控制时着重于以下几方面的工作。

① 利用 BIM 技术能够更好地确定工序质量控制工作计划。一方面要求对不同的工序活动制订专门的保证质量的技术措施,作出物料投入及活动顺序的专门规定;另一方面,要规定质量控制工作流程、质量检验制度。

② 利用 BIM 技术主动控制工序活动条件的质量。工序活动条件主要指影响质量的五大因素,即人、材料、机械设备、方法和环境等。

③ 能够及时检验工序活动效果的质量。主要是实行班组自检、互检、上下道工序交接检,特别是对隐蔽工程和分项(部)工程的质量检验。

④ 利用 BIM 技术设置工序质量控制点(工序管理点)实行重点控制。工序质量控制点是针对影响质量的关键部位或薄弱环节确定的重点控制对象。正确设置控制点并严格实施是进行工序质量控制的重点。

6. 施工深化设计

该工程中预应力索体是通过索夹节点传递到结构体系中去的,因此索夹节点设计的好坏直接决定了预应力施加的成败。该工程的钢拉索索力较大,需对其进行二次验算以确保结构的安全。将已建立好的环索索夹模型导入 Ansys 有限元软件中,对其进行弹塑性分析,可以在保证力学分析模型与实际模型相一致的同时省二次建模的时间。

7. 施工动态模拟及施工方案优化

该工程规模大、复杂程度高、预应力施工难度大。为了寻找最优的施工方案,为施工项目管理提供便利,该工程采用了基于 BIM 技术的 4D 施工动态模拟,测试和比较不同的施工方案并对施工方案进行优化,可以直观、精确地反映整个建筑的施工过程,有效缩短工期、降低成本、提高质量。

实现施工模拟的过程就是将 Project 施工计划书、Revit 三维模型与 Navisworks 施工动态模拟软件加以时间(时间节点)、空间(运动轨迹)及构件属性信息(材料费、人工费等)相结合的过程。

8. 安装质量管控及 3D 动态化监测

对预应力钢结构而言,预应力关键节点的安装质量至关重要。安装质量不合格,轻者造成预应力损失、影响结构受力形式,重者导致整个结构的破坏。

BIM 技术在该工程安装质量控制中的应用主要体现在以下两点:一是对关键部位的构件,如索夹、调节端索头等的加工质量进行控制;二是对安装部位的焊缝是否符合要求、螺丝是否拧紧、安装位置是否正确等施工质量进行控制。将关键部位的族文件与工厂加工构件进行对比,检查加工构件的外形、尺寸等是否符合加工要求。如图 6-20 所示。

图 6-20 模型与真实场景对比

9. 3D 扫描复查施工质量

在场馆施工中,利用 3D 数字激光扫描仪,对在施及已施的建筑进行 3D 扫描。在场馆的不同方位架设扫描仪对场地中的建筑、结构实体进行扫描。扫描后将形成建筑及结构的点云模型,接着对生成的点云模型进行拼合。将各角度扫描的模型拼接成完整的场馆模型,再将前期建立的 BIM 模型导入点云模型中,对比实际建立的钢结构网格、索体与混凝土看台的相应位置是否有偏差,各构件的垂直、水平、角度是否满足要求。如有不符合要求的位置,及时进行整改,确保后续的施工质量。

利用三维扫描校核施工质量,能对前期建立的 BIM 模型进行更充分的利用,同时也避免 BIM 模型与实际建筑构件的不一致,从而将 BIM 技术的作用更好地发挥出来。

四、项目实施经验总结

施工质量管理一直是施工单位的难点,在传统的施工项目管理中结合 BIM 技术能为施工提供新的安全技术手段和管理工具,提高建筑施工安全管理水平,促进和适应新兴建筑结构的发展。在该项目中所创建的预应力钢结构构件族具有参数化的特点,可以反复应用在类似施工项目中;参数化预应力钢结构施工深化设计方法不但能提高效率,还能降低出错率;施工模拟的技术也给企业带来了效益;所开发的三维可视化动态监测系统具有很大的拓展空间,值得推广应用。

总的来说,BIM 技术在该体育中心施工项目管理上的成功应用,为后期同类型工程积累了结构建模、深化设计、施工模拟和动态监测的宝贵经验,对以后预应力钢结构施工项目管理应用 BIM 技术具有参考价值。

第五节　某大型公共建筑利用 BIM 技术管理施工安全案例

施工安全是工程建设的重要方面,也是建筑企业生产管理的重要组成部分。施工安全管理的对象包括施工生产中的人、物、环境的状态管理与控制,是一种动态管理。施工安全管理,主要是组织实施企业安全管理规划、指导、检查和决策,同时又是保证生产处于最佳安全状态的根本环节。本节以某大型公共建筑项目为例介绍 BIM 技术在施工安全管理中的一些实际应用。

一、项目背景及应用目标

1. 项目特点

该大型公共建筑项目总建筑面积为 206 247 m^2,地下为 3 层,地上最高为 23 层,最大檐高为 100 m,结构形式为框架—剪力墙结构。

2. BIM 期望应用效果

该项目属于大型公共建筑,并属于某市的重点建设项目工程,在其建设过程存在一系列问题:用地面积大、体量大;工程的地理位置特殊,规划也具有很大的难度;施工的工作面小,施工工期要求紧,工程任务重;分包数量多;工程的机械使用多、人员多、消耗的材料量大等。为解决上述工程问题和确保项目安全、高效施工,采用 BIM 技术辅助项目实施。利用施工方案的模拟和动态漫游演示,展示施工中可能出现的安全隐患,利用数字化手段标识潜在危险源,加强施工现场的安全管理,为工程顺利竣工提供保证。

二、BIM 建设概况及实施路线

该工程主要使用的是 Autodesk 公司的 Revit 平台进行模型的搭建工作,并配合虚拟现实技术,经过二次开发,建立起一个项目级专项安全管理平台。利用 BIM 技术三维可视化的特点,直观、准确地展示施工过程中可能存在的安全隐患。将施工过程中存在安全风险的重点位置,利用模型加以标识和管理,并在施工交底和施工过程中进行演示,使工程人员在进入现场前就对其有直观的认识和把控。基于 BIM 技术的管理模式创建管理信息、共享信息等的数字化方式,采用 BIM 技术不仅能实现虚拟现实和资产、空间等管理,而且便于运营维护阶段的管理应用,如运用 BIM 技术可以对火灾等安全隐患进行及时处理,从而减少不必要的损失,对突发事件进行快速应变和处理,快速、准确掌握建筑物的运营情况。实施内容如下:施工准备阶段安全控制;深化设计;施工过程仿真模拟;施工动态监测;防坠落管理;施工风险预控;塔吊安全管理;灾害应急管理。

三、BIM 应用内容及实施成果

1. 施工准备阶段安全控制

在施工准备阶段,利用 BIM 技术进行与实践相关的安全分析,能够降低施工安全事故发生的可能性,如:4D 模拟与管理和安全表现参数的计算可以在施工准备阶段排除很多建筑安全风险;BIM 虚拟环境划分施工空间,排除安全隐患;基于 BIM 及相关信息技术的安全规划,可以在施工前的虚拟环境中发现潜在的安全隐患并予以排除;采用 BIM 模型结合有限元分析平台,进行力学计算,保障施工安全;通过模型发现施工过程重大危险源并实现水平洞口危险源自动识别。

2. 深化设计

由于设计院提供的施工图细度不够,与现场施工往往有诸多冲突,不具备指导实际复杂节点施工的条件,这就需要对其进行细化、优化和完善。该工程采用基于 BIM 技术的施工深化设计手段,提前确定模型深化需求,对土建专业、机电管线综合进行了碰撞检查及优化,对场馆大厅钢结构、幕墙及复杂节点钢筋布置进行了深化设计,并在深化模型确认后出具用于指导现场施工的 2D 图纸(图 6-21)。

图 6-21 结构构件深化设计

3. 施工过程仿真模拟

该工程规模大、复杂程度高、工期紧。为了寻找最优的施工方案、给施工项目管理提供便利,采用基于 BIM4D 施工动态模拟技术对土建结构、大厅钢结构及部分关键节点的施工过程进行模拟并制作多视点的模拟动画。施工模拟动画为施工进度、质量及安全的管理提供了依据(图 6-22)。

图 6-22　施工模拟动画截图

4D 仿真分析技术能够模拟建筑结构在施工过程中不同时段的力学性能和变形状态,为结构安全施工提供保障。通常采用大型有限元软件来实现结构的仿真分析,但对于复杂建筑物的模型建立需要耗费较多时间。在 BIM 模型的基础上,开发相应的有限元软件接口,实现三维模型的传递,再附加材料属性、边界条件和荷载条件,结合先进的时变结构分析方法,便可以将 BIM4D 技术和时变结构分析方法结合起来,实现基于 BIM 技术的施工过程结构安全分析,能有效捕捉施工过程中可能存在的危险状态,指导安全维护措施的编制和执行,防止发生安全事故。

4. 施工动态监测

建筑安全事故近年不断发生,人们防灾减灾意识也有很大提高,因此结构监测研究已成为国内外的前沿课题之一。对施工过程进行实时施工监测,特别是重要部位和关键工序,可以及时了解施工过程中结构的受力和运行状态。施工监测技术的先进合理与否,对施工控制起着至关重要的作用,这也是施工过程信息化的一个重要内容。为了及时了解结构的工作状态,发现结构未知的损伤,建立工程结构的 3D 可视化动态监测系统就显得十分迫切。

3D 可视化动态监测技术较传统的监测手段具有可视化的特点。工作人员可在三维虚拟环境下漫游来直观、形象地提前发现现场的各类潜在危险源,提供更便捷的方式查看监测位置的应力应变状态。在某一监测点应力或应变超过拟订的范围时,系统将自动采取报警给予提醒。

使用自动化监测仪器可进行基坑沉降观测,通过将感应元件监测的基坑位移数据自动汇总到基于 BIM 技术开发的安全监测软件上,通过数据分析,结合现场实际测量的基坑坡顶水平位移和竖向位移变化数据进行对比,形成动态的监测管理,确保基坑在上方回填之前的安全稳定性(图 6-23)。

(a) 监测数据采集　　　　　　　　　　　(b) 基坑模型

图 6-23　基于 BIM 基坑沉降安全监测

通过信息采集系统得到的结构施工期间不同部位的监测值,根据施工工序判断每时段的安全等级,并在终端上实时地显示现场的安全状态和存在的潜在威胁,给予管理者直观的指导。系统前台对不同安全等级的显示规划如表 6-3 所列。

表 6-3　系统前台对不同安全等级的显示规划表

级别	对应颜色	禁止工序	可能造成的结果
一级	绿色	无	无
二级	黄色	机械进行、停放	坍塌
三级	橙色	机械进行、停放	坍塌
		危险区域内人员活动	坍塌、人员伤害
四级	红色	基坑边堆载	坍塌
		危险区域内人员活动	坍塌、人员伤害
		机械进行、停放	坍塌、人员伤害

5. 防坠落管理

在施工过程中坠落危险源包括尚未建造的楼梯井和天窗等,通过在 BIM 模型中的危险源存在部位建立坠落防护栏杆构件模型,研究人员能够清楚地识别多个坠落风险,且可以向承包商提供完整且详细的信息,包括安装或拆卸栏杆的地点和日期等。

6. 施工风险预控

施工风险预控主要包括施工成本、进度、质量、安全的风险预控。为了有效实现对工程的风险预控,基于 BIM 模型,利用施工信息管理平台及自主研发的健康监测平台来深入探讨高层建筑的施工成本、进度、质量、安全监测。

通过平台的 BIM 模型综合管理,实现对工程成本、进度、质量的数据关联、分析与监测;通过研究建筑结构健康监测系统设计和监测数据的处理方法,集合 BIM 模型建立高层建筑施工监测系统,进行高层建筑施工安全性能分析和评价,两者结合共同打造具有该项目特色的高层 BIM 风险预控方法,最大限度降低项目建造阶段的风险。

7. 塔吊安全管理

大型工程施工现场需布置多个塔吊同时作业,因塔吊旋转半径不足而造成的施工碰撞也屡屡发生。确定塔吊回转半径后,在整体 BIM 施工模型中布置不同型号的塔吊,能够确保其同电源线和附近建筑物的安全距离,确定哪些员工在哪些时候会使用塔吊。在整体施工模型中,用不同颜色的色块来表明塔吊的回转半径和影响区域,并进行碰撞检查来生成塔吊回转半径计划内的任何非钢安装活动的安全分析报告。该报告可以用于项目定期安全会议中,减少由于施工人员和塔吊缺少交互而产生的意外风险。某工程基于 BIM 技术的塔吊安全管理如图 6-24 所示,图中说明了塔吊管理计划中钢桁架的布置和塔吊的摆动臂在某个特定的时间可能达到的范围。

图 6-24　塔吊安全管理

8. 灾害应急管理

利用 BIM 及相应灾害分析模拟软件,可以在灾害发生前模拟灾害发生的过程,分析灾害发生的原因,制订避免灾害发生的措施,以及发生灾害后人员疏散、救援支持的应急预案,为发生意外时减少损失并赢得宝贵时间。该项目利用 BIM 模型对灾害发生后的人员疏散时间、疏散距离、有毒气体扩散时间、建筑材料耐燃烧极限、消防作业面等进行了模拟,并将其整合进施工管理平台中,在平台中集成了利用 BIM 模型生成的 3D 动画,用来同工人沟通应急预案计划方案。

应急预案包括五个子计划:施工人员的入口/出口、建筑设备和运送路线、临时设施和拖车位置、紧急车辆路线、恶劣天气的预防措施;利用 BIM 数字化模型进行物业沙盘模拟训练,训练保安人员对建筑的熟悉程度,再模拟灾害发生时,通过 BIM 数字模型指导大楼人员进行快速疏散;通过对事故现场人员感官的模拟,使疏散方案更合理;通过 BIM 模型判断监控摄像头布置是否合理,与 BIM 虚拟摄像头关联,可随意打开任意视角的摄像头,摆脱传统监控系统的弊端。

四、项目实施经验总结

BIM 技术在该公共建筑项目施工中的应用,达到了 BIM 的应用目标,实现整个项目的参数化、可视化,有效控制风险,提高施工信息化水平和整体质量。通过对 BIM 技术在该工程施工中的应用研究,可以得出以下结论。

(1) BIM 模型的建立应符合 BIM 建模标准的要求,BIM 模型的应用需严格遵照 BIM 标准的规定。

(2) 基于 BIM 技术的深化设计方法可以有效辅助施工,对复杂钢筋混凝土节点的施工具有指导意义。

（3）通过 BIM 模型对施工方案进行前期规划，实现绿色施工。

（4）基于 BIM 技术的施工管理平台，能更好地指导建筑结构施工和项目管理，可以有效地拓宽业务领域，有很好的市场前景。

（5）BIM 辅助总承包施工项目管理效果明显，其提供的协同工作平台可以提高工作效率、实现数据共享。

（6）BIM 技术的应用可以对施工成本、进度、质量及安全进行风险预控，有效降低项目风险。

第六节　某工程制冷机房机电深化设计阶段 BIM 应用案例

本节以某国家重点建设项目的制冷机房为例，分析针对机房机电安装工程的特点，如何采用 BIM 技术手段提高机房机电安装工程深化设计的准确性和效率，以及机房机电安装工程 BIM 深化设计的具体流程和步骤。通过该案例分析，需要了解和掌握主要设备新建族及编辑族的方法、碰撞检查的分类及各自的定义、协同绘图的具体实施方法及其优点和缺点。

一、项目背景

该项目为某国家重点建设项目的制冷机房，位于地下二层，建筑面积为 288 m²。机房层高为 5 m，梁底标高为 4.2 m，内含制冷机组、循环水泵、分集水器、综合式水处理器、软化水箱、各类桥架和配电箱柜等机电设备。设备数量较多，机电管线复杂，综合排布难度大。

二、BIM 应用内容

该项目 BIM 深化设计使用的建模软件是 Autodesk Revit 2014。

机房机电安装工程 BIM 深化设计的主要内容：① 机电设备建模，创建符合产品参数的族；② 设备基础建模；③ 机电管线建模及碰撞检查；④ 综合排布。

1. 主要设备深化设计

（1）主要设备建族类别统计

在设备建族前，先根据施工图纸将需要建族的设备按照类别列出详细的清单，如表 6-4 所列。

表 6-4　建族的设备统计表

设备名称	设备种类	主要参数	设备外形尺寸	生产商家

（2）主要设备建族

通过使用预定义的族和在 Revit MEP 中创建新族，可以将标准图元和自定义图元添加到模型中。通过族，可以对用法和行为类似的图元进行某种级别的控制，以便绘图人员可以轻松地修改设计和更高效地管理项目。

主要设备建族尽量采用在 Revit 自有族的基础上进行编辑修改，编辑项目中的族可以通过以下三种方法。

方法一:在项目浏览器中,选择要编辑的设备族名。然后单击鼠标右键,在弹出的快捷菜单中选择"编辑"命令,此操作将打开"族编辑器"。在"族编辑器"中编辑族文件,再将其重新载入项目文件中,覆盖原来的族。也可另存为一个新的族,然后载入项目文件中,通过使用"插入族"的方法,在项目中使用。

方法二:单击鼠标右键,在弹出的快捷菜单中可以对设备族进行"新建类型""删除""重命名""保存""搜索""重新载入"的操作。如果族已经放置在项目绘图区域中,可以单击该设备族,然后在功能区中单击"编辑族"按钮,打开"族编辑器"。

方法三:同样对于已放置在绘图区域中的设备族,用鼠标右键单击该设备族,在弹出的快捷菜单中选择"编辑族"命令,也可以打开"族编辑器"。

设备的外形尺寸和接管管径须按照产品供应商提供的详细参数如实绘制,以避免产品到场后安装位置有误或接管产生偏差。

如果采用自建族的方式,可以建立"构件族"或者"内部族"。"构件族"可以被载入不同项目文件中使用,而"内部族"只能存储在当前的项目文件中,不能在别的项目中使用。在建立设备族的过程中需要注意的是,将族的插入点设在设备底部中心点上,便于后期构件的放置和布置。

(3)主要设备基础建族

根据生产厂家提供的设备基础参数,建立设备基础族,族类型为"构件族"。族参数主要包括材质和装饰、结构、高度、长度、宽度、直径等。需要注意的是,矩形设备基础族在长度和宽度上,是以长度和宽度方向的中轴线为基准变化的。族的插入点设置在构件底部中心点上。

(4)优化设备布置位置

以机房空间大小和原设计图纸为依据,结合设备模型的尺寸,布置设备模型的位置。在此过程中需要注意以下几个要点:① 设备接口方向要正确;② 预留出设备接口处管线弯头、三通、阀件、桥架连接件等构件的模型放置空间;③ 设备接口位置避免布置在结构梁下部、柱边、沉降板上部等部位,还应注意机房门的布置位置和开启方向,避免管线与之发生冲突;④ 与多系统连接的设备布置时,应考虑到成排管道的走向和接管时的管道交叉问题;⑤ 各类配电柜(箱)应尽量成组布置且便于电气桥架和缆线连接。靠近设备布置的配电柜(箱)应注意柜(箱)门的开启方向及所需空间,避免与设备、管线或支架发生冲突。同样也需要考虑配电柜(箱)内安装电子器件时所需要的安装空间。

2. 管线综合排布

机房工程 BIM 建模的一个重点就是管线综合排布。

(1)管线排布原则

机房内管道布置遵循以空调水管道优先排布,通风管道、电气桥架及喷淋管道配合调整的原则。

在建模过程中,将空调水系统、给水排水系统、通风系统和电气系统中不同种类的管道进行建族,并且将其添加到各视图中的过滤器中,以便在绘图过程中控制各类管道的可视性,避免出现管线、设备相互遮挡而影响绘图的情况发生,以提高绘图效率。

在绘制和调整各类管道时,暂时不要进行设备进出口处的接管连接,在所有管道进行完碰撞检查并调整完成后再进行该项工作。这样可以避免重复调整设备或管道模型的情况发生,以提高绘图效率和精度。

各类阀门要随管道绘制过程同时进行,以避免阀门构件缺失或者无空间放置阀门构件的情况发生。

（2）管道阀门等附件建族

机房工程内的阀门种类型号繁多,在进行建模前将需要建族的阀门建立清单（表 6-5）。阀门等附件建族尽量在 Revit 自有族的基础上进行编辑修改。

表 6-5　阀门建族统计表

名称	系统	公称直径	阀体材质	备注

（3）碰撞检查

在机电管线设计和建模过程中,为了确保各系统间管线和设备无干涉、碰撞,必须对管道各系统间及管道与梁、柱等土建模型间进行碰撞检查。

碰撞检查分为两类,即项目内图元之间碰撞检查及项目图元与项目链接模型之间碰撞检查。

项目内图元之间碰撞检查,是指检测当前项目中图元与图元之间的碰撞关系,可按照图元分类进行图元整体的碰撞检查,同时也可以执行指定图元的碰撞检查。

项目图元与项目链接模型之间碰撞检查,是指对当前项目中图元与链接模型中的图元进行碰撞检查。

碰撞检查的具体操作方法如下所列。

① 选择图元

如果要对项目中的部分图元进行碰撞检查,则应先选择需要检查的图元。如果要检查整个项目中的图元,则可以不选择任何图元,直接进入运行碰撞检查。

② 运行碰撞检查

选择所需进行碰撞检查的图元后,单击"协作"选项卡"坐标"→"碰撞检查"下拉列表→"运行碰撞检查"按钮,弹出"碰撞检查"对话框。如果在视图中选择了几类图元,则该对话框将进行过滤,可根据图元类别进行选择;如果未选择任何图元,则对话框将显示当前项目中的所有类别。

③ 选择"类别来自"

在"碰撞检查"对话框中,分别从左侧的第一个"类别来自"和右侧的第二个"类别来自"下拉列表中选择一个值,这个值可以是"当前选择""当前项目",也可以是链接的 Revit MEP 2014 模型,软件将检查类别 1 中图元和类别 2 中图元的碰撞。

在检查项目图元与"链接模型"之间的碰撞时应注意以下几点。

a. 工能检查"当前选择"和"链接模型"（包括其中的嵌套链接模型）之间的碰撞。

b. 能检查"当前项目"和"链接模型"（包括其中的嵌套链接模型）之间的碰撞。

c. 不能检查项目中两个"链接模型"之间的碰撞。一个类别选择了"链接模型"后，则另一个类别就无法再选择其他"链接模型"了。

④ 选择图元类别

分别在类别1和类别2下勾选需要检查的图元类别。

⑤ 检查冲突报告

完成以上步骤后，单击"碰撞检查"对话框右下角的"确定"按钮，软件会给出碰撞检查结果。

3. 协同绘图

机房工程项目建模工作都需要建筑、结构、给水排水、设备等方面的专业人员共同参与协作完成。在三维模式下实现各专业间协同工作和协同设计，是机房三维建模应用时要实现的最终目标。

（1）协同绘图的两种主要方式

可以使用链接或者工作集的方式完成各专业间或专业内部协同工作。

（2）协同绘图的工作流程

使用链接方式的工作流程：建筑专业建立轴网模型→机电专业建立样板文件→各专业建立专业样板文件→链接入建筑轴网模型→复制轴网到各专业项目文件，各专业建模→链接建筑模型及结构模型→碰撞检查→调整模型→确定最终模型。

在链接图元时，可以将链接的项目中轴网、标高等图元复制到当前项目中，以方便在当前项目中编辑修改。但为了使当前项目中的轴网、标高等图元与链接项目中的保持一致，可以使用"复制/监视"工具将链接项目中的图元对象复制到主体项目中，用于追踪链接模型中图元的变更和修改情况，及时协调和修改当前主项目模型中的对应图元。

工作集协作模式：工作集将所有人的修改成果通过网络共享文件夹的方式保存在中央服务器上，并将他人修改的成果实时反馈给参与设计的用户，以便在设计时及时了解他人的修改和变更成果。要启用工作集，必须由项目负责人在开始协作前建立和设置工作集，并指定共享存储中心文件的位置，且定义所有参与项目工作的人员权限。

工作集协作模式的流程：项目管理者对项目文件初步设置工作集→保存于服务器共享文件夹中→建立该项目的"中心文件"→各专业人员将"中心文件"复制至本人电脑磁盘→各专业人员设置专业工作集→建立专业模型→与中心文件同步→碰撞检查→调整模型→确定最终模型。

建立中心文件的步骤如下所列。

a. 建立工作集，如图6-25、图6-26所示。

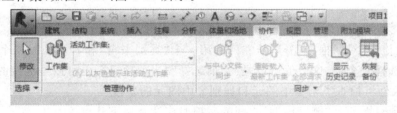

图 6-25　建立工作集

b. 添加各专业工作集,如图 6-27 所示。

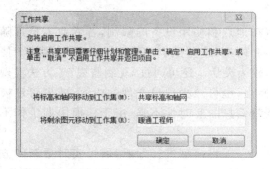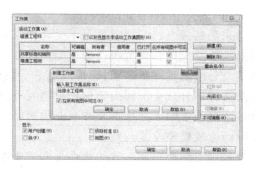

图 6-26　工作共享　　　　　　　　　　图 6-27　添加各专业工作集

c. 再次打开"工作集"对话框,设置所有工作集的"可编辑"选项均为"否",即对于项目管理者来说,所有的工作集均变为不可编辑,完成后单击"确定"按钮,退出"工作集"对话框,如图 6-28 所示。

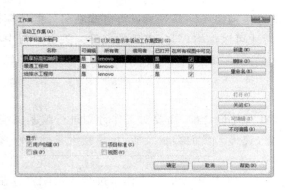

图 6-28　释放工作集权限

d. 在"协作"选项卡的"同步"面板中单击"与中心文件同步"工具,弹出"与中心文件同步"对话框,单击"确定",将工作集设置为与中心文件同步。完成后关闭软件,至此项目管理者完成了工作集的设置工作。

需要说明的是,项目管理者设置完成工作集后,由于其不会直接参与项目的修改与变更,因此设置完成工作集后,需要将所有工作集的权限释放,即设置所有工作集不可编辑。如果项目管理者需要参与中心文件的修改工作,或者需要保留部分工作集为其他用户不能修改,则可以将该工作集的可编辑特性设置为"是",这样在中心文件同步后,其他用户将无法修改被项目管理者占用的工作集图元。

在各专业工程师全部或者阶段性完成各自绘制内容后,可以通过单击"协作"选项卡中的"与中心文件同步"工具,同步当前工作集的设置和绘制内容。

(3) 两种协同绘图方式的使用条件

① 使用链接方式的使用条件:需要采用相同版本的建模软件,建立统一的标高轴网文件,各专业工程师建立自己的项目文件。

② 工作集协作模式的使用条件:需要有服务器存储设备及同一网络,采用相同版本的

建模软件，由项目负责人统一建立和管理工作集的设置。

（4）两种协同绘图方式的优缺点

采用链接方式的优点是可不受建模人员所在地点和使用设备的限制，各专业人员可随时随地独立完成负责范围内的模型文件的建立和修改，建立完成的模型文件还可存储于便携式设备或通过网络传输，建模地点不受限制，较为灵活。还可通过"复制监视"等方法实现链接文件部分或全部转换为该项目图元，选择性强，也可减少项目文件的内容，减少对建模设备内存的占用。其缺点是各专业构建模型调整信息的实时性不强，由于建模协调工作不及时而造成模型反复调整。

采用工作集协调方式的优点是多专业可对同一项目模型进行编辑，通过实时更新的方法，各专业人员可随时了解整个项目模型的构建情况和细节，实时对模型进行调整和优化。该模式还可通过提出修改申请的方式，允许其他专业人员提出调整模型方案，不仅达到了信息实时沟通的目的，而且提供了模型修改多人协作和采用授权管理的途径，使得建模过程中各种资源集中使用，减少了反复调整模型的工作量，提高了构建模型的效率。其缺点是各专业人员必须使用链接同一台服务器的唯一设备进行工作，约束了建模人员的工作时间和工作地点，且中心文件不能通过网络传输或者拷贝等方式在另外的建模设备上编辑，只有采用与中心文件分离的方式后才可以编辑，但分离后的文件又失去了与中心文件的关联，无法实时更新。

4. 工作计划编制及组织

（1）工作计划编制

在机房工程进行 BIM 深化设计前，需要对工作计划进行编制。编制的依据是建模工作需要完成的时间及工作量、建模人员的数量及能力、建模设备硬件配置等。

（2）人员组织配置

人员组织配置的原则是按照所需专业和工作量进行人员配置。在配置过程中应重视主要专业的工作量。建立由项目负责人为管理人的组织机构，项目负责人负责该项目的整体分工和协调工作，各专业人员负责分工范围内的模型建立和深化设计工作。各专业人员对分工范围内的深化设计成果向项目负责人负责，项目负责人对整个项目交付的深化设计成果向项目甲方负责。

第七节　某购物中心工程 BIM 集成应用实践

一、应用概况

1. 工程概况

某购物中心二期工程是集百货、超市、时尚、家电、运动、餐饮、娱乐影院等全方位消费功能为一体的超级购物中心。该工程东侧与该市地铁 4 号线西红门站相邻，总占地面积约 17.2 万平方米，单层面积达 9 万平方米，总建筑面积约 51 万平方米，地上结构分为 7 个独立的建筑，工程整体为 3 层、局部为 4 层，楼与楼之间通过 58 个钢连桥连接。工程整体效果图如图 6-29 所示。

图 6-29　某购物中心工程整体效果图

2. 工程的特点与难点

（1）工程建设意义重大

某购物中心工程为国际化程度高的特大型综合商业建筑，工程规模庞大，对改善周边环境、提升区域地产品质具有重要作用。

（2）施工场地狭小

该工程地处规划商业区，东侧邻近地铁4号线，西北侧与开工兴建的该购物中心一期工程相连，南侧、北侧紧贴规划路，沿建筑红线的围墙建成。地下结构基坑开挖后，西侧基坑一部分与一期工程连通、其余部分紧贴围墙，其中西南角最近部位距离围墙仅 2.8 m，最远部位也仅有 8 m，东侧基坑在东北角紧贴已建成的西红门地铁站入口，其余部位距离围墙最近为 8 m、最远为 16 m；南侧基坑距离围墙约 20 m，北侧基坑距离围墙约 11.4 m，局部只有 6 m。材料运输和存放场地均十分狭窄。

另外，由于该工程的基坑深度较大，为确保支护结构安全，在地下结构施工阶段其施工道路和材料存放场地均须保证距基坑顶有一定的安全距离且对行走荷载有一定的限制，这给本来就狭窄的场地又增加了一定的难度。

此外，根据分析，结构施工高峰期日均进场混凝土罐车将达到 220 车次、其他施工车辆 100 车次，现场交通流量大，须合理进行场内外交通策划，确保现场安全有序、高效施工。

（3）资源投入量巨大

该工程施工期间需要混凝土约 36 万平方米、钢筋约 6 万 t、钢管约 1.5 万 t、碗扣架等约 3.5 万 t、模板约 51 万平方米等材料，还需组织 11 台大型塔吊及 7 台施工电梯等施工机械设备；此外，结构施工高峰期需组织 6 000 多人。如何在短时间内组织上述资源及时进场，是保证工程顺利施工的关键。

（4）专业分包多、专业工序交叉作业多

该工程专业种类齐全，施工过程中还将陆续引入幕墙、机电设备、主力租户等专业和单位进场施工，各专业工程之间穿插协作频繁，总分包管理协调量大，特别是采光天窗钢构件加工制作、幕墙施工、二次精装施工、弱电安装等分包商对整个工程施工质量的成败起着极为关键的作用。因此，要求施工单位必须具有很强的大型同类工程总包协调管理能力。

（5）安全作业标准高

工程工期紧,同时施工面积大,资源投入量大,施工全过程均处于抢工状态,专业分包工程多、交叉作业多,安全管理点多面广,管理难度大。

同时,该工程安全管理按照国际标准进行,对所有进场机械设备、人员要求严格,对安全防护标准要求高。

（6）邻近地铁施工

该购物中心工程东北侧与地铁 4 号线西红门地铁站 A 出入口邻近,拟建工程基坑支护的护坡桩与地铁站 A 口西侧柱下独立基础之间距离不到 20 cm,按照《某市城市轨道交通安全运营管理办法》的规定,邻近地铁口部位的施工位于城市轨道交通控制保护区内,需编制相应的安全防护方案,并由北京市交通委路政局组织专家进行地铁口安全的论证。

邻近地铁口位置施工的关键是基坑施工阶段变形的控制及结构施工过程中对地铁口的安全防护。除进行基坑支护的专项设计外,还需进行现有地铁出入口的安全性评估,以及由地铁运营管理方确认的第三方监测,采取可靠的安全防护措施确保地铁口的安全运管。

3. BIM 应用实施方案

结合该购物中心工程的项目特点和工程总承包管理的需求,建立起集 BIM 建模及深化设计、4D 施工动态管理、基于 BIM 的项目综合管理三部分内容的 BIM 集成应用方案。

（1）BIM 建模及深化设计

根据该购物中心工程的实际需求,使用 Autodesk Revit 系列软件创建工程的 BIM 模型。建模工程分为两个阶段:第一阶段为建筑、结构,第二阶段为机电安装。BIM 模型工作范围具体如下所列。

① 建筑、结构专业:包含建筑专业和结构专业的施工图设计中的主体混凝土结构、钢结构、幕墙、门窗等,不含装饰装修、相关家具、洁具、照明用具等。

② 机电安装专业:包含综合布线、暖通、给水排水、消防的主要管线和阀门等,不含末端细小管线、机电设备详细模型。

③ 建模更新:根据当前甲方提供的图纸进行一次性集中建模,在图纸变更后即对 BIM 模型进行更新。

④ 模型属性录入:根据项目甲方提供的资料录入 BIM 构件的基本信息,如编号、尺寸和材料等。除此之外的构件细节信息、装修信息、屋内设施信息等的录入不包含在工作范围内。

与 4D 施工管理系统相关的 BIM 模型建模前需要事先分析工程施工组织计划,施工段划分,结构、建筑、设备管道的相应详细施工进度计划,同时考虑 Revit 系列软件建模特点,以及 4D 系统数据接口要求,有针对性地进行模型划分。模型划分遵循以下原则:按照建筑楼层进行划分,每一楼层保存为一组 Revit 模型文件;各楼层模型按照内容类型进行细分,按建筑、结构、给水排水、消防、暖通、综合布线等六个类别将同楼层 Revit 模型文件共同组成一组楼层模型文件;依据具体需要,将每层中的结构构件、建筑构件按设计归并分组,进行相应的族设定;若施工组织方案中明确了流水段的划分,则可将结构和建筑模型依据流水段进一步划分。

（2）基于 BIM 技术的 4D 施工动态管理系统

根据该购物中心工程的施工特点和实际需求,在已有的 BIM 技术研究成果和"建筑工程 4D 施工管理系统(4D-GCPSU)"的基础上,定制开发"基于 BIM 的英特宜家物中心工程 4D 施工管理系统"。该系统可提供以下功能。

① 基于 BIM 的 4D 施工集成动态管理功能:提供基于网络环境的 4D 施工进度管理、4D 资源动态管理和 4D 施工场地管理,实现施工进度、质量、资源和场地的集成动态管理。

② 施工过程的 4D 可视化模拟功能:实现工程项目整个施工过程的 4D 可视化模拟,具有三维漫游功能,可以直观地考察建筑、结构和管线的设计结果。

将"基于 BIM 的某购物中心工程 4D 施工管理系统"应用于施工管理中,实现以下应用目标。

① 4D 施工管理:根据施工计划和方案,完成项目 WBS、进度计划、资源管理、施工场地布置的相关数据录入,基于 BIM 生成 4D 施工信息模型。实现该购物中心工程的 4D 施工集成动态管理,包括施工进度、资源、场地的 4D 动态管理及工程信息实时查询。

② 4D 施工过程可视化模拟:结合施工方案,实现项目施工全过程的 4D 可视化模拟。

③ 完成工程基础数据筛选、调用:将设计、施工信息以数字形式保存在数据库,便于更新和共享。

④ 为该工程的 BIM 体系应用到其他大型项目提供技术参考。

(3) 基于 BIM 技术的项目综合管理系统

根据该购物中心工程实际需求,开发基于 B/S 架构的项目综合管理系统,并将系统数据与 4D 施工管理系统共享,拓展了 4D 系统的数据收集与管理渠道,充分发挥 BIM 的应用价值。该系统可提供以下功能。

① 合同管理:进行合同归档,并将合同与 4D 系统中工程 3D 构件关联,实现工程单元、工程区域的合同列表查询、合同基本信息查询。

② 进度管理:与 4D 进度管理同步,对施工实际进度进行录入和跟踪,进行关键点的记录,设定项目任务工期的时间目标,实现超工期预警及相关信息查询。

③ 质量管理:对设计质量、施工质量、材料质量、设备质量和影响项目生产运营的环境质量等记录、组织和管理及相关信息查询。

④ 安全管理:施工安全检查记录、管理和查询。

⑤ 变更管理:对工程设计变更、材料变更等情况进行记录和控制,与合同管理进行关联,实现自动的变更审核流程,实现工程单元、工程区域的变更情况查询,并查询基本的变更信息。

⑥ 文档及信息管理:工程技术信息、图档数据、会议记录等文档及信息查询。

⑦ 统计报表:按照一定条件,进行各种数据如变更统计、进度统计、支付统计等的统计。

⑧ 事件追踪:通过设定事件流程,对工程过程中发生的安全、质量等事件进行追踪,达到设定阈值时将通知相关管理人员。

⑨ 施工方法及工艺存档:整理有效、独特的施工经验与施工方法、施工相关照片和视频等。

⑩ 共享与权限控制:便捷的文件共享及有效的权限控制。

⑪ 简单审批:简单的文档审批(步骤不超过 5 步,权限要求不复杂)。

二、BIM 模型的创建与深化设计

1. 地下部分 BIM 建模

该购物中心工程的地下部分共 3 层，约 25.7 万平方米。地下部分的 BIM 建模完成了所有建筑结构、机电的 Revit 建模。建模范围包括：建筑结构体系（柱、墙、梁、板、基础）、二次结构墙、门窗、电梯、楼梯等，所有公共区域空调、排烟风管、空调水管、排水管、雨水管、给水管、电气桥架等。利用 Revit 软件建立的该购物中心工程的地下部分 BIM 模型如图 6-30 所示。

图 6-30　某购物中心工程的地下部分 BIM 模型

2. 地上部分 BIM 建模

地上部分 BIM 建模主要完成了 4 层约 25.1 万平方米的建筑结构、二次结构、机电管线的 Revit 建模。建模范围包括：建筑结构体系（柱、墙、梁、板、基础）及二次结构墙、门窗、电梯、楼梯等，所有公共区域空调、排烟风管、空调水管、排水管、雨水管、给水管、电气桥架等。

3. 4D 施工 BIM 模型的创建

4D 施工 BIM 模型主要包括构件模型、施工段信息、进度信息三部分内容。利用定制开发的 Revit 插件，可以批量设置构件的施工段信息，并可自动检查设置施工段遗漏构件，利用自定义 XML 数据文件将施工段模型信息导入 4D 施工动态管理系统中。

通过 4D 施工动态管理系统的 IFC 模型导入接口，可以实现 Revit 建模型自动导入 4D 系统中，如图 6-31 所示。

4D 系统的计划导入功能支持每月计划累进式集成及更新，实现 4D 进度信息的动态生成，如图 6-32 所示。

4. 模型碰撞检查

综合应用 4D 施工动态管理系统和 Navisworks 软件的碰撞检查功能，不仅可实现三维模型碰撞的自动检测，而且可以实现施工过程中"间隙碰撞"的检测，为优化各专业间施工顺序、解决工作面交叉问题、提升施工精度和安装效率提供支持。在该项目中，完成了全楼的结构构件及机电管线的碰撞检查，共发现各类碰撞 5 000 余处，施工前对碰撞问题进行了及时解决，有效地避免了返工损失和工期延误，为业主节约了大量成本。

 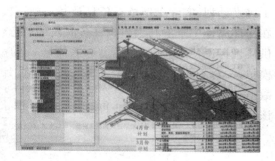

图 6-31 利用 4D 系统的 IFC 接口　　　　图 6-32 利用 4D 系统的进度接口
导入建筑构件模型　　　　　　　　　导入 Project 进度计划

5. 复杂节点深化设计

在该项目中共完成 40 多个专业机房、30 多个复杂节点的精细 BIM 建模,包括大型风管、机电管井、支吊架、设备机房、空调机房复杂钢柱节点等。图 6-33 为地下 1 层走廊机电管线的综合排布与支吊架设计,通过该深化设计可有效提高机电管线安装效率,提升管线排布质量。

图 6-33 地下 1 层走廊机电管线的综合排布与支吊架设计

三、基于 BIM 技术的 4D 施工动态管理

1. 场地布置

利用系统提供的场地管理功能,可以实现塔吊、隔墙、道路、临时房屋、材料堆场等场地设施的建模与管理。施工场地平面布置图的导入如图 6-34 所示,系统通过导入 DXF 格式的二维图纸为场地设施建模提供参照。

该工程具有专业分包商多、时间跨度较小且施工场地有限等不利因素。该工程通过场地布置的动态管理,减少了大量的施工场地、办公区域、材料堆场等之间的矛盾,提高了现场场地的使用效率。

2. 施工过程模拟

利用自主开发的基于 BIM 技术的 4D 施工动态管理系统,可实现 4D 施工过程动态管理。系统采用逐层级(专业、楼层、构件、工序等四个层级)细化的方式形成进度计划,利用施工进度计划、实际进度填报信息及其与施工模型的关联，动态地显示、对比施工进度，同时可在构件属性中查看与编辑构件各时段的状态，并可随时暂停动态显示过程，将当前状态导出供协调讨论使用。同时，通过考虑各施工工序之间的逻辑关系及进度计划，支撑施工顺序的模拟，并对不符合施工工序逻辑关系的进度计划进行预警提示；同时，利用已有的施工工艺数据，以动态的形式展示复杂节点的施工工艺，解决复杂节点施工难以解决的问题。目前，该系统模块已经非常成熟，只需提供施工工艺逻辑数据即可实现相应功能。

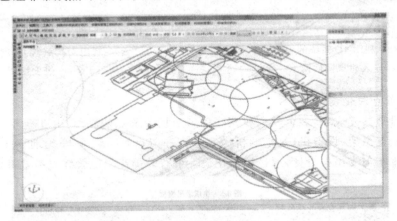

图 6-34　场地平面布置图的导入

通过设置模拟日期、时间间隔、状态、进度及方式等参数，对整个工程或选定 WBS 节点进行 4D 施工过程模拟，可以天、周、月为时间间隔，按照时间的正序或逆序模拟，也可以按计划进度或实际进度模拟。

在 4D 施工模拟过程中，在模拟界面的左下方以饼图形式同步显示当前的工程量完成情况；在图形区的正下方以列表的形式同步显示当前施工状态的详细信息，包括施工段的名称、工序及颜色、计划开工和完成时间、实际开工和完成时间、施工单位，以及工程量和资源量等详细信息。

3. 与项目管理系统双向数据集成

在该项目中，4D 施工管理系统实现了与基于 BIM 技术的项目综合管理系统的双向数据集成。将 B/S 结构和 C/S 结构相结合，解决了信息填报及查询的即时轻量需求与 4D 施工管理及 BIM 数据集成巨量数据处理之间的矛盾，充分发挥基于 BIM 技术的项目综合管理系统信息填报与查询的优势，以及 4D 动态施工管理系统 4D 施工管理与施工 BIM 数据集成的优势，将 BIM 与 4D 技术更加深入地应用到工程施工中。

在实际应用中，4D 施工管理系统支持项目信息网络填报，便捷地实现远程填报信息与4D 施工管理系统施工模拟相结合。同时，4D 施工管理系统可以自动地将施工模拟结果推送到基于 BIM 技术的项目综合管理系统，方便总包方和项目甲方随时了解项目总体进展情况。

4. WBS 过滤与进度分析

通过系统提供的 WBS 过滤功能，用户可只查看实际进度或计划进度，并可过滤施工段、关键路径等信息，方便用户查看工作进度。系统可以按工序、施工段、分部分项、关键工序为查询条件进行 WBS 过滤。此外，系统还提供精简和完整两种 WBS 显示方式。

系统的进度分析可实现前置任务分析和任务滞后分析。其中,前置任务分析支持用户查询任意任务的所有前置任务信息,包括施工单位、任务完成情况等信息,通过前置任务分析可辅助多单位之间的交流与协作,防止返工、窝工等问题发生。

任务滞后分析主要用于某一任务延误后,系统会自动分析后续任务受到的影响,提醒管理者有针对性地管控进度,保证节点工期。

5. 4D 施工资源及场地管理

4D 施工资源动态管理可以实现施工资源使用计划管理和资源用量动态查询与分析。其中,施工资源使用计划管理功能可以自动计算任意 WBS 节点日、周、月各项施工资源计划用量,以合理地安排施工人员的调配、工程材料的采购、大型机械设备进场的工作。施工资源动态查询与分析功能可以动态计算任意 WBS 节点任意时间段内的人力、材料、机械资源对于计划进度的预算用量、对于实际进度的预算用量及实际消耗量,并对其用量进行对比和分析。

施工过程中,点取任意设施实体,可查询其名称、标高、类型、型号及计划设置时间等施工属性。

四、基于 BIM 的项目综合管理

该系统采用 B/S 架构,用户只需登录网页即可对项目进行轻量级的 4D 施工管理和日常项目管理。系统现有功能主要包括施工进度管理、施工质量管理、施工工程量管理、OA协同、收发文管理、合同管理、变更管理、支付管理、采购管理、安全管理等功能。

1. 施工数据填报

施工数据填报功能主要用于填报项目各施工部位的进度及质量信息,通过该功能可以收集填报工程的实际进度信息,用于 4D 实际施工进度的模拟和工程完成信息的统计。

2. 施工进度统计

施工进度统计功能可以实现对施工进度填报信息的自动统计,并可以通过工程报表的形式输出。

3. 各施工部位 4D 形象进度查看

基于 BIM 技术的项目综合管理系统可以直接获取 4D 施工动态管理系统的各施工部位的 4D 形象进度截图。

4. 施工质量管理

施工质量管理功能用于统计所有施工部位对于关键施工工序的质量验收情况,可查看底板验收情况统计、地下楼层的墙柱验收情况统计、地下楼层的梁板验收情况统计、地上楼层的墙柱验收情况统计、地上楼层的梁板验收情况统计。

5. 施工工程量管理

施工工程量管理功能用于统计材料资源的使用情况,可查看钢筋、混凝土、多层板、方木、碗扣架、钢管、扣件、油托、砌块及钢结构的使用量情况。

6. 收发文管理

收发文管理功能分为外部转发、内部流转、收文审核及工作处理等四个功能,用于管理从外部组织接收到的各类文件。其中,外部转发功能相当于外部收文中转站,将外部收文转给其他外部组织进行签收,不涉及收文审核的流程管理;内部流转功能需要对外部收文进行内部审核及处理的流程管理。

7. 合同管理

合同管理功能用于分类保存、管理项目所涉及的所有合同相关信息。

8. 变更管理

变更管理功能用于分类保存、管理项目所涉及的各类合同变更相关信息。

9. OA 协同管理

OA 协同平台除主页外,还按组织部门设置网站工作区,主要功能包括图档管理、工作讨论区、会议管理、即时通信等功能,可以实现各部门的无纸化协同办公。

第八节 某办公楼项目 BIM 技术应用案例

EPC(设计—采购—施工总承包)是指总承包商按照合同约定,完成工程设计、设备材料采购、施工、试运行等服务工作,实现设计、采购、施工各阶段工作合理交叉与紧密配合,并对工程的安全、质量、进度和造价全面负责。EPC 总承包模式是当前国际工程中被普遍采用的承包模式,也是我国政府和现行《中华人民共和国建筑法》积极倡导、推广的一种承包模式。

该项目利用鸿业 BIMSpace 一站式 BIM 设计解决方案和 iTWO 施工管理解决方案,实现 BIM 模型信息从设计阶段到施工阶段的传递,同时,将项目信息与企业信息管理系统对接,形成了一套基于 BIM 技术的 EPC 解决方案。

一、项目背景及 BIM 应用目标

EPC 总承包模式具有以下三个方面的基本优势。

(1)强调和充分发挥设计在整个工程建设过程中的主导作用。对设计在整个工程建设过程中的主导作用的强调和发挥,有利于工程项目建设整体方案的不断优化。

(2)有效克服设计、采购、施工相互制约和相互脱节的矛盾,有利于设计、采购、施工各阶段工作的合理衔接,有效地实现建设项目的进度、成本和质量控制符合建设工程承包合同约定,确保获得较好的投资效益。

(3)建设工程质量责任主体明确,有利于追究工程质量责任和确定工程质量责任的承担人。

但是在传统工作模式下,在项目不同阶段及各个子系统之间,如设计、算量、计价、招标投标、客户数据等系统无法实现信息互通,形成了一个个"信息孤岛"。同时,各子系统也不能很好地与原来的财务系统相融合,无法给企业现金流的分析带来帮助,不能更好地配合企业长远发展。

BIM 技术允许用户创建建筑信息模型,可以导致协调更好的信息和可计算信息的产生。在设计阶段早期,该信息可用于形成更好的决策,这时这些决策既不花费代价又具有很强的影响力。此外,严格的建筑信息模型可以减少异议和错误发生的可能性,这样可减少对设计意图的误解。建筑信息模型的可计算性形成了分析的基础,以帮助进行决策。

在项目生命周期的其他阶段使用 BIM 技术管理和共享信息,同样可以减少信息的流失并改善参与方之间的沟通。BIM 技术不仅关注单个的任务,而且把整个过程集成在一起。

在整个项目生命周期里,它协助把许多参与方的工作最优化。

由此可以看出,BIM 技术的应用将在项目的集成化设计、高效率施工配合、信息化管理和可持续建设等方面有重要的意义和价值。

该案例项目结构采用框架剪力墙,地下为 4 层、地上为 20 层,分为南、北两栋塔楼,塔楼间过渡采用中庭连廊,外墙采用铝板、陶板和高透玻璃幕墙,整体通透。

通过该案例的分析,旨在探索利用 BIM 技术,打通设计、施工阶段的信息传递,同时厘清公司工程总承包业务板块之间的协作关系,优化总包项目协作和管理水平,优化项目范围、进度、成本等管理过程,逐步实现业务精细化管理,搭建一个规范、整合的流程框架。

二、BIM 系统整体顶层设计思路

BIM 系统整体顶层设计是利用系统思想优化公司业务战略和运营模式。

系统思想是一般系统论的认识基础,是对系统的本质属性(包括整体性、关联性、层次性、统一性)的根本认识。系统思想的核心问题是如何根据系统的本质属性使系统最优化。系统科学中,有一条很重要的原理,就是系统结构和系统环境及它们之间的关联关系,决定了系统的整体性和功能。也就是说,系统整体性与功能是内部系统结构与外部系统环境综合集成的结果,也就是复杂性研究中所说的涌现。涌现过程是新的功能和结构产生的过程,是新物质产生的过程,而这一过程是活的主体相互作用的产物。

应用 BIM 技术进行顶层设计,可以从起点避免信息孤岛,为跨阶段、跨业务的数据共享和协同提供蓝图,为合理安排业务流程提供科学依据。

基于对该企业总承包业务战略和运营模式的理解,对公司的核心流程模块和支持流程模块进行了重新梳理和设计,总承包企业业务战略如图 6-35 所示。

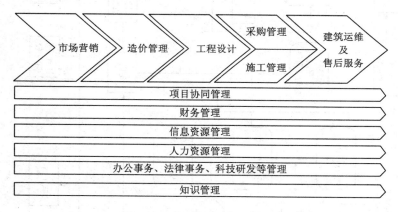

图 6-35　总承包企业业务战略

根据 BIM 信息的特性,一个完善的信息模型,能够连接建筑项目生命周期不同阶段的数据、过程和资源,是对工程对象的完整描述,可被建设项目各参与方普遍使用。BIM 具有单一工程数据源,可解决分布式、异构工程数据之间的一致性和全局共享问题,支持建设项目生命周期中动态的工程信息创建、管理和共享。基于 BIM 技术的总承包业务总体流程框架如图 6-36 所示。

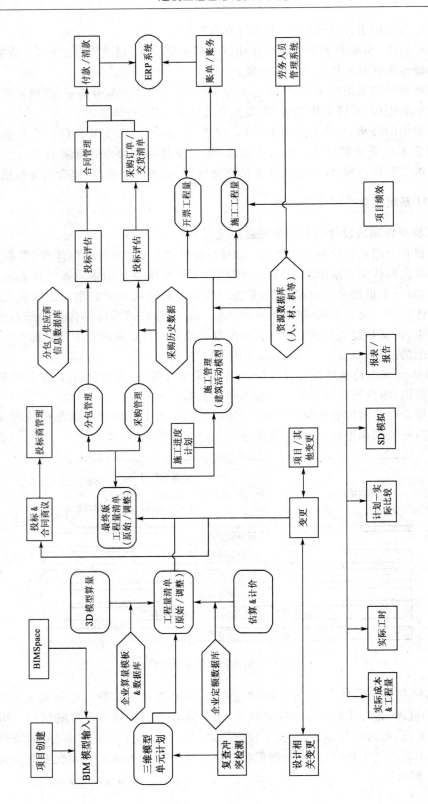

图 6-36 基于 BIM 技术的总承包业务总体流程框架

三、软件环境支撑

根据顶层设计,为了实现基于 BIM 技术的总承包业务总体流程框架,这对设计、施工软件及信息交互方面都提出了新的要求。

经过多方调研,最后选择鸿业公司基于 BIM 技术的 EPC 整体解决方案:在设计阶段采用鸿业 BIMSpace 软件,施工阶段采用 iTWO 软件,同时项目信息可以与企业现有 ERP 及综合管理信息管理系统进行集成和完成交互,形成基于 BIM 的(BIMSpace+iTWO)EPC解决方案。

设计阶段使用的鸿业 BIMSpace 软件包括以下功能:① 涵盖建筑、给水排水、暖通空调、电气的全专业 BIM 设计建模软件;② 可以进行基于 BIM 技术的能耗分析、日照分析、CFD 和节能计算;③ 符合各专业国家设计规范和制图标准;④ 包含族及族库管理、建模出图标准和项目设计信息管理支撑平台;⑤ 设计模型信息可以完整传递到施工阶段。

施工阶段采用的 iTWO 软件主要包括以下模块:① 3D BIM 模型无损导入,进行全专业冲突检测,完成模型优化;② 根据三维模型进行工程量计算和成本估算;③ 可以进行电子招标、投标、分包、采购及合同管理;④ 进行 5D 模拟,管理形象进度,控制项目成本;⑤ 能够与各种第三方 ERP 系统整合,根据企业管理层的需要生成总控报表。

四、设计阶段 BIM 应用

1. 设计阶段 BIM 规划

BIM 的价值在于应用,BIM 的应用基于模型。

设计阶段的 BIM 实施目标为利用鸿业 BIMSpace 软件完成建筑、给水排水、暖通、电气各专业的 BIM 设计工作,探索 BIM 设计的流程,提升 BIM 设计过程的协同性和高效性。其主要实施内容如下所列。

① 可视化设计

基于 3D 数字技术所构建的 BIM 模型,为各专业设计师提供了直观的可视化设计平台。

② 协同设计

BIM 模型的直观特质使各专业间设计的碰撞直观显示;BIM 模型的"三方联动"特质使平面图、立面图、剖面图在同一时间得到修改。

③ 绿色设计

在 BIM 工作环境中,对建筑进行负荷计算、能耗模拟、日照分析、CFD 分析等环节模拟,验证建筑性能。

④ 3D 管线综合设计

进行冲突检测,消除设计中的"错漏碰缺",进行竖向净空优化。

⑤ 族库管理平台

族库管理平台方便设计师调用族,同时,通过管理流程和权限设置,保证族库的标准化和族库资源的不断积累。

⑥ 限额设计

需要借助成本数据库中沉淀的经验数据进行成本测算,将形成的目标成本作为项目控制的基线,依据含量指标进行限额设计。

2．设计阶段工作流程

设计阶段利用鸿业一站式 BIM 设计解决方案 BIMSpace 进行建筑、给水排水、暖通、电气各专业的设计和建模工作。同时，结合 iTWO 软件的模型冲突检测功能和算量计价模块，在设计过程中进行限额设计、修改优化设计方案。

3．设计阶段建模规则

考虑到与 iTWO 软件的算量模块对接，iTWO 模型规则使用《建设工程工程量清单计价规范》（GB 50500—2013），按照清单算量规则，鸿业编制了"鸿业 iTWO 建模规范"。根据规范建立的模型，导入 iTWO 软件中，可以快速进行三维算量和计价。

4．基于 BIM 技术的工程设计

（1）准备工作

① 建立标准

建模标准的制定关系着设计阶段的团队协同，也关系着施工和运营维护阶段的平台协同和多维应用。其基本内容包括文件夹组织结构标准化、视图命名标准化，构件命名标准化。

利用鸿业 BIMSpace 中的项目管理模块，在新建项目的时候，会对项目目录进行默认配置。默认的项目目录配置按照工作进程、共享、发布、存档、接收、资源进行第一级划分，并且按照导则的配置，设定好了相应的子目录。后续备份、归档、提资等操作都默认依据这个目录配置。

② 建立环境

建立创建 BIM 模型的初始环境，其主要内容包括定制样板文件、管理项目族库。

资源管理实现对 BIM 建模过程中需要用到的模型样板文件、视图样板、图框图签的归类管理。通过资源管理可以规范建模过程中用到的标准数据，实现统一风格、集中管理。

同时鸿业的族立得提供族的分类管理、快速检索、布置、导入导出、族库升级等功能。利用内置的本地化族 3 000 余种、10 000 多个类型，实现族库管理标准化、自建族成果管理和快速建模。

③ 建立协同

BIM 是以团队集中作业的方式在三维模式下建模，其工作模式必须考虑同专业及不同专业之间的协同方式。建立协同的内容包括拆分模型、划分工作集及创建中心文件。

（2）建筑设计

利用 Revit 平台的优势，借助鸿业 BIMSpace 中的乐建软件，进行可视化、协同设计。鸿业乐建软件根据国内的建筑设计习惯，在 Revit 平台上对整个设计流程进行了优化，同时将国内的标准图集和制图规范与软件功能相结合，使得设计师建立的模型和图纸能够符合出图要求。这样既缩短了设计师学习 BIM 的周期，又提高了设计效率。

考虑到建筑模型在施工阶段的应用，鸿业乐建软件中还提供了构件之间剪切关系的命令，方便施工阶段的工程量计算。

（3）机电设计

由于 Revit 平台在本地化方面的不足，比如模型的二维显示、水力计算等均不满足国内的规范要求，致使国内大部分机电专业的 BIM 设计还停留在进行管线综合、净空检测等空间关系的调整上，并没有进行真正的 BIM 设计。

该工程决定使用在 Revit 平台上进行二次开发的鸿业 BIMSpace 的机电软件进行设计。该软件针对水暖电专业的设计,从建模、分析到出图做了大量的本地化工作,可以更方便、智能地对给水排水系统、消火栓及喷淋系统、空调风系统、空调水系统、采暖系统、强弱电系统进行设计和智能化的建模工作,帮助用户理顺协同设计流程,融合多专业协同工作需求,实现真正的 BIM 设计。

下面从喷淋和暖通系统两个方面帮助学员理解利用鸿业 BIMSpace 进行机电设计的过程。

① 喷淋系统设计

在绘制喷淋系统时,用户只需指定危险等级,软件将自动根据规范调整布置间距。布置完成后,鸿业还提供了批量连接喷淋、根据规范自动调整管径和管道标注的功能,方便设计师完成整个设计流程。

② 暖通系统设计

在绘制暖通系统时,利用鸿业 BIMSpace 机电软件中的风系统、水系统和采暖系统模块,可以方便、快速地完成设备布置、末端连接等工作。同时,利用鸿业 BIMSpace 中的水力计算功能,可以直接提取模型信息,进行水力计算,最后将计算结果自动赋回模型中。

(4) 深化设计

基于 BIM 模型,可在保证检修空间和施工空间的前提下,综合考虑管道种类、管道标高、管道管径等具体问题,精确定位并优化管道路由,协助专业设计师完成综合管线深化设计。

由于该工程应用的 BIM 设计工具不只是 Revit 平台,幕墙设计利用 Catia,传统的碰撞检查软件不能满足要求,因此将全专业模型导入 iTWO 软件中进行碰撞检查和施工可行性验证,根据 iTWO 生成的冲突检测结果调整优化模型。

(5) 性能分析

① 冷、热负荷计算

利用鸿业 BIMSpace 中的负荷计算命令,根据建筑模型中的房间名称自动创建对应的空间类型,完成冷、热负荷计算。同时,鸿业负荷计算还可以根据用户定义直接给出冷、热负荷计算书。

② 全年负荷计算和能耗分析

利用鸿业全年负荷计算及能耗分析软件(HY-EP)进行全年负荷计算和能耗分析。HY-EP 是以 EnergyPlus V8.2 为计算核心,可以对建筑物及其空调系统进行全年负荷计算和能耗模拟分析的软件。具体应用如下:

a. 进行全年 8 760 h 逐时负荷计算,生成报表及曲线。

b. 生成建筑能耗报表,包括空调系统、办公电器、照明系统等各项能耗逐时值、统计值、能耗结构柱状图和饼状图。

c. 生成能耗对比报表,包括两个系统的逐月分项能耗对比值、总能耗对比值、对比柱状图及曲线。

五、施工阶段 BIM 应用

1. 施工阶段 BIM 应用规划

工程项目实施过程参与单位多,组织关系和合同关系复杂。建设工程项目实施过程参与单位多,产生大量的信息交流和组织协调的问题和任务,直接影响项目实施的成败。

通过分析不同阶段建筑工程的信息流可以发现,建筑工程不同的参与方之间存在信息交换与共享需求,具有如下特点。

(1)数量庞大

工程信息量巨大,包括建筑设计、结构设计、给水排水设计、暖通设计、结构分析、能耗分析、各种技术文档、工程合同等信息。这些信息的数量随着工程的进展呈递增趋势。

(2)类型复杂

工程项目实施过程中产生的信息可以分为两类:一类是结构化信息,这些信息可以存储在数据库中便于管理;另一类是非结构化或半结构化信息,包括投标文件、设计文件及声音、图片等多媒体文件。

(3)信息源多,存储分散

建设工程的参与方众多,每个参与方都将根据自己的角色产生信息。这些信息可以来自投资方、开发方、设计方、施工方、供货方及项目使用期的管理方,并且这些项目参与方分布在各地,因此由其产生的信息具有信息源多、存储分散的特点。

(4)动态性

工程项目中的信息与其他应用环境中的信息一样,都有一个完整的信息生命周期,加上工程项目实施过程中大量的不确定因素的存在,工程项目的信息始终处于动态变化中。

基于建筑工程施工的以上特点,希望利用 BIM 技术建立的中央大数据库,对这些信息进行有效管理和集成,实现信息的高效利用,避免数据冗余和冲突。该项目在施工阶段选择利用 iTWO 软件进行基于数据库的数字化工程管理。

iTWO 软件的工作流程如图 6-37 所示。

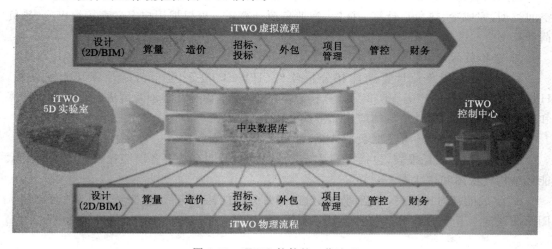

图 6-37　iTWO 软件的工作流程

施工阶段主要应用点包括：① 可施工性验证。在施工阶段，对设计模型进行全面的施工可行性验证，基于模型进行可视化分析。通过软件自动计算及检查，减少施工可行性验证的时间，提高整体工作效率和质量。② 工程量计算可视化。③ 工程计价可视化。④ 招标投标、分包管理及采购。⑤ 5D 模拟。⑥ 现场管控。

2. 设计模型导入与优化

通过与建筑、结构和机电（MEP）模型整合，iTWO 可以进行跨标准的碰撞检查。iTWO 中的碰撞检查并不限定于某一种类型或某一个特定的 BIM 设计工具，而是能够与目前流行的大部分 BIM 设计工具整合，如 Revit、Tekla、ArchiCAD、Allplan、Catia 等。

该项目设计阶段主要利用 BIMSpace 软件，将模型数据无损导入 iTWO 进行模型施工可行性验证和优化。

iTWO 在施工可行性验证中相对于传统验证的优势体现在以下几个方面：① 审查时间减少 50％；② 审查量提高 50％；③ 提高检查精度；④ 自动计算及检查；⑤ 提高整体工作效率及质量。

3. 工程量计算

在 iTWO 软件中，算量模块包括两个部分：工程量清单模块和 3D 模型算量模块。工程量清单模块支持多种方式的工程量清单输入，用户自定义工程量清单结构，以及预定义和用户定义定量计算方程式。

3D 算量模块能快速、精确地从 BIM 模型计算工程量，并且能够通过对比计算结果和模型来核实结果。

如果发生设计更改，则 iTWO 能够迅速重新计算工程量及自动更新工程量清单。工程量计算的工作流程如图 6-38 所示。

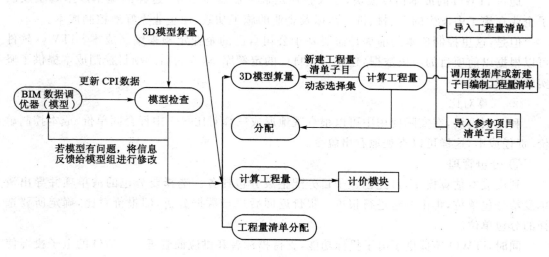

图 6-38　工程量计算流程

经过项目实践，为了更好地进行基于 BIM 技术的工程量计算，在工程量清单编制中应该注意以下几个问题。

① 对于主体项目工程，建议按常规原始清单进行编制；对于装饰工程或精装修工程，建议按房间进行编制。

② 对于非主体工程即措施项目清单,建议进行按项分解编制,其好处是对于施工管理模块便于施工计划均摊挂接,便于总控对比分析及成本控制。

③ 对于管理费等费用,建议放入综合单价组价进行编制或单独列项进行编制,其好处是便于总控对比分析及报表输出,需与成本部门、财务部沟通后确定管理模型。

工程量清单编制完成后,3D 模型算量功能可以将工程量清单子目与 3D 模型进行关联,同时可以根据各个需求对每个工程量清单子目灵活地编辑计算公式,不仅可以根据直观的图形与说明进行公式的选择,还可以根据需要选择对应的算量基准。算量公式包含基准,以及构件的几何形状、大小、尺寸和工程属性。

4. 成本估算

使用 iTWO 软件进行成本估算,通过将工程量清单项目与 3D 的 BIM 模型元素关联,估算的项目将在模型上直观地显现出来。iTWO 使用成本代码计算直接成本。成本代码能存储在主项目中作为历史数据,以供新项目用作参考数据。一旦出现设计变更,iTWO 能够快速更新工程量、估价及工作进度的数据。该模块业务流程如图 6-39 所示。

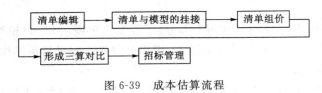

图 6-39　成本估算流程

该项目中,iTWO 软件的系统估算模块的应用主要体现在以下几点。

① 控制成本

通过 iTWO 的成本估算模块,导入企业定额编制施工成本,这样的施工成本真实反映了企业在施工中发生的人、材、机、管,以及企业的施工功效,使企业更好地控制成本。

但是,这里控制成本的前提是需要基于公司自己的企业定额来编制成本。iTWO 软件可以根据以前项目的历史数据,建立企业自己的定额库,这样为后续项目控制成本提供了坚实的依据。

② 三算对比

利用该模块,在实际使用中可以很直观地形成三算对比——中标合同单价、成本控制单价、责任成本,这样可以直观地看出盈亏。

③ 分包管理

利用成本估算模块,首先创建子目分配生成分包任务。选择要分包的清单项并导出清单发给分包单位,再由分包进行报价。报价返回后进行数据分析,即报价对比,确定所要选择的分包单位。

同时,iTWO 还提供了电子投标功能,支持投标者和供应商管理。iTWO 的电子投标使用了标准格式,提供一个免费的 e-Bid 软件(电子报价工具)来查阅询价和提交投标者的价格。当收到来自分包的价格资料时,iTWO 的分包评估功能会比较价格并根据该项目的特点自定义显示结果。这样大大提高了分包管理的整体工作效率和质量。

④ 设计变更管理

利用成本估算模块,在实际项目中发现,还可以很好地管理设计变更,把清单和设计变更单做成超链接,在点击清单时会直接看到设计变更,很好地了解到变更原因是什么、变更内容是什么,从而省去了想查看时再去档案室翻查资料的时间,提高了工作效率。

5. 5D 数字化建造

RIB iTWO 五维数字化建造技术,在 3D 设计模型上加入施工进度和成本,使项目管理全过程更精准、透明、灵活、高效。

iTWO 为不同的项目管理软件如 MS Project 和 Primavera 等提供双向集成,这样可以把用 MS Project 排定的进度计划直接导入 iTWO 软件中。在工程量清单和估价的基础上,iTWO 能够自动计算工期和计划活动所需的预算,从而可完成 5D 模拟,识别影响工程的潜在风险。

该项目在 iTWO 软件中将每一层级的计价子目/工程量清单子目与施工活动子目灵活地建立多对多、一对多、多对一的映射关系。这就满足了不同的合同需求,既可将计价按照进度计划的安排产生映射关系,也可将进度计划按照计价的需求完成映射关系。对应的成本与收入也会随着映射关系关联到施工组织模块中。这样,在考核项目进度时,不仅可以如传统方式那样得到相关的报表分析、文字说明,还可以利用 3D 模型实现可视化的成本管控与进度管理。

在项目前期,基于不同的施工计划方案建立不同的 5D 模拟,通过比较分析获得优化方案,节省了在工程施工中的花费。

6. 项目总控

在该项目中,通过 iTWO 控制中心可随时随地利用苹果系统和安卓系统的平板设备管理建筑项目,并且可以深入查阅具体的项目细节。同时,利用仪表盘使所有相关的项目参与方能快速、及时地查阅相关项目报告,促进项目团队更快速地作出决策和更好地运用实时信息。iTWO 总控流程配置如图 6-40 所示。

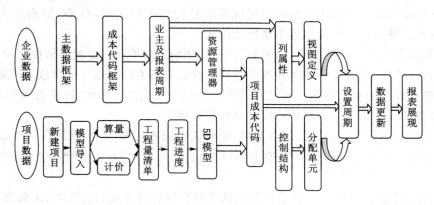

图 6-40　iTWO 总控流程配置

在算量、计价和进度与模型匹配工作完成后,进行控制结构的编制工作。控制结构的编制需要有一个适用于企业管理模式、项目类型的管理流程。该工程按合同管理方式或者按工程管理模式,即按楼层、系统模型建立控制结构,该模块确定后可作为该企业的固定管理模板。

六、基于 BIM 技术的成本管理

1. 基于 BIM 技术的造价解决思路

在 BIM 中造价模型有两种模式。第一种模式是扩展 BIM 维度,附加造价功能模块,在 BIM 建模软件上直接出造价,BIM 与造价相互关联,模型变,造价则随之而变。但是这种方法与我国现行的计价规则有很大的差异,也就是上文所提到的计算规则问题,即不能把工程量精确计算出来,误差很大。第二种模式是将造价模块与 BIM 模型分离,把 BIM 中的项目信息抽取出来导入造价软件中或与造价软件建立数据链接。

以前国内算量软件的操作模式是:先建模,再定义构件属性,之后是套定额,然后计算,最后得到工程量数据。而当前基于 BIM 理论,应该把建模与算量软件分开。早在 1975 年,被誉为"BIM 之父"的查克·伊斯曼(Chuck Eastman)教授就提出未来不是一款软件能解决所有问题。首先,建模软件的专业化是任何算量软件不能比拟的,它能精确表达虚拟项目尺寸,各个构件之间有逻辑关系,能充分表达现实当中的工程项目。其次,在一个 BIM 软件中扩展维度算量,其数据量是非常庞大的,对软件的运行及硬件的要求非常高。

该项目采用的 iTWO 软件采用第二种造价模式,即造价模块与 BIM 模型分离,这种模式代表了未来造价技术的发展方向,与 BIM5D 概念是一脉相承的。

2. 基于 BIM 的成本管理的应用

成本管理分为成本核算、成本控制和成本策划三个阶段。

① 成本核算阶段重核算,属于事后型,强调算得快、算得准。

② 成本控制阶段强调对合理目标成本的过程严格控制,追求成本不突破目标,属于事中型。其落地的关键在于,将目标成本分解为合同策划,用于指导过程中合同的签订及变更,并在过程中定期将目标成本与动态成本进行比对。

③ 成本策划阶段解决的是前期目标成本设置的合理性问题,强调"好钢用在刀刃上""用好每分钱""花小钱办大事",追求结构最优化。

成本预测是成本管理的基础,为编制科学、合理的成本控制目标提供依据。成本预测对提高成本计划的科学性、降低成本和提高经济效益具有重要的作用。加强成本控制,首先要抓成本预测。成本预测的内容主要是使用科学的方法,结合中标价,根据各项目的施工条件、机械设备和人员素质等对项目的成本目标进行预测。

成本策划到目标实现过程的动态掌握,使得成本管理可知、可控和可视。由知道"该花多少钱"到"花了多少钱"全过程全貌信息的掌控,真正实现从"不忘本"到"知本家"的转化和升级。

该项目利用基于 BIM 技术的造价控制是工程造价管理领域的新思维、新概念、新方法,从管理个点扩展到一个大型"矩阵",为造价控制提供全面的解决方案和技术支持。算量模块完成各专业工程量的计算和统计分析。计价模块作为造价管理平台,更多的日常造价管理活动将在此平台上展开,实现对海量工程材料价格信息的收集和积累,完成工程造价数据的采集、汇总、整理和分析。建立项目全过程的造价管理及项目成本控制,通过项目积累,在基于模型的成本数据库中沉淀经验数据,进行成本测算。

在设计阶段,快速进行成本估算,形成目标成本作为项目控制的基线,根据含量指标进行限额设计。

在招标采购环节,材料价格库是现场材料价格认定的重要依据。

在施工阶段,基于 BIM 技术支持的精细化管理、5D 成本管理,可以实现成本管理的精细化与可视化。

该案例中,成本管理具体的应用点如下所列。

① 实现模型与造价信息之间的双向"数据流",使得 BIM 模型能够附加从计价模块中返回的详细造价信息。

② 得到详细的造价信息后,与进度信息结合,随着形象进度的动态展示,可以实时生成 5D 模型,进行成本与进度的动态评估和分析。

③ 应用采集器完成成本数据采集,将工程实际过程中采用的数据与计划数据进行直观的对比分析。

④ 自动绘出 BCWS(计划工作预算费用)、ACWP(已完工作实际费用)、BCWP(已完工作预算费用)曲线。

⑤ 计算 CV(费用偏差)和 SV(进度偏差)。

⑥ 生成评估和分析需要的报告。

⑦ 为施工现场和管控提供直观可视的解决方案。

⑧ 为工程量和进度提供直观的数据统计功能。

参 考 文 献

[1] 陈建华,林鸣,马士华.基于过程管理的工程项目多目标综合动态调控机理模型[J].中国管理科学,2005,13(5):93-99.

[2] 陈菊红,汪应洛,孙林岩.虚拟企业收益分配问题博弈研究[J].运筹与管理,2002,11(1):11-16.

[3] 程曦.RFID应用指南:面向用户的应用模式、标准、编码及软硬件选择[M].北京:电子工业出版社,2011.

[4] 丁烈云.BIM应用·施工[M].上海:同济大学出版社,2015.

[5] 丁士昭.工程项目管理[M].北京:中国建筑工业出版社,2006.

[6] 丁士昭.建设工程信息化导论[M].北京:中国建筑工业出版社,2005.

[7] 丁士昭.建设监理导论[M].上海:上海快必达软件出版发行公司,1990.

[8] 葛文兰.BIM第二维度:项目不同参与方的BIM应用[M].北京:中国建筑工业出版社,2011.

[9] 何晨琛.基于BIM技术的建设项目进度控制方法研究[D].武汉:武汉理工大学,2013.

[10] 何关培.BIM总论[M].北京:中国建筑工业出版社,2011.

[11] 李建成,王广斌.BIM应用·导论[M].上海:同济大学出版社,2015.

[12] 李建平,王书平,宋娟,等.现代项目进度管理[M].北京:机械工业出版社,2008.

[13] 李静,方后春,罗春贺.基于BIM的全过程造价管理研究[J].建筑经济,2012(9):96-100.

[14] 李久林,等.大型施工总承包工程BIM技术研究与应用[M].北京:中国建筑工业出版社,2014.

[15] 刘占省,赵雪锋.BIM技术与施工项目管理[M].北京:中国电力出版社,2015.

[16] 刘照球.建筑信息模型BIM概论[M].北京:机械工业出版社,2017.

[17] 卢少华,陶志祥.动态联盟企业的利益分配博弈[J].管理工程学报,2004,18(3):65-68.

[18] 牛博生.BIM技术在工程项目进度管理中的应用研究[D].重庆:重庆大学,2012.

[19] 清华大学BIM课题组,互联立方(isBIM)公司BIM课题组.设计企业BIM实施标准指南[M].北京:中国建筑工业出版社,2013.

[20] 孙东川,叶飞.动态联盟利益分配的谈判模型研究[J].科研管理,2001,22(2):91-95.

[21] 王安宇,司春林.基于关系契约的研发联盟收益分配问题[J].东南大学学报(自然科学版),2007,37(14):700-705.

[22] 王广斌,张洋,谭丹.基于BIM的工程项目成本核算理论及实现方法研究[J].科技进步与对策,2009,26(21):47-49.

[23] 王柯.基于IFC的3D+建筑工程费用维的信息模型研究[D].上海:同济大学,2007.

［24］王平,刘鹏飞,赵全斌,等.建筑信息模型（BIM）概论[M].北京:中国建材工业出版社,2018.

［25］吴宪华.动态联盟的分配格局研究[J].系统工程,2001,19(3):34-38.

［26］吴玉涵,周明全.三维扫描技术在文物保护中的应用[J].计算机技术与发展,2009,19(9):173-176.

［27］熊诚.BIM 技术在 PC 住宅产业化中的应用[J].住宅产业,2012(6):17-20.

［28］徐虎.虚拟现实技术在故宫博物院的应用[J].中国博物馆,2004(3):83-86.

［29］徐蓉.工程造价管理[M].上海:同济大学出版社,2005.

［30］杨耀红,汪应洛,王能民.工程项目工期成本质量模糊均衡优化研究[J].系统工程理论与实践,2006(7):112-117.

［31］尹为强,肖名义.浅析 BIM 5D 技术在钢筋工程中的应用[J].土木建筑工程信息技术,2010,2(3):46-50.

［32］袁建新,迟晓明.施工图预算与工程造价控制[M].北京:中国建筑工业出版社,2008.

［33］翟超,贺灵童.BIM 技术助力工程项目精细化管理:BIM 技术在九洲花园 2.1.2 期项目建造阶段的应用[J].土木建筑工程信息术,2011,3(3):74-80.

［34］张建平,曹铭,张洋.基于 IFC 标准和工程信息模型的建筑施工 4D 管理系统[J].工程力学,2005,22(增刊 1):220-227.

［35］张建平,范喆,王阳利,等.基于 4D-BIM 的施工资源动态管理与成本实时监控[J].施工技术,2011,40(4):37-40.

［36］张建平,李丁,林佳瑞,等.BIM 在工程施工中的应用[J].施工技术,2012,41(371):10-17.

［37］张立茂,吴贤国.BIM 技术与应用[M].北京:中国建筑工业出版社,2017.

［38］中国建筑学会建筑统筹管理研究会.中国网络计划技术大全[M].北京:地震出版社,1993.

［39］周文波,蒋剑.熊成.BIM 技术在预制装配式住宅中的应用研究[J].施工技术,2012,41(377):72-74.

［40］朱溢镕,黄丽华,肖跃军.BIM 造价应用[M].北京:化学工业出版社,2016.

［41］BIM 工程技术人员专业技能培训用书编委会.BIM 技术概论[M].北京:中国建筑工业出版社,2016.

［42］BIM 工程技术人员专业技能培训用书编委会.BIM 应用案例分析[M].北京:中国建筑工业出版社,2016.

［43］BIM 工程技术人员专业技能培训用书编委会.BIM 应用与项目管理[M].北京:中国建筑工业出版社,2016.

［44］EASTMAN C,TEICHOLZ P,SACKS R,et al. BIM handbook:a guide to building information modeling for owners, managers, designers, engineers, and contractors [M].2nd ed. Hoboken:John Wiley & Sons,Inc,2011.

［45］HARRIS M,RAVIV A. Organization design[J]. Management Science,2002,48(7):852-865.

［46］GAO J,FISCHER M. Framework & case studies comparing implementations &

impacts of 3D/4D modeling across projects[R]. Stanford:Stanford University,CIFE, 2008.

[47] PEÑAMORA F,LI M. Dynamic planning and control methodology for design/build fast-track construction projects [J]. Journal of construction engineering and management,2001,127(1):1-17.

[48] TAYLOR J E, LEVITT R E. A new model for systemic innovation diffusion in project-based industries[R]. Stanford:Stanford University,CIFE,2004.